普通高等教育规划教材

YANSHI LIXUE

岩石力学

（第2版）

赵明阶 主 编

人民交通出版社股份有限公司

北京

内 容 提 要

本书系统地介绍了岩石力学的基本原理和分析计算方法,包括绪论、岩石的物理性质、岩石的变形与强度特性、岩体的变形与强度特性、岩体天然应力场及其量测技术、工程岩体分级、地下洞室围岩应力及稳定性分析、地下洞室围岩压力分析与计算、岩石边坡的稳定性分析与计算、岩基应力计算与稳定性分析,每章均附有思考题和习题,习题附有参考答案或提示。

本书主要作为高等学校土木工程、道路桥梁与渡河工程、水利水电工程、地质工程专业本科教材,也可供矿山、冶金、国防及环境等工程技术人员和从事相关专业工作的科技人员参考。

图书在版编目(CIP)数据

岩石力学 :第 2 版 / 赵明阶主编. — 北京 :人民交通出版社股份有限公司, 2023.1

ISBN 978-7-114-18408-6

Ⅰ.①岩…　Ⅱ.①赵…　Ⅲ.①岩石力学　Ⅳ.①TU45

中国版本图书馆 CIP 数据核字(2022)第 251719 号

普通高等教育规划教材

书　　　名:	**岩石力学(第 2 版)**
著 作 者:	赵明阶
责任编辑:	张江成　郭红蕊
责任校对:	孙国靖　魏佳宁
责任印制:	张　凯
出版发行:	人民交通出版社股份有限公司
地　　　址:	(100011)北京市朝阳区安定门外外馆斜街 3 号
网　　　址:	http://www.ccpcl.com.cn
销售电话:	(010)59757973
总 经 销:	人民交通出版社股份有限公司发行部
经　　　销:	各地新华书店
印　　　刷:	北京印匠彩色印刷有限公司
开　　　本:	787×1092　1/16
印　　　张:	17.25
字　　　数:	440 千
版　　　次:	2011 年 8 月　第 1 版
	2023 年 1 月　第 2 版
印　　　次:	2023 年 1 月　第 2 版　第 1 次印刷　累计第 5 次印刷
书　　　号:	ISBN 978-7-114-18408-6
定　　　价:	48.00 元

第 2 版前言

《岩石力学》教材自 2011 年出版以来已使用十余年,在使用过程中不少师生提出了宝贵的意见和建议,为了更好地适应新时代岩石工程领域的科技进步和高等教育本科教学新要求,我们在原《岩石力学》教材基础上,修订形成《岩石力学》(第 2 版)教材。

本次修订除了保持原版教材的编写风格外,在教材章节结构上,依据实际教学使用情况,删除了原教材中的"第二章 应力与应变分析"和"第十二章 岩石力学中的模型试验与数值模拟方法简介",教材章节由原来的 12 章缩减为 10 章;第三章增加"岩石变形的各向异性",第四章增加"岩体的结构特征"。在内容上更加注重对岩石力学的基本概念、基本理论和基本研究方法的阐述,吸纳岩石力学的最新研究成果、最新行业规范和国家标准,并应使用者的要求在相关章节中增加了例题讲解;在文字表述方面力求简明扼要、深入浅出;为了既便于教学,又便于自学,采用大量的图表代替文字描述。

本书由重庆科技学院赵明阶担任主编,参加《岩石力学》(第 2 版)教材修订编写的有重庆交通大学林军志、汪魁、徐容,湖南工业大学祝方才,湖南城市学院何叶,南昌工程学院黄红元,重庆科技学院许年春、吴同情。各章节编写的分工为:赵明阶完成第一、七、八章修订,林军志完成第三、四章修订,林军志和祝方才共同完成第五章修订,赵明阶和何叶共同完成第六章修订,汪魁完成第九章修订,汪魁和黄红元共同完成第十章修订,赵明阶和徐容共同完成第二章修订,许年春、吴同情参与校稿。全书由赵明阶统稿。

限于编者的水平,内容安排和材料取舍不一定得当,缺点和不妥之处在所难免,恳请读者批评指正。

编　者
2022 年 7 月

第1版前言

《岩石力学》是高等院校土木工程和水利工程有关专业的一门重要课程,它也是一门理论性和实践性都很强的课程。近年来,随着我国科学技术和工程建设的迅猛发展,许多先进技术被引入到岩石工程设计与计算中,相关国家标准和行业规范也随之不断更新。为了适应岩石工程领域的科技进步和高等教育本科教学的要求,2006年我们编写了《岩石力学》本科教材,该教材在重庆交通大学土木工程专业、水利水电工程专业、地质工程专业连续使用了五年,在使用过程中,先后基于任课教师和学生的意见和建议,对教材进行了三次修编。本次编写以该教材为基础,并对教材知识结构体系作了局部调整。

本教材主要按照土木工程专业、水利水电工程专业、地质工程专业的教学大纲编写,学时数在48学时左右。为了使本教材能更好地满足本科学生的教学要求,本教材在编写过程中,注重对岩石力学的基本概念、基本理论和基本研究方法的阐述,同时适当介绍岩石力学的最新研究成果和动向,除紧密结合现行规范和最新技术外,还吸收了近年来国内外出版的比较成熟的教科书及有关文献资料。在文字表述方面将力求简明扼要、深入浅出,既便于教学,又便于自学。其目的在于培养学生分析思维和解决岩石力学问题的能力,使学生在掌握岩石力学的基础知识后,能快速提升解决岩石工程问题的能力。本课程以课堂讲授为主,根据大纲要求还应安排相应的实验课。

本书由重庆交通大学赵明阶教授担任主编,参加编写的还有王成、林军志、徐容、黄红元(南昌工程学院)、黄明奎和李洁。各章节编写的分工为:赵明阶编写第一、四、五、六、七、八章,黄红元编写第二章,徐容编写第三章,王成编写第九章,林军志编写第十章,李洁编写第十一章,黄明奎编写第十二章。全书由赵明阶教授统稿。

限于编者的水平,书中缺点和谬误之处在所难免,恳请读者批评指正。

编 者
2011 年 2 月

主 要 符 号

物理性质指标：

γ——岩石天然重度，kN/m^3。

γ_d——岩石干重度，kN/m^3。

γ_m——岩体天然重度，kN/m^3。

γ_{sat}——饱和重度，kN/m^3。

ρ——岩石密度，kg/m^3。

M——岩石质量，kg。

n——孔隙率。

w_0——岩石的含水率，以百分数表示。

K_w——饱水系数，是无量纲数值。

v——渗流速度，cm/s。

k——渗透系数，cm/s。

μ_D——水的运动黏滞系数，m^2/s。

I_{d2}——岩石（二次循环）耐崩解性指数。

K_R——岩石软化系数。

K_{ft}——岩石的抗冻性系数（又称为冻融系数），是无量纲数值。

λ_T——岩石的热导率，$J/(cm^2 \cdot s \cdot ℃)$。

α_{ex}——线膨胀系数，$1/℃$。

ρ_{res}——电阻率，$\Omega \cdot m$。

分级指标：

f_{ps}——普氏坚固性系数。

α_{dr}——凿碎比功，J/cm^3。

N_{bur}——岩石可爆性分级指数。

V_{pr}——岩石纵波波速，m/s。

V_{pm}——岩体纵波速度，m/s。

RQD——岩石质量指标。

BQ——岩体基本质量指标。

[BQ]——岩体修正质量指标。

应力与强度指标：

$\sigma_1 \cdot \sigma_3$——大、小主应力，kPa。

$\sigma_{hmin} \cdot \sigma_{hmax}$——岩体中最小天然水平主应力、最大天然水平主应力，kPa。

σ_v——岩体中天然铅直应力，kPa。

$\sigma_{0h} \cdot \sigma_{0v}$——围岩岩体初始水平应力、垂直应力，$kPa$。

σ_c——岩石的单轴抗压强度,kPa。

σ_t——岩石的抗拉强度,kPa。

τ_f——岩石的抗剪强度,kPa。

σ_{cw}——岩石的饱和抗压强度,kPa。

$I_{s(50)}$——岩石的点荷载强度指数。

c_r——岩块的黏聚力,kPa。

φ_r——岩块的内摩擦角,(°)。

σ_{mc}——岩体的单轴抗压强度,kPa。

σ_{mt}——岩体的单轴抗拉强度,kPa。

φ_j——结构面的内摩擦角,(°)。

c_j——结构面的黏聚力,kPa。

c_m——岩体的黏聚力,kPa。

φ_m——岩体的内摩擦角,(°)。

$[\sigma_{mc}]$——洞室围岩岩体容许抗压强度,kPa。

$[\sigma_{mt}]$——洞室围岩岩体容许抗拉强度,kPa。

变形指标:

k_0——侧压力系数。

K——围岩抗力系数。

K_0——单位抗力系数。

ε_a——轴向应变。

ε_c——径向应变。

E_e——岩石的弹性模量,kPa。

E——岩石的变形模量,kPa。

E_d——岩石的动弹性模量,kPa。

E_i——岩石的初始模量,kPa。

E_t——岩石的切线模量,kPa。

E_s——岩石的割线模量,kPa。

G——岩石的剪切模量,kPa。

K_V——岩石的体积模量,kPa。

μ——岩石的泊松比。

μ_d——岩石的动泊松比。

E_{me}——岩体的弹性模量,kPa。

E_m——岩体的变形模量,kPa。

G_m——岩体的剪切模量,kPa。

μ_m——岩体的泊松比。

K_n——结构面的法向刚度,kN/m。

K_s——结构面的剪切刚度,kN/m。

目　　录

第一章 绪 论

第一节 岩石力学与工程

一、岩块与岩体

岩石是在各种地质作用下按一定方式结合而成的矿物集合体,它是构成地壳及地幔的主要物质,是自然历史的产物。岩石按照其成因分为三类:沉积岩、变质岩和岩浆岩。从广义的角度来说,岩石是岩块和岩体的总称,岩块和岩体均为岩石物质和岩石材料。因此,岩块力学和岩体力学均属于岩石力学的研究范畴。

1. 岩块

岩块是指不含显著结构面的岩石块体,是构成岩体的最小岩石单元体。这一定义里的"显著"一词是个比较模糊的说法,一般来说,能明显地将岩石切割开来的分界面叫作显著结构面,而包含在岩石块体内结合比较牢固的面如微层面、微裂隙等则属于不显著的结构面。在国内外,有些学者把岩块称为结构体、岩石材料及完整岩石等。

岩块是由具有一定结构构造的矿物(含结晶和非结晶的)集合体组成的。因此,新鲜岩块的力学性质主要取决于组成岩块的矿物成分及其相对含量。一般来说,含硬度大的粒柱状矿物(如石英、长石、角闪石、辉石等)越多时,岩块强度越高;含硬度小的片状矿物(如云母、绿泥石、蒙脱石和高岭石等)越多时,则岩块强度越低。自然界中的造岩矿物有含氧盐、氧化物及氢氧化物、卤化物、硫化物和自然元素五大类。其中,以含氧盐中的硅酸盐、碳酸盐及氧化物类矿物最常见,构成了约99.9%的完整岩石。

岩块的矿物组成与岩石的成因及类型密切相关。岩浆岩多以硬度大的铰链状硅酸盐、石英等矿物为主,所以其岩块物理力学性质一般都很好。沉积岩中的粗碎屑岩如砂砾岩等,其碎屑多为硬度大的柱状矿物,岩块的力学性质除与碎屑成分有关外,在很大程度上取决于胶结物成分及其类型,如页岩、泥岩等,矿物成分多以片状的黏土矿物为主,其岩块力学性质很差。变质岩的矿物组成与母岩类型及变质程度有关,如浅变质岩中的千枚岩、板岩等,多含片状矿物(如绢云母、绿泥石及黏土矿物等),岩块力学性质较差;而深变质岩中的片麻岩、混合岩及石英岩等,多以粒状矿物(如长石、石英、角闪石等)为主,其岩块力学性质好。

岩块的结构是指岩石内矿物颗粒的大小、形状、排列方式及微结构面发育情况等反映在岩块构成上的特征。岩块的结构特征,尤其是矿物颗粒间联结及微结构面的发育特征对岩块的力学性质影响很大。

微结构面是指存在于矿物颗粒内部或颗粒间的软弱面或缺陷,包括矿物解理、晶格缺陷、空隙、微裂隙、微层面及片理面、片麻理面等。它们的存在不仅降低了岩块的强度,还往往导致岩块力学性质具有明显的各向异性。

岩块的构造是指矿物集合体之间及其与其他组分之间的排列组合方式。如岩浆岩中的流线、流面构造,沉积岩中的微层状构造,变质岩中的片状构造及其定向构造等,这些都可使岩块物理力学性质复杂化。

总之,岩块的结构构造不同,其力学性质及其各向异性和不连续性程度也不同。因此,在研究岩块的力学性质时也应注意其各向异性和不连续性。相对岩块而言,岩体的各向异性和不连续性更为显著,因此,在岩体力学研究中,通常又把岩块近似视为均质、各向同性的连续介质。

另外,风化作用也可以改变岩石的矿物组成和结构构造,进而改变岩块的物理力学性质。一般来说,随风化程度的加深,岩块的空隙率和变形随之增大,强度降低,渗透性加大。

2. 结构面

结构面是指地质历史发展过程中,在岩体内形成的具有一定的延伸方向和长度,厚度相对较小的地质界面或带,它包括物质分界面和不连续面,如层面、不整合面、节理面、断层、片理面等。国内外一些文献中又称为不连续面或节理。在结构面中,那些规模较大、强度低、易变形的结构面又称为软弱结构面。

结构面根据地质成因的不同可分为原生结构面、次生结构面和构造结构面(图1-1)。原生结构面是在成岩阶段形成的结构面,其特征与岩体成因紧密相关,又可分为火成结构面、沉积结构面和变质结构面。次生结构面是岩体中由卸荷、风化、地下水等次生作用所形成或受其改造的结构面,如卸荷裂隙、风化裂隙、风化夹层、泥化夹层等。构造结构面是构造运动过程中形成的破裂面,包括断层、节理和层间错动面等。

a)原生结构面　　　　　　　　b)次生结构面　　　　　　　　c)构造结构面

图1-1　岩体结构面

结构面对工程岩体的完整性、渗透性、物理力学性质及应力传递等都有显著的影响,是造成岩体非均质、非连续、各向异性和非线弹性的本质原因之一。结构面对岩体力学性质的影响主要取决于结构面的发育情况,如岩性完全相同的两种岩体,由于结构面的空间方位、连续性、密度、形态、张开度及其组合关系等的不同,在外力作用下,这两种岩体将呈现出完全不同的力学反应。因此,结构面特征及其力学效应研究是岩石力学中的重要课题。

3. 岩体

岩体是指在地质历史过程中形成的,由岩石单元体(或称为岩块)和结构面网络组成的,具有一定的结构并赋存于一定的天然应力状态和地下水等地质环境中的地质体。因此,在不考虑地质环境因素的情况下,岩体就是由结构面及其所围限的岩石块体组成,如图1-2所示。组成岩体的岩石块体(或称为岩石单元体)被称为结构体,它的大小、形态及其活动性取决于结构面的密度、连续性及其组合关系。岩体的组成对岩体的力学性质及其稳定性具有重要的影响。

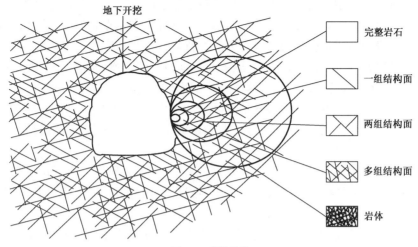

图 1-2　岩体结构

具有一定的结构是岩体的显著特征之一。岩体在其形成与存在过程中,长期经受着复杂的地质建造和地质作用,生成了各种不同类型和规模的结构面,如断层、节理、层理、片理、裂隙等。这些结构面的交切作用使岩体形成一种独特的割裂结构。因此,岩体的力学性质及其力学作用不仅受岩体的岩石类型控制,更主要的是受岩体中结构面以及由此形成的岩体结构所控制。

岩体中存在着复杂的天然应力状态和地下水,这是岩体与其他材料的根本区别之一。因此研究岩体在外力作用下的力学习性及其稳定性时,必须充分考虑天然应力,特别是构造应力和水的影响。岩浆岩、沉积岩和变质岩等不同成因的岩体,其工程地质特征各不相同。

从上述定义可以看出,岩体和岩块的本质区别就在于结构面。传统的工程地质方法往往是按岩石的成因,取小块试件在室内进行矿物成分、结构构造及物理力学性质的测定,以评价其对工程建筑的适宜性。大量的工程实践表明,用岩块性质来代表原位工程岩体的性质是不合适的。因此,自 20 世纪 60 年代起,国内外工程地质和岩石力学工作者都注意到岩体与岩块在性质上有着本质的区别,其根本原因之一是岩体中存在各种各样的结构面以及不同于自重应力的天然应力场和地下水。

二、岩石力学

岩石力学是研究岩块和岩体在外力作用下的应力状态、应变状态和破坏条件等力学特性的学科,它是解决岩石工程(即与岩石有关的工程)技术问题的理论基础。岩石属于固体,岩石力学应属于固体力学的范畴。一般从宏观的意义上讲,习惯把固体看作连续介质。但是,岩体不但有微观的裂隙,而且有层理、片理、节理以至于断层等不连续面。岩体不是连续介质,而且常表现为各向异性或非均质。若岩石中含水,它又表现为两相体。从这些方面来看,岩石力学又是固体力学与地质科学的交叉边缘科学。

美国科学院岩石力学委员会 1966 年曾给岩石力学下过定义,他们认为:"岩石力学是研究岩石力学性能的理论和应用的科学,是探讨岩石对其周围物理环境中力场的反应的力学分支"。这个定义含意相当广泛,"对其周围物理环境中力场的反应"的措辞说明了这一点。应该注意的是,岩石材料全部赋存在地质环境中,这些材料的自然特征取决于其形成的方式和后

3

来作用于其上的地质作用。遭受多次应力变动的岩体,其性能决定于完整岩石材料的力学性质以及岩体中地质构造的不连续面的数量和性质。在这两类控制岩石力学特性的因素中,每类因素的相对重要程度主要决定于工程的规模与不连续面数量的关系和两者之间的相对方位关系。在一些情况下,岩体不连续面的影响是非常显著的,在某些情况下,岩体的性能就较多地取决于岩石本身的性质。这些都是岩石力学的特点。

岩石力学的研究对象是各类岩体,而服务对象则涉及许多领域和学科。如水利水电工程、采矿工程、道路交通工程、国防工程、海洋工程、重要工厂(如核电站、大型发电厂及大型钢铁厂等)以及地震地质学、地球物理学和构造地质学等地学学科,都应用到岩石力学的理论和方法。但不同的领域和学科对岩石力学的要求和研究重点是不同的。概括起来,可分为三个方面:

①为各类建筑工程及采矿工程等服务的岩石力学,重点是研究工程活动引起的岩体重分布应力以及在这种应力场作用下工程岩体(如边坡岩体、地基岩体和地下洞室围岩等)的变形和稳定性。

②为掘进、钻井及爆破工程服务的岩石力学,主要是研究岩石的切割和破碎理论以及岩体动力学特性。

③为构造地质学、找矿及地震预报等服务的岩石力学,重点是探索地壳深部岩体的变形与断裂机理,为此需研究高温高压下岩石的变形与破坏规律以及与时间效应有关的流变特征。

以上三方面的研究虽各有侧重点,但对岩块及岩体基本物理力学性质的研究却是共同的。

在岩体表面或其内部进行任何工程活动,都必须符合安全、经济和正常运营的原则。以露天采矿边坡坡角选择为例,坡角选择过陡,会使边坡不稳定,无法正常进行采矿作业,坡角选择过缓,又会加大其剥采量,增加其采矿成本。然而,要使岩石工程既安全稳定又经济合理,必须通过准确预测工程岩体的变形与稳定性、正确的工程设计和良好的施工质量等来保证。其中,准确预测岩体在各种应力场作用下的变形与稳定性,进而从岩石力学观点出发,选择相对优良的工程场址,防止重大事故,为合理的工程设计提供岩石力学依据,是工程岩石力学研究的根本目的和任务。

三、岩石力学与工程

岩石力学的发展是和人类工程实践分不开的。起初,由于岩石工程数量少,规模也小,人们多凭借经验来解决工程中遇到的岩石力学问题。因此,岩石力学的形成和发展要比土力学晚得多。随着生产力水平的不断提高及土木工程事业的迅速发展,出现了大量的岩石力学问题。诸如高坝坝基岩体及拱坝拱座岩体的变形和稳定性,大型露天采坑边坡、库岸边坡及船闸、溢洪道等边坡的稳定性,地下洞室围岩变形及地表塌陷,高层建筑、重型厂房和核电站等地基岩体的变形和稳定性,岩体性质的改善与加固技术等。对这些问题能否做出正确的分析和评价,将会对工程建设和生产的安全性与经济性产生显著的影响,甚至带来严重的后果。

在人类工程活动的历史中,由于岩体变形和失稳酿成事故的例子是很多的。1928年美国圣·弗朗西斯重力坝失事,是坝基软弱,岩层崩解,遭受冲刷和滑动引起的;1959年法国马尔帕塞薄拱坝溃决,则是过高的水压力使坝基岩体沿着一个倾斜的软弱结构面滑动所致;1963年意大利瓦依昂水库左岸的大滑坡(图1-3),更是举世震惊,$2.5 \times 10^8 \text{m}^3$的滑动岩体以28m/s的速度下滑,激起250m高的巨大涌浪,溢过坝顶冲向下游,造成2500多人丧生。

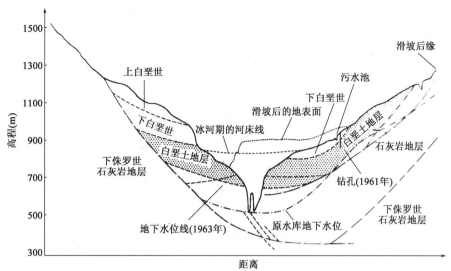

图1-3　意大利瓦依昂水库左岸的大滑坡地质剖面图（据 Kiersch,1964）

类似的例子在国内也出现过,1961 年湖南拓溪水电站近坝库岸发生滑坡;1980 年 6 月 3 日 5 时 35 分,湖北远安盐池河磷矿发生岩崩(图 1-4),是由于采矿引起岩体变形,使上部岩体中顺坡向节理被拉开,约 $1 \times 10^{6} \mathrm{m}^{3}$ 的岩体急速崩落,摧毁了矿务局和坑口全部建筑物,死亡 284 人。

图1-4　湖北远安盐池河磷矿发生岩崩后的全貌

又如,盘古山钨矿一次大规模的地压活动引起的塌方就埋掉价值约 200 万元的生产设备,并造成停产 3 年;新中国成立前湖南锡矿山北区洪记矿井大陷落,一次就使 200 多名矿工丧失了生命;2001 年 5 月 1 日 20 时 30 分,重庆武隆滑坡(图 1-5),摧毁一栋 9 层民用建筑物,造成 79 人死亡。

图1-5　重庆武隆基岩滑坡全貌

以上重大事故的出现,多是对工程地区岩体的力学特性研究不够,对岩体的变形和稳定性估计不足引起的。与此相反,假如对工程岩体的变形和稳定问题估计得过分严重,或者由于研究人员心中无数,不得不从"安全"角度出发,在工程设计中采用过大的安全系数,也会导致工程投资大大增加,工期延长,造成不应有的浪费。

今天,由于矿产资源勘探开采、能源开发及地球动力学研究等的需要,工程规模越来越大,所涉及的岩石力学问题也越来越复杂。这对岩石力学提出了更高的要求。例如,在水电建设中,大坝高度达335m;地下厂房边墙高达60~70m,跨度已超过30m;露天采矿边坡高度可达300~500m,最高可达1000m;地下采矿深度已超过1000m等。另外,当前世界上已经建成的一些超巨型工程,如中国长江三峡水电站(装机容量达17680MW,列居世界第一位)、英吉利海峡隧道(长50km)和日本的青函跨海隧道(长53.85km)等。这些巨型工程都使岩石力学面临许多前所未有的问题和挑战,亟待发展和提高岩石力学理论和方法的研究水平,以适应工程实践的需要。

第二节　岩石力学的发展历史与现状

岩石力学形成于20世纪50年代末,其主要标志是1957年法国的塔罗勒(J. Talobre)所著《岩石力学》的出版,以及1962年国际岩石力学学会(ISRM)的成立。岩石力学作为一门独立的学科至今才六十余年的历史,这是很短暂的,但其形成的历史是漫长的,这与当时的生产力水平低,工程建设数量少、规模小有关。对于岩石力学的形成历史,在此不作详细介绍,这里仅就其形成以后的发展过程与特点做一简要介绍,以便读者了解岩石力学的发展动态。

一、岩石力学发展的初期阶段

1951年由奥地利地质学家斯梯尼(J. Stini)和岩石力学家缪勒(L. Müller)发起,在奥地利的萨茨堡(Salzburg)创建了第一个与岩石力学有关的学术组织,叫作地质力学研究组(Study Group for Geomechanics)。同年,在萨茨堡(Salzburg)举行了第一次岩石力学讨论会,会议的主题是将工程地质和力学相结合。1951—1957年共举行了21次讨论会,并创办了《地质与土木工程》(Geology and Civil Engineering)杂志,形成了当时最具影响的萨茨堡(Salzburg)学派,其基本观点是岩体的力学作用主要取决于岩体内的结构面及其对岩体的切割特征。1957年,第一本《岩石力学》(J. Talobre著)专著出版,该书的问世标志着岩石力学作为一门独立的学科而问世。缪勒先生照片如图1-6所示。

图1-6　缪勒(L. Müller)

1959年,法国马尔帕塞坝左坝肩岩体沿软弱结构面滑移而溃决,引起了许多岩石力学工作者的关注和研究。1962年在国际地质力学研究组的基础上成立了国际岩石力学学会(ISRM),由奥地利岩石力学家缪勒(L. Müller)担任主席,同时将《地质与土木工程》(Geology and Civil Engineering)杂志更名为《岩石力学》(Rock Mechanics),当年斯梯尼(J. Stini)逝世,缪勒(L. Müller)到联邦德国卡尔斯鲁厄(Karlsruhe)大学领导岩石力学研究组从事岩石力学研究。1963年,意大利Vaiont水库左岸岩体大滑坡,吸引了许多岩石力学工作者的关注,并开展了大量的研究。1966年,第一届国际岩石力学大会在葡萄牙的里斯本召开,由葡萄牙岩石力学家罗哈(M. Rocha)担任主席,以后每四年召开一次大会。罗哈先生照片如图1-7所示。历

图1-7　罗哈(M. Rocha)

届国际岩石力学学会主席见表 1-1。

历届国际岩石力学学会主席

表 1-1

届次	时　间	主　席	学　术　领　域	所　在　机　构	国　籍
1	1962—1966 年	缪勒 (L. Müller)	工程地质与地质力学 (Engineering Geology and Geomechanics)	卡尔斯鲁厄大学 (the University of Karlsruhe)	奥地利 (Austria)
2	1966—1970 年	罗哈 (M. Rocha)	土木工程 (Civil Engineering)	里斯本技术大学 (the Technical University of Lisbon)	葡萄牙 (Portugal)
3	1970—1974 年	奥伯特 (L. Obert)	岩石力学与采矿 (Rock Mechanics and Mining)	美国采矿工程师协会 (American Institute of Mining Engineers)	美国 (USA)
4	1974—1979 年	哈比布 (P. Habib)	岩土力学 (Soil Mechanics and Rock Mechanics)	固体力学实验室 (the Laboratoire de Mécanique des Solides)	法国 (France)
5	1979—1983 年	威特基 (W. Wittke)	土力学与基础工程 (Soil Mechanics and Foundation Engineering)	亚琛大学 (the University of Aachen)	德国 (Germany)
6	1983—1987 年	布朗 (E. T. Brown)	岩石力学 (Rock Mechanics)	伦敦大学 (University of London)	英国 (UK)
7	1987—1991 年	弗兰克林 (J. A. Franklin)	岩石力学 (Rock Mechanics)	滑铁卢大学 (the University of Waterloo)	加拿大 (Canada)
8	1991—1995 年	费尔赫斯特 (C. Fairhurst)	岩石力学 (Rock Mechanics)	明尼苏达大学 (University of Minnesota)	美国 (USA)
9	1995—1999 年	樱井 (S. Sakurai)	岩石力学 (Rock Mechanics)	神户大学 (Kobe University)	日本 (Japan)
10	1999—2003 年	帕内特 (M. Panet)	岩石力学与工程 (Rock Mechanics and Rock Engineering)	GS Ingénéerie 公司 (the company GS Ingénéerie)	法国 (France)
11	2003—2007 年	梅尔夫 (N. Merwe)	采矿工程 (Mining Engineering)	比勒陀利亚大学 (the University of Pretoria)	南非 (South Africa)
12	2007—2011 年	哈德森 (J. A. Hudson)	岩石力学与工程 (Rock Mechanics and Rock Engineering)	帝国学院 (Imperial College)	英国 (UK)
13	2011—2015 年	冯夏庭	智能岩石力学	中国科学院,东北大学	中国 (China)
14	2015—2019 年	夸德罗斯 (Eda Quadros)	岩土工程 (Soil and Rock Engineering)	圣保罗大学 (University of São Paulo)	巴西 (Brazil)
15	2019—2023 年	尤利西斯 (Resat Ulusay)	隧道工程地质学 (Engineering Geology in Tunnelling)	土耳其哈斯特帕大学 (Hacettepe University)	土耳其 (Turkey)

作为岩石力学创始人的缪勒(L. Müller)教授于 1988 年去世,他一生中共出版了 250 余篇学术论文和著作,为了纪念他对岩石力学学科的贡献,1989 年国际岩石力学学会决定设立缪勒奖(图 1-8),该奖每四年评选一次,每次评选一人,主要奖励那些在岩石力学和岩石工程中

做出突出贡献的学者和科学家。目前已有8位科学家获此殊荣,分别是加拿大的E. Hoek教授,美国的N. Cook教授、H. Einstein教授、C. Fairhurst教授,澳大利亚的E. T. Brown教授,英国的N. Barton教授、J. A. Hudson教授以及加拿大的P. Kaiser教授。

第一届国际岩石力学大会主席、第二届国际岩石力学学会主席罗哈(M. Rocha)教授于1981年去世。为了纪念他对岩石力学学科的贡献,同年国际岩石力学学会在日本东京召开会议,设立罗哈奖(图1-9)。该奖每年评选一次,每次评选一人,主要奖励那些在岩石力学领域成绩突出的年轻学者。评选的依据是其博士学位论文,自1982年以来已有41篇优秀博士学位论文的作者获此殊荣。

图1-8　缪勒奖奖章

图1-9　罗哈奖奖章

二、岩石力学深化发展阶段

在岩石力学发展的初期阶段,人们把岩体视为一种地质材料,其研究方法是取小块试件,在室内进行物理力学性质测试,并用以评价其对工程建筑的适宜性。自20世纪60年代起,国内外岩石力学工作者都逐步认识到,被结构面所切割的岩体的性质与完整岩块的性质有本质的区别。即如果将岩块视为均质、连续和各向同性的弹性介质,则岩体为非均质、非连续和各向异性的非弹性介质。只有在某些情况下,如裂隙不发育的完整块状岩体,其力学属性才能近似地看成与岩块相同。在这种认识的前提下,人们开展对岩体的研究,并重视原位试验在确定岩体力学参数中的作用。这一时期内,奥地利学派起了很大的推动作用,缪勒主编的《岩石力学》(1974)代表了这一时期的研究方向和水平。但这一时期人们还是多把岩体视为岩块的砌体来研究,而对结构面在岩体变形、破坏机理中的影响及其重要性还认识不足,在岩体的力学分析计算中未做全面考虑。

到20世纪70年代中后期,岩体力学工作者越来越认识到岩体结构的实质及其在岩体力学作用中的重要性,开展了大量的研究(如奥地利、中国、美国等国家的学者)。我国从20世纪70年代开始,以谷德振为首的科研群体开展了对岩体结构与结构面力学效应等理论问题的研究,并应用于解决工程问题,提出了岩体工程地质力学的学说,出版了《岩体工程地质力学基础》(1979)等一系列专著。进而又提出了岩体结构控制论的观点(《岩体结构力学》,孙广忠,1988):认为岩体的变形和稳定性主要受控于岩体结构及结构面的力学性质,因此必须重视对岩体结构和结构面力学性质及其力学效应的研究。

三、新理论、新方法及新技术研究阶段

从20世纪80年代以来,随着科学技术的不断发展,岩石力学的研究领域不断拓展,并更加强调其在工程中的应用,更加重视岩体中天然应力的研究。岩体的测试技术也得到了大力发展,从起初的室内常规岩块力学参数测试,逐渐发展起了岩石三轴试验、高温高压试验、刚性试验、伺服技术、结构面力学试验、原位岩体力学试验及原位监测技术和模型模拟试验等测试

手段和方法。

在这一时期,块体理论、概率论、模糊数学、断裂力学、损伤力学、分形几何、神经网络等理论相继引入岩石力学的基础理论与工程稳定性研究中。同时,还有不少学者将系统论、信息论、控制论、人工智能专家系统、灰色系统、突变理论、耗散结构理论及协同论等软科学引入岩石力学研究中。这些新理论、新方法的引入,大大地促进了岩石力学的发展。

总之,到目前为止,岩石力学工作者从各个方面对岩石力学与工程进行了全面的研究,并取得了可喜的进展,为经济建设与学科发展做出了杰出的贡献。但是,岩石力学还不够成熟,还有许多重大问题仍在探索之中,还不能完全满足工程实际的需要。因此,大力加强岩石力学理论和实际应用的研究,既是岩石力学发展的需要,更是工程实践的客观要求。当前,随着科学技术的飞速发展,各门学科都将以更快的速度向前发展,岩石力学也不例外。而各门学科协同合作,相互渗透,不断引入相关学科的新思想、新理论和新方法是加速岩石力学发展的必要途径。

四、我国岩石力学的发展

1981 年我国成立了岩石力学学会筹备组,随后成立了国际岩石力学学会中国小组,并作为会员国参加了国际岩石力学学会。1985 年中国岩石力学与工程学会(CSRME)正式成立,中科院学部委员陈宗基教授担任第一届(1985—1989)理事长兼国家小组组长;第二届(1989—1994)理事长由陈宗基院士和潘家铮院士担任;第三届(1994—1998)理事长兼国家小组组长为孙钧院士;第四届(1999—2003)理事长兼国家小组组长为王思敬院士;第五届(2003—2007)理事长由钱七虎院士担任,国家小组组长为冯夏庭研究员;第六届(2007—2012)理事长为钱七虎院士,国家小组组长为唐春安教授;第七届(2012—2016)理事长为钱七虎院士和冯夏庭教授;第八届(2016—2020)理事长为冯夏庭院士和何满潮院士;第九届(2020 年至今)理事长为何满潮院士和冯夏庭院士。

2009 年 5 月 18 日,国际岩石力学学会(ISRM)召开理事会全体会议,中国科学院武汉岩土力学研究所冯夏庭教授成为国际岩石力学学会自成立以来当选该国际学会主席(2011—2015)的中国第一人,同时第十二届国际岩石力学大会于 2011 年 10 月 18 日在中国北京召开,这表明中国岩石力学学术研究在国际组织中占有重要的地位。自冯夏庭教授担任国际岩石力学学会主席以来,我国学者相继担任国际岩石力学学会下设 5 个专业委员会主席职务,展现了中国作为国际岩石力学与工程大国的风采。2013 年钱七虎院士、2015 年孙钧院士、2017 年冯夏庭教授、2021 年何满潮院士分别获得国际岩石力学领域的最高荣誉国际岩石力学学会(ISRM)会士。

随着我国工程建设蓬勃发展,对岩石力学提出了很多新课题,各种岩石学科研成果纷纷涌现,不但在国际学术界为我国争得了荣誉,也推动了我国工程建设水平的快速提升,同时也预示着我国岩石力学的发展进入更为繁荣的新阶段。

第三节 岩石力学的研究内容与研究方法

一、岩石力学的研究内容

如前所述,岩石力学服务的对象非常广泛,它涉及国民经济的许多领域(如水利水电、采矿、能源开发、交通、国防和工业与民用建筑等)及地学基础理论研究领域(如地球动力学、构造地质学等)。不同的服务对象,对岩石力学的要求也不尽相同,其研究的内容也不同。例如,重力坝和拱坝,对坝基和拱座岩体不均匀变形和水平位移限制比较严格;路堑边坡、露天矿坑边坡等岩质边坡,在保证岩体不致产生滑动失稳的条件下,往往允许发生一定的变形;许多国防工程对岩体动态性能研究要求比较高;而非地震区的一般岩石工程,却常常只需要研究岩体的静态性能。

岩石力学的研究对象不是一般的人工材料,而是在天然地质作用下形成的地质体。由于岩体中具有天然应力和地下水等,并发育有各种结构面,所以它不仅具有弹性、脆性、塑性和流变性,还具有非线弹性、非连续性、非均质和各向异性等特征。对于这样一种复杂的介质,不仅研究内容非常复杂,而且其研究方法和手段也应与连续介质力学有所不同。

由于岩石力学服务对象的广泛性和研究对象的复杂性,决定了岩石力学研究的内容也必然是广泛而复杂的,从工程观点出发,大致可归纳为如下几方面:

(1)岩块、岩体地质特征的研究。主要包括:①岩石的物质组成和结构特征;②结构面特征及其对岩体力学性质的影响;③岩体结构及其力学特征;④岩体工程分类。

(2)岩石的物理、水理与热学性质的研究。

(3)岩块的基本力学性质的研究。主要包括:①岩块在各种力作用下的变形和强度特征以及力学参数的室内实验技术;②荷载条件、时间等对岩块变形和强度的影响;③岩块的变形破坏机理及其破坏判据。

(4)结构面力学性质的研究。主要包括:①结构面在法向压应力及剪应力作用下的变形特征及其参数确定;②结构面剪切强度特征及其测试技术与方法。

(5)岩体力学性质的研究。主要包括:①岩体的变形与强度特征及其原位测试技术与方法;②岩体力学参数的预测与经验估算;③荷载条件、时间等因素对岩体变形与强度的影响;④岩体中地下水的赋存、运移规律及岩体的水力学特征。

(6)岩体中天然应力分布规律及其量测的理论与方法研究。

(7)边坡岩体、地基岩体及地下洞室围岩等工程岩体的稳定性研究。主要包括:①各类工程岩体中重分布应力的大小与分布特征;②各类工程岩体在重分布应力作用下的变形破坏特征;③各类工程岩体的稳定性分析与评价等。

(8)岩体性质的改善与加固技术的研究。主要包括:岩体性质、结构的改善与加固等。

(9)各种新技术、新方法与新理论在岩石力学中的应用研究。

(10)工程岩体模型、模拟试验及原位监测技术的研究。

二、岩石力学的研究方法

岩石力学的研究方法主要有工程地质研究法、试验法、数学力学分析法以及综合分析法等。

(1)工程地质研究法。目的是研究岩块和岩体的地质与结构特征,为岩石力学的进一步研究提供地质模型和地质资料。如用岩矿鉴定方法,了解岩体的岩石类型、矿物组成及结构构造特征;用地层学方法、构造地质学方法及工程勘察方法等,了解岩体的成因、空间分布及岩体中各种结构面的发育情况等;用水文地质学方法了解赋存于岩体中地下水的形成与运移规律。

(2)试验法。科学试验是岩石力学研究中一种非常重要的手段,是岩石力学发展的基础。它主要包括岩块力学性质的室内实验、岩体力学性质的原位试验、天然应力量测、模型模拟试验及原位岩体监测等方面。其目的主要是为岩体变形和稳定性分析计算提供必要的物理力学参数。同时,可以用某些试验成果(如模拟试验及原位监测成果等)直接评价岩体的变形和稳定性,以及探讨某些岩石力学理论问题。因此应当高度重视并大力开展岩石力学试验研究。

(3)数学力学分析法。数学力学分析是岩石力学研究中的一个重要环节。它是通过建立岩石力学模型和利用适当的分析方法,预测岩体在各种力场作用下的变形与稳定性,为设计和施工提供定量依据。其中建立符合实际的力学模型和选择适当的分析方法是数学力学分析中的关键。目前常用的力学模型有刚体力学模型、弹性及弹塑性力学模型、断裂力学模型、损伤力学模型及流变模型等。常用的分析方法有块体极限平衡法、有限元法、边界元法、离散元法、模糊聚类和概率分析法等。近年来,随着科学技术的发展,还出现了用系统论、信息论、人工智能专家系统和灰色系统等新方法来解决岩石力学问题。

(4)综合分析法。这是岩石力学研究中极其重要的一套方法。由于岩石力学工作中每一环节都是多因素的,且信息量大。因此,必须采用多种方法考虑各种因素(包括工程的、地质的及施工的因素等)进行综合分析和综合评价,才能得出符合实际情况的正确结论,而综合分析法是该阶段常用的方法。

以上几种方法紧密结合并相互促进,相辅相成,缺一不可。

第四节　本课程的主要内容与学习方法

本教材是为土木工程、地质工程、水利水电工程及其相关专业本科生编写的专业基础课教材,教材分十章。

第一章绪论。主要介绍岩石力学的定义、研究内容、研究方法,以及岩石力学的发展历史与研究动态。

第二章岩石的物理性质。讨论岩石的物理性质、水理性质、热学和电学性质。

第三章岩石的变形与强度特性。这是岩石力学的重点基础理论之一,主要讨论岩石变形各向异性、岩石的变形特性、岩石的蠕变特性、岩石的强度试验及岩石的强度理论等内容。

第四章岩体的变形与强度特性。主要介绍岩体的结构特征、岩体现场试验、结构面变形与强度特性、岩体的变形特性以及岩体的强度分析。

第五章岩体天然应力场及其量测技术。主要讨论岩体中的天然应力场分布特征和分布规律、岩体天然应力的现场量测原理与方法。

第六章工程岩体分级。结合国内外相关规范和标准介绍岩体分级的概念、岩石分级的方法以及工程岩体常用分级方法。

第七章地下洞室围岩应力及稳定性分析。主要介绍水平洞室围岩应力计算和稳定性分析、有压隧洞围岩应力和稳定性分析以及围岩的变形规律与破坏分析方法。

第八章地下洞室围岩压力分析与计算。主要介绍围岩压力的概念、松散围岩压力分析与计算、变形围岩压力分析与计算。

第九章岩石边坡的稳定性分析与计算。主要介绍岩石边坡的破坏类型、岩石边坡的稳定性分析与计算方法。

第十章岩基应力计算与稳定性分析。主要介绍岩基的应力计算方法、岩基的变形分析、岩基的承载力分析以及岩基稳定性分析方法。

本教材的编写旨在使学生掌握岩石力学的基本原理与方法,并力求实用。学生在学习过程中应在深刻理解基本概念的基础上,切实掌握分析研究问题的思路和方法,培养解决岩石力学问题的能力。因此,对于书中的基本概念、原理和方法,要加强理解,举一反三,把它弄懂弄通,切忌死记硬背。对于书中的公式,重点要求理解其推导思路、应用条件和使用方法。而真正要记的公式不是太多,对少数必须记住的公式,也应在理解的基础上去记忆,这样才能记得牢,用得活。

此外,岩石力学是工程地质与工程力学交叉发展起来的边缘学科,它的理论基础相当广泛,涉及工程地质学、水文地质学、固体力学、流体力学、计算数学、弹塑性力学、构造地质学、地球物理学及建筑结构等学科。因此,要学好岩石力学,必须具备以上基础知识,特别是固体力学和弹塑性力学等力学基础更应牢固掌握。

思 考 题

1-1 何谓岩块和岩体? 它们有何区别和联系?

1-2 什么是岩石力学? 岩石力学与工程有何关系?

1-3 岩石力学的研究内容是什么? 有哪些研究手段?

1-4 简述岩石力学的发展简史。

第二章　岩石的物理性质

第一节　概　　述

岩石和土一样都是三相体,其三相组成为固相、液相和气相。岩石中固相的组分和三相之间的比例关系及其相互作用,决定了岩石的性质。因此,在研究和分析岩石受力后的力学表现时,必然要联系到岩石的某些物理性质指标。本章主要介绍岩石的基本物理性质、热学和电学性质以及水理性质。

岩石的物理性质与岩石的力学特性直接相关,物理性质不同,决定了岩石的力学性质的变化。影响岩石物理性质的因素主要有岩石的成因与结构、岩石所处的自然环境和应力环境、地下水的发育以及岩石的质量等。在岩石工程中,岩石物理性质指标的合理选用,直接影响对岩石工程的各种评价。

第二节　岩石的物理性质指标

用某种数值来描述岩石的某种物理性质,这些数值就是岩石的物理性质指标。岩石的物理性质主要体现在以下几个方面:岩石的重度和密度,岩石的相对密度,岩石的孔隙率,岩石的含水率,岩石的吸水性以及岩石的抗冻性等。

一、岩石的重度和密度

1. 岩石的天然重度(天然容重)

定义:天然状态下岩石单位体积(包括岩石孔隙体积)的重力,称为岩石的天然重度,又称为天然容重。记为 γ,单位为 kN/m^3。

表达式:

$$\gamma = \frac{W}{V} \tag{2-1}$$

式中:W——岩石的重力,kN;

V——岩石的体积,m^3。

岩石的天然重度一般在 $26.0 \sim 28.0 kN/m^3$ 的范围内变化。其测定方法一般采用水中称重法,详见《水利水电工程岩石试验规程》(SL/T 264—2020)。

表 2-1 列出了某些岩石的重度值。

岩　　石	重度 γ（kN/m³）	相 对 密 度	孔隙率 n（%）	孔隙指数 i_{dex}（%）
花岗岩	26～27	2.5～2.84	0.5～1.5	0.1～0.92
粗玄岩	30～30.5	—	0.1～0.5	—
流纹岩	24～26	—	4～6	—
安山岩	22～23	2.4～2.8	10～15	0.29
辉长岩	30～31	2.70～3.20	0.1～0.2	—
玄武岩	28～29	2.60～3.30	0.1～1.0	0.31～2.69
砂　岩	20～26	2.60～2.75	5～25	0.20～12.19
页　岩	20～24	2.57～2.77	10～30	1.8～3.0
石灰岩	22～26	2.48～2.85	5～20	0.10～4.45
白云岩	25～26	2.2～2.9	1～5	—
片麻岩	29～30	2.63～3.07	0.5～1.5	0.10～3.15
大理岩	26～27	2.60～2.80	0.5～2	0.10～0.80
石英岩	26.5	2.53～2.84	0.1～0.5	0.10～1.45
板　岩	26～27	2.68～2.76	0.1～0.5	0.10～0.95

2. 岩石的干重度(干容重)

定义:干燥岩石单位体积(包括岩石孔隙体积)的重力,称为岩石的干重度,又称为干容重。记为 γ_d,单位为 kN/m³。

表达式:

$$\gamma_d = \frac{W_s}{V} \tag{2-2}$$

式中: W_s——岩石固体颗粒(固相物质)重力,kN。

3. 岩石的饱和重度(饱和容重)

定义:在饱和状态下单位体积岩石的重力,称为岩石的饱和重度,又称为饱和容重。记为 γ_{sat},单位为 kN/m³。

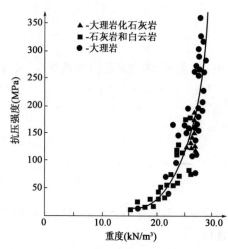

表达式:

$$\gamma_{sat} = \frac{W_{sat}}{V} \tag{2-3}$$

式中: W_{sat}——饱和岩石重力,kN。

岩石的重度可在一定程度上反映出岩石的力学性质状况。通常,岩石的重度越大,则它的性质就越好,反之越差。图 2-1 表示出了各种碳酸盐类岩石的单轴抗压强度与重度的相关关系。从图 2-1 中可以看出,随着岩石重度的增加,极限抗压强度也相应增大。

4. 岩石的密度

定义:单位体积岩石的质量,称为岩石的密度。

图 2-1　碳酸盐类岩石的单轴抗压强度与重度的关系

记为 ρ ,单位为 kg/m^3 。

表达式:

$$\rho = \frac{M}{V} \tag{2-4}$$

式中: M ——岩石质量, kg 。

与岩石的重度类似,密度也可分为干密度、湿密度和饱和密度等。

二、岩石的相对密度

定义:岩石固体颗粒(固相物质)重度与4℃时水的重度的比值,称为岩石的相对密度,记为 G_s ,是无量纲数值。

表达式:

$$G_s = \frac{W_s}{V_s \gamma_w} = \frac{\gamma_s}{\gamma_w} \tag{2-5}$$

式中: W_s ——绝对干燥时体积为 V 的岩石重力, kN ;

V_s ——岩石的固体体积(不包括孔隙体积), m^3 ;

γ_s ——岩石固体颗粒(固相物质)重度, kN/m^3 ;

γ_w ——水的重度,在4℃时, $\gamma_w = 10 kN/m^3$ 。

岩石的相对密度取决于组成岩的矿物相对密度,大部分岩石相对密度为 $2.50 \sim 2.80$,而且随着岩石中重矿物含量的增多而增高。因此,基性和超基性岩石的相对密度可达 $3.00 \sim 3.40$,甚至更高,酸性岩石例如花岗岩的相对密度仅为 $2.50 \sim 2.84$ 。

三、岩石的孔隙率

岩石的孔隙率表征的是岩石中孔隙的发育程度。

1. 岩石的孔隙率(孔隙度)

定义:岩石试样中,孔隙的体积与岩石试样总体积的比值,称为岩石的孔隙率,记为 n ,以百分数表示。

表达式:

$$n = \frac{V_v}{V} \times 100\% \tag{2-6}$$

式中: V_v ——试样孔隙体积, m^3 ,其中也包括裂隙体积;

V ——试样的体积, m^3 。

根据干重度 γ_d 和相对密度 G_s ,也可计算孔隙率:

$$n = 1 - \frac{\gamma_d}{G_s \gamma_w} \tag{2-7}$$

2. 岩石孔隙率的组成

岩石孔隙率分为开口孔隙率和封闭孔隙率,两者之和总称孔隙率。由于岩石的孔隙主要是由岩石内的粒间孔隙和细微裂隙所构成,所以孔隙率是反映岩石致密程度和岩石质量的重要参数。

3. 岩石孔隙率与岩石单轴抗压强度的关系

孔隙率越大表示孔隙和细微裂隙越多,故岩石的抗压强度随孔隙率的增大而降低。

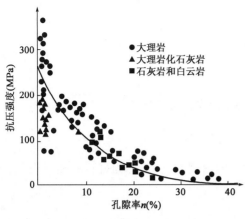

图 2-2　碳酸盐类岩石的单轴抗压强度与孔隙率的关系

如图 2-2 所示,为碳酸盐类岩石的孔隙率与单轴抗压强度的相关关系。

四、岩石的含水率

定义:岩石试样中所含水的质量与岩石固体颗粒质量(干试件质量)的比值,称为岩石的含水率。记为 w_0,以百分数表示。

表达式:

$$w_0 = \frac{M_0 - M_d}{M_d} \times 100\% \qquad (2\text{-}8)$$

式中:M_0——岩石试样的质量,g;

　　　M_d——岩石试样烘干后的质量(岩石固体颗粒质量),g。

岩石含水率的测定方法一般采用烘干法,首先将岩石试样进行称重获得 M_0,然后将岩石试样放在 $105 \sim 110\,℃$ 的烘箱中烘干 24h,取出放入干燥器内冷却至室温后称量获得 M_d,按式(2-8)计算即可获得岩石的含水率。

如果取天然状态的岩石进行测定,获得的含水率即为岩石的天然含水率。岩石的含水率与岩石的孔隙及所处的地下水环境密切相关,同时含水率的高低也将影响岩石的强度。一般情况下,含水率越高岩石强度越低。

五、岩石的吸水性

岩石的吸水性反映岩石的吸水能力,同时也反映岩石中的孔隙特性。

1. 岩石的吸水率

定义:干燥岩石试样在一个大气压和室温条件下,岩石吸入水的质量与干燥岩石的质量的比值,称为岩石的吸水率。记为 w_a,以百分数表示。

表达式:

$$w_a = \frac{M_a - M_s}{M_s} \times 100\% \qquad (2\text{-}9)$$

式中:M_a——岩石试样吸水后(浸水 48h)的质量,g;

　　　M_s——岩石试样烘干后的质量(岩石固体颗粒质量),g。

岩石的吸水率可通过室内试验测定。首先将岩石试样放在 $105 \sim 110\,℃$ 的烘箱中烘 24h,取出放入干燥器内冷却至室温后称量,求得 M_s;然后将岩样放入水槽,采用自由浸水法浸润 48h 后取出,并拭干表面水分后称量,求得 M_a,然后根据式(2-9)计算岩石的吸水率 w_a。

岩石吸水能力的大小,一般取决于岩石所含孔隙的多少和细微裂隙的连通情况。岩石中包含的孔隙和细微裂隙越多,连通情况越好,则岩石吸入的水量就越多。因此,岩石的吸水率又称为孔隙指数,用符号 i_{dex} 表示。岩石的吸水率还与岩石的种类和岩石的生成年代有关。表 2-1 列出了某些岩石孔隙指数的变化范围。图 2-3 为砂岩、石灰岩和页岩孔隙指数随地质年代不同而变化的情况。

岩石吸水率可作为岩石抗冻性的判别依据和岩石风化程度的判别指标,也可与岩石的其他物理力学特征值建立关系。图 2-4 表示了纵波波速与吸水率之间的关系,从图中可以得到,随着岩石吸水率的增加,弹性波在介质中的传播速度 v_p 相应降低。

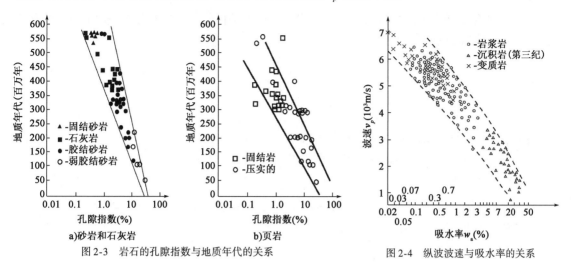

图 2-3　岩石的孔隙指数与地质年代的关系　　图 2-4　纵波波速与吸水率的关系

2. 岩石的饱水率

定义:岩石试样在高压(150 个大气压)或真空条件下,强制吸水的质量与干燥岩石质量的比值,称为岩石的饱水率。记为 w_{sat},以百分数表示。

表达式:

$$w_{sat} = \frac{M_{sat} - M_s}{M_s} \times 100\% \tag{2-10}$$

式中:M_{sat}——试样经强制饱和后的质量,g;

M_s——烘干试样的质量,g。

岩石的饱水率通常采用煮沸法和真空抽气法进行测定。首先将岩石试样放在 105～110℃ 的烘箱中烘 24h,取出放入干燥器内冷却至室温后称量,求得 M_s;然后采用煮沸法或真空抽气法,求取 M_{sat};最后根据式(2-10)计算饱水率 w_{sat}。

3. 饱水系数

定义:吸水率和饱水率之间的比值,称为岩石的饱水系数。记为 K_w,是无量纲数值。

表达式:

$$K_w = \frac{w_a}{w_{sat}} \tag{2-11}$$

一般岩石的饱水系数在 0.5～0.8 之间。

饱水系数可用来判别岩石的抗冻性。当 $K_w < 0.91$ 时,表示岩石在冻结过程中,水尚有膨胀和挤入剩余的敞开孔隙和裂隙的余地。而当 $K_w \geqslant 0.91$ 时,在冻结过程中形成的冰会对岩石中的孔隙和裂隙产生"冰劈"作用,从而造成岩石的胀裂破坏。

六、岩石的抗冻性

岩石的抗冻性指的是岩石抵抗冻融破坏的能力,是评价岩石抗风化稳定性的重要指标。岩石抗冻性的高低取决于造岩矿物的热物理性质、粒间连接强度以及岩石的含水特征等因素。岩石的抗冻性能通常用抗冻性系数和质量损失率这两个指标来表示。

1. 抗冻性系数

定义:岩石反复冻融后的饱和单轴抗压强度与冻融前的饱和单轴抗压强度的比值,称为岩石的抗冻性系数(又称为冻融系数),记为 K_{ft},是无量纲数值。

表达式:

$$K_{ft} = \frac{\sigma_{cwft}}{\sigma_{cw}} \tag{2-12}$$

式中:σ_{cwft}——岩石反复冻融后的饱和单轴抗压强度,MPa;

σ_{cw}——岩石冻融前的饱和单轴抗压强度,MPa。

2. 质量损失率

定义:岩石冻融前后饱和试件质量之差与冻融前饱和试件质量的比值,称为岩石的质量损失率(又称为冻融质量损失率),记为 K_{mft},以百分数表示。

表达式:

$$K_{mft} = \frac{M_{sat} - M_{fsat}}{M_{sat}} \times 100\% \tag{2-13}$$

式中:M_{sat}——冻融前饱和试件的质量,g;

M_{fsat}——冻融后饱和试件的质量,g。

3. 岩石抗冻性的评价

一般认为:$K_{ft} > 75\%$,$K_{mft} < 2\%$ 时,岩石的抗冻性高。

4. 岩石的抗冻性试验

岩石的抗冻性试验在实验室内进行。一般要求按规定制备不少于 6 个试件,3 个试件作饱和单轴抗压强度试验,另外 3 个试件作冻融试验。试验步骤如下:

(1)将所有岩石试件进行烘干,称其烘干质量。再将所有岩石试件进行强制饱和,并称岩石试件的饱和质量,获得 M_{sat}。

(2)取 3 个经强制饱和的岩石试件进行冻融前的单轴抗压强度试验,获得 σ_{cw}。

(3)将另外 3 个经强制饱和的岩石试件置入白铁皮盒内的铁丝架中,把白铁皮盒一起放入低温冰箱、冰柜或冷冻库内,在 $-20℃ \pm 2℃$ 温度下冷冻不少于 4h,然后取出白铁皮盒,往盒内注水浸没试件,水温保持在 $20℃ \pm 2℃$,融解不少于 4h,完成一个冻融循环。

(4)冻融循环次数应不少于 25 次。根据工程需要,冻融循环次数可选用 50 次或 100 次。

(5)冻融循环结束后,把试件从水中取出,拭干表面水分后称其质量,获得 M_{fsat},然后进行饱和单轴抗压强度试验,获得 σ_{cwft}。

(6)根据式(2-12)和式(2-13)可计算出抗冻性系数 K_{ft} 和质量损失率 K_{mft}。

例题 2-1 已知某岩石重度 $\gamma = 18kN/m^3$、相对密度 $G_s = 2.7$、含水率 $w_0 = 28\%$,试求岩样的孔隙比 e、孔隙率 n、饱和度 S_r 和干重度 γ_d。

解:采用三相图进行计算,见图 2-5。设岩石体积 $V = 1m^3$,利用已知条件分别求出孔隙体积 V_v、水的体积 V_w、固体颗粒体积 V_s、含水重量(重力)W_w、颗粒重量(重力)W_s,便可求出相关物理性质指标。

由岩石的重度可得岩石重力 $W = 18kN$;由岩石相对密度可得岩石颗粒重度 $\gamma_s = G_s \gamma_w =$

$W_s/V_s = 27\text{kN/m}^3$；由岩石含水率可得岩石中水的重力 $W_w = w_0 W_s, W_w = 0.28(W - W_w)$，即 $W_w = W/1.28 = 14.06\text{kN}$。

由此可得：

$$\begin{cases} W_w = 3.94\text{kN} \\ W_s = 14.06\text{kN} \\ W = 18\text{kN} \\ V_w = 0.394\text{m}^3 \\ V_s = 0.521\text{m}^3 \\ V_a = 0.085\text{m}^3 \end{cases}$$

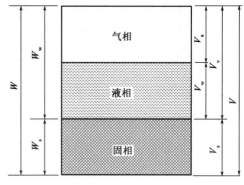

按照定义，可以求出：

$$\begin{cases} e = V_v/V_s = 0.92 \\ n = V_v/V = 48\% \\ S_r = V_w/V_v = 82\% \\ \gamma_d = W_s/V = 14.06\text{kN/m}^3 \end{cases}$$

图 2-5　例题 2-1 图

第三节　岩石的热学和电学性质

一、岩石的热学性质

描述岩石在高温作用下的物理性质，对于研究地层深部岩石的物理力学特性和流变特性具有极其重要的作用。

通常，岩石的热学性质包括岩石的热容性、热传导性和热膨胀性。

1. 岩石的热容性

岩石的热容性用于描述岩石在热传导过程中的吸热能力，通常采用岩石的比热和容积热容两项指标表示。

（1）比热（或称比热容）

单位质量的岩石在温度升高 1℃ 时所需的输入能量，称为岩石的比热。记为 C_r，单位为 $\text{J}/(\text{g} \cdot \text{℃})$ 或 $\text{J}/(\text{kg} \cdot \text{K})$。温度升高 ΔT 时，质量为 M 的岩石需要吸收的热量 ΔQ 和比热 C_r 的关系有如下的表达式：

$$\Delta Q = M \cdot C_r \cdot \Delta T \tag{2-14}$$

式中：ΔQ——岩石吸收的热量，J；

M——岩石的质量，g；

ΔT——温度的变化，℃ 或者 K。

（2）容积热容

单位体积的岩石在温度升高 1℃ 时所需输入的热量，称为岩石的容积热容。记为 C_v，单位为 $\text{J}/(\text{cm}^3 \cdot \text{℃})$。温度升高 ΔT 时，体积为 V 的岩石需要吸收的热量 ΔQ 为：

$$\Delta Q = V \cdot C_v \cdot \Delta T \tag{2-15}$$

（3）比热 C_r 和容积热容 C_v 的关系

根据比热和容积热容的定义以及式（2-14）和式（2-15），可以得到：

$$C_v = \rho \cdot C_r \tag{2-16}$$

式中：ρ——岩石的密度，g/cm^3。

（4）不同含水状态岩石的比热容的计算

岩石的比热大小取决于矿物成分及其含量，大多数的矿物比热介于 $0.5 \sim 1.0$ J/$(g \cdot ℃)$ 之间，尤其是以 $0.70 \sim 0.95$J/$(g \cdot ℃)$ 更为常见。当温度和压力变化范围不大时，岩石的比热可作为常数看待。由于水的比热较之矿物的比热高出许多，所以在计算岩石比热时，应根据其含水状态加以修正。含水状态岩石的比热可以用干燥岩石的比热进行换算。其换算公式为：

$$C_{rw} = \frac{M_d C_d + M_{wt} C_{wt}}{M_d + M_{wt}} \tag{2-17}$$

式中：M_d——干燥岩石质量，g；

M_{wt}——含水岩石中水的质量，g；

C_d——干燥岩石比热，J/$(g \cdot ℃)$；

C_{wt}——温度 t 时水的比热，J/$(g \cdot ℃)$；

C_{rw}——含水岩石的比热，J/$(g \cdot ℃)$。

2. 岩石的热传导性

岩石的热传导性用于描述岩石传导热量的能力，通常用热导率（导热系数或热传导系数）来度量。

当温度升高1℃时，单位时间内通过单位面积岩石所传导的热量，称为岩石的热导率。记为 λ_T，单位为 J/$(cm^2 \cdot s \cdot ℃)$。

温度升高 ΔT 时，时间 t 内通过面积为 S 的岩石的热量 ΔQ 为：

$$\Delta Q = \lambda_T \cdot S \cdot t \cdot \Delta T \tag{2-18}$$

式中：ΔQ——传导的热量，J；

S——岩石的导热面积，cm^2；

t——导热时间，s；

ΔT——温度变化量，℃。

大多数造岩矿物的热导率介于 $0.40 \sim 7.00$ 之间，一般为 $0.80 \sim 4.00$。冰的热导率约等于 2.0，水的热导率为 0.63，空气的热导率为 0.021。

热导率的影响因素主要有：

（1）水的影响：饱和岩石的热导率达到最高值，但与孔隙内的溶液浓度无关。

（2）岩石密度的影响：密度越高，热导率越大；试验表明，当沉积岩的骨架密度增加 $15\% \sim 20\%$ 时，导热性将提高一倍。

（3）岩石各向异性的影响：对于大部分沉积岩和变质岩来说，顺层理方向比垂直层理方向的导热系数平均高出 $10\% \sim 30\%$。

3. 岩石的热膨胀性

岩石的热膨胀性是指岩石随温度的升高而发生体积膨胀的特性，一般用线膨胀系数 α_{ex}（或体膨胀系数 β_{ex}）来表示岩石的热膨胀性。

岩石的温度升高1℃时所引起的线性伸长量（或体积增量）与0℃时岩石的线长度（或体

20

积)的比值,称为线膨胀系数 α_{ex}(或体膨胀系数 β_{ex}),单位为 1/℃。其表达式为:

线膨胀系数
$$\alpha_{ex} = \frac{L_t - L_0}{L_0 \cdot t} \tag{2-19}$$

体膨胀系数
$$\beta_{ex} = \frac{V_t - V_0}{V_0 \cdot t} \tag{2-20}$$

式中:L_0、L_t——岩石试件在 0℃ 和 t℃ 时的长度,m;

V_0、V_t——岩石试件在 0℃ 和 t℃ 时的体积,m^3。

一般情况下,岩石的体膨胀系数大致为线膨胀系数的 3 倍。影响岩石线膨胀系数的主要因素为岩石的矿物成分,例如矿物成分复杂的粗粒花岗岩的 α_{ex} 值在 $(0.6 \sim 6) \times 10^{-5}$/℃ 范围内变化,而石英岩的矿物成分相对单调,其 α_{ex} 值变化范围较小,通常在 $(1 \sim 2) \times 10^{-5}$/℃ 之间变化。

例题 2-2 在某花岗岩地区开挖大断面地下工程,开挖过程中留有多个岩柱用于临时支撑稳定,每个岩柱的截面面积为 3m×3m,地下空间开挖高度为 10m。已知花岗岩的线膨胀系数 α_{ex} 为 4×10^{-5}/℃,弹性模量 6.5×10^4MPa。请问当气温突然下降 30℃时,岩柱收缩本身会产生多大的附加应力?如果岩石的抗拉强度为 50MPa,岩柱是否会破坏?

解: 由线膨胀系数的定义可知,当温度升高时岩石线性伸长量为正,当温度下降时岩石线性伸长量为负,表现为岩石线性尺寸收缩。因此由式(2-19)可得岩石收缩量:

$$\Delta L = L_0 - L_t = \alpha_{ex}(L_0 \cdot t) = 4 \times 10^{-5} \times 10 \times 30 = 0.012(m)$$

岩柱产生的线性应变:
$$\varepsilon_l = (L_0 - L_t)/L_0 = 0.012/10 = 0.0012$$

岩柱产生的附加应力:
$$\sigma_l = \varepsilon_l E = 0.0012 \times 6.5 \times 10^4 = 78(MPa)$$

由于岩柱收缩产生的附加应力为拉应力,一旦该应力超过抗拉强度,岩柱就会被破坏。而已知条件中给出的岩石抗拉强度为 50MPa,显然收缩应力已经超过抗拉强度,所以该岩柱将产生拉裂破坏。

二、岩石的电学性质

岩石的电学性质主要研究岩石的导电性能,即岩石传导电流的能力,这对于应用岩石的电场进行勘探具有极其重要的作用。

反映岩石导电性能的常用指标有电导率 ξ_{con} 和电阻率 ρ_{res}。

电阻率是指沿岩石试样体积电流方向上的直流电场强度与该处电流密度的比值,在数值上等于单位体积岩石的电阻大小,单位为 $\Omega \cdot m$。

表达式:
$$\rho_{res} = \frac{1}{\xi_{con}} = \frac{RS}{L} \tag{2-21}$$

式中:R——岩石试件的电阻值,Ω;

S——通过电流的试件截面面积,m^2;

L——试件的长度,m。

岩石导电性具有复杂易变的特点,其大小与岩石本身的矿物成分、结构、孔隙溶液的化学组成以及浓度等诸多因素有关。对于大部分金属矿物质来说,导电性极好,电阻率在 $1 \times 10^{-8} \sim 1 \times 10^{-7}\Omega \cdot m$ 范围内;而最常见的造岩矿物质(如石英、长石、云母、方解石等)的导电性极差,

电阻率都在 $1 \times 10^6 \Omega \cdot m$ 以上,属于劣导电性矿物质。从理论上讲,水也属于劣导电性的物质,但由于水中所含的盐分都是良好的导电介质,因此,充填在岩石孔隙和裂隙中的水多是良导电性的物质。岩石的导电性还与岩石的孔隙率和含水状况有关,含有众多孔隙和裂隙岩石的电阻率比致密岩石的电阻率大得多。一般情况下岩石电阻率与孔隙率的关系可以用如下公式来表示:

$$\rho_{res} = \rho_{reso} \frac{2 + n}{2(1 - n)} \tag{2-22}$$

式中: ρ_{reso}——岩石固相(固体颗粒)电阻率;

$\qquad n$——岩石的孔隙率,用小数表示。

根据试验资料证明,岩浆岩类岩石的电阻率普遍较高,变质岩类岩石电阻率次之,而沉积岩类岩石的电阻率变化范围很大,并且垂直层理通常比平行层理方向的电阻率高。表2-2列举了几种常见岩石的电阻率。

常见岩石的电阻率值   表2-2

岩石名称	ρ_{res} 变化范围	岩石名称	ρ_{res} 变化范围
花岗岩	$3 \times 10^2 \sim 1 \times 10^6$	片岩	$20 \sim 1 \times 10^4$
花岗斑岩	4.5×10^3(湿)$\sim 1.3 \times 10^6$(干)	片麻岩	6.8×10^4(湿)$\sim 3 \times 10^6$(干)
长石斑岩	4×10^3(湿)	板岩	$6 \times 10^2 \sim 4 \times 10^7$
正长石	$1 \times 10^2 \sim 1 \times 10^6$	大理岩	$1 \times 10^2 \sim 2.5 \times 10^8$(干)
闪长石	$1 \times 10^4 \sim 1 \times 10^5$	矽卡岩	2.5×10^2(湿)$\sim 2.5 \times 10^8$(干)
闪长斑岩	1.9×10^3(湿)$\sim 2.8 \times 10^4$(干)	石英岩	$10 \sim 2 \times 10^8$
英安岩	2×10^4(湿)	固结页岩	$20 \sim 2 \times 10^3$
辉绿斑岩	10^3(湿)$\sim 1.7 \times 10^5$(干)	砾岩	$2 \times 10^3 \sim 1 \times 10^4$
辉绿岩	$20 \sim 5 \times 10^7$	砂岩	$1 \sim 6.4 \times 10^8$
辉长岩	$1 \times 10^3 \sim 1 \times 10^6$	石灰岩	$50 \sim 1 \times 10^7$
熔岩	$1 \times 10^2 \sim 5 \times 10^4$	白云岩	$3.5 \times 10^2 \sim 5 \times 10^3$
玄武岩	$10 \sim 1.3 \times 10^7$(干)	泥灰岩	$3 \sim 70$
橄榄岩	3×10^3(湿)$\sim 6.5 \times 10^3$	未硬结湿黏土	20
角页岩	8×10^3(湿)$\sim 6 \times 10^7$(干)	黏土	$1 \sim 100$
凝灰岩	2×10^3(湿)$\sim 1 \times 10^5$(干)	冲击层(砂)	$10 \sim 800$

注:岩石电阻率的测定方法很多,主要有电容器充电法、高阻计法和电桥法等。

第四节　岩石的水理性

岩石的水理性是指岩石遇水后所表现出来的性质,包括岩石的渗透性、膨胀性、崩解性以及软化性等。前面介绍的岩石的吸水性、抗冻性也可以认为是岩石的水理性。

岩石中广泛存在地下水的作用,当有水力坡降存在时,水就会透过岩石中的孔隙和裂隙而流动,形成渗流。水是促使岩石形状发生变化的主要因素,它可以通过水力学、物理及化学的作用形式实现,因此研究岩石的水理性指标,对岩体稳定性分析和评价具有极其重要的作用。

一、岩石的渗透性

1. 岩石的渗透性

岩石的渗透性是指岩石在水压力作用下,岩石孔隙和裂隙透过水的能力。

长期以来有关渗流的研究基本上集中在孔隙介质(例如土)中的渗流,而对于裂隙介质(例如岩体)中的渗流研究,则很不成熟。为了研究岩体中的渗流问题,通常假定它服从达西定律(Darcy)。根据达西定律,渗流速度与水力坡降成正比,即:

$$\vec{v} = k\vec{i} = k \cdot \text{grad}U \qquad (2\text{-}23)$$

式中:v——渗流速度,m/s;

　　k——渗透系数(又称水力传导系数或水力传导率),m/s;

　　i——水力梯度,又称水力坡降,是渗透水头损失(水头差)与渗透路径的比值;

　　U——水力势,它等于 $z + p/\gamma_w$(z 是位置高度,p 是水压力,γ_w 是水的重度)。

考虑到岩石的各向异性,可将达西定律写成如下形式:

$$\begin{cases} v_x = k_x \dfrac{\partial U}{\partial x} \\ v_y = k_y \dfrac{\partial U}{\partial y} \\ v_z = k_z \dfrac{\partial U}{\partial z} \end{cases} \qquad (2\text{-}24)$$

渗透系数的物理意义是介质对某种特定流体的渗透能力,影响渗透系数的因素很多。对于岩石中的渗流来讲,影响岩石的渗透系数主要有水的黏滞性,以及岩石的物理性质和结构特征,例如岩石中孔隙和裂隙的大小、开启程度以及连通情况等。这里要注意与渗透率的概念区分开来,渗透率是指岩石在一定压力差下允许流体通过的能力,表征的是岩石本身传导液体的能力,仅取决于岩石本身结构与构造特征,与液体的性质无关。

岩石渗透系数与渗透率之间的关系可表示为:

$$k = \frac{K\gamma}{\mu} = \frac{Kg}{\mu_D}$$

式中:K——渗透率,m^2;

　　γ——液体重度,kN/m^3;

　　μ——液体黏滞系数,m^2/s;

　　g——重力加速度,m/s^2;

　　μ_D——液体运动黏滞系数,m^2/s。

对于裂隙介质渗透性的研究,主要采用平行板裂缝模型。该模型的主要理论就是把裂隙简化为平行板之间的裂缝(图 2-6),假定裂缝中水流服从达西定律,根据单相无紊乱,黏性不可压缩介质的纳维-斯托克斯(Navier-Stokes)方程,可推导出单个裂隙的渗流公式。如果裂隙的张开度为 e ,水的动黏滞系数(动黏滞率)为 μ_D ,则单裂隙的渗透系数为:

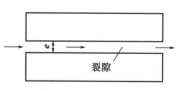

图 2-6　平行板裂缝模型

$$k = \frac{\gamma_w e^3}{12\mu_D} \qquad (2\text{-}25)$$

式中:k——渗透系数,m/s;

　　e——裂隙的开度,m;

　　μ_D——运动黏滞系数(动黏滞率),m^2/s;

　　γ_w——水的重度,kN/m^3。

达西定律的适用条件是层流,但当孔隙大且水头高时,将出现紊流。判定层流和紊流以雷

诺数为标准,层流的条件为:

$$R_e = \frac{vd}{\mu_D} < 1 \sim 10 \tag{2-26}$$

式中:R_e——雷诺数;

  v——孔隙(裂隙)中水的流速,m/s;

  d——孔隙(裂隙)的直径,m。

 2.岩石渗透系数的测定

  岩石渗透系数可在现场或实验室内通过试验确定。其中现场试验主要采用抽水试验方法,该方法在土力学课程中讲过,这里不再赘述。下面主要介绍实验室测定岩石渗透系数的方法。

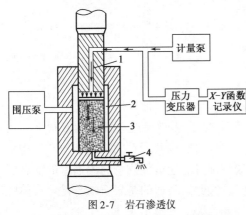

图 2-7 岩石渗透仪

1-注水管路;2-围压室;3-岩样;4-放水阀

  (1)纵向渗透试验

  纵向渗透试验采用的仪器是岩石渗透仪,如图 2-7 所示为岩石渗透仪的结构和试验原理。试验时采用下式计算渗透系数 k:

$$k = \frac{QL\gamma_w}{pA} \tag{2-27}$$

式中:γ_w——水的重度,kN/m³;

  Q——单位时间内通过试样的水量,m³;

  L——试样长度,m;

  A——试样的截面面积,m²;

  p——试样两端的压力差,kPa。

  (2)径向渗透试验

  岩石的渗透系数不仅与岩石及水的物理性质有关,而且有时与岩石的应力状态也有很大关系。为了研究渗透系数与应力状态的关系,可通过径向渗透仪对岩石做径向渗透试验。其结构和试验原理如图 2-8 所示。

  取一段直径为 60mm、长为 150mm 的岩芯试样,在岩芯内钻一直径为 12mm、长为 125mm 的轴向小孔。试验前将轴向小孔上端 25mm 长的一段堵塞起来,但要用一根导管使小孔与外界连通。将试样放进盛有压力水的容器内,并保持试样轴向小孔壁上的水压力与试样外壁上的水压力不等,这样就引起径向渗流,水流几乎在试样的整个高度上都是径向流动的。当外壁水压力大于内壁水压力时,水从外壁向内壁渗流,环形"岩管"处于受压状态;反之,当内壁压力大于外壁压力时,水从内壁向外壁渗流,试样处于受拉状态。

  径向渗透试验的渗透系数计算公式如下:

$$k = \frac{Q\gamma_w}{2\pi Lp}\ln\frac{R_2}{R_1} \tag{2-28}$$

式中:γ_w——水的重度,kN/m³;

  Q——单位时间内试样内部接纳的水量,m³;

  L——内孔长度,m;

  R_1、R_2——试样的内半径和外半径,m;

  p——外壁上的水压力,kPa。

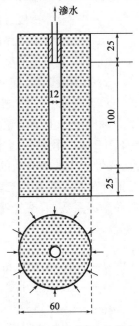

图 2-8 径向渗透试验示意图

(尺寸单位:mm)

例题 2-3 在 10m 的水头差的作用下,计算水流水平向通过下列岩石所需要的时间:

(1) 长 4m 的整块花岗岩,具有各向同性的水力传导系数 $k = 1 \times 10^{-12}$ m/s。

(2) 长 5m 的具有裂隙的石灰岩,其各向同性的水力传导系数 $k = 1 \times 10^{-4}$ m/s。

解: (1) 由达西定律可得渗流的流速为 $v = ki = 1 \times 10^{-12}(10/4) = 2.5 \times 10^{-12}$ (m/s),该流速经过 4m 长整块花岗岩所需的时间为 $t = l/v = 4/(2.5 \times 10^{-12}) = 1.6 \times 10^{12}$ (s) $= 1.85 \times 10^7$ d。这种程度的水渗透在工程中并不算很显著,不过对于以数百万年计算的地质年代而言,流过花岗岩的水也是一个不小的数字。

(2) 由达西定律可得渗流的流速为 $v = ki = 1 \times 10^{-4}(10/5) = 2.0 \times 10^{-4}$ (m/s),该流速经过 4m 长整块花岗岩所需的时间为 $t = l/v = 5/(2.0 \times 10^{-4}) = 2.5 \times 10^4$ (s) $= 6.9$ h $= 0.289$ d。可见只需要 6.9h 就可以流过岩石。

例题 2-4 对于一系列平行的裂隙面而言,其沿着裂隙平面方向的水力传导系数有如下公式:

$$k = \frac{\lambda \gamma_w e^3}{12\mu_D}$$

式中:k——渗透系数,又称为水力传导系数或水力传导率,m/s;

λ——裂隙的频度,或称裂隙密度,条/m;

e——裂隙的开度,m;

μ_D——运动黏滞系数(动黏滞率),m^2/s。

对于裂隙频度为每米 1 个裂隙、裂隙开度为 0.01mm 的岩石体而言,其水力传导系数为 8.3×10^{-10} m/s。请问:

(1) 对于裂隙频度为每米 10 个裂隙、裂隙开度为 1mm 的另一块岩体,其水力传导系数是多少?

(2) 对于这两块不同的岩体,导致它们的水力传导系数不同的主要因素是什么?

解: 由公式可以反算水的运动黏滞系数(动黏滞率),然后再代入公式计算相应水力传导系数。更为简单的方法是变换公式为:

$$k = \frac{\lambda \gamma_w e^3}{12\mu_D} = \lambda e^3 \left(\frac{\gamma_w}{12\mu_D} \right)$$

由已知条件可计算出:

$$\frac{\gamma_w}{12\mu_D} = \frac{k}{\lambda e^3} = \frac{8.3 \times 10^{-10}}{1 \times (0.01 \times 10^{-3})^3} = 8.3 \times 10^5 (m/s)$$

对于裂隙频度为每米 10 个裂隙、裂隙开度为 1mm 的另一块岩体,其水力传导系数为:

$$k = \lambda e^3 \left(\frac{\gamma_w}{12\mu_D} \right) = 10 \times (1 \times 10^{-3})^3 \times 8.3 \times 10^5 = 8.3 \times 10^{-3} (m/s)$$

这一数值是第一块岩体的千万倍。

第二块岩体相对于第一块岩体,裂隙频度增加了 10 倍,开度增加了 100 倍。由于渗透系数是与裂隙频度成线性正比,而与开度的立方成正比,所以渗透系数最终发生了千万倍的增加 ($10 \times 100 \times 100 \times 100 = 1000$ 万)。所以,裂隙开度的增加对水力传导率的增加起到主要助推作用。可见,裂隙及其性质对通过岩体的水流动有重大影响。

二、岩石的膨胀性

岩石遇水后体积增大的特性,称为岩石的膨胀性。主要发生在含有黏土矿物成分的软质岩石中,如蒙脱石、水云母、高岭石等。在水化作用下,黏土矿物的晶格内部或细分散颗粒的周围生成结合水溶剂膜(水化膜),并且在相邻近的颗粒间产生楔劈效应,只要楔劈作用大于结构联结力,岩石就显示出膨胀性。

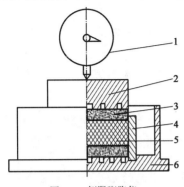

图 2-9　侧限膨胀仪

1-千分表;2-上压板;3-透水石;4-套环;5-试件;6-容器

在隧道工程和铁路路基工程中,如遇到膨胀岩会出现大的变形,这给围岩支护衬砌、路基填筑施工带来极为不利的影响。

岩石膨胀性的大小,主要通过膨胀力和膨胀率这两个指标来体现,其测定可通过室内试验确定。岩石侧限膨胀仪的结构原理如图 2-9 所示。试验时将岩石试样按照直径大于厚度的 2.5 倍加工成圆饼状;然后把试样放入仪器的盛水盒中浸水,使其全部浸没;再根据工程类型和岩石受力条件选用相应的测试方法。

岩石膨胀力和膨胀率的测定方法有平衡加压法、压力恢复法和加压膨胀法。

1. 平衡加压法

在试验过程中不断加压,使试样的体积始终保持不变,测得的最大压力即为岩石的最大膨胀力;然后将荷载逐级卸载至零,测得最大膨胀变形量,膨胀变形量与试样原始厚度的比值即为岩石的膨胀率。

2. 压力恢复法

先让试样浸水后,在有侧限的条件下自由膨胀,可求得自由膨胀率;然后开始分级加压,待膨胀稳定后,可测得该级压力下的膨胀率;当加压使试样恢复到浸水前的厚度时,此时的压力为岩石的膨胀力。

3. 加压膨胀法

在试样浸水前先施加一大于膨胀力的压力,待受压变形稳定后,再将试样浸水膨胀并让其完全饱和;然后做逐级减压并测定不同压力下的膨胀率,膨胀率为零时的压力为膨胀压力,压力为零时的膨胀率即为有侧限的自由膨胀率。

由于上述三种方法的初始条件不同,其测试结果相差较大,如压力恢复法所测的膨胀力可比平衡加压法大 20% ~ 40%,甚至大 1 ~ 4 倍。由于平衡加压法能保持岩石的原始容积和结构,是等容过程做功,所以测出的膨胀力能够比较真实地反映岩石原始结构的膨胀势能,试验结果比较符合实际情况,因此,平衡加压法为许多部门所采用。

三、岩石的崩解性

岩石遇水后,与水相互作用失去黏性,并变成完全丧失强度的松散物质的性能,称为岩石的崩解性。该现象的产生主要是水化过程中削弱了岩石内部的结构联结引起的。常见于由可溶盐和黏土质胶结的沉积岩地层中。

岩石的崩解性通常用耐崩解性指数来表示,该指标的测定可以在实验室内做干湿循环试验确定。如图 2-10 所示是试验所用的干湿循环测定仪。试验选用 10 块有代表性的岩石试样,每块质量 40 ~ 60g,磨去棱角使其近于球粒状。将试样放进带筛的圆筒内(筛眼直径为 2mm),在温度 105 ~ 110℃下烘至恒重后称量;然后将圆筒支承在水槽上,并向槽中注入蒸馏水,使水面达到低于圆筒轴 20mm 的位置,用 20r/min 的均匀速度转动圆筒,历时 10min 后取下圆筒作第二次烘干称量,即完成一次干湿循环试验。重复上述试验步骤可完成多次干湿循环试验。以第二次干湿循环的数据作为计算耐崩解性指数的依据。计算公式为:

$$I_{d2} = \frac{M_2 - M_0}{M_1 - M_0} \times 100\% \tag{2-29}$$

式中:I_{d2}——岩石(二次循环)耐崩解性指数;

M_1——试验前圆柱筛筒与试样烘干质量,g;

M_2——第二次循环后圆柱筛筒与残留试样烘干质量,g;

M_0——圆柱筛筒质量,g。

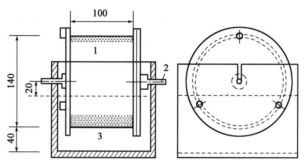

图 2-10 干湿循环测定仪(尺寸单位:mm)

1-圆筒;2-轴;3-水槽

根据耐崩解指数 I_{d2} 的大小,可将岩石耐崩解性划分为六个等级。见表 2-3。

岩石耐崩解性等级的划分   表 2-3

I_{d2}	≤30	31~60	61~85	86~95	96~98	>98
等级	很低	低	中等	中高	高	很高

四、岩石的软化性

岩石的软化性是指岩石遇水后强度降低的性能。软化作用的机理也是由于水分子进入岩石粒间间隙而削弱了粒间联结造成的。岩石的软化性与矿物成分、粒间联结方式、孔隙率以及微裂隙发育程度等因素有关。岩石的软化性一般用软化系数表示。

岩石饱和抗压强度 σ_{cw} 与干抗压强度 σ_c 的比值,称为岩石软化系数 K_R,表达式为:

$$K_R = \frac{\sigma_{cw}}{\sigma_c} \tag{2-30}$$

当 $K_R > 0.75$ 时,岩石的软化性较弱;当 $K_R \leq 0.75$ 时,岩石的软化性较强。

思 考 题

2-1 影响岩石物理性质的主要因素有哪些?

2-2 岩石物理性质的主要指标及其表示方式是什么?

2-3 岩石的热学性质主要体现在哪几个方面?

2-4 解释岩石的电学性质。

2-5 岩石的渗透性及渗透系数是如何确定的?

2-6 岩石膨胀力和膨胀率的测定方法有哪些?各有何特点?

习　　题

2-1　某岩样试件,测得重度 $\gamma = 19 \text{kN/m}^3$,相对密度 $G_s = 2.69$,含水率 $\omega_0 = 29\%$,试求岩样的孔隙比 e、孔隙率 n、饱和度 S_r 和干重度 γ_d。

[参考答案: $e = 0.83$, $n = 45\%$, $S_r = 94\%$, $\gamma_d = 14.73 \text{kN/m}^3$]

2-2　某岩样测得其重度 $\gamma = 20 \text{kN/m}^3$,天然含水率为24%,相对密度 $G_s = 2.71$,试计算该岩样的孔隙率 n、孔隙比 e、饱和度 S_r 和浮重度 γ'。

[参考答案: $n = 40\%$, $e = 0.68$, $S_r = 95.6\%$, $\gamma' = 10.18 \text{kN/m}^3$]

2-3　设岩石的干重度 $\gamma_d = 25 \text{kN/m}^3$,孔隙率 $n = 2.5\%$,求其干密度及相对密度。

[参考答案: $\rho_d = 2.5 \text{g/cm}^3$, $G_s = 2.5$]

2-4　设截面面积为 A、长为 l 的花岗岩柱体与其他岩块连接,该柱体温度突然下降40℃,而两端仍保持距离不变。问由于柱体收缩而引起的应力有多大?(设岩体的弹性模量为 E)

[参考答案: $\sigma = 40 \alpha_{ex} E$]

2-5　有一长 2.0m、截面面积 0.5m^2 的大理岩柱体,其比热 $C_r = 0.85 \text{J/(g·℃)}$,线膨胀系数 $\alpha_{ex} = 1.5 \times 10^{-5} /℃$,重度 $\gamma = 26.5 \text{kN/m}^3$,求在环境温度骤降40℃条件下,岩柱散失的热量以及因温差引起的变形大小。

[参考答案: $\Delta Q = 9.01 \times 10^7 \text{J}$, $\Delta l = 0.0012 \text{m}$]

第三章 岩石的变形与强度特性

第一节 概　　述

　　岩石的变形特性只有通过在应力作用下的变形过程才能表现出来,它与岩石本身的材料特性密切相关,同时还随受力环境和作用力的延续时间不同而发生变化,从而使得岩石的变形特性变得极其复杂。在论述岩石的变形特性之前,有必要对岩石的力学属性进行明确说明。

　　弹性:指物体在外力作用下发生变形,而当撤除外力后能够恢复原状的性质。产生的变形称为弹性变形,具有弹性性质的物体称为弹性介质。弹性按照应力应变关系可以分为线弹性和非线性弹性,线弹性又称为理想弹性或 Hook 弹性,其应力应变呈直线关系[图 3-1a)],非线性弹性材料的应力应变呈非直线关系。

　　塑性:指物体在外力作用下发生不可逆变形的性质。这种不可逆的变形也称为塑性变形或残余变形、永久变形。当物体既有弹性变形又有塑性变形,且具有明显的弹性后效时,弹性变形和塑性变形就难以区别了。在外力作用下只发生塑性变形或在一定应力范围内只发生塑性变形的物体,称为塑性介质。理想塑性材料的应力-应变关系如图 3-1b)所示,当应力低于屈服应力 σ_s 时,材料表现为弹性,应力达到屈服应力后,变形不断增大而应力不变,应力应变曲线呈水平直线。

　　脆性:指物体在外力作用下变形很小时即发生破坏的性质。材料的塑性与脆性是根据其受力破坏前的总应变及全应力-应变曲线上负坡的坡降大小来划分的。破坏前总应变小、负坡较陡者为脆性,反之为塑性。工程上一般以 5% 为标准进行划分,总应变大于 5% 者为塑性材料,反之为脆性材料。赫德(Heard)在 1963 年以 3% 和 5% 为界限,将岩石划分为三类:总应变小于 3% 者为脆性岩石,总应变在 3% ~5% 者为半脆性或脆-塑性岩石,总应变大于 5% 者为塑性岩石。按以上标准,大部分地表岩石在低围压条件下都是脆性或半脆性的。当然岩石的塑性与脆性是相对的,在一定的条件下可以相互转化,如在高温高压条件下,脆性岩石可表现出很高的塑性。

　　延性:指物体在外力作用下破坏前能够发生大量变形的性质,其中主要是塑性变形。在某些文献中把物体能承受较大的塑性变形而不丧失其承载能力的性质称为延性,但绝对不能将延性这一概念混淆为塑性。

　　黏性:指在外力作用下物体能够抑止瞬间变形,使变形因时间效应而滞后的性质。换句话说,物体受力后变形不能在瞬时完成,应变速率随应力的增加而增加。对于理想的黏性材料(如牛顿流体),其应力-应变速率关系如图 3-1c)所示,它是过原点的一条直线。应变速率随应力变化的变形称为流动变形。

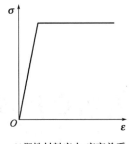
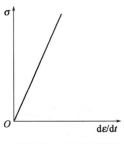

a)弹性材料应力-应变关系　　　　b)塑性材料应力-应变关系　　　　c)黏性材料应力-应变速率关系

图3-1　材料变形性状示意图

岩石是矿物的集合体,具有复杂的组成成分和结构,因此其力学属性也是很复杂的。一方面受岩石成分与结构的影响;另一方面还和它的受力条件,如荷载的大小及其组合情况、加载方式与速率及应力路径等密切相关。例如,在常温常压下,岩石既不是理想的弹性材料,也不是简单的塑性和黏性材料,而往往表现出弹-塑性、塑-弹性、弹-黏-塑或黏-弹性等性质。此外,岩石所赋存的环境条件,如温度、地下水与天然应力对其性状的影响也很大,例如具有坚固结晶联结的细粒岩石,在常温常压环境中,以弹性变形占优势,破坏前应变量不大,即属于弹-脆性体;但在高温高压条件下,则会发生大量塑性变形,转变成为塑-延性体。因此,在讨论一种岩石属于何种变形体时,必须说明它的受力环境和条件。

尽管岩石的变形特性很复杂,但对大多数在常温常压下的岩石来说,通常仍可将其看作近似弹脆性体,因此在多数情况下都主要以弹性理论为基础对其进行研究。

第二节　岩石变形的各向异性

在岩石工程分析中,岩石常被当作线弹性、均质和各向同性介质来处理;然而作为岩石工程研究对象的岩石,都有一个基本特征,即介质中存在节理和裂隙,且这些节理、裂隙均不同程度地存在一定的方向性,从而使得大多数情况下,岩石材料均表现出各向异性特征。任何岩石力学课题要想得出完善的解答,都必须考虑这种特征。岩石的各向异性是岩石力学中的一个重要概念,也是岩石本身的一个重要特性,它包含了岩石在强度和变形特征两个方面的各向异性。所谓岩石变形各向异性是指岩石中任意一点沿各个方向的变形特性各不相同。近年来许多学者在岩石各向异性方面做了大量的研究工作,Lekhniskiiz 从连续介质的广义 Hooke 定律出发推导出了各向异性体弹性理论的一般方程,为岩石各向异性的研究奠定了基础。Barla 等探讨了将各向异性当作各向同性来处理时在应力变形中产生的误差。Ribachi 研究了各向异性岩石中的应力测量问题。但总的来说,岩石各向异性对岩石力学特性影响还有待进一步深入研究。本节简要介绍岩石变形各向异性的一些基本概念和基本理论。

一、广义胡克(Hooke)定律

在岩石工程应用中,为了便于理论分析,岩石常被近似当作为弹性介质来处理。由弹性力学知识,弹性体的变形应遵循胡克(Hooke)定律。设应力与应变之间的关系可用下列函数表示为:

$$\sigma_x = f_1(\varepsilon_x, \varepsilon_y, \varepsilon_z, \gamma_{xy}, \gamma_{yz}, \gamma_{zx})$$

$$\cdots\cdots$$
$$\tau_{zx} = f_6(\varepsilon_x, \varepsilon_y, \varepsilon_z, \gamma_{xy}, \gamma_{yz}, \gamma_{zx})$$

或写成
$$\sigma_{ij} = f_{ij}(\varepsilon_{ij}) \tag{3-1}$$

一点附近的应力状态由泰勒(Taylor)公式展开成:

$$\sigma_x = (f_1)_0 + \left(\frac{\partial f_1}{\partial \varepsilon_x}\right)_0 \varepsilon_x + \cdots + \left(\frac{\partial f_1}{\partial \gamma_{zx}}\right)_0 \gamma_{zx} + \frac{1}{2}\left(\frac{\partial^2 f_1}{\partial \varepsilon_x^2}\right)_0 \varepsilon_x^2 + \cdots$$

$$\cdots\cdots$$

在小变形的情况下,忽略高阶微量,并假设初始应力为零,即 $(f_1)_0 = 0$,则有:

$$\sigma_x = \left(\frac{\partial f_1}{\partial \varepsilon_x}\right)_0 \varepsilon_x + \cdots + \left(\frac{\partial f_1}{\partial \gamma_{zx}}\right)_0 \gamma_{zx}$$

记
$$\left(\frac{\partial f_1}{\partial \varepsilon_{ij}}\right)_0 = D_{ij}(\text{const})$$

这样就可得到用矩阵表示的广义胡克(Hooke)定律的一般表达式为:

$$\begin{Bmatrix} \sigma_x \\ \sigma_y \\ \sigma_z \\ \tau_{xy} \\ \tau_{yz} \\ \tau_{zx} \end{Bmatrix} = \begin{bmatrix} D_{11} & D_{12} & D_{13} & D_{14} & D_{15} & D_{16} \\ D_{21} & D_{22} & D_{23} & D_{24} & D_{25} & D_{26} \\ D_{31} & D_{32} & D_{33} & D_{34} & D_{35} & D_{36} \\ D_{41} & D_{42} & D_{43} & D_{44} & D_{45} & D_{46} \\ D_{51} & D_{52} & D_{53} & D_{54} & D_{55} & D_{56} \\ D_{61} & D_{62} & D_{63} & D_{64} & D_{65} & D_{66} \end{bmatrix} \begin{Bmatrix} \varepsilon_x \\ \varepsilon_y \\ \varepsilon_z \\ \gamma_{xy} \\ \gamma_{yz} \\ \gamma_{zx} \end{Bmatrix} \tag{3-2}$$

可简写为
$$\boldsymbol{\sigma} = \boldsymbol{D}\boldsymbol{\varepsilon}$$

若用应力表示应变,则可变换为
$$\boldsymbol{\varepsilon} = \boldsymbol{C}\boldsymbol{\sigma}$$

式中:$\boldsymbol{D}$、$\boldsymbol{C}$——刚度矩阵和柔度矩阵;

D_{ij}、C_{ij}——刚度系数(弹性系数)和柔度系数,各为36个。两者之间的关系为
$$\boldsymbol{CD} = \boldsymbol{I} \tag{3-3}$$

其中,$\boldsymbol{I}$ 为6阶单位矩阵。应用功能原理可以证明刚度矩阵 $\boldsymbol{D}$ 和柔度矩阵 $\boldsymbol{C}$ 是对称矩阵,即独立的弹性系数仅有21个。

二、各向同性体

若岩石中的任意一点,沿各个方向的弹性性质均相同,即岩石被视为各向同性体,则广义胡克(Hooke)定律式(3-2)变为:

$$\begin{Bmatrix} \sigma_x \\ \sigma_y \\ \sigma_z \\ \tau_{xy} \\ \tau_{yz} \\ \tau_{zx} \end{Bmatrix} = \begin{bmatrix} \lambda+2G & \lambda & \lambda & 0 & 0 & 0 \\ & \lambda+2G & \lambda & 0 & 0 & 0 \\ & & \lambda+2G & 0 & 0 & 0 \\ & \text{对} & & G & 0 & 0 \\ & & \text{称} & & G & 0 \\ & & & & & G \end{bmatrix} \begin{Bmatrix} \varepsilon_x \\ \varepsilon_y \\ \varepsilon_z \\ \gamma_{xy} \\ \gamma_{yz} \\ \gamma_{zx} \end{Bmatrix} \tag{3-4}$$

也可以写成下列形式：

$$\begin{cases} \sigma_x = \lambda e + 2G\varepsilon_x & \tau_{xy} = G\gamma_{xy} \\ \sigma_y = \lambda e + 2G\varepsilon_y & \tau_{yz} = G\gamma_{yz} \\ \sigma_z = \lambda e + 2G\varepsilon_z & \tau_{zx} = G\gamma_{zx} \end{cases}$$

其中，$e = \varepsilon_x + \varepsilon_y + \varepsilon_z$ 为体应变。

用应力表示应变的广义胡克（Hooke）定律，其表达式为：

$$\begin{cases} \varepsilon_x = \dfrac{1}{E}[\sigma_x - \mu(\sigma_y + \sigma_z)] & \gamma_{xy} = \dfrac{2(1+\mu)}{E}\tau_{xy} \\ \varepsilon_y = \dfrac{1}{E}[\sigma_y - \mu(\sigma_z + \sigma_x)] & \gamma_{yz} = \dfrac{2(1+\mu)}{E}\tau_{yz} \\ \varepsilon_z = \dfrac{1}{E}[\sigma_z - \mu(\sigma_x + \sigma_y)] & \gamma_{zx} = \dfrac{2(1+\mu)}{E}\tau_{zx} \end{cases} \tag{3-5}$$

其中，E、μ 称为杨氏模量和泊松比，可通过试验测定；$G = \dfrac{E}{2(1+\mu)}$ 称为剪切模量，$\lambda = \dfrac{E\mu}{(1+\mu)(1-2\mu)}$ 称为拉梅（Lame）系数。若将式（3-5）用矩阵表示，则有：

$$\begin{Bmatrix} \varepsilon_x \\ \varepsilon_y \\ \varepsilon_z \\ \gamma_{xy} \\ \gamma_{yz} \\ \gamma_{zx} \end{Bmatrix} = \begin{bmatrix} \dfrac{1}{E} & -\dfrac{\mu}{E} & -\dfrac{\mu}{E} & 0 & 0 & 0 \\ & \dfrac{1}{E} & -\dfrac{\mu}{E} & 0 & 0 & 0 \\ & & \dfrac{1}{E} & 0 & 0 & 0 \\ & 对 & & \dfrac{2(1+\mu)}{E} & 0 & 0 \\ & 称 & & & \dfrac{2(1+\mu)}{E} & 0 \\ & & & & & \dfrac{2(1+\mu)}{E} \end{bmatrix} \begin{Bmatrix} \sigma_x \\ \sigma_y \\ \sigma_z \\ \tau_{xy} \\ \tau_{yz} \\ \tau_{zx} \end{Bmatrix}$$

若将式（3-5）中的前三式相加，则有：

$$e = \frac{1-2\mu}{E}\Theta = \frac{\Theta}{3K_V} = \frac{\sigma_m}{K_V} \tag{3-6}$$

其中，$\Theta = \sigma_x + \sigma_y + \sigma_z$ 为体应力；$\sigma_m = \dfrac{1}{3}(\sigma_x + \sigma_y + \sigma_z)$ 为平均应力；$K_V = \dfrac{E}{3(1-2\mu)}$ 为体积模量。

三、正交各向异性体

如果假设岩石为正交各向异性的线弹性体，它将有 3 个弹性对称平面（图 3-2），弹性系数减少为 9 个，本构方程表示为：

$$\left\{\begin{array}{c} \varepsilon_x \\ \varepsilon_y \\ \varepsilon_z \\ \gamma_{xy} \\ \gamma_{yz} \\ \gamma_{zx} \end{array}\right\} = \left[\begin{array}{cccccc} \dfrac{1}{E_1} & -\dfrac{\mu_{21}}{E_2} & -\dfrac{\mu_{31}}{E_3} & 0 & 0 & 0 \\ -\dfrac{\mu_{12}}{E_1} & \dfrac{1}{E_2} & -\dfrac{\mu_{32}}{E_3} & 0 & 0 & 0 \\ -\dfrac{\mu_{13}}{E_1} & -\dfrac{\mu_{23}}{E_2} & \dfrac{1}{E_3} & 0 & 0 & 0 \\ 0 & 0 & 0 & \dfrac{1}{G_{12}} & 0 & 0 \\ 0 & 0 & 0 & 0 & \dfrac{1}{G_{23}} & 0 \\ 0 & 0 & 0 & 0 & 0 & \dfrac{1}{G_{13}} \end{array}\right] \left\{\begin{array}{c} \sigma_x \\ \sigma_y \\ \sigma_z \\ \tau_{xy} \\ \tau_{yz} \\ \tau_{zx} \end{array}\right\} \qquad (3-7)$$

式中： $E_i(E_1,E_2,E_3)$——岩石沿 $i(x,y,z)$ 方向的弹性模量；

$\mu_{ij}(\mu_{12},\mu_{21},\mu_{23},\mu_{32},\mu_{31},\mu_{13})$——岩石的泊松比，即由于 $i(x,y,z)$ 方向应力引起的 $j(x,y,z)$ 方向应变与 $i(x,y,z)$ 方向的应变之比；

$G_{ij}(G_{12},G_{23},G_{13})$——岩石沿 i-j 平面的剪切模量。

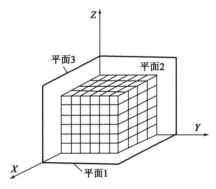

图 3-2　正交各向异性材料示意图

弹性模量与泊松比之间存在如下关系：

$$\begin{cases} E_1\mu_{21} = E_2\mu_{12} \\ E_2\mu_{32} = E_3\mu_{23} \\ E_3\mu_{13} = E_1\mu_{31} \end{cases} \qquad (3-8)$$

从上式可以看出，式(3-7)中的弹性系数矩阵为对称矩阵，正交各向异性材料的弹性常数有 12 个，即 E_1、E_2、E_3、μ_{12}、μ_{21}、μ_{23}、μ_{32}、μ_{31}、μ_{13}、G_{12}、G_{23}、G_{13}，但独立的弹性常数只有 9 个。

四、横观各向同性体

如果岩石沿着某一个对称平面内的各个方向弹性性状完全相同，则可将岩石视为横观各向同性材料进行分析，图 3-3 给出了横观各向同性材料示意图。在正交各向异性材料的本构方程(3-7)中令 $E_1 = E_2$，$\mu_{12} = \mu_{21} = \mu_1$，$G_{13} = G_{23} = G_2$，$\mu_{13} = \mu_{23} = E_1\mu_{31}/E_2 = E_1\mu_{32}/E_2 = \mu_2$，可推得横观各向同性材料的本构方程，即：

$$\begin{Bmatrix} \varepsilon_x \\ \varepsilon_y \\ \varepsilon_z \\ \gamma_{xy} \\ \gamma_{yz} \\ \gamma_{zx} \end{Bmatrix} = \begin{bmatrix} \dfrac{1}{E_1} & -\dfrac{\mu_1}{E_1} & -\dfrac{\mu_2}{E_1} & 0 & 0 & 0 \\ -\dfrac{\mu_1}{E_1} & \dfrac{1}{E_1} & -\dfrac{\mu_2}{E_1} & 0 & 0 & 0 \\ -\dfrac{\mu_2}{E_1} & -\dfrac{\mu_2}{E_1} & \dfrac{1}{E_2} & 0 & 0 & 0 \\ 0 & 0 & 0 & \dfrac{1}{G_1} & 0 & 0 \\ 0 & 0 & 0 & 0 & \dfrac{1}{G_2} & 0 \\ 0 & 0 & 0 & 0 & 0 & \dfrac{1}{G_2} \end{bmatrix} \begin{Bmatrix} \sigma_x \\ \sigma_y \\ \sigma_z \\ \tau_{xy} \\ \tau_{yz} \\ \tau_{zx} \end{Bmatrix} \tag{3-9}$$

式中：E_1——各向同性平面（xy 平面）内所有方向的弹性模量；

E_2——垂直于各向同性平面即 z 方向的弹性模量；

μ_1——各向同性平面（xy 平面）内的泊松比；

μ_2——各向同性平面的法向应力引起的各向同性平面方向的应变与其法线方向应变之比；

G_1、G_2——平行于及垂直于各向同性平面的剪切模量。

从上式可以看出横观各向同性材料的独立弹性常数只有 5 个，即 E_1、E_2、μ_1、μ_2 和 G_2，G_1 可以通过公式 $G_1 = \dfrac{E_1}{2(1 + \mu_1)}$ 计算。

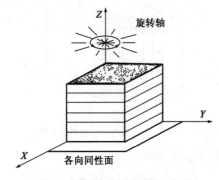

图 3-3　横观各向同性材料示意图

五、层状介质

很多岩石都是层状介质。在一定条件下，它们的性状可以表示为一种"等效的"均质横观各向同性介质（图 3-4）。为了研究层状岩石介质的本构方程，对层状介质做如下假设：

（1）所有分层都以平行平面为界，而且在这些平面上不产生相对位移；

（2）所有分层为均质、横向同性的，而沿垂直于界面的方向的厚度和弹性特性的变化是杂乱无章的；

（3）一个层状介质的代表性试样必须包含大量的分层。

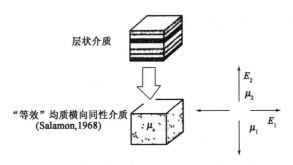

图 3-4　看作等效横观各向同性材料的层状介质

在上述假设条件下,层状介质实际上是由多个横观各向同性体叠合而成,而整个层状介质则可看作一个等效横观各向同性体,它的弹性常数为:

$$\begin{cases} \mu_1 = \dfrac{\sum \dfrac{\varphi_i \mu_{1i} E_{1i}}{1 - \mu_{1i}^2}}{\sum \dfrac{\varphi_i E_{1i}}{1 - \mu_{1i}^2}} \\[4mm] \mu_2 = (1 - \mu_1) \sum \dfrac{\varphi_i \mu_{2i}}{1 - \mu_{1i}} \\[4mm] E_1 = (1 - \mu_1^2) \sum \dfrac{\varphi_i \mu_{2i}}{1 - \mu_{1i}^2} \\[4mm] E_2 = \dfrac{1}{\sum \dfrac{\varphi_i}{E_{1i}} \left(\dfrac{E_{1i}}{E_{2i}} - \dfrac{2\mu_{2i}^2}{1 - \mu_{1i}} \right) + \dfrac{2\mu_2^2}{(1 - \mu_1) E_1}} \\[4mm] G_1 = \sum \varphi_i G_{1i} \\[4mm] G_2 = \dfrac{1}{\sum \dfrac{\varphi_i}{G_{2i}}} \end{cases} \tag{3-10}$$

式中:　　　　n——分层总数,$i = 1, 2, \cdots, n$;

E_{1i}、E_{2i} 和 μ_{1i}、μ_{2i}——第 i 层的弹性模量和泊松比;

φ_i——第 i 层的厚度与整个层状介质厚度的比值,$\sum \varphi_i = 1$;

G_{1i}、G_{2i}——第 i 层的剪切模量。

等效介质的弹性常数应遵循下列不等式关系:

$$E_1 > 0, E_2 > 0, \frac{G_1}{G_2} \geqslant 1, G_2 > 0, -1 \leqslant \mu_1 \leqslant \frac{1}{2}, -1 \leqslant \mu_2 \leqslant 2。$$

第三节　岩石的变形特性

岩石的变形特性,只有通过在应力作用下的变形过程才能表现出来,这种变形过程可由岩石的应力与应变关系来描述,而应力与应变关系一般采用试验获得的应力-应变曲线来表示。下面我们就岩石在单轴压缩、三轴压缩及循环荷载条件下的变形特性分别进行讨论。

一、单轴压缩条件下岩石的变形特性

1. 岩石单轴压缩试验

岩石单轴压缩试验是通过测定岩石试件在单轴压缩应力条件下的应变值,绘制应力-应变曲线,分析岩石的变形特性,并计算岩石的变形指标。

(1)试验设备。

单轴压缩试验需要的设备包括:钻石机、锯石机、磨石机、测量平台、烘箱和饱和设备、万用电表、兆欧表、静态电阻应变仪、电阻应变片或位移计、测量表架、游标卡尺、材料试验机等。

(2)岩石试样的要求。

根据《水利水电工程岩石试验规程》(SL/T 264—2020)规定,试件可用岩芯或岩块加工制成,试件在采取、运输和制备过程中应避免扰动。试件标准为圆柱体,直径宜为 48~54mm,且应大于岩石最大颗粒粒径的 10 倍,试件高度与直径之比应为 2.0~2.5。对于非均质粗粒岩石或非标准钻孔岩芯可采用非标准试件,试件高径比不宜小于 2.0。

试件加工精度要求:试件两端面不平整度误差不得大于 0.05mm;沿试件高度和直径的误差不得大于 0.3mm;端面应垂直于试件轴线,最大偏差不得大于 0.25°;方柱体或立方体试件相邻两面应互相垂直,最大偏差不得大于 0.25°。

试件含水状态可根据需要选择天然含水状态、烘干状态和饱和状态。同一含水状态下每组试件数量不应少于 3 个。

试件描述应包括:岩石名称、颜色、矿物成分、风化程度;试件的层理、节理、裂隙及其与加载方向的关系;含水状态;试件加工过程中出现的问题;贴片位置或位移计触点部位。

(3)加载方式与稳定标准。

①加载方法宜采用逐级一次连续加载法,根据需要可采用逐级一次循环法或逐级多次循环法,每次循环退载至 0.2~0.5kN 的接触荷载。

②最大循环荷载为预估极限荷载的 50%,宜等分五级施加,至最大循环荷载后再逐级加载直至破坏。

③加载采用时间控制,施加一级荷载后立即读数,1min 后再读数一次,即可施加下一级荷载。

(4)试验成果整理。

①各级应力按下式计算:

$$\sigma = \frac{P}{A} \tag{3-11}$$

式中:σ——各级应力,MPa;

P——所测各组应变值对应的荷载,N;

A——试件的横断面面积,mm^2。

②位移计法轴向应变与径向应变按下式计算:

$$\varepsilon_a = \frac{\Delta L}{L} \tag{3-12}$$

$$\varepsilon_c = \frac{\Delta D}{D} \tag{3-13}$$

式中:ε_a——轴向应变;

ε_c——径向应变；

ΔL——轴向变形平均值，mm；

ΔD——与 ΔL 同荷载下径向变形平均值，mm；

L——轴向测量标距或试件高度，mm；

D——试件直径，mm。

③绘制应力 σ 与应变 ε 关系曲线。

④计算岩石弹性模量、变形模量和泊松比等变形基本指标。

⑤岩石应力、弹性模量和变形模量值取三位有效数，泊松比计算值精确至 0.01。

2. 应力与应变曲线特征

岩石的应变可分三种，即轴向应变 ε_a（试样沿压力方向长度的相对变化）、径向应变 ε_c（试样在垂直于压力的方向上长度的相对变化）和体应变 ε_V（试样体积的相对变化），与此相应，也有三种不同的应力-应变曲线，即 σ-ε_a、σ-ε_c 和 σ-ε_V 曲线，通常应用最广的是 σ-ε_a 曲线。

在以应力 σ 为纵坐标、应变 ε 为横坐标的直角坐标系中，将由试验获得的不同应力 σ_1、σ_2、$\cdots$、σ_i 下岩石分别相应的累计应变量 ε_1、ε_2、$\cdots$、ε_i，连接成图 3-5 中的 σ-ε 曲线。

岩石的应力-应变曲线的形状决定于岩石的矿物成分和结构特征，因而不同岩石，甚至相同岩石的不同试件，其应力-应变曲线的形状都会有不同程度的差异，而且在每条应力-应变曲线上，由于在不同应力区段中岩石的变形机制和变形速率不同，因而使曲线的曲率随应力区段而变化。根据对大量试验资料的归纳、分析和研究，发现自然界各类岩石的应力-应变关系仍有其基本共性。这种共性可用图 3-6 中的典型全应力-应变曲线表示。

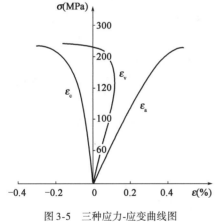 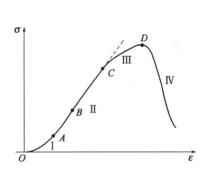

图 3-5　三种应力-应变曲线图　　　　　图 3-6　岩石典型的全应力-应变曲线

压缩为正；扩胀为负

在岩石典型的全应力-应变曲线（图 3-6）上表现出曲线斜率的明显变化。根据其变化特点，可将岩石变形的整个过程划分为 4 个阶段。

（1）微裂隙闭合阶段（图 3-6 中的 OA 段）：这是岩石受力刚刚开始的阶段，压力水平比较低，导致岩石表观上变形的是岩石内部承载能力最低的薄弱部分的变化，实际上这是岩石中原来存在的微裂隙闭合或被压紧，形成的早期非线性变形。此段 σ-ε 曲线呈上凹型，其斜率随应力增大逐渐增加，表明微裂隙的变化开始很快，随压力增加而减缓。此阶段的岩石变形，以塑性变形为主，也包含少量的弹性变形。对于裂隙化岩石来讲，此阶段比较明显，而对于坚硬且少裂隙的岩石则不明显，甚至有时很难划分出这个阶段。

（2）弹性变形至微破裂稳定发展阶段（图 3-6 中的 ABC 段）：在变形的这个阶段中，岩石中的微裂隙进一步闭合，孔隙被压缩，岩石母体受压而发生弹性变形，随着应力的增加开始产生新的裂隙。$\sigma\text{-}\varepsilon$ 曲线在 AB 段呈直线形式，应力与应变成正比关系；随 σ 增大曲线逐渐变为曲线关系。根据变形机理，该阶段可细分为弹性变形阶段（AB）和微破裂稳定发展阶段（BC）。在 AB 段的变形以弹性为主，B 点相应的应力称为比例极限或弹性极限。在 BC 段的变形主要表现为因新裂隙产生而引起的塑性变形，当荷载保持不变时，微裂隙也停止发展。C 点相应的应力称为屈服极限。

（3）裂隙非稳定发展和破坏阶段（图 3-6 中的 CD 段）：进入本阶段，微破裂的发展出现质的变化，由于微破裂所造成的应力集中效应显著，即使外荷载保持不变，破裂仍然会发展，并首先在某些薄弱部位产生破坏，应力重新分布，其结果又引起新的薄弱部位破坏，依次下去直至试件完全破坏。试件由体积压缩转为扩容，轴向应变与体积应变速率增大，试件的承载能力达到最大值。对于具有刚性联结的致密坚实岩石，此阶段的应变量甚小，而具有柔性联结的黏土岩，此阶段的应变量则很大。D 点相应的应力，称为峰值应力，在单轴应力情况下亦即岩石的单轴抗压强度。

（4）破坏后阶段（图 3-6 的 D 点以后）：岩石承载力达到峰值强度后，其内部结构完全破坏，但试件仍基本保持整体状。到本阶段，裂隙快速发展并形成宏观断裂面，岩石的变形主要表现为沿断裂面的滑移，试件的承载力随变形迅速下降，但并不降到零，说明破裂后的岩石仍具有一定的承载力。这一阶段变形一般只能在刚性试验机上得到，在非刚性试验机上，由于试件破坏时试验机的变形能突然释放，无法测出试件破坏以后的应力和变形。

上述讨论的岩石在单轴压力下变形的典型应力-应变曲线，它反映了岩石变形的一般规律。实际上自然界中的岩石根据其自身的矿物成分和结构特点，有的应力-应变曲线可能与典型曲线基本相同，有的则某个变形阶段可能不大明显，甚至缺失某个变形阶段。但就总体而言，岩石的变形可分为两个阶段：一是峰值前阶段（或称为前区），以反映岩石破坏前的变形特征；二是峰值后阶段（或称为后区）。目前对前区曲线的分类和变形特征的研究较多，而对后区的研究则不够深入。鉴于后区曲线的研究与刚性试验机有关，将在本节末进行讨论。下面对前区的曲线特征进行分析。

根据美国学者米勒（Miller R. P.）对 28 种岩石的试验研究结果，可将岩石在单轴压力下峰值前应力-应变曲线分为 6 种类型（图 3-7）。

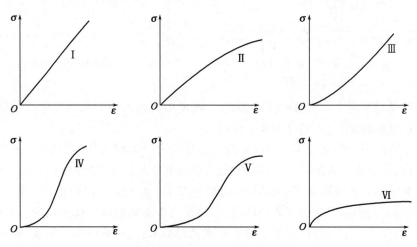

图 3-7　峰值前岩石的应力-应变曲线（据 Miller，1966）

类型Ⅰ:纯直线型,米勒称之为弹性的。在发生突然的、爆发性的破坏之前,应力-应变关系是接近线性的。显然在这种变形中以弹性变形为主要成分,这是一些致密、坚实而微裂隙极少的细粒结晶岩石(如玄武岩、辉绿岩、石英岩、白云岩和某些石灰岩等)的特征。

类型Ⅱ:曲线由直线段和下凹曲线段组成,米勒称之为弹-塑性的。一般是少裂隙的坚硬岩石或岩性较软的岩石具有这种应力-应变曲线特征,如石灰岩、粉砂岩、凝灰岩以及黏土质岩石等。

类型Ⅲ:曲线由上凹曲线段和直线段组成,米勒称之为塑-弹性的。这是含有较多微裂隙和孔隙而岩性比较坚硬的岩石的应力-应变曲线的特征,如砂岩、花岗岩、辉绿岩以及压力与片理平行的片岩等。变形的开始阶段是由于裂隙或孔隙的闭合和压缩而引起,当微裂隙和孔隙完全闭合或已被压缩到一定程度之后,应力则基本上全由岩石母体所承受,此时应力和应变则呈直线关系。

类型Ⅳ和类型Ⅴ:曲线都由上凹、直线和下凹三段组成,呈S形,米勒称之为塑-弹-塑性的。具有这类应力-应变曲线特征的岩石一般含有不同程度的微裂隙和孔隙,而且岩性不很坚硬。Ⅳ型和Ⅴ型两种类型曲线的区别,在于直线段的陡缓和在曲线中所占的比例,它取决于岩性的软硬程度。根据米勒的研究,属于类型Ⅳ的有片麻岩和大理岩;只有片理与压力垂直的片岩试件,其应力-应变曲线才属于类型Ⅴ。

类型Ⅵ:开始为很小的直线段,随后是不断增长的塑性变形和缓慢的蠕变(关于岩石的蠕变问题将在本章第四节中论述),米勒称这种应力-应变曲线特征为弹-塑-蠕变性的。这是盐岩的特征。

米勒对岩石应力-应变曲线类型的归纳和划分是比较全面合理的。它们清楚地反映出岩石的矿物成分和结构对岩石变形特征的控制意义。除了米勒对岩石应力-应变曲线类型的划分以外,1968 年法默(Farmer)根据岩石峰值前的应力-应变曲线,把岩石划分为准弹性、半弹性与非弹性三类(图3-8)。准弹性岩石多为致密块状岩石,如无气孔构造的喷出岩、浅成岩浆岩和变质岩等,这些岩石的应力-应变近似呈线性关系,具有弹脆性性质。半弹性岩石多为孔隙率低且具有较大黏聚力的粗粒岩浆岩和细粒致密的沉积岩,这些岩石的变形曲线斜率随应力的增大而减小。非弹性岩石多为黏聚力低、孔隙率大的软弱岩石,如泥岩、页岩、千枚岩等,其应力-应变曲线为缓"S"形。

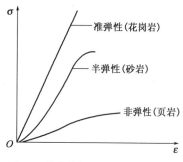

图 3-8　峰值前岩石的应力-应变曲线
(据 Farmer,1968)

此外,还有人将岩石应力-应变曲线划分为"S"形、直线形和下凹形三类。

3. 岩石变形性的基本指标

描述岩石变形性的基本指标有岩石的变形模量和泊松比,这两个指标可以根据上述各类应力-应变曲线求得。变形模量是指岩石在单轴压缩下轴向压应力与轴向应变之比。如果岩石的应力-应变曲线是直线,岩石的变形为弹性变形,岩石的变形模量为一常数,在数值上等于直线的斜率,此时又称为弹性模量 E_e(MPa),可表示为[图 3-9a]:

$$E_e = \frac{\sigma_i}{\varepsilon_i} \tag{3-14}$$

式中:σ_i、ε_i——分别为应力应变曲线上任一点的轴向应力和轴向应变。

如前所述,岩石的变形性质是复杂的,其应力-应变曲线大多是非线性关系,岩石的变形模量为一变量,即不同的应力段上的变形模量不同。在岩石工程中常用初始模量、切线模量和割线模量来表征非线性变形岩石的变形模量[图3-9b)]。

初始模量(E_i):是在σ-ε_a曲线上曲线起点(通常即为坐标系原点)的切线的斜率。

$$E_i = \frac{\sigma_i}{\varepsilon_i} \qquad (3-15)$$

切线模量(E_t):指在σ-ε_a曲线上通过曲线段任一特定点的切线的斜率,这里一般特指σ-ε_a曲线中部直线段的斜率。

$$E_t = \frac{\sigma_2 - \sigma_1}{\varepsilon_2 - \varepsilon_1} \qquad (3-16)$$

割线模量(E_s):是σ-ε_a曲线上任一特定点与坐标原点连线的斜率。实践中时常采用σ-ε_a曲线上,极限强度50%的应力所对应的点与坐标原点的连线的斜率,此时常用符号E_{50}表示。

$$E_{50} = \frac{\sigma_{50}}{\varepsilon_{50}} \qquad (3-17)$$

式(3-16)、式(3-17)中的符号意义见图3-9b)。

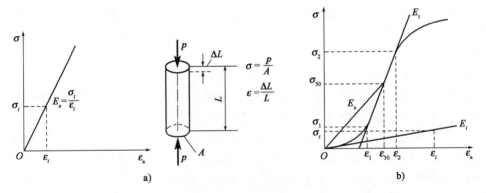

图3-9 岩石变形模量确定方法示意图

在单轴力的作用下,物体不仅沿轴向发生应变(常称之为轴应变,以ε_a表示),而且在与轴垂直的方向上也将发生应变(常称之为径向应变,以ε_c表示)。例如在单轴压力作用下,沿轴向发生压缩,而在与轴垂直的方向上则发生扩胀。在单轴拉力作用下,则变形情况恰与上述相反。对于弹性体来说,其径向应变与轴应变之间也呈线性关系,比值即称为泊松比μ:

$$\mu = \frac{\varepsilon_c}{\varepsilon_a} \qquad (3-18)$$

在实际工程中,常采用σ-ε_a曲线上,极限强度50%的应力所对应的点的径向应变与轴应变来计算岩石的泊松比。

表征岩石变形的这两个基本指标受到岩石矿物组成、结构构造、风化程度、孔隙率、含水率、微结构面以及荷载方向等多种因素的影响,变化较大,同时具有各向异性特征。表3-1中列出了常见岩石的变形模量和泊松比的经验值。

岩石名称	变形模量（$\times 10^4$ MPa）		泊松比
	初始模量	弹性模量	
花岗岩	2 ~ 6	5 ~ 10	0.17 ~ 0.36
流纹岩	2 ~ 8	4 ~ 10	0.20 ~ 0.30
闪长岩	7 ~ 10	7 ~ 15	0.20 ~ 0.23
安山岩	5 ~ 10	4 ~ 12	0.21 ~ 0.32
辉长岩	7 ~ 11	7 ~ 15	0.12 ~ 0.22
辉绿岩	8 ~ 11	8 ~ 15	0.26 ~ 0.28
玄武岩	6 ~ 10	6 ~ 12	0.23 ~ 0.32
石英岩	6 ~ 20	6 ~ 20	0.12 ~ 0.27
片麻岩	1 ~ 8	1 ~ 10	0.20 ~ 0.34
片岩	0.2 ~ 5	1 ~ 8	0.12 ~ 0.25
板岩	2 ~ 5	2 ~ 8	0.20 ~ 0.30
页岩	1 ~ 3.5	2 ~ 8	0.09 ~ 0.35
砂岩	0.5 ~ 8	1 ~ 10	0.08 ~ 0.52
砾岩	0.5 ~ 8	2 ~ 8	0.20 ~ 0.30
石灰岩	1 ~ 8	5 ~ 10	0.18 ~ 0.35
白云岩	4 ~ 8	4 ~ 8	0.20 ~ 0.35
大理岩	1 ~ 9	1 ~ 9	0.06 ~ 0.35

描述岩石变形性的指标除了变形模量和泊松比两个基本指标外,还有其他一些指标也可从不同角度反映岩石的变形特性,如剪切模量 G、拉梅常数 λ、体积模量 K_v、弹性抗力系数 K 等,这些系数均可由变形模量和泊松比求得:

$$\begin{cases} G = \dfrac{E}{2(1+\mu)} \\[2mm] \lambda = \dfrac{\mu E}{(1+\mu)(1-2\mu)} \\[2mm] K_v = \dfrac{E}{3(1-2\mu)} \\[2mm] K = \dfrac{E}{(1+\mu)r_0} \end{cases} \quad (3\text{-}19)$$

式中:r_0——地下洞室半径。

二、三轴压缩条件下岩石的变形特性

上面所论述的是岩石在一维受压条件下所表现的变形性质。但是作为建筑物地基或建筑环境的岩体,经常是处于三维应力状态下的,所以为了进一步较精确地研究岩体的情况,有必要探讨岩石在三轴压力作用下的变形性质。

1. 三轴压缩试验

所谓三轴压力,是指同时作用着三个力的方向相互垂直,或者说在空间直角坐标系中,它们分别平行于一个坐标轴。一般将这三个方向上的主应力按其大小分别以 σ_1、σ_2 和 σ_3 表示。按照三个主应力的组合情况,主要研究以下两种应力状态:$\sigma_1 > \sigma_2 = \sigma_3$,也称为等围压三轴状态或常规三轴状态,这种情况是较简单而且也是过去研究较多的一种;$\sigma_1 > \sigma_2 > \sigma_3$,也称为不等围压三轴状态或真三轴状态。此外,也曾有人对等压三轴状态(即静水压力状态,$\sigma_1 = \sigma_2 = \sigma_3$)进行过某些研究。下面主要讨论等围压三轴状态下的情况。

三轴试验的设备,即岩石三轴试验机主要由轴向加载设备(主机)、侧向加载设备及三轴压力室(图 3-10)三部分组成。试验时,将包有隔油薄膜(橡胶套)的试件置于三轴压力室内,先施加预定的围压 σ_3,并保持不变,然后以一定的速率施加轴向荷载 p 直至试件破坏。在加轴压的过程中同时测定试件的变形值。通过对一组试件(4 个以上)的试验可得到如下成果:①不同围压 σ_3 下的三轴压缩强度 σ_{1m};②强度包络线及剪切强度参数 c、φ 值;③应力差($\sigma_1 - \sigma_3$)-轴向应变(ε_a)曲线和变形模量。根据这些成果即可分析岩石在三轴压缩条件下的变形与强度性质。

2. 岩石在三轴压力下的变形特征

对于岩石在三轴压力下的变形特征通常也是利用应力-应变曲线来研究。像单轴压力下那样,三轴压力下的应力-应变曲线也有多种,其中最常用的是应力差($\sigma_1 - \sigma_3$)-轴向应变(ε_a)关系曲线。三轴压力下的($\sigma_1 - \sigma_3$)-ε_a 曲线的基本轮廓,与前述单轴压力下的曲线非常相似。日本学者茂木清夫将其典型化如图 3-11 所示的形状,并分为如下四个变形阶段:

OA 段:称为弹性变形阶段。弹性模量主要表征这一阶段的性质。*A* 点相应的应力即比例极限,对于岩石来说,此值与屈服极限极相近。

AB 段:称为塑性变形阶段。在此阶段内微裂隙不断发展,直至 *B* 点,岩石破坏。*B* 点的应力为破裂应力或岩石的峰值强度。

BC 段:称为应力下降阶段。*B*、*C* 两点间的应力差称为应力降。

C 点以后:称为摩擦阶段。岩石已经破裂,对于作用力全靠破裂面上的摩擦力维持,即岩石的残余强度。

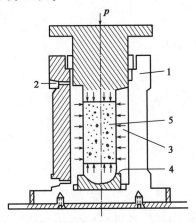

图 3-10 三轴压力室结构示意图

1-压力室套筒;2-进油口;3-压液;4-底座;5-试样

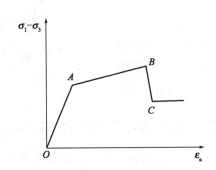

图 3-11 三轴应力作用下岩石的典型应力-应变曲线

3. 围压对岩石变形与破坏的影响

在等围压条件下,围压的高低对各类岩石变形性能的影响,在某些方面表现得比较一致,但在另一些方面则随岩性而不同。图 3-12 和图 3-13 为大理岩和花岗岩在不同围压下的 $(\sigma_1 - \sigma_3)$-ε_a 曲线。由图可知,首先,破坏前岩石的应变随围压增大而增加;另外,随围压增大,岩石的塑性也不断增大,且由脆性逐渐转化为延性。如图 3-12 所示的大理岩,在围压为零或较低的情况下,岩石呈脆性状态;当围压增大至 50MPa 时,岩石显示出由脆性向延性转化的过渡状态;围压增加到 68.5MPa 时,呈现出延性流动状态;围压增至 165MPa 时,试件承载力 $(\sigma_1 - \sigma_3)$ 则随围压稳定增长,出现所谓应变硬化现象。这说明围压是影响岩石力学属性的主要因素之一,通常把岩石由脆性转化为延性的临界围压称为转化压力。图 3-13 所示的花岗岩也有类似特征,所不同的是其转化压力比大理岩大得多,且破坏前的应变随围压增加更为明显。某些岩石的转化压力如表 3-2 所示,由表可知,岩石越坚硬,转化压力越大,反之亦然。

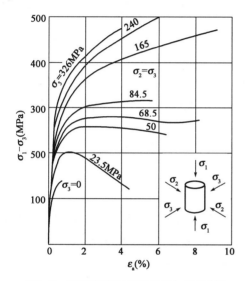

图 3-12 不同围压下大理岩的应力-应变曲线

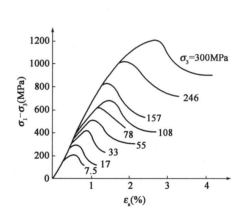

图 3-13 不同围压下花岗岩的应力-应变曲线

几种岩石的转化压力(室温)　　　　　　　　　　表 3-2

岩石类型	石灰岩	花岗岩	砂岩	页岩	盐岩	白垩
转化压力(MPa)	20~100	>100	>100	0~20	0	<10

围压对岩块变形模量的影响因岩性不同而异,通常对坚硬且少裂隙岩石的影响较小,而对软弱多裂隙岩石的影响较大。试验研究表明:有围压时,某些砂岩的变形模量在屈服前可提高 20%,近破坏时则下降 20%~40%。但总的来说,随围压增大,岩石的变形模量和泊松比都有不同程度的提高。这时的变形模量 E 可用下式确定:

$$E = \frac{1}{\varepsilon_a}(\sigma_1 - 2\mu\sigma_3) \tag{3-20}$$

式中:ε_a、σ_1——分别为轴向应变、应力;

σ_3——围压。

岩石在三轴压缩条件下的破坏形式(表 3-3)大致可分为脆性破坏、过渡型破坏和延性破坏三类。但具体岩石的破坏方式,除了受岩石本身性质影响外,在很大程度上受围压的控制。如表3-3所示,随着围压的增大,岩石从张破裂破坏逐渐向塑性流动过渡,破坏前的应变也逐渐增大。

岩石在三轴压缩条件下的破坏形式

表 3-3

达到破坏时的应变(%)	<1	1~5	2~8	5~10	>10
破坏形式	脆性破坏	脆性破坏	过渡型破坏	延性破坏	延性破坏
试件破坏的情况	σ_1 σ_3				
应力-应变曲线的基本类型	破裂				
破坏机制	张破裂	以张为主的破裂	剪破裂	剪切流动破裂	塑性流动

综上所述,围压在影响不同类型岩石的变形特性上虽然程度不同,但影响的总趋向却是一致的。随围压的提高,破坏前的总应变量增大;塑性应变在总应变量中所占的比率增加。当围压达到一定水平时,以塑性应变为主的总应变量可以达到5%以上。此时岩石的破坏即由脆性的转变为延性的。关于岩石在不等围压下的性状,过去研究得较少,一直认为中间主应力对岩石性状的影响不大。自20世纪60年代后半期以来,国内外学者先后开始了对岩石在不等围压($\sigma_1 > \sigma_2 > \sigma_3$)作用下的变形特性和强度问题的研究,由于资料不足,对一些相互矛盾的现象还没有得到统一和完满的解释。

4.等围压状态下岩石的变形特征

等压状态,即$\sigma_1 = \sigma_2 = \sigma_3$,可看作是三轴状态的一种特殊情况,此时岩石处于静水压力状态之中。岩石在各向相等的压应力作用下发生体积压缩变形。一般采用体积模量来表征岩石在静水压力下体积变形的特性。体积模量(K_V)为静水压应力与体积应变之比,根据弹性理论,可用弹性模量和泊松比计算求得:

$$K_V = \frac{E}{3(1-2\mu)} \qquad (3-21)$$

某些研究者也常采用可压缩系数表征岩石的这种特征。可压缩系数可分为线性的和体积的两种。前者为线压缩应变与静水压应力之比,而后者即为体积模量(K_V)的倒数。岩石的可压缩性主要取决于其矿物颗粒的可压缩性以及孔隙和裂隙的数量和特征。布雷斯(Brace W. F.)曾对孔隙率分别为0.3%和1.1%的两种不同的花岗岩进行研究,发现前者的体积模量差不多是后者的两倍。此外,可压缩系数还随压力区段的提高而降低,如图3-14所示,当压应力水平超过300MPa后,可压缩系数基本上不再变化。表3-4列出了部分岩石的可压缩系数。

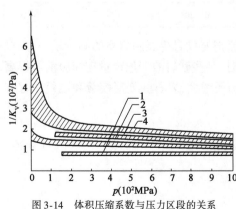

图3-14　体积压缩系数与压力区段的关系

1-纯橄榄岩;2-辉长岩;3-闪长岩;4-花岗岩

岩 石 类 型	压应力（MPa）	可压缩系数（$10^{-5}\mathrm{MPa}^{-1}$）	岩 石 类 型	压应力（MPa）	可压缩系数（$10^{-5}\mathrm{MPa}^{-1}$）
花岗岩	0.1	8.30	玄武岩	0.1	2.19
	50	2.89		50	1.49
	100	2.46		500	1.25
	200	2.16	纯橄榄岩	0	1.12
	500	1.99		12	1.09
	900	1.87		60	0.95
斜长岩	60	1.74		700	0.79
	400	1.22	砂岩	50	3.50
正长岩	400	1.69		500	2.33
闪长岩	3.4	1.57	白云岩	0.1	1.90
	34.5	1.42		50	1.36
	103	1.32		100	1.19
辉长岩	50	1.11		500	1.05
	500	1.02		900	1.00
辉绿岩	0	1.71	石灰岩	0	2.92
	12	1.59		12	2.75
	72	1.26		16	2.35
	400	1.17	大理岩	12	3.31
安山岩	3.4	2.30		60	1.50
	34.5	2.24	石英岩	0.1	5.87
	103	2.08		12	4.28
				60	3.09

三、循环荷载条件下岩石的变形

岩块在循环荷载作用下的应力-应变关系,随加、卸荷方法及卸荷应力大小的不同而异。当在同一荷载下对岩石加、卸荷时,如果卸荷点(P)的应力低于岩石的弹性极限(A),则卸荷曲线将基本上沿加荷曲线回到原点,表现为弹性恢复(图 3-15)。但应当注意,多数岩石的大部分弹性变形在卸荷后能很快恢复,而小部分(10% ~ 20%)须经一段时间才能恢复,这种现象称为弹性后效。如果卸荷点(P)的应力高于弹性极限(A),则卸荷曲线偏离原加荷曲线,也不再回到原点,除弹性变形 ε_e 外,还出现了塑性变形 ε_p (图 3-16)。这时岩石的弹性模量 E_e 和变形模量 E 可用下式确定:

$$E_e = \frac{\sigma}{\varepsilon_e} \tag{3-22}$$

$$E = \frac{\sigma}{\varepsilon_e + \varepsilon_p} = \frac{\sigma}{\varepsilon} \tag{3-23}$$

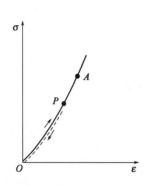

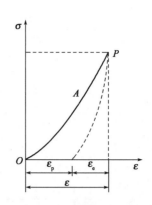

图3-15　卸荷在弹性极限点以下的
　　　　应力-应变曲线

图3-16　卸荷在弹性极限点以上的
　　　　应力-应变曲线

在反复加荷、卸荷条件下,可得到如图3-17所示的应力-应变曲线。由图3-17可以得到如下结论:

(1)逐级一次循环加载条件下,其应力-应变曲线的外包线与连续加载条件下的曲线基本一致[图3-17a)],说明加、卸荷过程并未改变岩石变形的基本习性,这种现象也称为岩石记忆。

(2)每次加荷、卸荷曲线都不重合,且围成一环形面积,称为回滞环。

(3)当应力在弹性极限以上某一较高值下反复加荷、卸荷时,由图3-17b)可见,卸荷后的再加荷曲线随反复加、卸荷次数的增加而逐渐变陡,回滞环的面积变小,残余变形逐次增加,岩石的总变形等于各次循环产生的残余变形之和,即累积变形。

(4)由图3-17b)可知,岩石的破坏产生在反复加、卸荷曲线与应力-应变全过程曲线交点处。这时的循环加、卸荷试验所给定的应力,称为疲劳强度。它是一个比岩石单轴抗压强度低且与循环持续时间等因素有关的值。

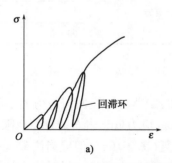

图3-17　反复加荷卸荷时的应力-应变曲线

四、刚性压力机与全应力-应变曲线

1. 刚性压力机

大多数的材料试验都是在普通试验机上完成的,由于普通压力机的刚度不够大,可能掩盖材料的某些力学特征。对于岩石这种脆性材料,在普通试验机上试验时经常出现这样的现象,当荷载到达或刚好通过应力-应变曲线的峰值,岩石就会突然地崩解,试验终止,从而无法得到峰值后的应力-应变曲线。为了说明这一点,假设结构刚度为 K、所受荷载为 P 与变形之间的关系为:$P = K\delta_x$,结构中的应变能为:

$$S = \frac{1}{2}P\delta_x = \frac{P^2}{2K} \tag{3-24}$$

压力机系统储存的能量为:

$$S = \frac{P^2}{2}\left(\frac{1}{K_r} + \frac{1}{K_m}\right) \tag{3-25}$$

式中:K_r、K_m——分别为岩石和压力机的刚度。

对于柔性压力机,一般 $K_r = 3 \times 10^4 MPa$,$K_m = 0.7 \times 10^4 MPa$,压力机受力后存储的能量 $S_m = (1/2)P^2 \times (1/0.7) \times 10^{-4} = 0.715P^2 \times 10^{-4}$,而岩石受力后存储的能量为 $S_r = (1/2)P^2 \times (1/3) \times 10^{-4} = 0.167P^2 \times 10^{-4}$;$S_m/S_r = 4.28$,说明压力机存储的能量是岩石的4倍多。当试件破坏时,压力机上的能量突然释放,将使岩石迅速破坏,难以测定破坏后阶段的变形。

从上面的分析可以看出,为了研究岩石应力-应变曲线在峰值过后的特征,只有采用刚性压力机进行岩石试验,才能得到全过程应力-应变曲线。要解决压力机刚度大于岩石试样刚度问题,最直接的方法就是增加压力机的刚度。当提高压力机的刚度困难时,通常采用一定的控制方法,使岩石接近破坏时,让压力机的能量释放逐步进行,以避免岩石突然破坏。目前通常采用伺服控制系统通过控制压力机加压板的位移、位移速率及加载速度来改进柔性压力机的缺点,从而达到获取全应力-应变曲线的目的。如美国产 MTS 电液伺服控制机、英国产 IN-STRON 电液伺服控制试验系统等都属于这一类型的试验机。

2. 峰值后岩石的变形特征

岩石峰值后阶段(后区)的变形特征的研究,是随着刚性压力机和伺服机的研制成功才逐渐开展起来的。目前这方面的研究成果并不多。在这之前人们常用前区变形特征来表征岩体的变形性质,以峰值应力代表岩体的强度,超过峰值就认为岩体已经破坏,无承载能力。现在看来这不符合实际,因为岩体在漫长的地质年代中受各种力的作用,遭受过多次破坏,已不是完整的岩体了,其内部存在有各种结构面,这样一种经受过破坏的裂隙岩体,其变形特性与岩石后区变形特征非常相似。试验研究和工程实践都表明,岩石即使在破裂且变形很大的情况下,也还具有一定的承载能力,即应力-应变曲线不与水平轴相交(图 3-18),在有侧向压力的情况下更是如此。因此,研究岩石变形的全过程曲线,特别是后区变形特征是近二十年来岩石力学界十分关注的热点问题。

Wawersik 和 Fairhust(1970)根据后区曲线特征将岩石全过程曲线分为如图 3-19 所示的 I 型和 II 型: I 型又称为稳定破裂传播型,后区曲线呈负坡向,说明岩石在压力达到峰值后,试件内所储存的变形不能使破裂继续扩展,只有外力继续对试件做功,才能使它进一步变形破坏。 II 型又称为非稳定破裂传播型,后区曲线呈正坡向,说明在峰值压力后,尽管试验不对岩石试件做功,试件本身所储存的变形能也能使破裂继续扩展,出现非可控变形破坏。

葛修润等人(1994)对此提出了不同的看法,他们根据在自己研制的电液伺服自适应控制岩石压力机上进行的试验资料(图 3-20),认为所谓的 II 型曲线只不过是人为控制造成的,实际上并不存在。据此提出了如图 3-21 所示的全应力-应变曲线模型,即在保持轴向应变率不变(即轴向应变控制)的情况下,绝大部分岩石的后区曲线位于过峰值点 P 的垂直线右侧。只不过随岩石脆性程度不同,曲线的陡度不同而已。越是脆性的岩石(如新鲜花岗岩、玄武岩、辉绿岩、石英岩等),其后区曲线越陡,即越靠近 P 点垂直线且曲线上有明显的台阶状。越是塑性大的岩石(如页岩、泥岩、泥灰岩、红砂岩等),后区曲线越缓。

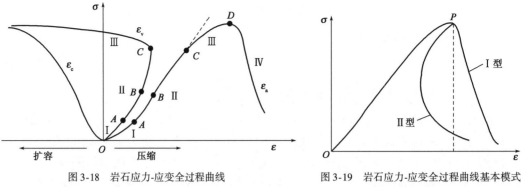

图 3-18　岩石应力-应变全过程曲线

图 3-19　岩石应力-应变全过程曲线基本模式

（根据 Wawersik 和 Fairhust，1970）

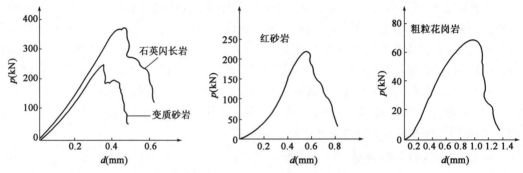

图 3-20　几种岩石的荷载-变形全过程曲线（根据葛修润，1994）

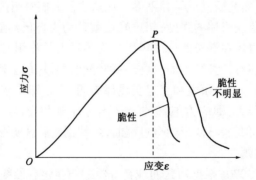

图 3-21　岩石应力-应变全过程曲线新模型（根据葛修润，1994）

第四节　岩石的蠕变特性

　　在此以前，我们完全忽略了同岩石变形有关的一个参数，即时间问题。大家知道，岩石的变形随荷载的增加或减少的历时长短不同而有差异，这种岩石在受力变形中存在的与时间有关的变形性质，称之为岩石的黏性，又称为岩石的流变性。流变性包括弹性后效和流动，而流动又分为黏性流动和塑性流动。弹性后效是一种延迟发生的弹性变形和弹性恢复，外力卸除后最终不留下永久变形。流动是一种随时间延续而发生的塑性变形（永久变形），其中黏性流动是指在微小外力作用下发生的流动，塑性流动是指外力达到一定极限值后才开始发生的流动。对物体变形的微观分析表明,弹性后效是晶体群或晶格的滞后变形,黏性流动是颗粒间的非定向转动,而塑性流动是沿滑动面的滑移。尽管它们的机理各不相同,但表现形式一致且往往同时发生在同一物体上,因此在研究中很少加以区分。

单纯的黏性材料是很少见的。一般的工程材料在外力的作用下,瞬时出现弹性或弹塑性,以后才出现黏性,即多为弹黏性材料或弹黏塑性材料。同样,岩石的流变既可以是弹性的,也可以是塑性的,在表现出黏性时,作为固体物质的岩石便开始向液体物质过渡。因此,岩石是具有一定弹性、塑性和黏性,而又具有节理裂隙、水和地应力的介质,还处在一定的温度环境中。

岩石的流变力学是研究岩石流变特性的力学,它是岩石力学的一个重要课题。岩石流变力学特性主要包括以下几个方面:

(1)蠕变现象:当应力保持恒定时,应变随时间逐渐增长的过程。

(2)应力松弛:当应变保持恒定时,应力随时间逐渐减小的过程。

(3)流动特征:时间一定时,应变速率与应力大小的关系。

(4)长期强度:在长期荷载持续作用下岩石的强度。

一、岩石蠕变性能

蠕变是指岩石在恒定的荷载作用下,变形随时间逐渐增大的性质。岩石蠕变是一个十分普遍的现象,在天然斜坡、人工边坡及地下洞室中都可直接观测到。由于蠕变的影响,将在岩体及建筑物内产生应力集中而影响其稳定性。另外,岩石因加荷速率不同所表现的不同变形性状、岩体累进性破坏机制和剪切黏滑机制等都与岩石蠕变有关。下面将对岩石的蠕变特征、影响因素及蠕变的微观机制进行讨论。

从实验室蠕变试验获得的数据多使用应变-时间曲线的形式来表达,岩石的蠕变曲线的形状随所施加的恒定荷载的大小而异,如图 3-22 所示。蠕变曲线的类型一般可分为稳定型蠕变和非稳定型蠕变。稳定型蠕变是岩石在较小的恒定应力作用下,变形随时间增加到一定程度后就趋于稳定,最后变形保持一个常数,不再随时间增大。这种类型的蠕变,一般不会导致岩体的整体失稳。非稳定型蠕变是岩石承受的恒定荷载比较大,当超过某一临界值时,变形随时间的增加不仅不会保持常数,反而变形速率逐渐增加,最终导致岩体的整体失稳破坏。

蠕变曲线的类型决定于原始恒定应力的大小,随着给定的原始应力大小的不同,可以是稳定型蠕变或非稳定型蠕变,在这些不同大小的原始应力中必然存在某一个临界值,当应力值小于这一临界值时产生稳定型蠕变,当应力值大于这一临界值时将产生非稳定型蠕变,通常称这个临界值为岩石的长期强度。由图 3-22 可以看出产生非稳定型蠕变的恒定应力越大,达到破坏所需的蠕变时间就越短;反之,达到破坏所需的蠕变时间就越长。但是当应力小于某一临界值时,即使时间为无穷大,也不会出现由于蠕变而引起岩石破坏,因此长期强度仍然是时间的函数,故将时间为无穷大时使岩石发生蠕变破坏所需的恒定应力值称为极限长期强度。

一条典型的非稳定型蠕变曲线可以分为四个阶段,如图 3-23 所示,即瞬时弹性变形阶段、一次蠕变阶段、二次蠕变阶段和三次蠕变阶段。

(1)瞬时弹性变形阶段(图 3-23,OA 段):施加恒定荷载后短时间内产生的瞬时弹性变形,即图中的 ε_0,其值为:$\varepsilon_0 = \dfrac{\sigma_0}{E}$,$\sigma_0$ 为施加的恒定应力,E 为岩石的弹性模量。

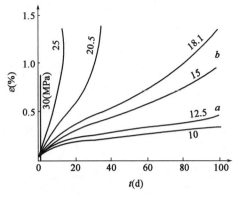

图 3-22　岩石蠕变曲线

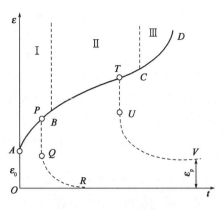

图 3-23　岩石典型蠕变曲线

（2）一次蠕变阶段（图 3-23 区域Ⅰ，AB 段）：又称减速蠕变阶段、初始蠕变阶段、阻尼蠕变阶段或瞬态蠕变阶段。本阶段内，曲线呈上凸形，特点是应变最初随时间增大较快，但其应变率随时间迅速递减，即 $\dfrac{\mathrm{d}^2\varepsilon}{\mathrm{d}^2 t} < 0$，到 B 点达到最小值。若在本阶段中某一点卸载，则应变沿 PQR 下降至零。其中 PQ 段为瞬时弹性应变的恢复曲线，有 $PQ = \varepsilon_0$，而 QR 段表示应变随时间逐渐恢复至零，说明本阶段没有永久变形。由于卸荷后应力立即消失，而应变随时间逐渐恢复，二者恢复不同步，应变恢复总是落后于应力，这种现象称为弹性后效。

（3）二次蠕变阶段（图 3-23 区域Ⅱ，BC 段）：又称为等速蠕变阶段、稳定蠕变阶段。本阶段内，曲线呈近似直线，即应变随时间近似等速增加，有 $\dfrac{\mathrm{d}\varepsilon}{\mathrm{d}t} =$ 常数，$\dfrac{\mathrm{d}^2\varepsilon}{\mathrm{d}^2 t} = 0$。若在本阶段内某一点将应力卸载至零，则应变将沿 TUV 线恢复，其中 $TU = \varepsilon_0$ 为弹性变形，UV 段为滞弹性变形，最后保留一永久应变 ε_{p}。

（4）三次蠕变阶段（图 3-23 区域Ⅲ，CD 段）：又称为加速蠕变阶段。本阶段变形随时间加速增加直至岩石破坏（D 点），即 $\dfrac{\mathrm{d}^2\varepsilon}{\mathrm{d}^2 t} > 0$。若在本阶段内某一点将应力卸载至零，其 $\varepsilon\text{-}t$ 恢复曲线与区域Ⅱ类似，所不同的是永久变形量增加了。

以上典型蠕变曲线的形状及某个蠕变阶段所持续的时间，受岩石类型、荷载大小及温度等因素影响而不同。如同一种岩石，荷载越大，第Ⅱ阶段蠕变的持续时间越短，试件越容易蠕变破坏。而荷载较小时，则可能仅出现Ⅰ阶段或Ⅰ、Ⅱ阶段蠕变。上述各阶段的蠕变变形量可用下式表示，即：

$$\varepsilon = \varepsilon_0 + \varepsilon_1(t) + \varepsilon_2(t) + \varepsilon_3(t) \tag{3-26}$$

式中：ε_0——瞬时弹性应变；

$\varepsilon_1(t)$——与时间有关的一次蠕变；

$\varepsilon_2(t)$——与时间有关的二次蠕变（等速蠕变），$\varepsilon_2(t) = \dot{\varepsilon}t$；

$\varepsilon_3(t)$——与时间有关的三次蠕变。

对于一次蠕变和二次蠕变已提出了不少的力学模型（流变模型）和 $\varepsilon\text{-}t$ 经验公式。但对于三次蠕变至今还没有合适的数学表达式。对于流变力学模型将在后面讨论，这里仅给出一次蠕变和二次蠕变的 $\varepsilon\text{-}t$ 经验公式。对于蠕变方程的经验公式一般有三种类型，即幂函数型、对数函数型和指数函数型。

（1）幂函数型

$$\varepsilon(t) = At^n \tag{3-27}$$

式中：A、n——分别为与应力水平、温度和材料结构有关的常数。

辛格研究大理岩的蠕变特征后提出：一次蠕变的函数形式为 $0.4395t^{0.5044} \times 10^{-4}$，二次蠕变的函数形式为 $(0.187t - 0.8022) \times 10^{-4}$，一次和二次蠕变的函数形式为 $\varepsilon(t) = 0.4205t^{0.5044} \times 10^{-4}$。

瓦尔西克对花岗岩和砂岩进行研究后得出：一次蠕变的函数形式为 $10^c t^n$，二次蠕变的函数形式为 $10^p t$，其中 c、p 是应力的函数。

（2）对数函数型

$$\varepsilon(t) = \varepsilon_0 + B \lg t + Dt A t^n \tag{3-28}$$

式中：B、D——与应力相关的函数。

劳里特兹对花岗闪长岩和辉长岩研究后提出剪切蠕变方程为

$$\gamma(t) = \frac{\tau}{G}[1 + q \ln(1 + \alpha t)] \tag{3-29}$$

其中，q 和 α 是系数，且 $\alpha t > 1$。罗伯逊根据开尔文模型，通过实际试验校核后提出了半经验的蠕变方程公式：

$$\varepsilon(t) = \varepsilon_0 + A \ln t \tag{3-30}$$

式中：A——蠕变常数。在单轴压缩下，$A = (\sigma/E)^{n_c}$；在三轴压缩时，$A = [(\sigma_1 - \sigma_3)/2G]^{n_c}$。

其中的 n_c 为蠕变指数，在低应力时为 $1 \sim 2$，在高应力时为 $2 \sim 3$。

（3）指数函数型

$$\varepsilon(t) = A[1 - e^{f(t)}] \tag{3-31}$$

式中：A——试验常数；

$f(t)$——时间的函数。

依文思对花岗岩、砂岩和板岩的研究得到：

$$\varepsilon(t) = A(1 - e^{1-ct^n}) \tag{3-32}$$

其中，A、c 为试验常数；$n = 0.4$。

哈迪给出下面的经验公式：

$$\varepsilon(t) = B(1 - e^{-ct}) \quad （一次蠕变） \tag{3-33}$$

式中：B、c——试验常数。

作为蠕变的经验方程有很多，值得注意的是，由于岩石的成分、结构、应力和温度条件不同，方程的形式也各异，使用时应注意条件。岩体在大于长期强度的恒定荷载的作用下产生的蠕变是属于破坏型蠕变，在经历了一次、二次蠕变后，发展为三次加速蠕变，最终导致岩体的失稳破坏。如果能测得岩体的蠕变曲线，则可以由此推算出岩体失稳破坏的时间。日本学者斋腾道孝等对此进行了较多的研究，其结果在我国的滑坡预测中有所应用。

二、时效材料的流变模型

岩石的流变本构模型是用于描述岩石应力-应变关系的数学物理模型，它是沟通试验-理论-应用之间的媒介。在长期的研究工作中，人们曾经提出过许多对岩土时效材料适合的流变本构模型，从它们的形式上看，这些本构模型大体上可分为三类：经验公式、组合模型和积分型本构方程。经验公式是根据不同试验条件及不同岩石种类求得的数学表达式,这种表达式通常采用幂函数、指数函数和对数函数的形式表达,关于经验公式已在前面进行了介绍。积分型本构方程是在考虑施加的应力不是一个常数时的更一般的情况下,采用积分的形式表示的应力-应变-时间关系的本构方程。组合模型是目前模拟岩石流变本构关系最常用的模型,它是将岩石材料抽象成一系列的简单的元件(如弹簧、阻尼器等),然后将其组合来模拟岩石的流变特性而建立的本构方程,本节主要介绍这种组合模型。

1. 理想物体的变形性质及力学模型

(1) 弹性介质与弹性元件

理想弹性体在受力后产生弹性变形,卸荷后物体的变形完全恢复。其基本规律服从胡克定律,即:

$$\varepsilon = \frac{\sigma}{E} \tag{3-34}$$

理想弹性体的变形是瞬时完成的,与时间无关,因此理想弹性体是没有蠕变性的,可以用一个弹簧元件来模拟其力学模型,如图 3-24a) 所示,其性状如图 3-24b)、c)、d) 所示。

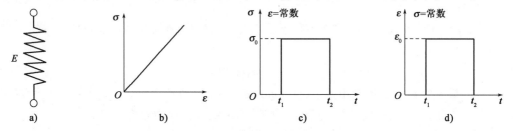

图 3-24 理想弹性体的力学模型及性状

如将式(3-34)两边对时间求导,则:

$$\frac{d\sigma}{dt} = E \frac{d\varepsilon}{dt} \tag{3-35}$$

可见应力随时间的变化与应变随时间的变化成比例。取消应力,应变也随之消失,这是理想弹性体区别于其他物体的重要特性。

(2) 黏性介质与黏性元件

黏性是物体在流动过程中所表现出来的一种摩擦阻抗,即黏滞阻抗。当物体处于静止状态时,这种阻抗就消失了,物体的黏性也就不显示作用了。故黏性对物体受力后的变形的影响,表现为改变其变形的速度,即它只能使物体流动变形的速度逐渐缓慢下来,不能阻止受力物体产生流动变形。理想黏性介质(牛顿体)的外力与变形速率呈线性关系:

$$\sigma = \eta \frac{d\varepsilon}{dt} \tag{3-36}$$

积分后得:

$$\varepsilon = \frac{\sigma_0}{\eta} t \tag{3-37}$$

式中:η——动力黏滞系数。

表征理想黏性物体黏性的力学模型是缓冲器(图 3-25),其性状如图 3-25b)、c)、d) 所示。可以看出,当某个时间内应力保持常数 σ_0 时,应变相应地从 0 以线性关系逐渐增加到某一个极限值 ε_0,取消外力后变形不恢复。

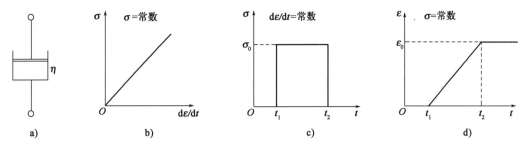

图 3-25 理想黏性体的力学模型及性状

（3）塑性介质与塑性元件

物体在承受的力达到或超过它的屈服值时,将产生不可恢复的永久变形,即塑性变形,具有这种性质的介质称为塑性介质。理想塑性体在应力小于屈服值时可以看作刚体,不产生变形。应力达到屈服值后,应力不变而变形逐渐增加。

理想塑性体的力学模型采用两块粗糙的滑块模拟,如图 3-26a)所示,它具有一个起始摩擦阻力,此摩擦阻力表示屈服值 S。当外力小于 S 时,滑块不动,即没有产生变形;当 $\sigma \geq S$ 时,产生持续的变形。其变形曲线如图 3-26b)所示。

如果将弹簧与滑块串联起来,则构成理想弹-塑性体模型,如图 3-27a)所示,其力学性状如图 3-27b)所示。

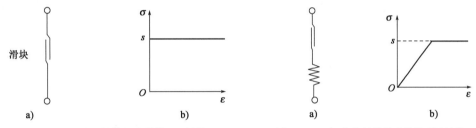

图 3-26 理想塑性体的力学模型及性状   图 3-27 理想弹-塑性体的力学模型及性状

2. 岩石的组合流变模型

上述的弹簧、缓冲器和滑块元件只能模拟理想材料(弹性、黏性、塑性)的变形性质。而岩石的属性是很复杂的,要准确描述岩石的变形性状,可以将这三种元件进行串联和并联得到各种各样的组合模型。

（1）马克斯韦尔(Maxwell)模型

将弹簧和缓冲器进行串联得到的模型如图 3-28 所示。若以 σ_1、ε_1 表示弹簧的应力和应变,σ_2、ε_2 表示缓冲器的应力和应变,σ、ε 表示模型的总应力和总应变,则有如下关系式:

$$\begin{cases} \sigma = \sigma_1 = \sigma_2 \\ \varepsilon = \varepsilon_1 + \varepsilon_2 \end{cases} \tag{3-38}$$

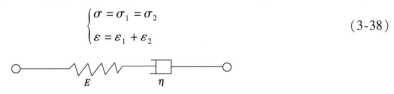

图 3-28 马克斯韦尔(Maxwell)模型示意图

由式(3-35)、式(3-36)和式(3-38)可得马克斯韦尔(Maxwell)模型的状态方程(本构方程):

$$\frac{d\varepsilon}{dt} = \frac{1}{E}\frac{d\sigma}{dt} + \frac{\sigma}{\eta} \tag{3-39}$$

①蠕变曲线

在式(3-39)中以 σ = 常数 = σ_0 代入,得到蠕变方程:

$$\frac{d\varepsilon}{dt} = \frac{\sigma_0}{\eta} \tag{3-40}$$

给定初始条件:在 t = 0 时的初应变为 $\varepsilon_0 = \frac{\sigma_0}{E}$。求解上式有:

$$\varepsilon = \varepsilon_0 + \frac{\sigma_0}{\eta}t = \frac{\sigma_0}{E} + \frac{\sigma_0}{\eta}t \tag{3-41}$$

该式表征了马克斯韦尔(Maxwell)模型的蠕变特征。图3-29所示给出了其蠕变曲线。

②应力松弛曲线

在式(3-39)中以 ε = 常数 = ε_0 代入,得到松弛方程:

$$\frac{1}{E}\frac{d\sigma}{dt} + \frac{\sigma}{\eta} = 0 \tag{3-42}$$

给定初始条件:在 t = 0 时的应力为 $\sigma_0 = E\varepsilon_0$。求解上式有:

$$\sigma = \sigma_0 \exp\left(-\frac{E}{\eta}t\right) \tag{3-43}$$

该式表征了马克斯韦尔(Maxwell)模型的应力松弛特征。图3-30给出了其松弛曲线。

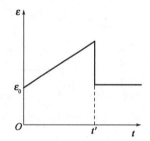

图3-29 马克斯韦尔(Maxwell)模型的蠕变曲线

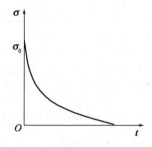

图3-30 马克斯韦尔(Maxwell)模型的松弛曲线

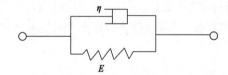

图3-31 凯尔文-沃伊特(Kelvin-Voige)模型示意图

(2)凯尔文-沃伊特(Kelvin-Voige)模型

将弹簧和缓冲器进行并联得到的模型如图3-31所示。若以 σ_1、ε_1 表示弹簧的应力和应变,σ_2、ε_2 表示缓冲器的应力和应变,σ、ε 表示模型的总应力和总应变,则有如下关系式:

$$\begin{cases} \sigma = \sigma_1 + \sigma_2 \\ \varepsilon = \varepsilon_1 = \varepsilon_2 \end{cases} \tag{3-44}$$

由式(3-35)、式(3-36)和式(3-44)可得凯尔文-沃伊特(Kelvin-Voige)模型的状态方程(本构方程):

$$\sigma = E\varepsilon + \eta\frac{d\varepsilon}{dt} \tag{3-45}$$

①蠕变曲线

将 σ = 常数 = σ_0 代入式(3-45)中,得到蠕变方程:

$$\sigma_0 = E\varepsilon + \eta\frac{d\varepsilon}{dt} \tag{3-46}$$

给定初始条件:在 $t = 0$ 时的应变为 $\varepsilon = 0$。求解上式有:

$$\varepsilon = \frac{\sigma_0}{E}\left[1 - \exp\left(-\frac{E}{\eta}t\right)\right] \tag{3-47}$$

该式表征了凯尔文-沃伊特(Kelvin-Voige)模型的蠕变特征。可以看出,当 $t = 0$ 时,应变为 $\varepsilon = 0$;当 $t \to \infty$ 时,应变为 $\varepsilon = \frac{\sigma_0}{E} = \varepsilon_0$,即弹性应变。图 3-32 所示给出了其蠕变曲线。

②应力松弛曲线

在式(3-45)中以 $\varepsilon = $ 常数 $= \varepsilon_0$ 代入,同样可以得到松弛曲线。图 3-33 为凯尔文-沃伊特(Kelvin-Voige)模型的松弛曲线。

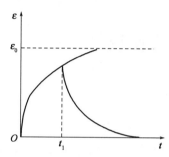

图 3-32　凯尔文-沃伊特(Kelvin-Voige)模型的蠕变曲线　　图 3-33　凯尔文-沃伊特(Kelvin-Voige)模型的松弛曲线

(3)伯格斯(Burgers)模型

将马克斯韦尔(Maxwell)模型与凯尔文-沃伊特(Kelvin-Voige)模型串联起来得到的模型(图 3-34),就是伯格斯(Burgers)模型。若以 σ_K、ε_K 表示凯尔文-沃伊特(Kelvin-Voige)模型(并联部分)的应力和应变,σ_M、ε_M 分别表示马克斯韦尔(Maxwell)模型(串联部分)的应力和应变,σ、ε 分别表示模型的总应力和总应变,则有如下关系式:

$$\begin{cases} \sigma = \sigma_K = \sigma_M \\ \varepsilon = \varepsilon_K + \varepsilon_M \end{cases} \tag{3-48}$$

运用马克斯韦尔(Maxwell)模型和凯尔文-沃伊特(Kelvin-Voige)模型的本构关系以及式(3-48),经过推导可得伯格斯(Burgers)模型的状态方程(本构方程):

$$E_K\frac{\mathrm{d}\varepsilon}{\mathrm{d}t} + \eta_K\frac{\mathrm{d}^2\varepsilon}{\mathrm{d}t^2} = \left(1 + \frac{E_K}{E_M} + \frac{\eta_K}{\eta_M}\right)\frac{\mathrm{d}\sigma}{\mathrm{d}t} + \frac{\eta_K}{E_M}\frac{\mathrm{d}^2\sigma}{\mathrm{d}t^2} + \frac{E_K}{\eta_M}\sigma \tag{3-49}$$

式中各参数如图 3-34 所示。

在式(3-49)中以 $\sigma = $ 常数 $= \sigma_0$ 代入,得到:

$$E_K\frac{\mathrm{d}\varepsilon}{\mathrm{d}t} + \eta_K\frac{\mathrm{d}^2\varepsilon}{\mathrm{d}t^2} = \frac{E_K}{\eta_M}\sigma_0 \tag{3-50}$$

求解上式,得到蠕变方程:

$$\varepsilon = \frac{\sigma_0}{E_M} + \frac{\sigma_0}{\eta_M}t + \frac{\sigma_0}{E_K}\left[1 - \exp\left(-\frac{E_K}{\eta_K}t\right)\right] \tag{3-51}$$

该式表征了伯格斯(Burgers)模型的蠕变特征。图 3-35 为其蠕变曲线,从图中可以看出,变形由三部分组成:瞬时弹性变形部分,即 $\varepsilon_1 = \frac{\sigma_0}{E_M}$;滞弹性变形部分,即 $\varepsilon_2 = \frac{\sigma_0}{E_K}\left[1 - \exp\left(-\frac{E_K}{\eta_K}t\right)\right]$;永久变形部分,即 $\varepsilon_3 = \frac{\sigma_0}{\eta_M}t$。

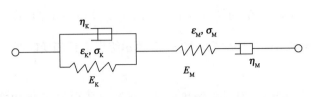

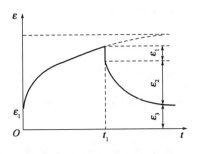

图 3-34　伯格斯(Burgers)模型示意图　　　　　图 3-35　伯格斯(Burgers)模型的蠕变曲线

第五节　岩石的强度试验

一、岩石强度的概念

岩石的强度是指岩石对荷载的抗力,或者称为岩石抵抗破坏的能力。

岩石的强度有抗压强度、抗拉强度、抗剪强度和抗弯强度,通常抗压强度是抗拉强度的几倍,甚至几十倍。在岩石中的抗剪强度又有抗剪断强度、抗切强度和弱面抗剪强度三种。

岩石在广义上包括岩块和岩体,所以在研究岩石的强度时,应分清岩块(完整岩石)强度和岩体强度。图 3-36 表示了由岩块转化为多节理岩体的过渡,突出表明了确定岩体强度的难度。显然,岩体强度不仅取决于岩块的强度,而且还与结构面的强度有关。同理,岩块的强度将取决于岩石母体的强度和微裂纹的强度(宏观上一般不细化)。岩块强度 σ_R、岩体强度 σ_m 和结构面的强度 σ_j 三者的大小关系为 $\sigma_R > \sigma_m > \sigma_j$。

完整岩石　　　单节理　　　双节理　　　多节理　　　岩体

图 3-36　从岩块到岩体的示意图

岩石的强度理论较为成熟,而岩体的强度分析大多依据一些经验准则。岩石强度理论的任务就是建立岩石在外荷载作用下发生塑性变形或破坏时的应力、应变等所满足的理论关系。岩石进入塑性状态时,应力或应变满足的关系称为屈服准则(条件);而岩石破坏时,应力或应变满足的关系则为强度准则(条件)。目前建立岩石强度条件(强度准则)的方法有两种:

①从试验出发 → 统计分析 → 数学表达式 → 经验准则(实验准则)。

②基于先验信息(试验、工程经验等) → 从理论出发 → 建立破坏时的数学表达式 → 理论准则。

二、岩石的破坏形式

从试验出发研究岩石的强度问题,必须弄清楚岩石的破坏机制(机理),根据大量的试验和观察证明,岩石的破坏形式主要有脆性破坏、延性破坏和弱面剪切破坏等(图 3-37)。

1.脆性破坏

岩石在荷载作用下没有显著的变形就突然破坏的现象,称为脆性破坏。产生这种破坏的原因可能是岩石中裂隙的发生和发展的结果。坚硬岩石的破坏均属于脆性破坏。

2.延性破坏

岩石在破坏前有相当大的变形,没有明显的破坏荷载,往往表现出塑性变形、流动和挤出,这种破坏称为延性破坏或韧性破坏。延性破坏一般出现在软岩中,但坚硬岩石在高温、高围压下也容易发生延性破坏。

3.弱面剪切破坏

岩石中存在各种软弱结构面时,岩石沿结构面发生剪切破坏。弱面剪切破坏一般针对岩体而言,岩基和岩坡沿着裂隙和软弱层的滑动以及小块试件沿着潜在破坏面的滑动,都属于这种破坏的例子。

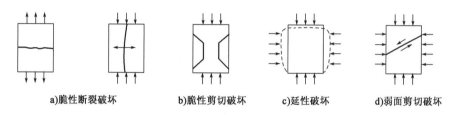

a)脆性断裂破坏　　　b)脆性剪切破坏　　　c)延性破坏　　　d)弱面剪切破坏

图3-37　岩石的破坏形式

根据岩石破坏时破坏面上的应力状态来划分,岩石的破坏形式有三种,即张性破坏、剪切破坏和流动破坏。

值得注意的是,岩石的实际破坏过程中,往往是多种形式的复合,没有单一的破坏形式,只能是以某种破坏形式为主,例如有以张性为主的剪切破坏,以剪切为主的张性破坏等。

三、岩石的抗压强度

岩石的抗压强度是指岩石试件在单轴压力下,抵抗破坏的极限能力,它在数值上等于破坏时的最大压应力。岩石的抗压强度一般在室内压力机上测定。

1.试验测试

(1)试样要求:根据《水利水电工程岩石试验规程》(SL/T 264—2020)规定,岩石单轴抗压强度试验的试样要求与单轴压缩试验完全相同。

(2)加载速率:加载速率为静载$0.5 \sim 0.8$MPa/s。

(3)试样数量:一组$3 \sim 5$个。

(4)抗压强度计算:

$$\sigma_c = \frac{P}{A} \tag{3-52}$$

式中:σ_c——岩石单轴抗压强度,MPa;

P——岩石试件破坏时的荷载,N;

A——试件的横断面面积,mm^2。

(5)单轴抗压强度设计标准值统计:

平均值:

$$\bar{\sigma}_c = \frac{1}{n}\sum_{i=1}^{n}\sigma_c^i \tag{3-53}$$

标准差：

$$\sigma = \sqrt{\frac{1}{n-1}\sum_{i=1}^{n}(\sigma_c^i - \bar{\sigma}_c)^2} \tag{3-54}$$

计算标准值：

$$\sigma_{ck} = \bar{\sigma}_c - 1.645\sigma \tag{3-55}$$

岩石抗拉、抗剪、抗弯的强度与抗压强度的比值见表3-5。

岩石抗拉、抗剪、抗弯的强度与抗压强度的比值 表3-5

岩石名称	与抗压强度的比值		
	抗拉强度	抗剪强度	抗弯强度
煤	0.009 ~ 0.06	0.25 ~ 0.5	—
页岩	0.06 ~ 0.325	0.25 ~ 0.48	0.22 ~ 0.51
砂质页岩	0.09 ~ 0.18	0.33 ~ 0.545	0.1 ~ 0.24
砂岩	0.02 ~ 0.17	0.05 ~ 0.44	0.06 ~ 0.19
石灰岩	0.01 ~ 0.067	0.08 ~ 0.10	0.15
大理岩	0.08 ~ 0.226	0.272	—
花岗岩	0.02 ~ 0.08	0.08	0.09
石英岩	0.06 ~ 0.11	0.176	—

2. 岩石单轴抗压强度的影响因素

大量试验证明，影响岩石的抗压强度的因素很多，这些因素可分为两个方面：一方面是岩石本身方面的因素，如矿物成分、结晶程度、颗粒大小、颗粒联结及胶结情况、密度、层理和裂隙的特性和方向、风化程度和含水情况；另一方面，试验方法的影响，诸如试件大小、尺寸相对比例、形状、试件加工情况和加荷速率等。下面对这些因素进行简单的阐述。

（1）矿物成分：不同矿物成分的岩石强度差异大，这是由于矿物本身的特点，不同的矿物有着不同的强度。即使相同矿物组成的岩石，也受到颗粒大小、连接胶结情况和生成条件的影响，它们的抗压强度也可能相差很大。

（2）结晶程度和颗粒大小：一般而言，结晶岩石比非结晶强度高；结晶颗粒越小，越致密，强度越大。

（3）胶结情况：对沉积岩来说，胶结情况和胶结物对强度的影响较大。硅质胶结的岩石具有很高的强度，石灰质胶结的岩石强度较低，而泥质胶结的岩石强度最低。

（4）生成条件：在岩浆岩结构中，若形成有非结晶物质，岩石强度大大降低。

（5）风化作用：由于风化作用会破坏岩石的粒间连接和晶粒本身，从而使岩石强度降低。

（6）密度：岩石密度也常是影响强度的因素。密度增大，强度也增大。

（7）水的作用：水对岩石的抗压强度有显著的影响。岩石浸水后的强度要小于干岩石的抗压强度，饱和抗压强度与干抗压强度的比值即为软化系数。在工程设计中，多用饱和抗压强度。

（8）试件尺寸的影响：岩石试件尺寸越大，强度越低，这一现象称为尺寸效应。这是由于试件内分布着从微观到宏观的细微裂隙，它们是岩石破坏的基础。试件尺寸越大，细微裂隙越

多,破坏的概率也增大,因而强度降低。对圆柱形试件,有研究表明:

$$\sigma_c = \frac{\sigma_{c0}}{0.778 + 0.222 D/L} \qquad (3\text{-}56)$$

式中:σ_{c0}——$D/L = 1.0$ 时的强度。

(9)试件形状的影响:一般来说,圆柱形试件的强度高于棱柱形试件的强度,这是由于后者存在应力集中。而对于棱柱形试件,其棱越多,强度就越高。这种现象称为形态效应。

(10)加荷速率的影响:岩石的加荷速率越快,强度越高;岩石动强度大于静强度。

四、岩石的抗拉强度

岩石的抗拉强度是岩石试样在单轴拉力作用下,抵抗破坏的极限能力,或极限强度,在数值上等于试样破坏时的最大拉应力。和岩石的抗压强度相比,抗拉强度研究少得多,对岩石直接进行抗拉强度的试验比较困难,目前多采用间接试验的方法,间接测定法有巴西试验法、三点弯曲法和点荷载法等。

1. 直接拉伸法试验

岩石的直接拉伸法试验的试件如图 3-38 所示。在试验时将这种试样的两端固定在拉力机上,然后对试样施加轴向拉力直至破坏,试样的抗拉强度为:

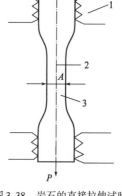

图 3-38 岩石的直接拉伸试验
1-夹子;2-垂直轴线;3-岩石试件

$$\sigma_t = \frac{P}{A} \qquad (3\text{-}57)$$

式中:σ_t——岩石抗拉强度,MPa;

P——岩石试样破坏时的最大拉力,N;

A——试样中部的横截面面积,mm^2。

该方法的缺点是,试样制备困难,它不易与拉力机固定,而且在两端固定处有应力集中的现象发生,故该方法不常用。

2. 巴西试验法(劈裂法)

根据弹性力学公式,沿竖向直径(开裂缝)产生均匀的水平向拉应力,这些应力的平均值为:

$$\sigma_x = \frac{2P}{\pi DH} \qquad (3\text{-}58)$$

式中:P——作用荷载,N;

D——试件直径,mm;

H——试件高度,mm。

因此只要测得试件破坏时的最大荷载 P_{max},则抗拉强度为:

$$\sigma_t = \frac{2P_{max}}{\pi DH} \qquad (3\text{-}59)$$

巴西试验一般采用圆盘试件,且试样要求:直径宜为 48 ~ 54mm,高度与直径之比宜为 0.5 ~ 1.0,试件高度应大于岩石最大颗粒粒径的 10 倍,加载速率为 0.1 ~ 0.3MPa/s。巴西试验如图 3-39 所示。

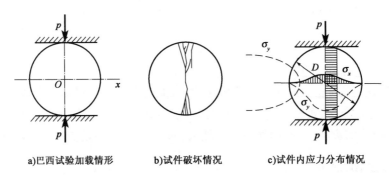

a)巴西试验加载情形   b)试件破坏情况   c)试件内应力分布情况

图 3-39　巴西试验

如果采用立方体试样进行巴西试验,则抗拉强度计算式为:

$$\sigma_t = \frac{2P_{max}}{\pi a^2} \tag{3-60}$$

式中:a——立方体试件边长,m;

其余符号意义同前。

3.近似估算抗拉强度

将不规则岩块试样(尽量接近于球形)置于压力机上压至破坏,然后近似估算抗拉强度。

$$\sigma_t = \frac{P}{V^{\frac{2}{3}}} \tag{3-61}$$

式中:V——试样体积,m³;

P——破坏荷载,MN。

4.其他方法

测试岩石抗拉强度的方法还有三点弯曲法、点荷载试验法等,详见相关文献。

五、岩石的抗剪强度

岩石的抗剪强度是指岩石抵抗剪切破坏的能力。广义上讲,岩石的抗剪强度有三种:抗剪断强度、抗切强度和弱面抗剪强度。如图 3-40 所示。

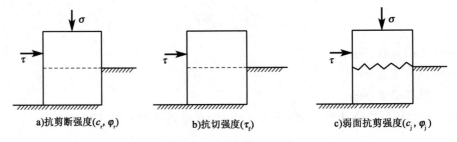

a)抗剪断强度(c_r, φ_r)   b)抗切强度(τ_f)   c)弱面抗剪强度(c_j, φ_j)

图 3-40　岩石抗剪强度类型

通常没有明确指明时,所说的"岩石抗剪强度"实际上就是"岩石抗剪断强度"。

岩石抗剪强度的测定方法有:直接剪切试验(直剪)、楔形剪切试验(斜剪)和三轴剪切试验(三轴剪)。其中楔形剪切试验是采用楔形剪切仪进行,这种试验方法由于仪器构造上的原因,不能反映低压段的情况,同时工作量较大,目前应用较少。因此下面主要介绍直接剪切试验和三轴剪切试验。如需了解楔形剪切试验的原理,可参阅相关文献。

1.岩石直接剪试验

(1)试验设备

岩石的直接剪切试验采用直接剪切仪,其构造与土的直接剪切仪相类似,如图 3-41 所示。仪器主要由上、下两个刚性匣子组成。

(2)试样要求

①试样形状可以是圆柱形,也可以是立方体或不规则形。

②试样周边剪切面处刻槽(图 3-42)。

③试样尺寸:对于测定岩石本身抗剪强度的试件一般为 5cm×5cm,而对于测定软弱结构面的试件为 15cm×15cm~30cm×30cm。

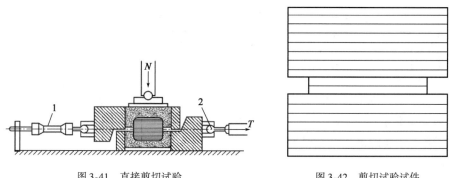

图 3-41　直接剪切试验　　　　　　　图 3-42　剪切试验试件
1-测力计;2-旋转接合

(3)加载方式

同土样的直剪试验,每次试验时,先在试样上施加垂直荷载 P,然后在水平方向逐渐施加水平剪切力 T,直至达到最大值 T_{max} 发生破坏为止。

(4)数据整理分析

剪切面上的正应力 σ 和剪应力 τ 按下列公式计算:

$$\sigma = \frac{P}{A} \tag{3-62}$$

$$\tau = \frac{T}{A} \tag{3-63}$$

式中:A——试样的剪切面面积,m^2。

在逐渐施加水平剪切力 τ 的同时,不断观测上下匣试样的相对水平位移以及垂直位移,从而可以绘制剪应力 τ 与水平位移 δ_h 的关系曲线,以及垂直位移 δ_v 与水平位移 δ_h 的关系曲线,如图 3-43 所示。

通过试验可以看出,岩石剪切破坏的全过程分为三个阶段:第一阶段为线弹性阶段,剪应力从零一直加到 τ_p,试样内开始产生张裂缝;第二阶段为剪应力从 τ_p 一直增加到 τ_f,这一阶段是裂缝的发展、增长阶段,当剪应力达到 τ_f 时,剪切面上就达到完全破坏;第三阶段为强度不断降低阶段,该阶段,剪应力从 τ_f 逐渐降低至最终的剩余值 τ_0,裂缝形成,岩石的 C 值趋近于零,此时强度完全由形成的裂缝面的摩擦力(φ_r)提供。因此,在同一正应力,岩石可以表现出三种不同的强度,我们称 τ_p 为初裂强度(屈服强度),τ_f 为峰值强度,τ_0 为残余强度。

以相同的试样、不同的正应力进行多次试验,可求出不同正应力下的抗剪断强度,绘出 τ_f-σ 关系曲线,如图 3-44 所示。试验证明,强度线并不是严格的直线,但在正应力 $\sigma < 10$MPa 时可近似为直线。其方程式为:

$$\tau_f = c + \sigma \cdot \tan\varphi \qquad (3\text{-}64)$$

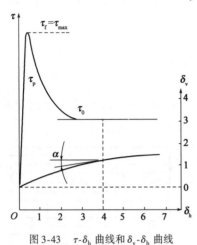

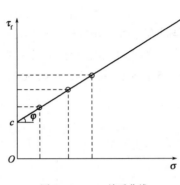

图 3-43　τ-δ_h 曲线和 δ_v-δ_h 曲线　　　　　图 3-44　τ_f-σ 关系曲线

上式即为库仑定律,式中,c 为岩石的黏聚力,图 3-44 中 τ_f-σ 直线在纵轴上的截距;φ 为岩石的内摩擦角,即 τ_f-σ 直线与横轴的夹角。

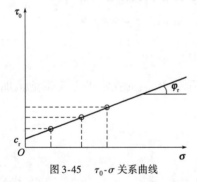

图 3-45　τ_0-σ 关系曲线

同理,可以绘出 τ_0-σ 关系曲线,如图 3-45 所示。试验证明,残余强度线在正应力 $\sigma < 10$MPa 时可近似为直线。其方程式为:

$$\tau_0 = c_r + \sigma \cdot \tan\varphi_r \qquad (3\text{-}65)$$

式中:c_r——裂缝面上的黏聚力,$c_r \approx 0$;

　　　φ_r——裂缝面上的内摩擦角。

直接剪切试验的优点是简单方便,不需要特殊设备,目前除了用来测定整体性岩石的抗剪断强度以及软弱结构面强度以外,还可用来测定岩石与混凝土之间以及不同岩石之间的强度。该方法的缺点是所用试件的尺寸较小,不易反映岩石中的裂缝、层理等弱面的情况。同时,试样受剪面积上的应力分布也不均匀,如果所加水平力偏离剪切面,则还要引起弯矩,误差较大。

2. 三轴剪切试验

岩石的三轴试验主要分为三种:一是等围岩三轴试验($\sigma_1 = \sigma_2 = \sigma_3$),主要用于岩石流变的测定;二是常规三轴试验($\sigma_1 > \sigma_2 = \sigma_3$),主要用于测定岩石的抗剪强度 c、φ 值;三是真三轴试验,主要用于岩石本构模型的研究。

(1)常规三轴试验的 c、φ 值的确定

常规三轴压缩试验采用三轴压力仪进行,试验设备与土的三轴仪相类似(图 3-46)。在进行三轴试验时,先将试件施加侧压力,即小主应力 σ_3',然后逐渐增加垂直压力直至破坏,得到破坏时的大主应力 σ_1',从而得到一个破坏时的莫尔应力圆。采用相同的岩样,改变侧压力为 σ_3'',施加垂直压力直至破坏,得到 σ_1'',从而又得到一个莫尔应力图。绘出这些应力圆的包络

线,即可求得岩石的抗剪强度曲线,如图 3-47 所示。如果把它看作一根近似直线,则可根据该线在纵轴上的截距和该线与水平线的夹角,求得黏聚力 c 和内摩擦角 φ。常见岩石的强度指标列于表 3-6 中。

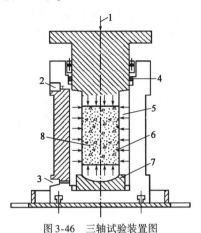

图 3-46　三轴试验装置图

1-施加垂直压力;2-侧压力液体出口处,排气处;3-侧压力液体进口处;4-密封设备;5-压力室;6-侧压力;7-球状底座;8-岩石试件

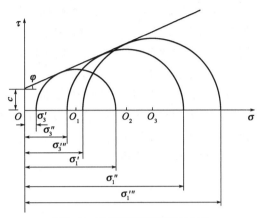

图 3-47　三轴试验破坏时的莫尔圆

常见岩石的强度指标　　　　　　表 3-6

岩石名称	抗压强度 σ_c (MPa)	抗拉强度 σ_t (MPa)	摩擦角 φ (°)	黏聚力 c (MPa)	岩石名称	抗压强度 σ_c (MPa)	抗拉强度 σ_t (MPa)	摩擦角 φ (°)	黏聚力 c (MPa)
花岗岩	100~250	7~25	45~60	14~50	千枚岩片岩	10~100	1~10	26~65	1~20
流纹岩	180~300	15~30	45~60	10~50					
闪长岩	100~250	10~25	53~55	10~50	板岩	60~200	7~15	45~60	2~20
安山岩	100~250	10~20	45~50	10~40	页岩	10~100	2~10	15~30	3~20
辉长岩	180~300	15~36	50~55	10~50	砂岩	20~200	4~25	35~50	8~40
辉绿岩	200~350	15~35	55~60	25~60	砾岩	10~150	2~15	35~50	8~50
玄武岩	150~300	10~30	48~55	20~60	石灰岩	50~200	5~20	35~50	10~50
石英岩	150~350	10~30	50~60	20~60	白云岩	80~250	15~25	35~50	20~50
片麻岩	50~200	5~20	30~50	3~5	大理岩	100~250	7~20	35~50	15~30

（2）岩石三轴试验的实际莫尔包络线

通过岩石的三轴试验,绘制莫尔圆,我们可以看出,莫尔实际包络线并不是一条直线,而是一条曲线,如抛物线、双曲线等,见图 3-48。近似直线求得的 c 值要大于实际包络线的 c_1 值。

（3）岩石中有微裂隙时,微裂隙面的强度指标测定

如果在试件内有一条或数条细微裂隙,则试验时就不一定沿 45° + $\varphi/2$ 面破坏,而是可能沿着潜在破坏面——细微裂隙面定向剪切。这时也可用

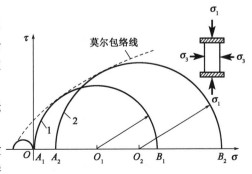

图 3-48　岩石三轴试验的实际莫尔包络线

三轴试验来测定该面上的强度曲线。图3-49表示有细微裂隙面(潜在破坏面,与水平面成 θ 角)时的三轴试验情况。在一定的 σ_1 和 σ_3 的组合下,岩石的裂隙面发生破坏,因而可在 τ-σ 平面图上绘出一个莫尔圆,如4号圆。通过代表 σ_3 的 a 点作一直线与裂隙面相平行,并交于4号圆,得点4,则点4就代表指定裂隙面上的应力状态,即点4的纵坐标代表该裂隙面在该应力状态下的抗剪断强度。用同样的试样,改变 σ_3 ,重复做多次试验,即可求得1、2、3、4等点,连接这些点所得的直线(莫尔圆的割线),即代表裂隙面的抗剪强度线。

(4)层状岩石的强度的各向异性

由于岩石中有裂隙和层理等软弱面,它的强度就表现出明显的各向异性。图3-50代表层状试样的强度随着最大主应力方向变化的极坐标图。图3-51表示有两组软弱面的试样强度随着加荷方向而变化的情况。图中的 R_0 为 A-A 方向加荷的强度, R 为偏离 A-A 方向一个 α 角度的任何方向加荷的强度。

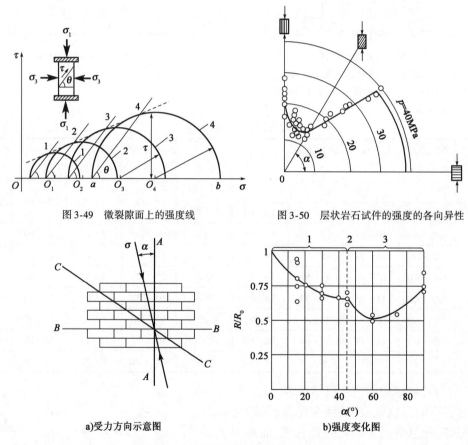

图 3-49　微裂隙面上的强度线　　　　　图 3-50　层状岩石试件的强度的各向异性

a)受力方向示意图　　　　　　　　b)强度变化图

图 3-51　有两组软弱面的试样强度图

1-A-A 与 C-C 方向间的破坏区域;2-沿 C-C 方向的破坏区域;3-沿软弱面 B-B 破坏的区域

第六节　岩石的强度理论

岩石的强度理论的主要任务是建立破坏准则,在简单应力条件下(拉、压、剪等)材料破坏由前述试验确定,这时建立破坏准则是很容易的事。但实际的工程岩石处于相当复杂的应力状态,由于对这种复杂状态下的岩石性状研究不够成熟,因此一种理论完全适用于岩石是不可能的。下面介绍的理论大多不同于材料力学的理论,由于各自假设与岩石符合程度不同,这些理论有的对岩石比较适用,有的应用性较差。

一、最大正应力理论

这是最早的一种强度理论,目前有时还在应用,也称为朗肯(Rankine)理论。

假设:材料的破坏取决于绝对值最大的正应力。

引证:当材料内的三个主应力中只要有一个达到 σ_c 或 σ_t,材料就破坏。

破坏准则:

$$\sigma_1 \geqslant \sigma_c \tag{3-66}$$

$$\sigma_3 \leqslant -\sigma_t \tag{3-67}$$

通用表达式:

$$(\sigma_1^2 - R^2)(\sigma_2^2 - R^2)(\sigma_3^2 - R^2) = 0 \tag{3-68}$$

式中:σ_c、σ_t——材料的单轴抗压强度和单轴抗拉强度,MPa;

R——泛指材料的强度(抗压及抗拉均包括在内),MPa。

当上式左边的值大于零时,则材料(岩石)破坏;若小于零,则处于稳定状态。

适用范围:只适用于单向应力状态的岩石以及脆性岩石在双向受拉的情况,不适用于其他复杂应力状态。

二、最大正应变理论(最大线应变理论)

假设:材料的破坏取决于最大正应变。

引证:只要材料中任何一方向的正应变达到单向拉伸(或压缩)破坏时的极限应变值时,材料就发生破坏。

破坏准则:

$$\varepsilon_{\max} \geqslant \varepsilon_u \tag{3-69}$$

式中:$\varepsilon_{\max}$——材料内发生的最大应变值,可用广义胡克(Hooke)定律确定;

ε_u——单向压缩或单向拉伸试验材料破坏时的极限应变值。

通用表达式:

$$\{[\sigma_1 - \mu(\sigma_2 + \sigma_3)]^2 - R^2\}\{[\sigma_2 - \mu(\sigma_1 + \sigma_3)]^2 - R^2\}\{[\sigma_3 - \mu(\sigma_1 + \sigma_2)]^2 - R^2\} = 0 \tag{3-70}$$

当上式左边的值大于零时,则材料(岩石)破坏;若小于零,则处于稳定状态。

适用条件:①适用于脆性材料,不适用于塑性材料;②必须是单向应力状态,因为对岩石而言,侧向约束对变形影响大。

三、最大剪应力理论

鉴于前两种不适用于塑性材料,故需发展塑性材料的强度理论。

假设:由于一般认为材料的晶格间的错动是产生塑性变形的根本原因,故假设材料的最大剪应力达到单向拉伸(或压缩)的危险值时,材料就达到危险状态。

破坏准则:

$$\tau_{\max} \geqslant \tau_u \tag{3-71}$$

引证:复杂应力状态下,$\tau_{\max} = (\sigma_1 - \sigma_3)/2$;单向拉伸(或压缩)状态下,最大剪应力危险

值 $\tau_u = R/2$。则破坏准则改写为：

$$\sigma_1 - \sigma_3 \geqslant R \tag{3-72}$$

通用表达式：

$$[(\sigma_1 - \sigma_2)^2 - R^2] \cdot [(\sigma_1 - \sigma_3)^2 - R^2] \cdot [(\sigma_2 - \sigma_3)^2 - R^2] = 0 \tag{3-73}$$

当上式左边的值大于零时，则材料（岩石）破坏；若小于零，则处于稳定状态。

适用条件：适用于塑性岩石，不适用于脆性岩石。该准则未考虑中间主应力的影响，在塑性力学中，该准则称为特雷斯卡（Tresca）准则，一般用于岩体的弹塑性分析。

四、八面体剪应力理论

鉴于上一理论中未考虑中间主应力，在该理论中克服这一缺点，将剪应力换为八面体剪应力，因为八面体剪应力中包含中间主应力的影响。

假设：材料是否达到危险状态，取决于八面体剪应力。

破坏准则：当八面体剪应力达到材料危险状态时的八面体剪应力值时，材料将处于危险状态，即：

$$\tau_{oct} \geqslant \tau_r \tag{3-74}$$

引证：任何应力状态下的八面体应力可表示为

$$\tau_{oct} = \frac{1}{3} \sqrt{(\sigma_1 - \sigma_2)^2 + (\sigma_2 - \sigma_3)^2 + (\sigma_3 - \sigma_1)^2} \tag{3-75}$$

危险状态下的八面体应力 τ_r 用单轴受力下的强度表达：单向受压危险状态时，$\sigma_1 = \sigma_c$；八面体应力：$\tau_r = \sqrt{2}\sigma_c/3$；单向受拉危险状态时，$\sigma_3 = -\sigma_t$；八面体应力：$\tau_r = \sqrt{2}\sigma_t/3$。

通用表达式：

$$(\sigma_1 - \sigma_2)^2 + (\sigma_2 - \sigma_3)^2 + (\sigma_3 - \sigma_1)^2 - 2R^2 = 0 \tag{3-76}$$

当上式左边的值大于零时，则材料（岩石）破坏；若小于零，则处于稳定状态。

适用条件：适用于塑性材料。在塑性力学中，称其为冯·米塞斯（Von Mises）准则。

五、莫尔理论及莫尔-库仑（Mohr-Coulomb）破坏准则

1. 莫尔（Mohr）理论的普遍形式

莫尔（Mohr）强度理论是莫尔（Mohr）（1900 年）提出，并在岩土力学中应用最多、最广泛的一种理论。

（1）假设：材料内某点的破坏主要取决于它的大主应力和小主应力，与中间主应力无关。

（2）几个基本概念：

莫尔（Mohr）应力圆：材料内某点的大小主应力状态，在 τ-σ 平面上的描述（图 3-52）。

极限莫尔（Mohr）圆：材料内某点达到破坏极限时的大小主应力状态在 τ-σ 上的表示。

莫尔（Mohr）包络线：一系列极限莫尔（Mohr）圆的包络线，该包络线是曲线，又称为强度线。

（3）莫尔（Mohr）强度理论的一般表达式（莫尔包线的方程）：

$$\tau_f = f(\sigma) \tag{3-77}$$

对于不同的材料，该表达式可用不同的曲线、直线形式来近似。例如，对于土体表达式可用直线近似，即为库仑（Coulomb）定律：

$$\tau_{\mathrm{f}} = \sigma \cdot \tan\varphi + c \tag{3-78}$$

2. 莫尔(Mohr)强度理论对材料状态的判别

根据莫尔强度理论,在判断材料内某点处于复杂应力状态下是否破坏时,只要在平面内做出该点的莫尔应力圆。如果所做应力圆在莫尔包络线以内,如图 3-53 所示中的圆 1,图中曲线 4 表示包络线,则通过该点任何面上的剪应力都是小于相应面上的抗剪强度,说明该点没有破坏,处于弹性状态。如果应力圆刚好与包络线相切,如图 3-53 所示中圆 2,则通过该点有一对平面上的剪应力刚好达到相应面上的抗剪强度,该点开始破坏,称为极限平衡状态。而与包络线相割的应力圆,如图 3-53 所示中虚线圆 3,实际上是不存在的,因为在应力达到这一状态之前,材料已经沿某一平面破坏了。

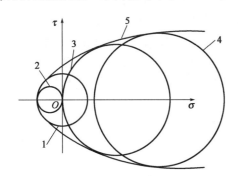
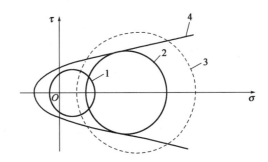

图 3-52　极限应力圆的包络线
1-纯剪试验;2-抗拉试验;3-抗压试验;4-三轴试验;5-包络线

图 3-53　用莫尔包络线判别材料的破坏
1-未破坏的应力圆;2-临界破坏的应力圆;3-破坏应力圆;4-莫尔包络线

3. 岩石的强度条件

对于岩石的包线形状有多种假定,有直线、抛物线、双曲线或摆线等。一般应根据不同的实际情况确定。对于硬质岩石可假定包线为 $\tau_{\mathrm{f}} = f(\sigma)$,是抛物线;对于软质岩石可假定包线为 $\tau_{\mathrm{f}} = f(\sigma)$,是双曲线或摆线。

在岩石工程中,当岩石压力较小时(一般小于 10MPa 地应力),采用直线近似处理也够了。因此在岩石力学中,为了简化计算,同土力学中一样,一般都采用直线近似,即:

$$\tau_{\mathrm{f}} = \sigma\tan\varphi + c \tag{3-79}$$

(1)莫尔-库仑(Mohr-Coulomb)准则

库仑(Coulomb)最早提出库仑(Coulomb)条件 $\tau_{\mathrm{f}} = \sigma\tan\varphi + c$,后为莫尔(Mohr)理论加以解释,形成了莫尔-库仑(Mohr-Coulomb)破坏准则:

$$\tau_{\mathrm{f}} = \sigma\tan\varphi + c \tag{3-80}$$

以主应力表示式(3-76),得到下式:

$$\begin{cases} \sigma_1 = \sigma_3 \tan^2\left(45° + \dfrac{\varphi}{2}\right) + 2c\tan\left(45° + \dfrac{\varphi}{2}\right) \\ \sigma_3 = \sigma_1 \tan^2\left(45° - \dfrac{\varphi}{2}\right) - 2c\tan\left(45° - \dfrac{\varphi}{2}\right) \end{cases} \tag{3-81}$$

极限平衡条件时的莫尔应力圆如图 3-54 所示。从上式以及图 3-54 可以看出:

①岩石中某点处于剪切破坏时,剪破面与人主应力 σ_1 作用面的夹角 α 值为:

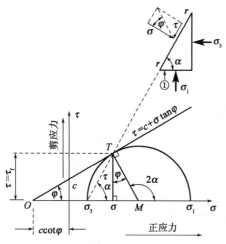

图 3-54 极限平衡条件时的莫尔应力圆

$$\alpha = 45° + \frac{\varphi}{2} \tag{3-82}$$

②可用式(3-77)来判断岩石是否达到剪切破坏。例如,已知岩石中一点的主应力及强度指标分别是 σ_1、σ_3、c、φ。将已知的主应力值及强度标值代入式(3-77)的右侧,求得主应力 σ_1、σ_3 的计算值,若 σ_1 计算值大于已知值,或者 σ_3 计算值小于已知值,则岩石处于稳定状态;若 σ_1 计算值小于已知值,或者 σ_3 计算值大于已知值,则岩石处于破坏状态;若 σ_1、σ_3 的计算值分别等于其已知值,则岩石处于极限平衡状态。

③岩石中某点濒于剪破状态时的应力条件必须是法向应力 σ 和剪应力 τ 的某种组合符合库仑破坏准则,而不是最大剪应力 τ_{max} 达到了抗剪强度 τ_f 的条件,故剪破面并不发生在最大剪应力 τ_{max} 的作用面上 ($\alpha = 45°$),而是在 $\alpha = 45° + \varphi/2$ 的平面上。

例题 3-1 某种岩石的单轴抗压强度为 8MPa。在常规三轴试验中,当围压 σ_3 增加到 4MPa 时,测得试样的抗压强度 σ_1 为 16.4MPa。试问当 $\sigma_3 = 6$MPa,$\sigma_1 = 20$ MPa 时,试样是否破坏?

解: 由题意,将 $\sigma_3 = 0$MPa、$\sigma_1 = 8$MPa,$\sigma_3 = 4$MPa、$\sigma_1 = 16.4$MPa 和 $\sigma_3 = 6$MPa、$\sigma_1 = \sigma_{1f}$ 分别代入式(3-77),可得:

$$\begin{cases} 8 = 2c\tan(45 + \frac{\varphi}{2}) \\ 16.4 = 4\tan^2(45 + \frac{\varphi}{2}) + 2c\tan(45 + \frac{\varphi}{2}) \\ \sigma_{1f} = 6\tan^2(45 + \frac{\varphi}{2}) + 2c\tan(45 + \frac{\varphi}{2}) \end{cases}$$

解得 $\sigma_{1f} = 20.6$ MPa $> \sigma_1 = 20$ MPa,故试样处于稳定状态。

(2)莫尔-库仑(Mohr-Coulomb)准则的适用条件。

①在土力学中,土无抗拉强度,不能承受拉应力,即:$\sigma_1 \geq 0$,$\sigma_3 \geq 0$,故对于土体而言,莫尔-库仑(Mohr-Coulomb)准则只考虑了 $\sigma \geq 0$ 的情况,而不需要考虑 $\sigma < 0$ 的情况,应力圆只出现在 σ 的正半轴,不会出现在 σ 的负半轴[图 3-55a)]。

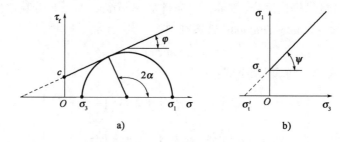

a)　　　　　b)

图 3-55 莫尔-库仑破坏准则中的主应力关系

令 $\sigma_3 = 0$ 时,$\sigma_{1f} = \sigma_c$ 是土体的抗压强度[图 3-55b)],即:

$$\sigma_c = 2c\tan\left(45° + \frac{\varphi}{2}\right) = 2c \cdot \frac{\cos\varphi}{1 - \sin\varphi} \tag{3-83}$$

$$\tan\psi = \tan^2\left(45° + \frac{\varphi}{2}\right) = \frac{1 + \sin\varphi}{1 - \sin\varphi} \tag{3-84}$$

②在岩石力学中,岩石具有抗拉强度,可以承受拉应力,因此 σ_1、σ_3 均有可能为负值。此时,需要研究 $\sigma < 0$ 的情况。

$$\begin{cases} \sigma_{1f} = \sigma_c = 2c\tan\left(45° + \frac{\varphi}{2}\right) = \frac{2c\cos\varphi}{1 - \sin\varphi} \\ \sigma_{3f} = \sigma_t' = -2c\tan\left(45° - \frac{\varphi}{2}\right) = -\frac{2c\cos\varphi}{1 + \sin\varphi} \end{cases} \tag{3-85}$$

实际情况:抗拉圆、拉压圆、剪切圆的包线是曲线(抛物线、双曲线等)。如图 3-56a)所示,莫尔-库仑准则在 $\sigma_{1,3} > 0$ 时,是抗压圆和剪切圆的近似包线,但与抗拉圆不相切。这说明:当 $\sigma_{1,3} < 0$ 时,莫尔-库仑准则不适用于岩石[图 3-56b)]。

$$\begin{cases} \sigma_c = \frac{2c\cos\varphi}{1 - \sin\varphi} \\ \sigma_t' = -\frac{2c\cos\varphi}{1 + \sin\varphi} < \sigma_t \end{cases} \tag{3-86}$$

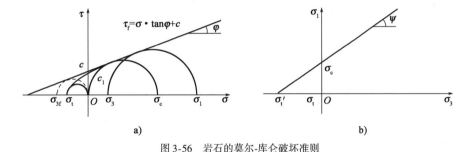

图 3-56 岩石的莫尔-库仑破坏准则

(3)修正的莫尔-库仑(Mohr-Coulomb)破坏准则

修正的莫尔-库仑准则仍然是一种近似准则(图 3-57),但在岩石力学中被广泛采用。

$$\begin{cases} \sigma_c = \frac{2c \cdot \cos\varphi}{1 - \sin\varphi} \\ \tan\psi = \frac{1 + \sin\varphi}{1 - \sin\varphi} \\ \sigma_t' = -\frac{2c \cdot \cos\varphi}{1 + \sin\varphi} \end{cases} \tag{3-87}$$

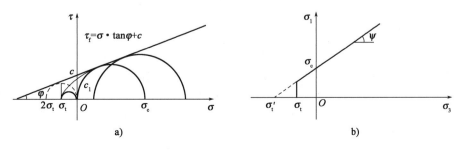

图 3-57 修正的莫尔-库仑准则

六、格里菲斯(Griffith)强度理论

前述理论均是假定岩石是连续介质,格里菲斯(Griffith)认为,岩石材料中存在许多裂纹,在应力作用下,裂缝端产生应力集中,材料破坏从裂缝端开始扩展,最终导致岩石完全破坏。

1. 格里菲斯(Griffith)准则的主应力表示

$$\begin{cases} \text{当 } \sigma_1 + 3\sigma_3 > 0 \text{ 时,} \quad (\sigma_1 - \sigma_3)^2 = 8\sigma_t(\sigma_1 + \sigma_3) \\ \text{初裂方位角} \beta = \dfrac{1}{2}\arccos\dfrac{\sigma_1 - \sigma_3}{2(\sigma_1 + \sigma_3)} \end{cases} \tag{3-88}$$

$$\begin{cases} \text{当 } \sigma_1 + 3\sigma_3 < 0 \text{ 时,} \quad \sigma_3 = -\sigma_t \\ \text{初裂方位角} \beta = 0 \end{cases} \tag{3-89}$$

2. 格里菲斯(Griffith)准则的剪应力表示

$$\tau^2 = 4\sigma_t(\sigma_t + \sigma) \tag{3-90}$$

3. 格里菲斯(Griffith)准则的讨论

(1)单轴压缩时,$\sigma_3 = 0$,$\sigma_1 = \sigma_c$,则有:

$$\sigma_c = 8\sigma_t, \cos2\beta = \frac{1}{2} \Rightarrow \beta = 30°$$

表明:岩石的单轴抗压强度是抗拉强度的 8 倍,当应力达到 σ_c 时,与加载方向为 30° 的裂纹最先扩展。

(2)格里菲斯(Griffith)准则主要用于张剪性的破坏。

如图 3-58 所示,当 $\sigma_1 + 3\sigma_3 > 0$ 时,主要破坏形式为剪切破坏;当 $\sigma_1 + 3\sigma_3 < 0$ 时,主要破坏形式为张性破坏。

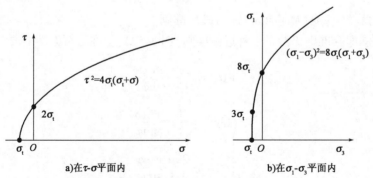

a)在 τ-σ 平面内　　　　b)在 σ_1-σ_3 平面内

图 3-58　格里菲斯(Griffith)准则在平面内的图形

4. 修正的格里菲斯(Griffith)强度理论

格里菲斯(Griffith)理论是以张开裂纹为前提求得的,但实际上岩石在压应力作用下,裂纹是要发生闭合的,闭合后应力可通过裂纹传递,此时岩石的强度还将受到裂纹面上摩擦系数的影响,为此提出了修正的格里菲斯(Griffith)强度准则。修正后的格里菲斯(Griffith)强度准则为:

$$\sigma_1\left(\sqrt{f^2+1} - f\right) - \sigma_3\left(\sqrt{f^2+1} + f\right) = 4\sigma_t \tag{3-91}$$

式中：$f = \tan\varphi$。

式(3-91)即为张拉破坏条件：左侧值 > 右侧值，则材料破坏；反之，则处于稳定状态。

上式中令 $\sigma_3 = 0$ 时，$\sigma_1 = \sigma_c$，故得：

$$\sigma_c = \frac{4\sigma_t}{\sqrt{1+f^2} - f} = 4\sigma_t\left(\sqrt{1+f^2} + f\right) \tag{3-92}$$

上式即为抗压强度与抗拉强度的关系。

格里菲斯(Griffith)修正后的条件也可用抗压强度表示为：

$$\sigma_1 - \sigma_3\left(\sqrt{1+f^2} + f\right)^2 = \sigma_c \tag{3-93}$$

例题 3-2 某巷道拱顶裂隙 $\sigma_1 = 65\text{MPa}$，$\sigma_3 = 3\text{MPa}$，$\sigma_t = -7.5\text{MPa}$，$\sigma_c = 56\text{MPa}$，运用格里菲斯(Griffith)理论评价安全性。

解：根据格里菲斯(Griffith)理论，$\sigma_1 + 3\sigma_3 = 65 + 9 = 74 > 0$

$$\sigma_t = \frac{(\sigma_1 - \sigma_3)^2}{8(\sigma_1 + \sigma_3)} = 7.07\text{ MPa} < 7.5\text{MPa}，故该巷道稳定。$$

七、其他强度理论

1. 伦特堡(Lundberg)理论

假定：岩石内的正应力达到岩石晶体强度时，岩石即破坏。

准则表达式：

$$(\tau - \tau_0)^{-1} = (\tau_i - \tau_0)^{-1} + (A\sigma)^{-1} \tag{3-94}$$

式中：τ_0——当没有正应力时(即当 $\sigma = 0$ 时)岩石的抗切强度，MPa；

$\quad\tau_i$——岩石晶体的极限抗压强度，MPa；

$\quad A$——系数，与岩石种类有关。

当岩石内的正应力 σ 和剪应力 τ 达到上述关系时，岩石就发生破坏。因此，式中的 τ 实际上是代表最大的剪应力，因而是强度。这样，岩石的抗剪强度可用三个参数 τ_0、τ_i 和 A 表示。表 3-7 为伦特堡给出的某些岩石的 τ_0、τ_i 和 A 值。

决定岩石强度的三个参数 表 3-7

岩石	τ_0(MPa)	τ_i(MPa)	A	岩石	τ_0(MPa)	τ_i(MPa)	A
花岗岩	50	1000	2	石灰岩	30	890	1.2
花岗片麻岩	60	680	2.5	磁铁矿	30	850	1.8
伟晶片麻岩	50	1200	2.5	黄铁矿	20	560	1.7
云母片麻岩	50	760	1.2	灰色页岩	30	580	1.8
石英岩	60	620	2	黑色页岩	60	490	1

2. 霍克-布朗(Hoek-Brown)经验准则

根据霍克(Hoek)和布朗(Brown)的研究，岩石材料的三轴压缩试验破坏时的主应力间的关系为：

$$\frac{\sigma_1}{\sigma_c} = \frac{\sigma_3}{\sigma_c} + \left(m_0\frac{\sigma_3}{\sigma_c} + 1\right)^{\frac{1}{2}} \tag{3-95}$$

式中:σ_1——破坏时的最大主应力;

$\quad\quad \sigma_3$——作用在岩石试样上的最小主应力;

$\quad\quad \sigma_c$——岩块的单轴抗压强度;

$\quad\quad m_0$——与岩石类型有关的常数。

根据大量试验研究结构的分析,建议 m_0 随着岩石类型按下列顺序增加:

①解理发育的碳酸盐岩石(白云岩、石灰岩、大理岩),$m_0 \approx 7$;

②岩化的泥质胶结岩(泥岩、粉砂岩、页岩、板岩),$m_0 \approx 10$;

③强结晶和结晶解理不发育的砂质岩(砂岩、石英岩),$m_0 \approx 15$;

④细粒的多矿物的岩浆岩(安山岩、粗玄岩、辉绿岩、流纹岩),$m_0 \approx 17$;

⑤粗粒的多矿物的岩浆岩及变质岩(闪岩、辉长岩、片麻岩、花岗岩、苏长岩、石英闪长岩),$m_0 \approx 25$。

思 考 题

3-1 岩石的力学属性有哪几种?

3-2 什么是刚性压力机?怎样才能获得全过程应力-应变曲线?

3-3 三轴试验中,岩石应力应变曲线通常分四个特征区,请加以说明。

3-4 影响岩石蠕变的因素有哪些?建立岩石蠕变方程有哪些方法?

3-5 岩石蠕变曲线有哪几个阶段?各有何特点?

3-6 什么是岩石的强度?岩石强度有哪些类型?

3-7 岩石破坏有哪些形式?对各种破坏的原因做出解释。

3-8 影响岩石单轴抗压强度的主要因素有哪些?

3-9 岩石抗拉强度的测定方法有哪些?

3-10 阐述岩石剪切破坏的全过程。

3-11 常规三轴试验 c、φ 值是如何确定的?裂隙面的抗剪强度线怎样确定?

3-12 常用的岩石强度破坏准则有哪些?

3-13 简要叙述莫尔-库仑(Mohr-Coulomb)岩石强度准则和格里菲斯(Griffith)岩石强度准则的基本原理。

习 题

3-1 分析下列强度试验中岩石的破坏原因(习题3-1图),示意绘出破坏面的位置。

3-2 在岩石力学中,测定岩石抗拉强度,目前常用的是劈裂法,计算公式为 $R_t = \dfrac{2P}{\pi DL}$,请证明之。

3-3 使用大理岩做抗剪强度试验,当 $\sigma = 6\text{MPa}$ 时,$\tau_f = 19.2\text{MPa}$;当 $\sigma = 10\text{MPa}$ 时,$\tau_f = 22\text{MPa}$。现将该岩石作三轴强度试验,当 $\sigma_3 = 0\text{MPa}$ 时,$\sigma_{1f} = 57.6\text{MPa}$。问当 $\sigma_3 = 6\text{MPa}$ 时。其三轴抗压强度是多少?

[参考答案:$\sigma_{1f} = 79.8\text{MPa}$]

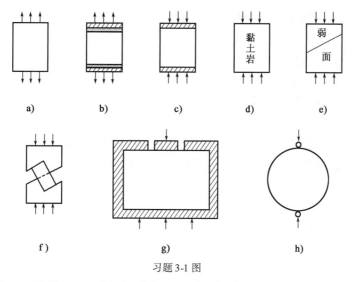

习题 3-1 图

3-4 如习题 3-4 图所示,证明抗拉圆和抗压圆公切线的方程为:

$$\tau = \frac{\sqrt{\sigma_c \cdot \sigma_t}}{2}\left(1 + \frac{\sigma_c - \sigma_t}{\sigma_c \cdot \sigma_t}\sigma\right)$$

3-5 试用莫尔应力圆画出:

(1)单向拉伸;(2)纯剪切;(3)单向压缩;(4)双向拉伸;(5)双向压缩。

3-6 弱面抗剪试验体受力如习题 3-6 图所示,$\sigma_1 > \sigma_3$,试写出剪切面上正应力 σ 和剪应力 τ 表达式(不考虑试件自重),并在莫尔圆上表示出 σ、τ、α 的关系。

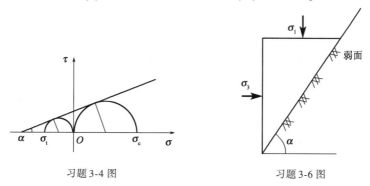

习题 3-4 图   习题 3-6 图

3-7 某地块受 EW 方向水平应力 $\sigma_1 = 50\text{MPa}$,垂直应力 $\sigma_2 = 10\text{MPa}$,求倾向正东、倾角 60° 的断层面上的正应力 σ_n 和剪应力 τ_n。

[参考答案:$\sigma_n = 40\text{MPa}, \tau_n = 17.3\text{MPa}$]

3-8 设岩体内部在相互垂直的两个截面上都受到均匀应力作用,其水平应力为拉应力 $\sigma_t = -5\text{MPa}$,垂直应力为压应力 $\sigma_1 = 5\text{MPa}$,求法线与 σ_1 成 45° 的截面上的应力。

[参考答案:$\sigma_n = 0\text{MPa}, \tau_n = 5\text{MPa}$]

3-9 在 2000m 深处的单元体,由覆盖层重量引起的垂直应力为 50MPa,水平压应力为 10MPa。这里有一倾角为 60° 的正断层,求断层面上的应力,并用莫尔圆表示。

[参考答案:$\sigma_n = 20\text{MPa}, \tau_n = -17.3\text{MPa}$]

3-10 用石英岩试件做三轴试验,当 $\sigma_3 = 0\text{MPa}$、10MPa、15MPa 时,测得 $\sigma_{1f} = 150\text{MPa}$、$228\text{MPa}$、$264\text{MPa}$,试求石英岩的 c、φ 值。

[参考答案:$c = 26.8\text{MPa}, \varphi = 50°$]

3-11 已知大理岩的 $\sigma_c = 80$MPa，$\varphi = 25°$，计算当 $\sigma_3 = 40$MPa 时，三轴抗压强度是多少？

[参考答案：$\sigma_{1f} = 178.6$MPa]

3-12 用劈裂法进行砂岩单向抗拉强度试验，试件 $D = 5$cm，$L = 4$cm，岩石试样拉断时的荷载 P 为 14.6kN，求 σ_t 值。

[参考答案：$\sigma_t = 4.6$MPa]

3-13 已知岩石的抗剪强度指标 c、φ 值，试用应力圆和强度曲线关系求该岩石的 σ_c 和 σ_t。

3-14 现有一截面面积为 5000cm^2 的花岗岩柱，该岩石的 $c = 20$MPa，$\varphi = 30°$，试问该岩柱顶面承受多大的荷载才发生剪破裂？

[参考答案：$N = 34.64$MN]

3-15 已知巷道墙的主应力 $\sigma_1 = 11.5$MPa，$\sigma_2 = 2.9$MPa，$\sigma_3 = -3.1$MPa；混凝土的抗拉强度 $\sigma_t = -0.81$MPa，泊松比 $\mu = 0.17$。试用最大正应变理论判断巷道墙是否稳定。

[参考答案：不稳定]

3-16 某矿的电耙巷道，采用支护厚度为 400cm 的混凝土支护。混凝土的单轴抗压强度 $\sigma_c = 10.5$MPa。已测得巷道 $\sigma_1 = 5.6$MPa，$\sigma_2 = -2.1$MPa，$\sigma_3 = -23.2$MPa。用八面体强度理论判断是否稳定。

[参考答案：不稳定]

3-17 某矿大理岩试验成果：当 $\sigma_3 = 40$MPa 时，$\sigma_{1f} = 280$MPa；当 $\sigma_3 = 80$MPa 时，$\sigma_{1f} = 380$MPa；试问(1) $\sigma_3 = 60$MPa，$\sigma_1 = 240$MPa 时，试样是否破坏？(2) 当 $\sigma_3 = 70$MPa，$\sigma_1 = 360$MPa 时，试样是否破坏？

[参考答案：(1)不破坏；(2)破坏]

3-18 岩石力学平面问题。已知应力分量为 σ_x、σ_y、τ_{xy}。岩石强度符合莫尔-库仑 (Mohr-Coulomb) 强度理论，请写出极限平衡条件下，这些应力分量满足的关系式。

3-19 将一岩石试件进行三轴试验，当 $\sigma_3 = 30$MPa 时，$\sigma_{1f} = 270$MPa，破坏面 $\alpha = 60°$，假定 τ_f 与 σ 呈线性变化，试计算：

(1) φ；(2) 破坏面上的应力；(3) $\sigma = 0$MPa 的平面上的 τ_f；(4) 假如试件受到压缩的 σ_1 和拉伸的 σ_3 大小相等且为 80MPa，试用莫尔圆表示试件内任一点的应力状态。

[参考答案：(1) $\varphi = 30°$；(2) $\sigma_\alpha = 90$MPa，$\tau_\alpha = 103.9$MPa；(3) $\tau_f = 51.95$MPa]

3-20 试用莫尔强度理论推导安全系数公式：

$$K = \frac{\sqrt{(c + \sigma_1\tan\varphi)(c + \sigma_3\tan\varphi)}}{\dfrac{\sigma_1 - \sigma_3}{2}}$$

[K 表示岩石受到 σ_3、σ_1 后，岩石破坏的安全系数。当 $K > 1$ 时，岩石不破坏；当 $K < 1$ 时，岩石破坏；当 $K = 1$ 时，极限平衡，此时公式等价于莫尔强度条件。]

3-21 已知某岩石巷道，岩石的 $c = 10$MPa，$\varphi = 34°$；现受到的应力为 $\sigma_1 = 65$MPa，$\sigma_3 = 3$MPa。试判定该巷道是否安全。

[提示：运用 3-20 题公式。参考答案：不稳定]

3-22 已知矿房顶板的最大主应力 $\sigma_1 = 61.2$MPa，$\sigma_3 = -19.1$MPa，$\sigma_t = -8.6$MPa。试用格里菲斯强度理论判断顶板稳定性。

[参考答案：剪切破坏，不稳定]

3-23　上题中岩石的 $c=50\mathrm{MPa},f=1.54$，用莫尔理论判定。

［参考答案：作图法，稳定］

3-24　试证明：

(1)岩石裂隙压应力作用下闭合后的修正格里菲斯(Griffith)强度准则：

$$\sigma_1 - \sigma_3 \frac{\sqrt{1+f^2}+f}{\sqrt{1+f^2}-f} \leqslant \sigma_c \quad （稳定）$$

(2)裂隙之间的摩擦系数 f 与 σ_1、σ_3 和 σ_t 的关系：

$$f = \frac{1}{\sqrt{\frac{(\sigma_1-\sigma_3)^2}{16\sigma_t^2}-1}}$$

3-25　某巷道力学指标：$\varphi = 51°$，$c = 1\mathrm{MPa}$，$\sigma_c = 10.5\mathrm{MPa}$，$\sigma_t = -0.81\mathrm{MPa}$，$\sigma_1 = 12.2\mathrm{MPa}$，$\sigma_2 = 1.84\mathrm{MPa}$，$\sigma_3 = -0.314\mathrm{MPa}$。试分别用莫尔强度理论、格里菲斯强度理论、八面体强度理论判别其稳定性。

［参考答案：均不稳定］

3-26　已知岩石试件的 $c = 9.5\mathrm{MPa}$，$\varphi = 38°$，试用库仑准则和格里菲斯强度理论求其单向抗压强度。

3-27　某岩石 $\sigma_t = 16\mathrm{MPa}$，$\sigma_c = 120\mathrm{MPa}$，试求 c、φ 值。

［提示：做抗拉圆和抗压圆得公切线，求 c、φ 值］

第四章　岩体的变形与强度特性

第一节　概　　述

在前一章中我们详细介绍了岩块的变形与强度特性,而由岩块和结构面组成的具有一定结构的并赋存于一定地质环境中的岩体,其力学性质与岩块有显著差别。一般情况下,岩体比岩块易于变形,其强度也显著低于岩块的强度,造成这种差别的根本原因在于岩体中存在各种类型不同、规模不等的结构面,并受到天然应力和地下水等环境因素的影响。因此岩体在外力的作用下其力学属性往往表现出非均质、非连续、各向异性和非弹性,所以无论在什么情况下,都不能把岩体和岩块两个概念等同起来。另外,人类的工程活动都是在岩体表面或岩体内部进行的,因此,研究岩体的力学性质比研究岩块力学性质更重要、更具有实际意义。

岩体的力学性质,一方面取决于它的受力条件,另一方面还受岩体的地质特征及其赋存环境条件的影响。其影响因素主要包括组成岩体的岩块材料性质、结构面的发育特征及其性质、岩体的地质环境条件,尤其是天然应力及地下水条件,其中结构面的影响是岩体的力学性质不同于岩块力学性质的本质原因。本章将在介绍岩体的结构特征和岩体现场试验的基础上,详细论述结构面和岩体的变形与强度性质。

第二节　岩体的结构特征

岩体结构包括两个组成部分,即结构面和结构体。所谓结构面是指岩体中的各种地质界面,它包括物质分异面和不连续面,诸如层面和断裂面等。结构体是不同产状和不同规模的结构面相互切割而形成的、大小不一、形态各异的岩石块体。

一、结构面的类型

结构面按照地质成因的不同,可划分为原生结构面、构造结构面和次生结构面三类。

1. 原生结构面

原生结构面是指在成岩过程中所形成的结构面,其特征和岩体成因密切相关,因此又可分为岩浆结构面、沉积结构面和变质结构面三类。

岩浆结构面是指岩浆侵入及冷凝过程中所形成的原生结构面。它包括岩浆岩体与围岩接触面、多次侵入的岩浆岩之间接触面、软弱蚀变带、挤压破碎带、岩浆岩体中冷凝的原生节理,以及岩浆侵入流动的冷凝过程中形成的流纹和流层的层面等。

沉积结构面是指沉积过程中所形成的物质分异面。它包括层面、软弱夹层及沉积间断面(不整合面、假整合面等)。其产状一般与岩层一致,空间延续性强。

变质结构面是在区域变质作用中形成的结构面,如片理、片岩夹层等。

原生结构面的性质取决于结构面的产状和形成的条件。

2. 构造结构面

构造结构面是指岩体受构造应力作用所产生的破裂面或破碎带。它包括构造节理、断层、劈理以及层间错动面等。

构造结构面的性质与其力学成因、规模、多次构造变动及次生变化有着密切关系。

3. 次生结构面

次生结构面是指岩体在外营力(如风化、卸荷、应力变化、地下水、人工爆破等)作用下而形成的结构面。它们的发育多呈无序状的、不平整、不连续的状态,如卸荷裂隙、风化裂隙以及各种泥化夹层、次生夹泥等。其形成条件和在岩体内的分布情况大致如下:

风化裂隙是由风化作用在地壳的表部形成的裂隙。风化作用沿着岩石脆弱的地方,如层理、劈理、片麻构造及岩石中晶体之间的结合面,产生新的裂隙;另外,风化作用还使岩体中原有的软弱面扩大、变宽,这些扩大和变宽的弱面,是原生作用或构造作用形成,但有风化作用参与的明显痕迹。

卸荷裂隙是岩体的表面某一部分被剥蚀掉,引起重力和构造应力的释放或调整,使得岩体向自由空间膨胀而产生了平行于地表面的张裂隙。在近代深切河谷的两岸陡坡上常常看到这种裂隙,尤其是在脆弱的块状岩体中更为多见。

泥化夹层和次生夹泥多存在于黏土岩、泥质页岩、泥质板岩和泥灰岩的顶部以及一些构造结构面之中,它主要是受地下水的作用而产生泥化。所以,在河谷的两岸及河床下面的易于产生泥化的岩层中,往往可以看到厚薄不均的泥化夹层或夹泥层。

二、结构面的自然特性

为了确定结构面的工程性质,必须研究结构面的自然特性,即结构面的规模,结构面上的物质组成,结构面的结合状态和空间分布以及密集程度等。

1. 结构面的等级

随着结构面的规模不同,结构面对岩体稳定性的影响也有所不同。因此,常常按照结构面的规模,把它分为四种等级:Ⅰ、Ⅱ、Ⅲ、Ⅳ,其中Ⅰ级规模最大,直接关系到工程所在的区域稳定性,Ⅳ级规模最小,但对具体工程有直接影响。

2. 结构面的物质组成及结合状态

结构面的宽度、结构面上有无蚀变现象以及其中充填物质的成分极为重要,下面分五种情况加以讨论:

①结构面是闭合的,没有充填物或者只是有细小的岩脉混熔,在一般情况下,岩块与岩块之间结合紧密。结构面的强度与面的形态及粗糙度有关。

②结构面是张开的,有少量的粉粒碎屑物质充填,表面没有矿化薄膜,结构面的强度取决于粉状碎屑物的性质。

③结构面是闭合的有泥质薄膜,泥质物的含水量、黏粒含量和黏土矿物成分,决定了结构面的强度。

④结构面是张开的,有 1~2mm 厚的矿物薄膜。结构面的强度取决于面的起伏差、泥化程度和黏土矿物的性质。

⑤结构面的次生泥化作用明显,结构面之间的物质是岩屑和泥质物,厚度大于结构面的起伏差而且是连续分布。其强度取决于软弱泥化夹层的性质。

3. 结构面的空间分布与延展性

结构面的延展性是与规模大小相对应的,有的结构面在空间连续分布,对岩体的稳定影响较大;有的结构面则比较短小或不连贯,这种岩体的强度基本上取决于岩块的强度,稳定性较高。

4. 结构面的密集程度

它包括两重含义:一是结构面的组数,即不同产状和性质、不同规模的结构面数目;另一是单位体积(或面积或长度)内结构面的数量。显然,组数越多岩体越凌乱;结构面的数量越多结构体越小。所以结构面的密集度越大,岩体越破碎。

三、结构面的统计分析

目前常把实测的关于裂隙的产状、间距、宽度和面积等资料,用数字或图表的方式加以表示,从而反映裂隙的出现频率和裂隙间的组合关系,以此作为评价岩体质量的依据。

1. 裂隙统计图

为了表示岩体内裂隙系统的空间分布状况,常利用赤平极射投影的原理绘制裂隙极坐标图。在实际工作中多用施密特极坐标网表示裂隙面的产状,也有用裂隙面的极点作图的。图 4-1 是裂隙极坐标投影图。它是把实测到的裂隙的倾向和倾角,投影在极坐标网上,网上的每一个点,即代表一个裂隙面的产状。为了反映岩体中不同产状裂隙的疏密程度,可以用图右上方的小圆圈去测量,从而得出图上某个范围内单位面积上分布的裂隙条数,即裂隙密度。将邻近的裂隙条数相等的点连接起来,就构成裂隙密度等值线图。裂隙密度值越高,则表示那种产状的裂隙面越密集。从图 4-1 上不难看出在下列三个方向上裂隙比较发育:I 倾向 NE60,倾角 65°;Ⅱ 倾向 SE170,倾角 80°;Ⅲ 倾向 NW310,倾角 20°。

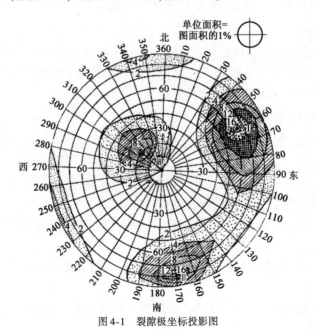

图 4-1　裂隙极坐标投影图

2.裂隙的统计密度

为了从数量上表示裂隙的发育程度,常常采用以下两个指标:

①裂隙频率(N)。裂隙频率是指岩体内单位长度直线上所穿过的裂隙条数,用符号 N 表示。如果裂隙的平均间距用 $d = 1/N$ 表示,则被裂隙系统切割而造成的最小单元体的体积,可以近似看作立方体,并表示如下:

$$V_{uB} = d_a d_b d_c = \frac{1}{N_a} \cdot \frac{1}{N_b} \cdot \frac{1}{N_c} \tag{4-1}$$

式中:V_{uB}——最小单元体的体积,m^3;

N_a、N_b、N_c——分别代表不同产状的裂隙出现频率,$1/m$;

d_a、d_b、d_c——分别代表不同产状的裂隙间距,m。

②裂隙度。有二向裂隙度和三向裂隙度两种,所谓二向裂隙度,就是岩体内一个平行于裂隙面的截面上,裂隙面积与整个岩石的截面面积的比值,用符号 N_2 表示,即:

$$N_2 = \frac{A_1 + A_2 + A_3 + \cdots}{A} \tag{4-2}$$

式中:A——总的岩石截面面积,m^2;

A_1、A_2、A_3——分别表示裂隙的面积,m^2。

显然,当岩石截面上没有裂隙通过时,则 $N_2 = 0$;若岩石截面上布满裂隙面时,则 $N_2 = 1$。

三向裂隙度就是指某一组裂隙在岩体中所占据的总的裂隙面积与岩体的体积之比值,用 N_3 表示,即:

$$N_3 = N N_2 \quad (m^2/m^3) \tag{4-3}$$

③裂隙统计图。为了表示岩体内的裂隙情况,可以将测量得来的裂隙产状和频率(表4-1),绘制成图4-1,表4-1 中所列的裂隙频率和裂隙度均为实测值,从这些资料可以看出,每 $1m^3$ 岩体中有总面积为 $4.8m^2$ 的裂隙,被裂隙面切割的岩块平均大小为:

$$V_{uB} = d_{\mathrm{I}} d_{\mathrm{II}} d_{\mathrm{III}} = 0.33 \times 0.50 \times 0.17 = 0.028 (m^3)$$

裂隙系统统计资料 表4-1

| 裂隙系统 | 产状(°) | | 裂隙间距 | 裂隙频率 | 裂 隙 度 | | 裂隙宽度 | 裂隙充填 |
	倾向α	倾角β	d(m)	N(1/m)	二向N_2(m^2/m^2)	三向N_3(m^2/m^3)	(mm)	物情况
Ⅰ	60	65	0.33	3	1.0	3.0	0	无
Ⅱ	170	80	0.50	2	0.8	0.6	0~5	砂和粉土
Ⅲ	310	20	0.17	6	0.2	1.2	0~2	蒙脱土

四、结构体及其力学特点

岩体中被结构面切割成的分离块体称为结构体。结构体的特征可以用它的形状、产状和块度来描述。

结构体的形状是多种多样的,有板状、柱状、楔锥状等几何形体。一般在构造变动轻微的地区,多是由一种形状的结构体组成,如在玄武岩流纹岩体中,常见柱状结构体,在花岗岩岩体中多呈短柱状结构体,在缓倾角层状岩体中(如厚层砂岩及石灰岩)多为平置的板状及短柱状结构体,而在构造作用剧烈的地区则常呈现由多种类型结构体的组合体。

结构体的产状是用其长轴方位表示的。

结构体的块度大小取决于结构面的密度。结构面的密度越大、结构体的块度越小;反之,块度越大。块度的大小常用 $1m^3$ 岩体内含有结构体的个数来表示。

结构体的力学性质主要受组成它的岩石性质影响,即受矿物颗粒间的联结特征及微裂隙发育状况等因素的影响。如大部分的岩浆岩、变质岩及部分沉积岩属刚性的结晶联结,它具有弹性变形、脆性破坏的特征;沉积岩中的砂岩、页岩及黏土岩属韧性的胶体联结,它具有塑性变形、柔性破坏的特点。不过,胶体联结如经脱水陈化也可能转化为刚性联结。联结特征不仅影响岩石的变形和破坏机制,而且影响其强度,当联结强度大于单个矿物的强度时,胶结物对岩石强度的影响则退居次要地位,而是由矿物的力学性质决定岩石的强度。岩石的物理力学性质除受上述两个因素控制外,岩石和矿物中微裂隙的存在也能产生影响,例如在对一组岩块做变形或强度试验时,往往会出现明显的分散性。

五、岩体结构类型

由于岩体中结构面的性质、规模、切割密度等因素的不同,岩体的物理力学性质也就不同。因此,有人就根据结构面的等级和组合方式,把岩体结构类型划分为整体块状、层状、碎裂状、散体状四种类型,前三类又进一步划分亚类。如表4-2所示,把由Ⅰ级、Ⅱ级结构面切割的岩体定为整体块状结构岩体;Ⅲ、Ⅳ级结构面切割的岩体定为碎裂结构岩体;在断层破碎带和风化破碎带中的破碎岩体则定为散体结构岩体;真正整体结构的岩体比较少见,一般把结构面极不发育,或原有的结构面都被后生作用所充填、胶结的岩体看作整体结构岩体。

岩 体 结 构 类 型　　　　　　　　　表4-2

结构类型	亚　类	地 质 背 景	结构面间距(cm)	结构体形态	力学介质类型
整体块状结构(Ⅰ)	整体结构($Ⅰ_1$)	岩体单一,构造变形轻微的岩浆岩、变质岩及巨厚层沉积岩	>100	岩体呈整体状态或巨型块体	连续介质
	块状结构($Ⅰ_2$)	岩体单一,构造变形轻-中等的厚层沉积岩、变质岩和火成岩体	100~50	长方体、立方体、菱形块体及多角形块体	连续或不连续介质
层状结构(Ⅱ)	层状结构($Ⅱ_1$)	构造变形轻-中等的、单层厚度大于30cm的层状岩体	50~30	长方体、柱状体、厚板状体及块体	不连续介质
	薄层状结构($Ⅱ_2$)	同$Ⅱ_1$,但单层厚度小于30cm,有强烈褶皱(曲)及层间错动	<30	组合板状体或薄板状体	
碎裂结构(Ⅲ)	镶嵌结构($Ⅲ_1$)	一般发育在脆性岩层中的压碎岩带,节理、劈理组数多,密度大	<50	形态不一,大小不同,棱角互相咬合	似连续介质
	层状碎裂结构($Ⅲ_2$)	软硬相间的岩石组合,通常为一系列近于平行的软弱破碎带与完整性较好的岩体组成	<100	软弱破碎带以碎屑、碎块、岩粉和泥为主,骨架部分岩体为大小不等、形态各异的岩块	不连续介质
	碎裂结构($Ⅲ_3$)	岩性复杂,构造变动剧烈,断裂发育,也包括弱风化带	<50	碎屑和大小不等形态不同的岩块	不连续介质或似连续介质
散体结构(Ⅳ)		一般为断层破碎带、侵入接触破碎带及剧烈-强烈风化带		泥、岩粉、碎屑、碎块、碎片等	似连续介质

岩体结构类型的差异在其变形特征上的反映是很明显的。例如,在整体结构岩体中,因开裂结构面不发育,所以岩体的变形主要是结构体体积的压缩变形和剪切变形所造成的;在碎裂结构的岩体中,因有大量的开裂结构面存在于结构体内,所以岩体的变形既有结构面的变形,也有结构体的变形。而在块状结构的岩体中,岩体的变形主要受贯通性结构面的控制,在外部荷载作用不太大的情况下,结构体的变形可不计。

岩体结构类型的划分,不仅可以反映出岩体质量的好坏,同时为确定岩体的力学介质类型、揭示岩体变形破坏的规律提供了可靠的根据。

第三节　岩体现场试验

早期人们对岩石的认识是建立在室内岩石力学试验基础上,随着科学技术的发展和岩石力学研究的不断深入,人们认识到室内岩石力学试验并不能完全代表工程岩体的力学性能。主要原因是岩体在漫长的地质年代经受多次的构造运动作用和侵蚀、剥蚀、风化作用,在岩体中形成了许多结构面,其产状、规模和性状各不相同。即使是同一岩性,其组成成分也有变化,结构面的分布、密度也不规律,造成岩体的不均匀性和不连续性。岩体可以看作不连续面与岩块构成复合体,不连续面的存在大大降低了岩体的力学性能。因而,室内岩块试验与现场岩体试验的结果相差较大。从已有的现场岩体试验结果与同样的岩石在实验室内试验结果的对比看到,室内试验总是得出偏高的岩体刚度,而偏高 5~15 倍是非常普遍的。

鉴于工程岩体的复杂性,岩体现场试验成为岩石工程设计和施工中了解岩体力学性能的必不可少的试验手段。但值得注意的是,岩体现场试验具有仪器设备笨重、试验费用昂贵,不可能大面积的实施,只能选择具有代表性的试验点进行试验;而岩体又是极其不均匀、不连续的复杂地质体,要完全依靠现场试验来精确测定具有一定范围的工程岩体的力学性能,必定存在一定困难,因此在实际岩石工程中,应综合室内岩块试验、现场岩体试验、数值手段以及应用成熟的岩石力学理论进行设计和指导施工。

一、岩体现场试验的分类

岩体现场试验可以按多种形式分类,如可以按受力方式、受荷过程、测试参数等进行分类。但总的来说,岩体现场试验可以为动力学试验和静力试验两大类。静力试验包括现场岩体变形试验、现场岩体强度试验、岩体应力测试和岩体原位观测。岩体现场动力学试验主要是岩体波动测试,这是一种间接测试方法,通过测试岩体的动力学参数间接推测岩体的力学参数,它可以预测岩体的强度变形参数、岩体的地应力、岩体的完整性及内部结构等,由于这种方法对岩体的扰动比静力法小且成本低廉、操作方便,将逐渐成为岩体现场试验的主要发展方向,但有许多理论问题有待进一步的研究,如动静力学参数的转化问题等。各种现场岩体试验方法分类如图 4-2 所示。

二、岩体现场变形试验

岩体变形试验主要用来测定岩体的变形指标,如变形模量、泊松比等。其主要方法有承压板法、钻孔变形测量法、狭缝法、隧洞压水变形、单轴压缩法和三轴压缩法等。其中以承压板法、钻孔变形测量法和三轴压缩法较好。但三轴试验必须配合地应力的测量,如果无地应力测量资料、围压条件不清楚,就无法进行三轴试验。表 4-3 给出了各种变形试验方法的优缺点。下面主要介绍承压板法和钻孔变形测量法。

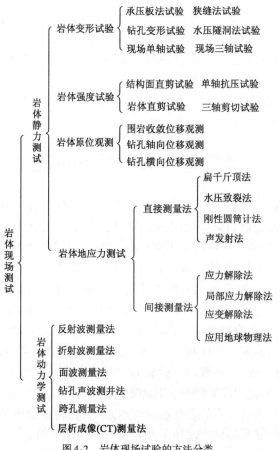

图 4-2　岩体现场试验的方法分类

各种变形试验方法及其优缺点比较　　　　　　　　　　表 4-3

试验方法	优　点	缺　点	适用条件
承压板法	方法简单易做、与岩体实际状态较接近	承压板刚度不易确定,计算公式为均质的连续介质与实际出入较大	适用于各类岩体
狭缝法	设备轻便、安装简单	只能测岩体表层,较高的压力下岩体易产生裂缝,故压力不能过高	一般只适用于低压条件
钻孔变形法	扰动岩体小,不挖试验洞。可利用已有钻孔设备轻便,可在岩体深部进行	孔小、影响岩体的范围小,沿钻孔方向不能求得弹性模量、孔壁光洁度要求高	连续介质岩体可以采用
水压隧洞法	可直接求得洞壁围岩的承载力、受力面积大、代表性强。同时还可代替结构试验	费时、费力、工程量大、变形量测较困难	对地质条件比较复杂的有压隧洞需要做
单轴压缩法	可测量 E、	工程量大、样品扰动大,破碎岩体不易做成,结果不准确	较完整的岩体
三轴压缩法	可以综合地研究岩体力学性能,E、μ 可直接测得	操作复杂,制备试件扰动大	有地应力结果时易采用
工程观测	直接掌握岩体变形	工程量大,受施工干扰	大型工程可用

1. 承压板试验法

承压板法试验是在岩体的表面放置一块有足够刚度(一般要大于岩体的刚度)的钢板,然后对钢板加压,测定岩体的变形,从而获得岩体的变形参数的方法。它可分为刚性承压板法和柔性承压板法,一般根据岩体的强度和设备拥有情况而定,一般坚硬完整岩体采用刚性承压板,半坚硬和软岩采用柔性承压板。岩体的变形测量可以在岩体的表面,也可以在岩体的内部。该试验一般在平洞或井巷中进行,在露天进行试验时,必须加反力装置。

(1)试验点的选择

试验点的面积应大于承压板,加压面积应大于 $2000cm^2$ 试点表面范围内受扰动的岩体,宜清除干净并修凿平整;岩面的起伏差不宜大于承压板直径的 1%。在承压板以外,试验影响范围以内的岩体表面应平整,无松动岩块和石碴。试点表面应垂直预定的受力方向。

承压板的边缘至试验洞侧壁或底板的距离,一般大于承压板直径的 1.5 倍;承压板的边缘至洞口或掌子面的距离大于承压板直径的 2.0 倍;承压板的边缘至临空面的距离大于承压板直径的 6.0 倍。两试点承压板边缘之间的距离,应大于承压板直径的 3 倍。试点表面以下3.0 倍承压板直径深度范围内岩体的岩性宜相同。

采用钻孔轴向位移计进行深部岩体变形量测的试点,应在试点中心钻孔,钻孔应与试点岩面垂直。钻孔直径应与钻孔轴向位移计直径一致,孔深一般要大于承压板直径的 6 倍。

(2)主要仪器设备与安装

进行承压板试验采用的主要仪器和设备有液压千斤顶(刚性承压板法)、环形液压枕(柔性承压板法或中心孔法)、液压泵及高压管路、稳压装置、刚性承压板、环形钢板与环形传力、传力柱、垫板、楔形垫块、反力装置、测表支架和变形测表。

刚性承压板法在安装前应清洗岩体的表面,并铺一层水泥浆以保证承压板与岩体之间无孔隙。安装顺序由下而上,承压板上依次安装千斤顶、垫板、传力柱、垫板,在垫板和反力后座岩体之间浇筑混凝土或安装反力装置,安装时应注意千斤顶的加荷中心应与承压板中心重合。图 4-3 所示为刚性承压板试验法的试验装置。

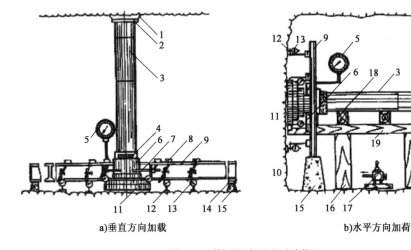

a)垂直方向加载   b)水平方向加荷

图 4-3 刚性承压板法的试验装置

1-砂浆顶板;2-垫板;3-传力柱;4-圆垫板;5-标准压力表;6-液压千斤顶;7-高压管(接油泵);8-磁性表架;9-工字钢梁;10-钢板;11-刚性承压板;12-标点;13-千分表;14-滚轴;15-混凝土支墩;16-木柱;17-油泵(接千斤顶);18-木垫;19-木梁

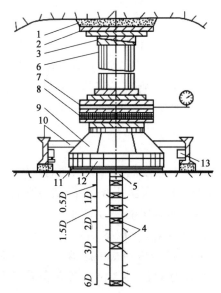

图4-4　柔性承压板中心孔法的试验装置

1-混凝土顶板;2-钢板;3-斜垫板;4-多点位移计;5-锚头;6-传力柱;7-测力枕;8-加压枕;9-环形传力箱;10-测架;11-环形传力枕;12-环形钢板;13-小螺旋顶;D-承压板直径

对于柔性承压板试验系统安装,如果采用承压板中心下的钻孔测试岩体变形(称为中心孔法),应先在承压板中心下的钻孔内安装钻孔轴向位移计。钻孔轴向位移计的测点,可按承压板直径的 0.25、0.50、0.75、1.00、1.50、2.00、3.00 倍孔深处选择其中的若干点进行布置,但孔口及孔底应有测点。在清洗试点岩体表面并铺完水泥浆后,放上凹槽已用水泥砂浆填平并经养护的环形液压枕,在环形液压枕上放置环形钢板和环形传力箱。后面的安装与刚性承压板法的安装完全相同。图4-4所示为柔性承压板中心孔法的装置图。

在进行位移量测系统安装时,应在承压板两侧各安放测表支架 1 根。支架的支点必须设在试点的影响范围以内,可采用浇筑在岩面上的混凝土墩作支点,防止支架在试验过程中产生沉陷。对于刚性承压板,应在承压板上对称布置 4 个测表;对于柔性承压板(包括中心孔法)应在柔性承压板中心岩面上布置 1 个测表。如果需要也可在承压板外的影响范围内且通过承压板中心相互垂直的 2 条轴线上布置测表。

(3)加荷与测量

系统安装完后,启动千斤顶稍微加压,使整个系统紧密结合。待水泥浆和混凝土达到龄期后便可开始试验。最大试验压力可取预定压力的 1.2 倍。最大压力一般按 5 等分分级施加。加压前应对测表进行初始稳定读数观测,每隔 10min 同时测读各测表 1 次,连续 3 次读数不变,方可开始加压试验,并将此读数作为各测表的初始读数值。钻孔轴向位移计各测点观测,可在表面测表稳定不变后进行初始读数。加压方式一般采用逐级一次循环法或逐级多次循环法。当采用逐级一次循环法时,每次循环压力应退至零。

每级压力加压后应立即读数,以后每隔 10min 读数 1 次,当刚性承压板上所有测表或柔性承压板中心岩面上的测表相邻两次读数差与同级压力下第一次变形读数和前一级压力下最后一次变形读数差之比小于5%时,可认为变形稳定,便进行退压(图4-5)。退压后的稳定标准,与加压时的稳定标准相同。在加压、退压过程中,均应测读相应过程压力下测表读数一次。

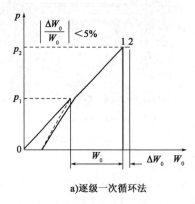

a)逐级一次循环法

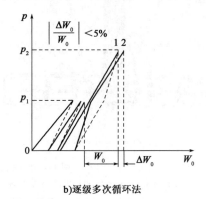

b)逐级多次循环法

图4-5　相对变形变化的计算

中心孔中各测点及承压板外测表可在读取稳定读数后进行一次读数。

（4）试验数据分析

当采用刚性承压板法量测岩体表面变形时，按下列公式计算变形参数：

$$E = \frac{\pi}{4} \frac{(1 - \mu^2)PD}{W} \tag{4-4}$$

式中：E——岩体弹性（变形）模量，MPa，当以总变形 W_0 代入式中计算的为变形模量 E_0，当以弹性变形 W 代入式中计算的为弹性模量 E；

  W——岩体变形，cm；

  P——按承压板面积计算的压力，MPa；

  D——承压板直径，cm；

  μ——泊松比。

当采用柔性承压板法量测岩体表面变形时，按下列公式计算变形参数：

$$E = \frac{(1 - \mu^2)P}{W} \cdot 2(r_1 - r_2) \tag{4-5}$$

式中：r_1、r_2——环形柔性承压板的外半径和内半径，cm；

  W——板中心岩体表面的变形，cm。

当采用柔性承压板法量测中心孔深部变形时，按下列公式计算变形参数：

$$E = \frac{P}{W_z} K_z \tag{4-6}$$

$$K_z = 2(1 - \mu^2)\left(\sqrt{r_1^2 + Z^2} - \sqrt{r_2^2 + Z^2}\right) - (1 + \mu)\left(\frac{Z^2}{\sqrt{r_1^2 + Z^2}} - \frac{Z^2}{\sqrt{r_2^2 + Z^2}}\right) \tag{4-7}$$

式中：W_z——深度为 Z 处的岩体变形，cm；

  Z——测点深度，cm；

  K_z——与承压板尺寸、测点深度和泊松比有关的系数。

当柔性承压板中心孔法量测到不同深度两点的岩体变形值时，两点之间岩体的变形模量可按下列公式计算：

$$E = P \frac{K_{z1} - K_{z2}}{W_{z1} - W_{z2}} \tag{4-8}$$

式中：W_{z1}、W_{z2}——深度分别为 z_1 和 z_2 处的岩体变形，cm；

  K_{z1}、K_{z2}——深度分别为 z_1 和 z_2 处的相应系数。

数据处理完成后可以绘制压力与变形关系曲线、压力与变形模量关系曲线、压力与弹性模量等关系曲线，以及沿中心孔不同深度的压力与变形曲线。

2. 钻孔变形试验法

岩体钻孔变形试验是通过放入岩体钻孔中的压力计或膨胀计，施加径向压力于钻孔孔壁，量测钻孔径向岩体变形，按弹性理论公式计算岩体变形参数。它有两种力学模型，如图 4-6 所示，一种是全孔壁受压，另一种是半孔壁受压。目前一般都采用全孔壁受压。钻孔变形试验适用于软岩和中坚硬岩体。

（1）试验点与钻孔

由于钻孔变形法的探头依靠自重在钻孔中上下移动，因此它只适用于铅直钻孔，孔斜不能超过 5°，试验孔应铅直，孔壁应平直光滑。钻孔的存在长度要大于加压段 1/3。孔径根据仪器要求确定。

在受压范围内,岩性应均一、完整;钻孔直径 4 倍范围内的岩性应相同。两试点加压段边缘之间的距离和加压段边缘距孔口的距离均不应小于 1 倍加压段的长度。加压段边缘距孔底的距离不应小于 0.5 倍加压段的长度。

(2)主要仪器设备

钻孔变形法的主要仪器设备有钻孔压力计或钻孔膨胀计、起吊设备、扫孔器、模拟管以及校正仪等。试验前向钻孔内注水至孔口,将扫孔器放入孔内进行扫孔,直至上下连续 3 次收集不到岩块为止。将模拟管放入孔内直至孔底,如畅通无阻时才能进行试验。图 4-7 所示为钻孔变形法的试验装置示意图。

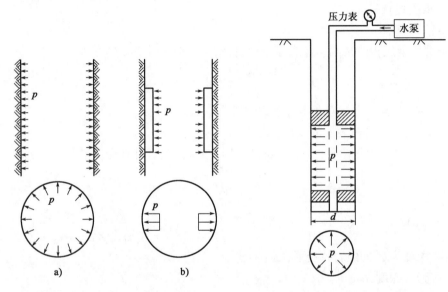

图 4-6 钻孔变形法的两种力学模型   图 4-7 钻孔变形法的试验装置示意图

(3)加荷与测量

将组装后的探头放入孔内预定深度,并经定向后立即施加 0.5MPa 的初始压力,探头即自行固定,读取初始读数。试验的最大压力一般为预定压力的 1.2 ~ 1.5 倍。压力分 7 ~ 10 级,进行分级加荷。

当采用逐级一次循环法时,加压后应立即读数,以后每隔 3 ~ 5min 读数 1 次,当相邻两次读数差与同级压力下第一次变形读数和前一级压力下最后一次变形读数差之比小于 5% 时,可认为变形稳定,便进行退压。

当采用大循环法时,相邻两循环的读数差与第一次循环的变形读数之比小于 5% 时,可认为变形稳定,便进行退压。但大循环次数不应小于 3 次。

退压后的稳定标准,与加压时的稳定标准相同。在每一个循环过程退压时,压力应退至初始压力。最后一次循环在退至初始压力后,应进行稳定值读数,然后将全部压力退至零。

试验结束后,取出探头,并及时对橡皮囊上的压痕进行描述,以确定孔壁岩体掉块和开裂的位置和方向。

(4)试验数据分析

试验完成后,计算变形参数并绘制相关曲线。岩体的变形参数按弹性理论计算:

$$E = \frac{(1 + \mu)Pd}{\delta} \tag{4-9}$$

式中：E——岩体弹性（变形）模量，MPa，当以总变形代入式中计算的为变形模量 E_0，当以弹性变形 δ_e 代入式中计算的为弹性模量 E；

P——计算压力，是试验压力与初始压力之差，MPa；

d——实测点钻孔直径，cm；

δ——岩体的径向变形，cm；

μ——泊松比。

数据处理完成后可以绘制各测点压力与变形关系曲线、各测点压力与变形模量关系曲线、各测点压力与弹性模量等关系曲线，以及与钻孔岩心柱状图相对应的沿孔深的弹性模量、变形模量分布图。

三、岩体现场强度试验

岩体现场强度试验是利用现场岩体试件测试岩体或结构面的抗压、抗剪强度参数的测试方法。目前岩体强度参数的测试方法主要有岩体结构面直剪试验、岩体直剪试验、单轴抗压试验和三轴剪切试验。其中，单轴抗压试验主要测定岩体的单轴抗压强度，是三轴剪切试验在围压为零时的特例。三轴剪切试验可以测定岩体的强度指标和变形参数，但该试验必须以已知地应力为前提（图4-8）。

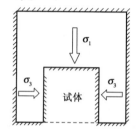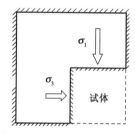

图 4-8　野外原位三轴试验方案

岩体结构面直剪试验和岩体直剪试验是测定结构面和岩体在剪断时的力学指标。利用现场剪切试验可以研究结构面的力学性质、混凝土与岩石浇筑面的力学性质以及岩体本身的抗剪力学特性，试验结果主要提供剪切变形参数和抗剪强度参数，同时也可提供在法向应力作用下的变形参数。下面分别介绍岩体结构面直剪试验、岩体直剪试验和现场岩体三轴试验。

1. 岩体结构面直剪试验

岩体结构面直剪试验是将同一类型岩体结构面的一组试体，在不同法向压力下进行剪切，根据库仑定律确定岩体结构面的抗剪强度参数。岩体结构面直剪试验可分为：在结构面未扰动情况下进行的第一次剪断，通常称为抗剪断试验；剪断后，沿剪断面进行的剪切试验，称为抗剪试验。岩体结构面直剪试验适用于岩体中的各类结构面。

（1）试体的制作

在试验地段的开挖时，在岩体的预定部位加工与原岩相连的试体，试体一般为立方体，最小边长大于50cm，高度一般取最小边长的1/2以上，结构面剪切面积大于2500cm^2。试体间距大于最小边长。每组试验试体的数量，不少于 5 个。

试体的推力方向应与预定剪切方向一致。在试体的推力部位，留有安装千斤顶的足够空间，平推法应开挖千斤顶槽。试体周围结构面的充填物及浮渣应清除干净。对结构面上部不需要浇筑保护套的完整岩石试体，各个面应大致修凿平整，顶面平行预定剪切面；对加压过程中可能出现破裂或松动的试体，应浇筑钢筋混凝土保护套或采取其他保护措施。保护套应具有足够的强度和刚度,顶面应平行预定剪切面,底面在预定剪切面的上部边缘。

对剪切面倾斜的试体或有夹泥层的试体,在加工前,应采取保护措施。试体可在天然含水状态下剪切,也可在人工浸水条件下剪切。

(2)主要仪器设备

岩体结构面直剪试验的主要仪器和设备包括有液压千斤顶或液压枕、液压泵及管路、稳压装置、压力表、垫板、滚轴排、传力柱、传力块、斜垫板、反力装置、测表支架、磁性表座、位移测表等。

在进行法向加载系统安装时,先在试体顶部铺设一层水泥砂浆,放上垫板,轻击垫板,使垫板平行预定剪切面。在垫板上依次放上滚轴排、垫板、液压千斤顶或液压枕、垫板、传力柱及顶部垫板。安装完毕后,可启动千斤顶稍加压力,使整个系统结合紧密。整个系统的所有部件,保持在加压方向的同一轴线上并垂直于预定的剪切面。垂直荷载的合力应通过预定剪切面中心。当剪切面为倾斜时系统应加支撑。

剪切荷载加载系统的安装同样要在试体受力面用水泥砂浆粘贴一块垫板,使垫板垂直预定剪切面,垫板后依次安放传力块(平推法)或斜垫板(斜推法)、液压千斤顶、垫板,在垫板和反力座之间浇筑混凝土。平推法剪切荷载作用轴线应平行预定剪切面,着力点与剪切面的距离小于剪切方向试体长度的5%;斜推法剪切荷载方向应按预定的角度安装,剪切荷载和法向荷载合力的作用点应载剪切面的中心。

加载系统安装完成后,在试体的对称部位,分别安装剪切位移和法向位移测表,每种测表数量不宜少于2只,以量测岩体的绝对位移。根据需要,可在试体与基岩表面之间,布置量测试体相对位移的测表。

(3)加荷与测量

在每个试体上分别施加不同的法向荷载,该法向荷载为最大法向应力按试体数量等分取值。每个试体的法向荷载一般分4~5级施加,每隔5min施加一级,并测读每级荷载下的法向位移。在最后一级荷载作用下,要求法向位移值相对稳定。对于无充填结构面,稳定标准为每隔5min读数1次,连续两次读数之差不超过0.01mm;对有充填物结构面可根据结构面的厚度和性质,按每隔10min或15min读数1次连续两次读数之差不超过0.05mm。在法向位移稳定后,便可开始施加剪切荷载。在剪切过程中,应使试件的法向荷载始终保持为常数。

每个试体的剪切荷载施加也应分级进行,一般根据其法向应力的大小预估该试体的最大剪切荷载,将其分8~12级施加,当剪切位移明显增大时,可适当增加剪切荷载分级。剪切荷载的施加以时间控制,对于无充填结构面每隔5min加荷1次;对有充填物结构面可根据剪切位移的大小,按每隔10min或15min加荷1次。加荷前后均需测读各测表读数。

试体剪断后,应继续施加剪切荷载,直到测出大致相等的剪切荷载值为止;然后将剪切荷载缓慢退荷至零,观测试体回弹情况。根据需要,调整设备和测表,按上述同样方法进行摩擦试验。

当采用斜推法分级施加斜向荷载时,应同步降低由于施加斜向荷载而产生的法向分荷载增量,以保持法向荷载始终为一常数。

(4)试验数据分析

对于平推法可按下式计算各法向荷载下的法向应力和剪应力:

$$\sigma = \frac{P}{A} \tag{4-10}$$

$$\tau = \frac{Q}{A} \tag{4-11}$$

式中：Q——作用于剪切面上的水平向荷载，N；

　　　P——作用于剪切面上的垂直向荷载，N。

对于斜推法按下式计算各法向荷载下的法向应力和剪应力：

$$\sigma = \frac{P}{A} + \frac{Q}{A}\sin\alpha \tag{4-12}$$

$$\tau = \frac{Q}{A}\cos\alpha \tag{4-13}$$

式中：Q——作用于剪切面上的总斜向荷载，N；

　　　P——作用于剪切面上的总法向荷载，N；

　　　α——斜向荷载施力方向与剪切面的夹角，(°)。

根据测试结果绘制各法向应力下的剪应力与剪切位移及法向位移关系曲线，根据这些曲线确定各法向应力下岩体结构面剪切破坏的特征剪应力。然后绘制特征剪应力和法向应力的关系曲线，并确定相应的抗剪强度参数。

2. 岩体直剪试验

岩体直剪试验是将同一类型岩体的一组试体，在不同法向荷载下进行剪切，根据库仑强度条件确定岩体本身的抗剪强度参数。它适用于各类岩体，但对于完整坚硬的岩体可以采用室内岩块三轴试验。

岩体直剪试验的试体制作、仪器设备、测试程序和数据处理等，除以下几点外，其余均与结构面直剪试验完全相同。图 4-9 为岩体直剪试验装置图，图 4-10 为岩体强度参数确定示意图。

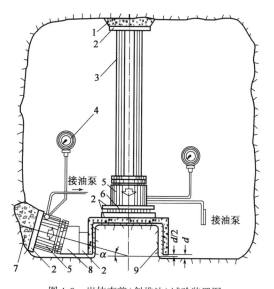

图 4-9　岩体直剪(斜推法)试验装置图
1-砂浆顶板;2-钢板;3-传力柱;4-压力表;5-液压千斤顶;
6-滚轴排;7-混凝土后座;8-斜垫板;9-钢筋混凝土保护罩

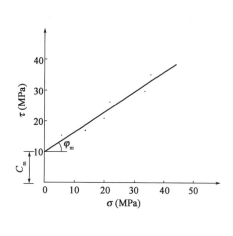

图 4-10　岩体强度参数确定示意图

（1）岩体直剪试验试体一般加工成方形，同时在浇筑保护套时，保护套底部应空出预定剪切缝的位置。剪切缝的宽度一般为推力方向试体长度的 5%。

（2）斜推法试验中，剪切荷载和法向荷载合力的作用点应通过预定剪切面的中心，并通过预留剪切缝宽的 1/2 处。

（3）岩体直剪试验在施加荷载时，法向荷载是一次施加完毕的，加荷后立即读数，以后每隔 5min 读数 1 次，当连续二次读数之差不超过 0.01mm 时，即认为稳定，可施加剪切荷载。剪切荷载按预估最大剪切荷载分 8～12 级施加，每隔 5min 加荷 1 次，加荷前后均需测读各测表读数。

3. 现场岩体三轴强度试验

大型岩体三轴强度试验是采用同现场直剪试验一样的方法制备试体，垂直荷载用扁千斤顶通过传力柱传到上部围岩产生的反力供给；侧向荷载分别由 x 轴、y 轴上的两对扁千斤顶产生。图 4-11 是瑞士工程师吉尔格（Gilg）和迪特里契（Dietlicher）所采用的岩体三轴强度试验装置。

试验时，荷载的大小可以根据岩体受力状态来选定。当岩体各向异性明显时，则要求改变水平荷载的方向和大小，做一组或几组试验。无疑，每组试验所绘制的莫尔圆包络线将不会相同，各组试验的 c、φ 值也将是不同的。

由于岩体三轴强度试验能够模拟岩体内部受力情况，所以，它比直接剪切试验求得的指标更接近于实际情况。按室内三轴试验资料的整理方法，可得到岩体的 c_m、φ_m 值（图 4-12）。

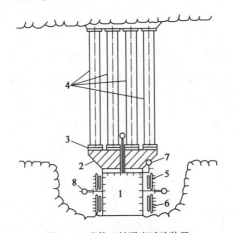

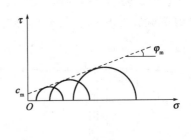

图 4-11 岩体三轴强度试验装置   图 4-12 岩体抗剪强度线

1-试体；2-垫块；3-扁千斤顶；4-传力柱；5-横向扁千斤顶；6-钢框架；7、8-千分表

四、岩体动力学测试法

岩体动力学测试法主要是通过测定穿透工程岩体后的弹性波波速和衰减系数了解岩土体的物理力学特性及结构特征的一种新技术，又称为弹性波测试技术。与静力学方法相比，弹性波测试技术具有简便、快捷、可靠、经济及无破损等特点，目前已经较成功用于岩土体动弹性参数测试、简单岩体结构模型参数和岩体质量评价等。这种测试技术已得到国内外岩土工程界的广泛重视。

根据波动理论，传播于连续、均匀、各向同性弹性介质中的纵波速度和横波速度可表示为：

$$V_p = \sqrt{\frac{E_d(1-\mu_d)}{\rho(1+\mu_d)(1-2\mu_d)}} \tag{4-14}$$

$$V_s = \sqrt{\frac{E_d}{2\rho(1 + \mu_d)}} \qquad\qquad (4\text{-}15)$$

式中：E_d——动弹性模量；

μ_d——动泊松比；

ρ——介质密度。

由式(4-14)和式(4-15)可知,弹性波在介质中的传播速度仅与介质密度及其动力变形参数有关。这样可以通过测定岩体中的弹性波速来确定岩体的动力变形参数。比较式(4-14)和式(4-15)两式可知 $V_p > V_s$,即纵波先于横波到达。

岩体的弹性波速受岩体岩性、建造组合和结构面发育特征以及岩体应力等因素的影响。不同岩性岩体中的弹性波速不同,一般来说,岩体越致密坚硬,波速越大;反之,则越小。岩性相同的岩体,弹性波穿过结构面时,一方面引起波动能量耗散,特别穿过软弱结构面时,由于其塑性变形能量容易被吸收,波衰减较快;另一方面,产生能量弥散现象。所以结构面对弹性波的传播起隔波或导波作用,致使沿结构面传播速度大于垂直结构面传播的速度,造成波速及波动特性的各向异性。此外,地下水及温度等环境也会引起弹性波速的变化。

测定岩体的弹性波速的方法按照波的传播方式可分为反射波法、折射波法和透射波法。目前工程岩体波动测试常常采用声波单孔测井法、跨孔测试法以及 CT 层析成像技术。

1. 声波单孔测井法

声波单孔测井法是在钻孔中放入一发双收探头,测试钻孔壁一定厚度的岩体的声波波速(纵波速度),这种测试通常可以对岩体的完整性、风化程度进行评价,也可对岩体进行分类。如图 4-13 所示为岩体声波测井装置示意图。图 4-13 中一发双收探头含有三个换能器,一个发射声波,其余两个接收声波;测试时要求钻孔中灌水作为耦合剂,由于水的声速小于岩体的声速,因此发射的声波经过孔壁岩体形成滑行波(又称为折射波或首波),滑行波

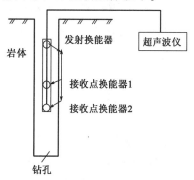

图 4-13　岩体声波测井装置示意图

被接收换能器所接收,利用接收换能器的距离和所接收到的声波的到达时差,便可以计算出测试位置的岩体波速。

$$V_p = \frac{D}{\Delta t} \qquad\qquad (4\text{-}16)$$

式中：D——接收换能器之间的距离,m;

Δt——两接收换能器接收到的声波时差,s。

通过移动一发双收探头可以获得孔壁岩体声波速度随钻孔深度变化的曲线。

2. 跨孔测试法

声波测井只能了解钻孔壁局部的岩体波速,在岩石工程中常常需要了解某一区域的岩体波速,跨孔测试法便能解决这一问题。跨孔测试法是在两个不同的钻孔中进行,在一个钻孔中激发弹性波,而在另一个钻孔中接收弹性波,如图 4-14 所示。根据两个钻孔的距离和接收到的弹性波的旅行时间可以计算出震源与接收点之间岩体的平均波速。通过移动震源和接收探头可以获得两钻孔间岩体弹性波速随深度的变化情况。

3. CT 层析成像技术

跨孔测试法获得的是岩体的平均波速,如果要求获取两个钻孔间岩体结构的精细图像,可以采用 CT 成像技术。其基本原理如下:

图 4-15 为超声波成像离散模型,图中所示的 s_{ik} 为第 i 个声波发射点到第 k 个接收点的超声波传播路径,声波沿着该传播路径传播的时间可以表示为:

$$t_{ik} = \int_{s_{ik}} \frac{1}{V(\vec{r})} \mathrm{d}s \tag{4-17}$$

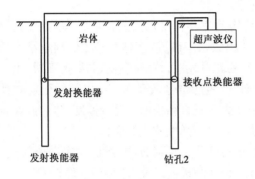

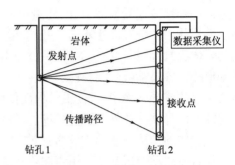

图 4-14 跨孔测试法示意图   图 4-15 超声波成像离散模型

为了求解上式,将测试区域采用等间距网格离散,对于每一个网格单元内的超声波速度分布设为:

$$V(\vec{r}) = a_0 + \nabla V \cdot \vec{r} \tag{4-18}$$

式中:$\vec{r}$——矢径;

    ∇V——速度梯度;

    a_0——常数。

由式(4-17)和式(4-18)采用高精度射线追踪可求解正演问题,即给定网格单元内的超声波速度分布,计算不同发射点到不同接收点的超声波旅行时间。

为了求得被测区域岩体的波速,必须求解层析成像反演问题,即根据实测超声波的旅行时间反求被测区域波速分布。如果假设被测区实测超声波的旅行时间数据个数为 K,被测区岩体离散模型参数 N 个,时间与模型之间存在如下非线性关系:

$$\boldsymbol{T}_i(M) = \boldsymbol{T}_i(v_1, v_2, \cdots, v_N) \tag{4-19}$$

式中:M——真实模型;

    $\boldsymbol{T}_i$——声时向量;

    v_i——模型离散波速参数。

按照线性化反演理论,给一参考模型 M_R,由式(4-19)可得:

$$\delta T_i = \sum_{j=1}^{N} A_{ij} \cdot \delta v_j \tag{4-20}$$

式中:$\delta T_i = T_i - T_i^{(R)}$——真实模型和参考模型的时间残差;

        A_{ij}——Jacobi 矩阵元素;

        δv_i——真实模型和参考模型的波速修正值。

式(4-20)可写成如下矩阵形式:

$$\delta T = A \cdot \delta v \tag{4-21}$$

在给定参考模型 M_R 后,求解上式得到 δv ,被测区域岩体波速分布为:

$$v = v^{(R)} + \delta v \tag{4-22}$$

式中: v ——被测区域岩体的波速分布向量;

$v^{(R)}$ ——参考模型的波速分布向量。

4.弹性波测试成果的应用

目前岩体弹性波测试成果主要应用于以下几个方面:

(1)利用弹性波测试测得岩石(体)的纵、横波速,对于各向同性岩石介质,可以计算其动弹参数:

$$\begin{cases} E_d = \dfrac{\rho V_s^2(3V_p^2 - 4V_s^2)}{V_p^2 - 2V_s^2} \\[4mm] \mu_d = \dfrac{V_p^2 - 2V_s^2}{2(V_p^2 - V_s^2)} \end{cases} \tag{4-23}$$

式中: E_d 、 μ_d ——岩石动弹性模量和动泊松比;

V_p 、 V_s ——岩石的纵、横波速;

ρ ——岩石的密度。

表4-4为主要岩石的弹性波速及动力弹性参数。

主要岩石的弹性波速及动力弹性参数 表4-4

岩石名称	密度(g/cm³)	纵波速度(m/s)	横波速度(m/s)	动弹性模量(GPa)	动泊松比
玄武岩	2.60~3.30	4570~7500	3050~4500	53.1~162.8	0.1~0.22
安山岩	2.70~3.10	4200~5600	2500~3300	41.4~83.3	0.22~0.23
闪长岩	2.52~2.70	5700~6450	2793~3800	52.8~96.2	0.23~0.34
花岗岩	2.52~2.96	4500~6500	2370~3800	37.0~106.0	0.24~0.31
辉长岩	2.55~2.98	5500~6560	3200~4000	63.4~114.8	0.20~0.21
纯橄榄岩	3.28	6500~7980	4080~4800	128.3~183.8	0.17~0.22
石英粗面岩	2.30~2.77	3000~5300	1800~3100	18.2~66.0	0.22~0.24
辉绿岩	2.53~2.97	5200~5800	3100~3500	59.5~88.3	0.21~0.22
流纹岩	1.97~2.61	4800~5900	2900~4100	40.2~107.7	0.21~0.23
石英岩	2.56~2.96	3030~5610	1800~3200	20.4~76.3	0.23~0.26
片岩	2.65~3.00	5800~6420	3500~3800	78.8~106.6	0.21~0.23
片麻岩	2.50~3.30	6000~6700	3500~4000	76.0~129.1	0.22~0.24
板岩	2.55~2.60	3650~4450	2160~2860	29.3~48.8	0.15~0.23
大理岩	2.68~2.72	5800~7300	3500~4700	79.7~137.7	0.15~0.21
千枚岩	2.71~2.86	2800~5200	1800~3200	20.2~70.0	0.15~0.20
砂岩	2.61~2.70	1500~4000	915~2400	5.3~37.9	0.20~0.22
页岩	2.30~2.65	1330~3970	780~2300	3.4~35.0	0.23~0.25
石灰岩	2.30~2.90	2500~6000	1450~3500	12.1~88.3	0.24~0.25
硅质灰岩	2.81~2.90	4400~4800	2600~3000	46.8~61.7	0.18~0.23
泥质灰岩	2.25~2.35	2000~3500	1200~2200	7.9~26.6	0.17~0.22

岩石名称	密度(g/cm³)	纵波速度(m/s)	横波速度(m/s)	动弹性模量(GPa)	动泊松比
白云岩	2.80～3.00	2500～6000	1500～3600	15.4～94.8	0.22
砾岩	1.70～2.90	1500～2500	900～1500	3.4～16.0	0.19～0.22
混凝土	2.40～2.70	2000～4560	1250～2760	8.85～49.8	0.18～0.21

对裂隙岩体,由于其各向异性特征,上式不再适用。此时可将岩体视为正交各向异性或横观各向同性介质,利用各主轴方向上的波速与弹性参数的关系进行岩体宏观力学参数的弹性波测定。对于各向异性的岩体,由于要获得特殊方向上的波速,从而给实际工程中的波动测试带来困难,所以目前弹性波测试在各向异性岩体中的应用实例尚不多见。如果将岩体仍然视为各向同性介质,由式(4-23)可计算出岩体的动弹性参数,如表4-5所示。

常见岩体的动弹性参数值 表4-5

岩体名称	特征	动弹性模量(10^3MPa)	动泊松比
花岗岩	新鲜	33.0～65.0	0.20～0.33
	半风化	7.0～21.8	0.18～0.33
	全风化	1.0～11.0	0.35～0.40
石英闪长岩	新鲜	55.0～88.0	0.28～0.33
	微风化	38.0～64.0	0.24～0.28
	全风化	4.5～11.0	0.23～0.33
安山岩	新鲜	12.0～19.0	0.28～0.33
	半风化	3.6～9.7	0.26～0.44
玢岩	新鲜	34.7～39.7	0.28～0.29
	半风化	3.5～20.0	0.24～0.4
	全风化	2.4	0.39
玄武岩	新鲜	34.0～38.0	0.25～0.30
	半风化	6.1～7.6	0.27～0.33
	全风化	2.6	0.27
砂岩	新鲜	20.6～44.0	0.18～0.28
	半风化至全风化	1.1～4.5	0.27～0.36
	裂隙发育	12.5～19.5	0.26～0.4
页岩	砂质、裂隙发育	0.81～7.14	0.17～0.36
	岩体破碎	0.51～2.50	0.24～0.45
	碳质	3.2～15.0	0.38～0.43
石灰岩	新鲜、微风化	25.8～54.8	0.20～0.39
	半风化	9.0～28.0	0.21～0.41
	全风化	1.48～7.30	0.27～0.35
泥质灰岩	新鲜、微风化	8.6～52.5	0.18～0.39
	半风化	13.1～24.8	0.27～0.37
	全风化	7.2	0.29

岩体名称	特 征	动弹性模量(10³MPa)	动泊松比
片麻岩	新鲜、微风化	22.0~35.4	0.24~0.35
	片麻理发育	11.5~15.0	0.33
	全风化	0.3~0.85	0.46
板岩	硅质	12.6~23.2	0.27~0.33
		3.7~9.7	0.25~0.36
		5.0~5.5	0.25~0.29
角闪片岩	新鲜致密坚硬	45.0~65.0	0.18~0.26
	裂隙发育	9.8~11.6	0.29~0.31
石英岩	裂隙发育	18.9~23.4	0.21~0.26
大理岩	新鲜坚硬	47.2~66.9	0.28~0.35
	半风化、裂隙发育	14.4~35.0	0.28~0.35

从大量的试验资料可知,不论是岩体还是岩块,其动弹性模量都普遍大于静弹性模量,如表4-6所示,两者的比值 E_d/E,对于坚硬完整岩体一般为1.2~2.0;而对风化、裂隙发育的岩体和软弱岩体;E_d/E 较大,一般为1.5~10.0,大者可超过20.0。造成这种现象的原因可能有以下几方面:①静力法采用的最大应力大部分在1.0~10.0MPa,少数则更大,变形量常以 mm 计,而动力法的作用应力则约为 10^{-4}MPa 量级,引起的变形量微小。因此静力法必然会测得较大的不可逆变形,而动力法则测不到这种变形。②静力法持续的时间较长。③静力法扰动了岩体的天然结构和应力状态。然而,由于静力法试验时,岩体的受力情况接近于工程岩体的实际受力状态,故实践应用中,除某些特殊情况外,多数工程仍以静力变形参数为主要设计依据。

几种岩体动、静弹性模量的比较 表4-6

岩石名称	静弹性模量(GPa)	动弹性模量(GPa)	E_d/E	岩石名称	静弹性模量(GPa)	动弹性模量(GPa)	E_d/E
花岗岩	25.0~40.0	33.0~65.0	1.32~1.63	大理岩	26.6	47.2~66.9	1.77~2.59
玄武岩	3.7~38.0	6.1~38	1.0~1.65	石灰岩	3.93~39.6	31.6~54.8	1.38~8.04
安山岩	4.8~10.0	6.11~45.8	1.27~4.58	砂岩	0.95~19.2	20.6~44.0	2.29~21.7
辉绿岩	14.8	49.0~74.0	3.31~5.00	中粒砂岩	1.0~2.8	2.3~14.0	2.3~5.0
闪长岩	1.5~60.0	8.0~76.0	1.27~5.33	细粒砂岩	1.3~3.6	20.9~36.5	10.0~16.1
页岩	0.66~5.00	6.75~7.14	1.43~10.2	石英片岩	24.0~47.0	66.0~89.0	1.89~2.75
片麻岩	13.0~40.0	22.0~35.4	0.89~1.69	千枚岩	9.80~14.5	28.0~47.0	2.86~3.2

(2)在岩体分类中,弹性波法已成为一种必不可少的手段。用弹性波进行岩体分类的主要参数有波速、完整性系数、风化系数、裂隙系数。

一般而言,岩体中波传播速度快,表明岩体致密,坚硬,完整,风化轻;反之,波速低,表明岩体疏松,软弱,破碎,结构发育,风化严重。中国科学院地质研究所的分类法:波速小于2m/ms,为散体结构,波速2~3.5m/ms,为整体结构。除此之外,国内外还有许多不同的标准。

(3)岩体松动层厚度及岩体稳定性中的应用。在岩体开挖过程中,扰动了原岩应力状态,使岩体表面的应力释放,从而在岩体表面附近出现一个由松弛到集中的层状分布,工程中称为松散层,对于地下开挖称为围岩松动圈,它们的厚度直接影响到岩体的稳定性,必须对其作定量测定。弹性波测试方法主要测试弹性波波速随深度的变化，取岩体原始状态（未扰动）的波速为划分标准。凡低于此值均为松动圈或松散层，由此圈定出松散岩体的范围，为岩体的稳定性评价及其支护设计提供依据。

（4）岩体加固质量检测中的应用。为了提高岩体的弹性模量，降低渗透率，提高隔水性能及岩体的完整性和稳定性，常对工程岩体进行灌浆，充填等加固处理。为了了解这种加固处理的效果，弹性波测试技术成为一种行之有效的方法，目前已广泛应用于水电工程施工中。

（5）围岩支承压力及地应力测试中的应用。由于应力与波速的关系到目前仍无一个完善的理论模型，因而在地应力测试中的应用实例尚不多见。一些学者通过现场弹性波测试岩体中的破碎区、塑性区及弹性区，来确定岩体的应力松弛区和应力集中区，从而定性分析出岩体所处的应力状态，但这种分析不能给出定量结果；另一些学者则首先对现场岩芯试件进行实验标定，取得波速与应力的拟合关系，然后对现场进行弹性波测试，运用测试曲线与标定曲线反求围岩压力或岩体地应力，这种方法可以给出地应力测量的定量结果。

第四节　结构面变形与强度特性

一、结构面的变形特性

1. 结构面的法向变形性质

（1）法向变形特征

在同一种岩体中分别取一件不含结构面的完整岩块试件和一件含结构面的岩块试件。然后，分别对这两种试件施加连续法向压应力，可得到如图 4-16a）所示的应力-变形关系曲线。如果设不含结构面岩块的变形为 ΔV_r，含结构面岩块的变形为 ΔV_t。则结构面的法向闭合变形 ΔV_j 为：

$$\Delta V_j = \Delta V_t - \Delta V_r \tag{4-24}$$

利用式（4-24），可得到结构面的 σ_n-ΔV_j 曲线，如图 4-16b）所示。从图 4-16 所示的资料及试验研究可知，结构面的法向变形有以下特征：

①开始时随着法向应力的增加，结构面闭合变形迅速增长，σ_n-ΔV 及 σ_n-ΔV_j 曲线均呈上凹形。当 σ_n 增到一定值时 σ_n-ΔV_t 曲线变陡，并与 σ_n-ΔV_r 曲线大致平行。说明此时结构面已基本上完全闭合，其变形主要是岩块变形贡献的。而 ΔV_j 则趋于结构面最大闭合量 V_m［图 4-16b）］。

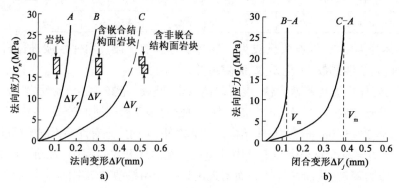

图 4-16　典型岩块和结构面法向变形曲线［据古德曼（Goodman），1976］

②从变形上看,在初始压缩阶段,含结构面岩块的变形 ΔV_t 主要是由结构面的闭合造成的。有试验表明,当 $\sigma_n = 1\mathrm{MPa}$ 时,$\Delta V_t / \Delta V_r$ 可达 $5 \sim 30$,说明 ΔV_t 占了很大一部分。当然,具体 $\Delta V_t / \Delta V_r$ 的大小还取决于结构面的类型及其风化变质程度等因素。

③试验研究表明,当法向应力大约在 $\sigma_c / 3$ 处开始,含结构面岩块的变形由以结构面的闭合为主转为以岩块的弹性变形为主。

④结构面的 σ_n-ΔV_j 曲线大致为一以 $\Delta V_j = V_m$ 为渐进线的非线性曲线(双曲线或指数曲线)。试验研究表明:σ_n-ΔV_j 曲线的形状与结构面的类型及壁岩性质无关,其曲线形状可用初始法向刚度及最大闭合量 V_m 来确定。结构面的初始法向刚度是一个与结构面在地质历史时期的受力历史及初始应力有关的量,其定义为 σ_n-ΔV_j 曲线原点处的切线斜率。即:

$$K_{ni} = \left(\frac{\partial \sigma_n}{\partial \Delta V_j} \right)_{\Delta V_j \to 0} \tag{4-25}$$

⑤结构面的最大闭合量始终小于结构面的张开度 e。因为结构面是凹凸不平的,两壁面间无论多高的压力(两壁岩石不产生破坏的条件下),也不可能达到 100% 的接触。试验表明,结构面两壁面一般只能达到 $40\% \sim 70\%$ 的接触。

如果分别对不含结构面和含结构面岩块连续施加一定的法向荷载后,逐渐卸荷,则可得到如图 4-17 所示的应力-变形曲线。图 4-18 为几种风化和未风化的不同类型结构面,在三次循环荷载下的 σ_n-ΔV_j 曲线。由这些曲线可知,结构面在循环荷载下的变形有如下特征。

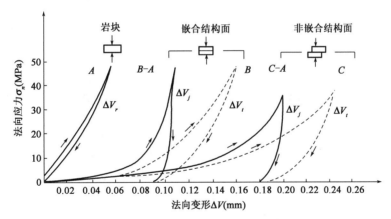

图 4-17　石灰岩中嵌合和非嵌合的结构面加载、卸载曲线[据班迪斯(Bandis),1983]

①结构面的卸荷变形曲线(σ_n-ΔV_j)仍为一以 $\Delta V_j = V_m$ 为渐近线的非线性曲线。卸荷后留下很大的残余变形(图 4-17)不能恢复,不能恢复部分称为松胀变形。据研究,这种残余变形的大小主要取决于结构面的张开度(e)、粗糙度(JRC)、壁岩强度(JCS)及加、卸载循环次数等因素。

②对比岩块和结构面的卸荷曲线可知,结构面的卸荷刚度比岩块的加荷刚度大(图 4-17)。

③随着循环次数的增加,σ_n-ΔV_j 曲线逐渐变陡,且整体向左移,每次循环下的结构面变形均显示出滞后和非弹性变形(图 4-18)。

④每次循环荷载所得的曲线形状十分相似(图 4-18),且其特征与加荷方式及其受力历史无关。

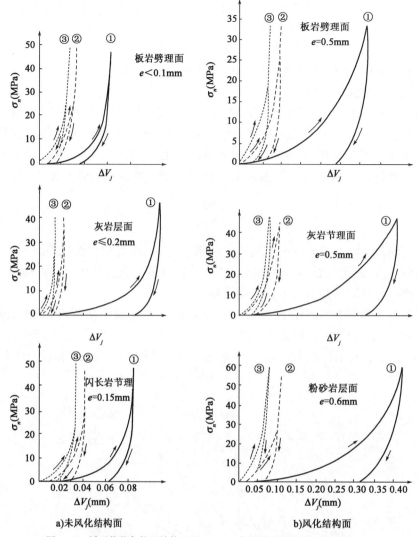

图 4-18　循环荷载条件下结构面的 σ_n-ΔV_j 曲线[据班迪斯(Bandis),1983]

（2）法向变形本构方程

为了反映结构面的变形性质与变形过程,需要研究其应力-变形关系,即结构面的变形本构方程。但这方面的研究目前仍处于探索阶段,已提出的本构方程都是在试验的基础上总结出来的经验方程。如古德曼(Goodman)、班迪斯(Bandis)及孙广忠等人提出的方程。

古德曼(Goodman,1974)提出用如下的双曲函数拟合结构面法向应力 σ_n（MPa）与闭合变形 ΔV_j（mm）间的本构关系:

$$\sigma_n = \left(\frac{\Delta V_j}{V_m - \Delta V_j} + 1 \right)\sigma_i \tag{4-26}$$

$$\Delta V_j = V_m - V_m \sigma_i \frac{1}{\sigma_n} \tag{4-27}$$

式中:σ_i——结构面所受的初始应力。

式(4-26)或式(4-27)所描述的曲线如图 4-19 所示,为一以 $\Delta V_j = V_m$ 为渐近线的双曲线。这一曲线与图 4-16 所示的试验曲线相比较,其区别在于古德曼(Goodman)方程所给曲线的起点不在原点,而是在 σ_n 轴左边无穷远处,另外就是出现了一个所谓的初始应力。这些虽然与

98

试验曲线有一定的出入,但对于那些具有一定滑错位移的非嵌合性结构面,大致可以用式(4-26)或式(4-27)来描述其法向变形本构关系。

班迪斯等(Bandis 等,1983)在研究了大量试验曲线的基础上,提出了如下的本构方程:

$$\sigma_n = \frac{\Delta V_j}{a - b\Delta V_j} \tag{4-28}$$

式中:a、b——系数。

为求 a,b,改写式(4-28):

$$\sigma_n = \frac{1}{a/\Delta V_j - b} \tag{4-29}$$

或

$$\frac{1}{\sigma_n} = \frac{a}{\Delta V_j} - b \tag{4-30}$$

由式(4-30),当 $\sigma_n \to \infty$ 时,则 $\Delta V_j \to V_m = \dfrac{a}{b}$,所以有:

$$b = \frac{a}{V_m} \tag{4-31}$$

由初始法向刚度定义式(4-25)可知:

$$K_{ni} = \left(\frac{\partial \sigma_n}{\partial \Delta V_j}\right)_{\Delta V_j \to 0} = \left[\frac{1}{a\left(1 - b/a\Delta V_j\right)^2}\right]_{\Delta V_j \to 0} = \frac{1}{a}$$

即有:

$$a = \frac{1}{K_{ni}} \tag{4-32}$$

用式(4-31)和式(4-32)代入式(4-28),得结构面的法向变形本构方程为:

$$\sigma_n = \frac{K_{ni} V_m \Delta V_j}{V_m - \Delta V_j} \tag{4-33}$$

这一方程所描述的曲线如图4-20所示,也为一以 $\Delta V_j = V_m$ 为渐近线的双曲线。显然,这一曲线与试验较为接近。班迪斯方程较适合于未经滑错位移的嵌合结构面(如层面)的法向变形特征。

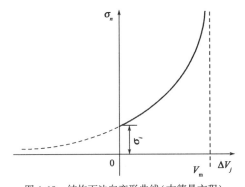

图4-19 结构面法向变形曲线(古德曼方程)

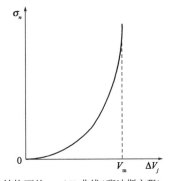

图4-20 结构面的 σ_n-ΔV_j 曲线(班迪斯方程)

此外,孙广忠(1988)提出了如下的指数方程:

$$\Delta V_j = V_m(1 - e^{-\sigma_n/K_n}) \tag{4-34}$$

式中:K_n——结构面的法向刚度。

式(4-34)所描述的 σ_n-ΔV_j 曲线与试验曲线大致相似[图 4-16b)]。

(3)法向刚度及其确定方法

法向刚度 K_n 是反映结构面法向变形性质的重要参数。其定义为在法向应力作用下,结构面产生单位法向变形所需要的应力,数值上等于 σ_n-ΔV_j 曲线上一点的切线斜率,即:

$$K_n = \frac{\partial \sigma_n}{\partial \Delta V_j} \tag{4-35}$$

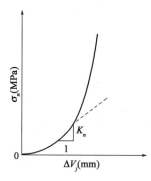

图 4-21　法向刚度 K_n 的确定

K_n 的单位为 MPa/cm,它是岩体力学性质参数估算及岩体稳定性计算中必不可少的指标之一。可直接用试验求得结构面的 σ_n-ΔV_j 曲线后,在曲线上求结构面法向刚度(图 4-21)。具体试验又分为室内压缩试验和现场压缩试验两种。

室内压缩试验可在压力机上进行,也可在携带式剪力仪或中型剪力仪上配合结构面剪切试验一起进行。试验时先将含结构面岩块样装上,然后分级施加法向应力 σ_n,并测记相应的法向位移 ΔV_t,绘制 σ_n-ΔV_t 曲线。同时还必须对相应岩块进行压缩变形试验,求得岩块的 σ_n-ΔV_r 曲线。通过这两种试验即可求得结构面的 σ_n-ΔV_j 曲线,按图 4-21 的方法求结构面在某一法向应力下的法向刚度。

现场压缩变形试验采用中心孔承压板法,装置如图 4-22 所示。试验时先在制备好的试件上打垂向中心孔,在孔内安装多点位移计,其中 A_1、A_2 锚固点紧靠在结构面上下壁面。然后采用逐级一次循环法施加法向应力并测记相应的法向变形 ΔV,绘制出各点的 σ_n-ΔV 曲线。如图 4-23 为 A_1、A_2 点的 σ_n-ΔV 曲线。利用某级循环荷载下的应力差和相应的变形差;用下式即可求得结构面的法向刚度 K_n:

$$K_n = \frac{\sigma_{n_{i+1}} - \sigma_{n_i}}{\Delta V_{i+1} - \Delta V_i} = \frac{\Delta \sigma_n}{\Delta V} \tag{4-36}$$

用如图 4-23 中的数据可求得 $K_n = 12.7$ MPa/cm。

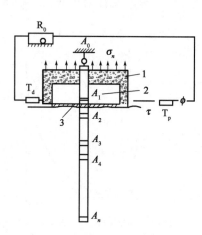

图 4-22　现场测定 K_n 的装置

1-混凝土;2-岩体;3-结构面;A_0-附加参考点;A_n-参考点;A_1、A_2、…-锚固点;T_d-变形传感器;T_p-压力传感器;R_0-自动记录仪

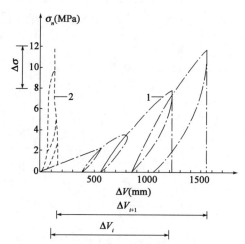

图 4-23　现场测定 σ_n-ΔV 曲线及 K_n 确定示意图

1、2-A_1、A_2 的变形;ΔV_i、ΔV_{i+1}-当法向应力从 0.8 ~ 1.2MPa 时结构面的闭合变形(A_1、A_2 变形差)

几种结构面的法向刚度经验值列于表4-7和表4-8。

几种结构面的抗剪参数表　　　　　　　　　　　　　　表4-7

结构面特征	法向刚度 K_n （MPa/cm）	剪切刚度 K_s （MPa/cm）	抗剪强度参数	
			摩擦角（°）	黏聚力 c（MPa）
充填黏土的断层、岩壁风化	15	5	33	0
充填黏土的断层、岩壁轻微风化	18	8	37	0
新鲜花岗片麻岩不连续结构面	20	10	40	0
玄武岩与角砾岩接触面	20	8	45	0
致密玄武岩水平不连续结构面	20	7	38	0
玄武岩张开节理面	20	8	45	0
玄武岩不连续面	12.7	4.5		0

岩体结构面直剪试验结果表（据郭志，1996）　　　　　　表4-8

岩组	结构类型	未浸水抗剪强度		浸水抗剪强度		$\sigma_n = 2.4MPa$	
		摩擦角 φ(°)	黏聚力 c （MPa）	摩擦角 φ(°)	黏聚力 c （MPa）	法向刚度 K_n （MPa/cm）	剪切刚度 K_s （MPa/cm）
绢英岩	平直、粗糙、有陡坎	40～41	0.15～0.20	36～38	0.14～0.16	43～62	62～90
	起伏、不平、粗糙、有陡坎	42～44	0.20～0.27	38～39	0.17～0.23	34～82	41～99
	波状起伏、粗糙	39～40	0.12～0.15	36～37	0.11～0.13	22～54	46～57
	平直、粗糙	38～39	0.07～0.11	35～36	0.08～0.09	22～46	22～46
绢英化花岗岩	平直、粗糙、有陡坎	40～42	0.25～0.35	38～39	0.26～0.30	42～136	48～108
	起伏大、粗糙、有陡坎	43～48	0.35～0.50	40～41	0.30～0.43	35～78	67～113
	波状起伏、粗糙	39～40	0.15～0.23	37～38	0.13～0.27	38～58	38～63
	平直、粗糙	38～40	0.09～0.15	36～37	0.08～0.13	21～143	45～58
花岗岩	平直、粗糙、有陡坎	40～45	0.30～0.44	38～41	0.30～0.34	11～147	72～112
	起伏大、粗糙、有陡坎	44～48	0.35～0.55	40～44	0.36～0.44	61～169	59～120
	波状起伏、粗糙	40～41	0.25～0.35	38～41	0.21～0.30	70～84	48～84
	平直、粗糙	39～41	0.15～0.20	37～40	0.15～0.17	51～90	46～65

另外，由法向刚度的定义式(4-35)及式(4-33)可得：

$$K_n = \frac{\partial \sigma_n}{\partial \Delta V_j} = \frac{K_{ni}}{(1 - \Delta V_j / V_m)^2} \tag{4-37}$$

由式(4-33)可得：

$$\Delta V_j = \frac{\sigma_n V_m}{K_{ni} V_m + \sigma_n} \tag{4-38}$$

将式(4-38)代入式(4-37)，则 K_n 还可表示为：

$$K_n = \frac{K_{ni}}{\left(1 - \dfrac{\sigma_n}{K_{ni} V_m + \sigma_n}\right)^2} \tag{4-39}$$

利用式(4-39)可求得某级法向应力下结构面的法向刚度。其中K_{ni}及V_m可通过室内含结构面岩块压缩试验求得。在没有试验资料时,可用班迪斯(Bandis,1983)提出的经验方程求得:

$$K_n = -7.15 + 1.75 JRC + 0.02(JCS/e)$$
(4-40)

$$V_m = A + B(JRC) + C(JCS/e)^D$$ (4-41)

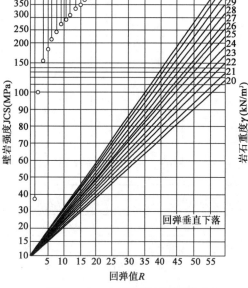

图4-24 JCS与回弹值及重度的关系

式中: e——结构面的张开度(可用塞尺或直尺在野外量测);

A、B、C、D——经验系数,用统计方法得出,列于表4-9;JRC为结构面的粗糙度系数,可用标准剖面对比法、倾斜试验及结构面推拉试验等方法求得;JCS为结构面的壁岩强度,一般用L型回弹仪在野外测定,确定方法是用试验测得的回弹值R与岩石重度γ,查图4-24或用式(4-39)计算求得JCS(MPa):

$$\lg(JCS) = 0.00088\gamma R + 1.01$$
(4-42)

另外,随着分形几何学的发展及其在地学中的运用,有的学者(如Carr,1987;谢和平,1996)建议用分数维数D来求结构面的粗糙度系数JRC,如谢和平提出了如下方程:

$$JRC = 85.2671(D-1)^{0.5679}$$
(4-43)

$$D = \frac{\lg 4}{\lg\{2 + 2\cos[\tan^{-1}(2h/L)]\}}$$
(4-44)

式中:h、L——结构面的平均起伏差和平均基线长度,从理论上分析,D介于$1\sim2$之间。

各次循环荷载条件下A、B、C、D值(据Bandis等人,1983) 表4-9

常数	数 值		
	第一次循环荷载	第二次循环荷载	第三次循环荷载
A	-0.2960 ± 0.1258	-0.1005 ± 0.0530	-0.1030 ± 0.0680
B	-0.0056 ± 0.0022	-0.0073 ± 0.0031	-0.0074 ± 0.0039
C	-2.2410 ± 0.3504	-1.0082 ± 0.2351	-1.1350 ± 0.3261
D	-0.2450 ± 0.1086	-0.2301 ± 0.1171	-0.2510 ± 0.1029
r^2	0.675	0.546	0.589

注:r^2为复相关系数。

2.结构面的剪切变形性质

(1)剪切变形特征

在岩体中取一含结构面的岩块试件,在剪力仪上进行剪切试验,可得到如图4-25所示的剪应力τ与结构面剪切位移Δu间的关系曲线。图4-26为灰岩节理面的τ-Δu曲线。图4-27为剪切刚度与正应力和结构面规模间的关系。从这些资料与试验研究表明,结构面的剪切变形有如下特征:

①结构面的剪切变形曲线均为非线性曲线。同时,按其剪切变形机理可为脆性变形型和塑性变形型两类曲线。试验研究表明,有一定宽度的构造破碎带、挤压带、软弱夹层及含有较厚充填物的裂隙、节理、泥化夹层和夹泥层等软弱结构面的 τ-Δu 曲线,多属于塑性变形型。其特点是无明显的峰值强度和应力降,且峰值强度与残余强度相差很小,曲线的斜率是连续变化的,且具流变性。而那些无充填且较粗糙的硬性结构面,其 τ-Δu 曲线则属于脆性变形型,特点是开始时剪切变形随应力增加缓慢,曲线较陡;峰值后剪切变形增加较快,有明显的峰值强度和应力降;当应力降至一定值后趋于稳定,残余强度明显低于峰值强度。

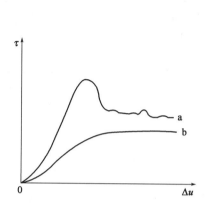

图 4-25　结构面剪切变形的基本类型
a-脆性变形型;b-塑性变形型

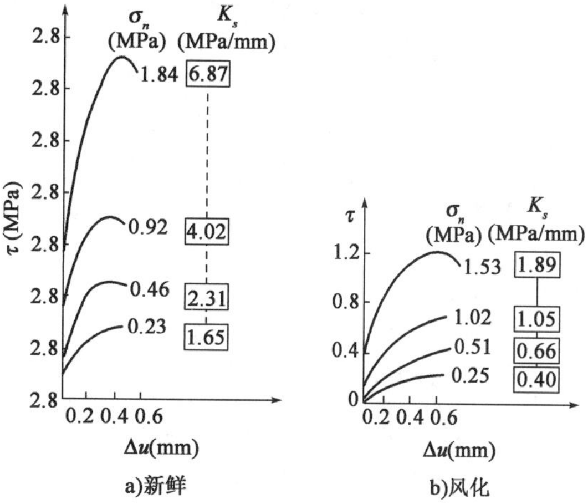

图 4-26　不同法向荷载下灰岩节理面剪切变形曲线
(据 Bandis 等,1983)

②结构面的峰值位移 Δu 受其风化程度的影响。风化后结构面的峰值位移比新鲜的大,这是由于结构面遭受风化后,原有的两壁互锁程度变差,结构面变得相对平直的缘故。

③对同类结构面而言,遭受风化的结构面,剪切刚度比未风化的小 $1/4 \sim 1/2$。

④结构面的剪切刚度具有明显的尺寸效应。在同一法向应力作用下,其剪切刚度随被剪切结构面的规模增大而降低。

⑤结构面的剪切刚度随法向应力的增大而增大。

(2)剪切变形本构方程

卡尔哈韦(Kalhaway,1975)通过大量的试验,发现结构面峰值位移前的 τ-Δu 关系曲线也可用双曲函数来拟合,他提出了如下的方程式:

$$\tau = \frac{\Delta u}{m + n\Delta u} \tag{4-45}$$

式中:m、n——双曲线的形状系数, $m = \dfrac{1}{K_{si}}$, $n = \dfrac{1}{\tau_{ult}}$;

　　　K_{si}——初始剪切刚度(定义为曲线原点处的切线斜率);

　　　τ_{ult}——水平渐近线在 τ 轴上的截距。

根据式(4-45),结构面的 τ-Δu 曲线为一以 $\tau = \tau_{ult}$ 为渐近线的双曲线。

(3)剪切刚度及其确定方法

剪切刚度 K_s 是反映结构面剪切变形性质的重要参数,其数值等于峰值位移前 τ-Δu 曲线上任一点的切线斜率(图 4-28),即:

$$K_s = \frac{\partial \tau}{\partial \Delta u} \qquad\qquad (4\text{-}46)$$

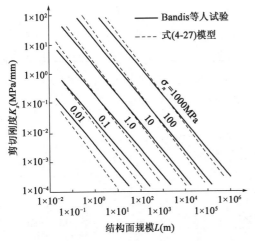

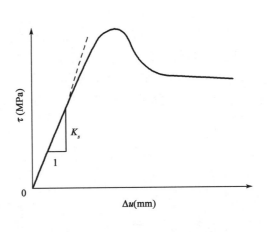

图 4-27 剪切刚度与正应力和结构面规模间的关系　　　　图 4-28 剪切刚度 K_s 的确定示意图

结构面的剪切刚度在岩体力学参数估算及岩体稳定性计算中都是必不可少的指标,且可通过室内和现场剪切试验确定。

结构面的室内剪切试验是在携带式剪力仪或中型剪力仪上进行的。试件面积 $100 \sim 400 \text{cm}^2$。试验时将含结构面的岩块试件装入剪力仪中,先施加预定的法向应力,待其变形稳定后,再分级施加剪应力,并测记结构面相应的剪位移,绘出 $\tau\text{-}\Delta u$ 曲线,然后在 $\tau\text{-}\Delta u$ 曲线上求结构面的剪切刚度。

二、结构面的强度特性

试验研究表明:结构面的抗剪强度的影响因素是非常复杂而多变的,从而致使结构面的抗剪强度特性也很复杂,抗剪强度指标较分散(表4-10)。影响结构面抗剪强度的因素主要包括结构面的形态、连续性、胶结充填特征及壁岩性质、次生变化和受力历史(反复剪切次数)等等。根据结构面的形态、充填情况及连续性等特征,将其划分为平直无充填的结构面、粗糙起伏无充填的结构面、非贯通断续结构面及有充填的软弱结构面 4 类,各自的强度特征分述如下。

各种结构面抗剪强度指标的变化范围

表 4-10

结构面类型	摩擦角(°)	黏聚力(MPa)	结构面类型	摩擦角(°)	黏聚力(MPa)
泥化结构面	10~20	0~0.5	云母片岩片理面	10~20	0~0.05
黏土结构面	20~30	0.05~0.10	页岩节理面(平直)	18~29	0.10~0.19
泥灰岩结构面	20~30	0.05~0.10	砂岩节理面(平直)	32~38	0.05~1.0
凝灰岩结构面	20~30	0.05~0.10	灰岩节理面(平直)	35	0.2
页岩层面	20~30	0.05~0.10	石英正长闪长岩节理面	32~35	0.02~0.08
砂岩层面	30~40	0.05~0.10	粗糙结构面	40~48	0.08~0.30
砾岩层面	30~40	0.05~0.10	辉长岩、花岗岩节理面	30~38	0.20~0.40
石灰岩层面	30~40	0.05~0.10	花岗岩节理面(粗糙)	42	0.4
千板岩千枚理面	28	0.12	石灰岩卸荷节理面(粗糙)	37	0.04
滑石片岩、片理面	10~20	0~0.15	(砂岩、花岗岩) 岩石/混凝土接触面	55~60	0~0.48

1.平直无充填的结构面

平直无充填的结构面包括剪应力作用下形成的剪性破裂面,如剪节理、剪裂隙等,发育较好的层面与片理面。其特点是面平直、光滑,只具微弱的风化蚀变。坚硬岩体中的剪破裂面还发育有镜面、擦痕及应力矿物薄膜等。这类结构面的抗剪强度大致与人工磨制面的摩擦强度接近,即:

$$\tau = \sigma \tan\varphi_j + c_j \tag{4-47}$$

式中:τ——结构面的抗剪强度,MPa;

σ——法向应力,MPa;

φ_j、c_j——分别为结构面的摩擦角与黏聚力,MPa。

研究表明,结构面的抗剪强度主要来源于结构面的微咬合作用和胶黏作用,且与结构面的壁岩性质及其平直光滑程度密切相关。若壁岩中含有大量片状或鳞片状矿物如云母、绿泥石、黏土矿物、滑石及蛇纹石等矿物时,其摩擦强度较低。摩擦角一般在 20°～30°,小者仅 10°～20°,黏聚力在 0～0.1MPa。而壁岩为硬质岩石如石英岩、花岗岩及砂砾岩和灰岩等时,其摩擦角可达30°～40°,黏聚力可降低至 0.05MPa 以下,甚至趋于零。反之,其抗剪强度就接近于上限值(表4-10)。

2.粗糙起伏无充填的结构面

这类结构面的基本特点是具有明显的粗糙起伏度,这是影响结构面抗剪强度的一个重要因素。在无充填的情况下,由于起伏度的存在,结构面的剪切破坏机理因法向应力大小不同而异,其抗剪强度也相差较大。当法向应力较小时,在剪切过程中,上盘岩体主要是沿结构面产生滑动破坏,这时由于剪胀效应(或称爬坡效应),增加了结构面的摩擦强度。随着法向应力增大,剪胀越来越困难。当法向应力达到一定值后,其破坏将由沿结构面滑动转化为剪断凸起而破坏,引起所谓的啃断效应,从而增大了结构面的抗剪强度。据试验资料统计(表4-8、表4-10),粗糙起伏无充填结构面在干燥状态下的摩擦角一般为40°～48°,黏聚力在0.1～0.55MPa。

为了便于讨论,下面分规则锯齿形和不规则起伏形两种情况来讨论结构面的抗剪强度。

(1)规则锯齿形结构面

这类结构面可概化为图4-29a)所示的模型。在法向应力 σ 较低的情况下,上盘岩体在剪应力作用下沿齿面向右上方滑动。当滑移一旦出现,其背坡面即被拉开,出现所谓空化现象,因而不起抗滑作用,法向应力也会全部由滑移面承担。

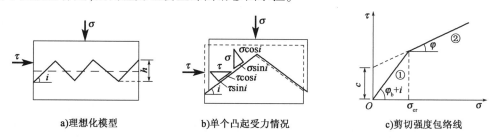

a)理想化模型　　　　　b)单个凸起受力情况　　　　　c)剪切强度包络线

图4-29　粗糙起伏无充填结构面的抗剪强度分析图

如图4-29b)所示,设结构面的起伏角为 i,起伏差为 h,齿面摩擦角为 φ_b,且黏聚力 $c_b = 0$。在法向应力(σ)和剪应力(τ)作用下,滑移面上受到的法向应力(σ_n)和剪应力(τ_n)为:

$$\begin{cases} \sigma_n = \tau \sin i + \sigma \cos i \\ \tau_n = \tau \cos i - \sigma \sin i \end{cases} \tag{4-48}$$

设结构面强度服从库仑定律：$\tau_n = \sigma_n \tan \varphi_b$，将式(4-48)的相应项代入，整理简化后得：

$$\tau = \sigma \tan(\varphi_b + i) \tag{4-49}$$

式(4-49)是法向应力较低时锯齿形起伏结构面的抗剪强度表达式，它所描述的强度包络线如图4-29c)中①所示。由此可见，起伏度的存在可增大结构面的摩擦角，即由 φ_b 增大至 $\varphi_b + i$。这种效应与剪切过程中上滑运动引起的垂向位移有关，称为剪胀效应。式(4-49)是佩顿(Patton,1966)提出的，称为佩顿公式。他观察到石灰岩层面粗糙起伏角 i 不同时，露天矿边坡的自然稳定坡角也不同，即 i 越大，边坡角越大，从而证明了考虑 i 的重要意义。

当法向应力达到一定值 σ_{cr} 以后，由于上滑运动所需的功达到并超过剪断凸起所需要的功，则凸起体将被剪断，这时结构面的抗剪强度 τ 为：

$$\tau = \sigma \tan \varphi + c \tag{4-50}$$

式中：φ、c——分别为结构面壁岩的内摩擦角和黏聚力。

式(4-50)为法向应力 $\sigma \geqslant \sigma_{cr}$ 时，结构面的抗剪强度，其包络线如图4-29c)中②所示。从式(4-49)和式(4-50)，可求得剪断凸起的条件为：

$$\sigma_{cr} = \frac{c}{\tan(\varphi_b + i) - \tan \varphi} \tag{4-51}$$

应当指出，式(4-49)和式(4-50)给出的结构面抗剪强度包络线，是在两种极端的情况下得出的。因为即使在极低的法向应力下，结构面的凸起也不可能完全不遭受破坏；而在较高的法向应力下，凸起也不可能全部都被剪断。因此，如图4-29c)所示的折线强度包络线，在实际中是极其少见的，而绝大多数是一条连续光滑的曲线。

例题4-1 某岩体具有规则锯齿形结构面，已知结构面的起伏角为10°，齿面摩擦角为25°，黏聚力为0，结构面壁岩的强度参数为 $c = 5\text{MPa}$，$\varphi = 30°$，作用有法向应力30MPa。请问，在施加多大的剪应力时，该岩体破坏？

解：凸起被剪断的临界应力为

$$\sigma_{cr} = \frac{c}{\tan(\varphi_b + i) - \tan \varphi} = \frac{5}{\tan(25° + 10°) - \tan 30°} = 40.7(\text{MPa}) > \sigma = 30\text{MPa}$$

因此，岩体在法向应力和剪应力作用下会沿结构面出现剪胀和空化现象，破坏时的剪应力为：

$$\tau = \sigma \tan(\varphi_b + i) = 30 \times \tan(25° + 10°) = 21(\text{MPa})$$

(2)不规则起伏结构面

上面的讨论时将结构面简化成规则锯齿形这种理想模型下进行的。但自然界岩体中绝大多数结构面的粗糙起伏形态是不规则的，起伏角也不是常数。因此，其强度包络线不是图4-29c)所示的折线，而是曲线形式。对于这种情况，有许多人进行过研究和论述，下面主要介绍巴顿和莱旦等人的研究成果。

巴顿(Barton,1973)对8种不同粗糙起伏的结构面进行了试验研究，提出了剪胀角的概念并用以代替起伏角，剪胀角 α_d 的定义为剪切时剪切位移的轨迹线与水平线的夹角(图4-30)，即：

$$\alpha_d = \tan^{-1}\left(\frac{\Delta V}{\Delta u}\right) \tag{4-52}$$

式中：ΔV——垂直位移分量（剪胀量）；

Δu——水平位移分量。

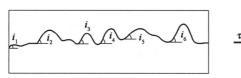
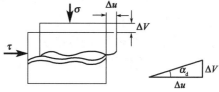

a)结构面的起伏度　　　　　　　　　　**b)剪胀现象**

图 4-30　剪胀现象与剪胀角 α_{d} 示意图

通过对试验资料的统计发现，其峰值剪胀角不仅与凸起高度（起伏差）有关，而且与作用于结构面上的法向应力 σ、结构面的抗剪强度 τ 及壁岩强度 JCS 之间也存在良好的统计关系，这些关系可表达如下：

$$\alpha_{\mathrm{d}} = \frac{\mathrm{JRC}}{2}\lg\frac{\mathrm{JCS}}{\sigma} \tag{4-53}$$

$$\tau = \sigma\tan(1.78\alpha_{\mathrm{d}} + 32.88°) \tag{4-54}$$

大量的试验资料表明，一般结构面的基本摩擦角 $\varphi_{\mathrm{u}} = 25° \sim 35°$。因此，式（4-54）右边的第二项应当就是结构面的基本摩擦角 φ_{u}，而第一项的系数取整数 2。经这样处理后，式（4-54）变为：

$$\tau = \sigma\tan(2\alpha_{\mathrm{d}} + \varphi_{\mathrm{u}}) \tag{4-55}$$

将式（4-53）代入式（4-55）得：

$$\tau = \sigma\tan\left(\mathrm{JRClg}\frac{\mathrm{JCS}}{\sigma} + \varphi_{\mathrm{u}}\right) \tag{4-56}$$

式中结构面的基本摩擦角 φ_{u}，一般认为等于结构面壁岩平直表面的摩擦角，可用倾斜试验求得，方法是取结构面壁岩试块，将试块锯成两半，去除岩粉并风干后合在一起，缓缓地加大试块倾角直到上盘岩块开始下滑为止，此时的试块倾角即为 φ_{u}。对每种岩石，进行试验的试块数需 10 块以上。在没有试验资料时，常取 $\varphi_{\mathrm{u}} = 30°$，或用结构面的残余摩擦角代替，也可参照表 4-11 取近似值。式（4-56）中其他符号的意义及确定方法同前。

各种岩石结构面基本内摩擦角 φ_{u} 的近似值表　　　　　　表 4-11

岩　类	φ_{u}（°）	岩　类	φ_{u}（°）
闪岩	32	花岗岩（粗粒）	$31 \sim 35$
玄武岩	$31 \sim 38$	石灰岩	$33 \sim 40$
砾岩	35	斑岩	31
白垩岩	30	砂岩	$25 \sim 35$
白云岩	$27 \sim 31$	页岩	27
片麻岩（片状的）	$23 \sim 29$	粉砂岩	$27 \sim 31$
花岗岩（细粒）	$29 \sim 35$	板岩	$25 \sim 30$

式（4-56）是巴顿不规则粗糙起伏结构面的抗剪强度公式。利用该式确定结构面抗剪强度时，只需要知道 JRC、JCS 及 φ_{u} 三个参数即可，无须进行大型现场抗剪强度试验。

3. 非贯通断续的结构面

这类结构面由裂隙面和非贯通的岩桥组成。在剪切过程中，一般认为剪切面所通过的裂隙面和岩桥都起抗剪作用。假设沿整个剪切面上的应力分布是均匀的,结构面的线连续性系数为 K_1,则整个结构面的抗剪强度为:

$$\tau = K_1 c_j + (1 - K_1)c + \sigma[K_1 \tan\varphi_j + (1 - K_1)\tan\varphi] \qquad (4\text{-}57)$$

式中:c_j、φ_j——裂隙面的黏聚力、摩擦角;

c、φ——岩石的黏聚力、内摩擦角。

将式(4-57)与库仑定律 $\tau = \sigma\tan\varphi_b + c_b$ 对比,可得非贯通结构面的黏聚力 c_b 和内摩擦系数 $\tan\varphi_b$ 为:

$$\begin{cases} c_b = K_1 c_j + (1 - K_1)c \\ \tan\varphi_b = K_1 \tan\varphi_j + (1 - K_j)\tan\varphi \end{cases} \qquad (4\text{-}58)$$

由式(4-57)可知,非贯通断续的结构面的抗剪强度要比贯通结构面的抗剪强度高,这和人们的一般认识是一致的,也是符合实际的。

4. 具有充填物的软弱结构面

具有充填物的软弱结构面包括泥化夹层和各种类型的夹泥层,其形成多与水的作用和各类滑错作用有关。这类结构面的力学性质常与充填物的物质成分、结构及充填程度和厚度等因素密切相关。

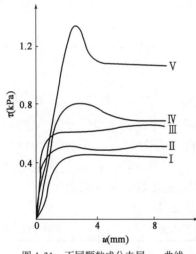

图 4-31 不同颗粒成分夹层 τ-u 曲线
Ⅰ 到 Ⅴ 粗碎屑增加

按充填物的颗粒成分,可将有充填的结构面分为泥化夹层、夹泥层、碎屑夹泥层及碎屑夹层等类型。充填物的颗粒成分不同,结构面的抗剪强度及变形破坏机理也不同。图4-31为不同颗粒成分夹层的剪切变形曲线。表4-12为不同夹层物质成分的结构面的抗剪强度指标值。由图4-31可知,黏粒含量较高的泥化夹层,其剪切变形(曲线Ⅰ)为典型的塑性变形型;特点是强度低且随位移变化小,屈服后无明显的峰值和应力降。随着夹层中粗碎屑成分的增多,夹层的剪切变形逐渐向脆性变形过渡(曲线Ⅱ-Ⅴ),峰值强度也逐渐增高。至曲线Ⅴ的夹层,碎屑含量最高,峰值强度也相应为最大,峰值后有明显的应力降。这些说明充填物的颗粒成分对结构面的剪切变形机理及抗剪强度都有明显的影响。图4-31所示也说明了结构面的抗剪强度随黏粒含量增加而降低,随粗碎屑含量增多而增大的规律。

不同夹层物质成分的结构面抗剪强度(据孙广忠,1988)   表4-12

夹层物质成分	抗剪强度系数	
	摩擦系数 f	黏聚力 c(kPa)
泥化夹层和夹泥层	0.15~0.25	5~20
碎屑夹泥层	0.3~0.4	20~40
碎屑夹层	0.5~0.6	0~100
含铁锰质角砾碎屑夹层	0.6~0.85	30~150

充填物厚度对结构面抗剪强度的影响较大。图4-32为平直结构面内充填物厚度与其摩擦系数 f 和黏聚力 c 的关系曲线。由图4-32显示,充填物较薄时,随着厚度的增加,摩擦系数迅速降低,而黏聚力开始时迅速升高,升到一定值后又逐渐降低。当充填物厚度达到一定值

后,摩擦系数和黏聚力都趋于某一稳定值。这时,结构面的强度主要取决于充填夹层的强度,而不再随充填物厚度的增大而降低。据试验研究表明,这一稳定值接近于充填物的内摩擦系数和黏聚力,因此,可用充填物的抗剪强度来代替结构面的抗剪强度。对于平直的黏土质夹泥层来说,充填物的临界厚度一般为 0.5~2mm。

结构面的充填程度可用充填物厚度 d 与结构面的平均起伏差 h 之比来表示,d/h 被称为充填度。一般情况下,充填度越小,结构面的抗剪强度越高;反之,随充填度的增加,其抗剪强度降低。图 4-33 为充填度与摩擦系数的关系曲线。图中显示,当充填度小于 100% 时,充填度对结构面强度的影响很大,摩擦系数 f 随充填度 d/h 增大迅速降低;当 d/h 大于 200% 时,结构面的抗剪强度才趋于稳定,这时,结构面的强度达到最低点且其强度主要取决于充填物性质。

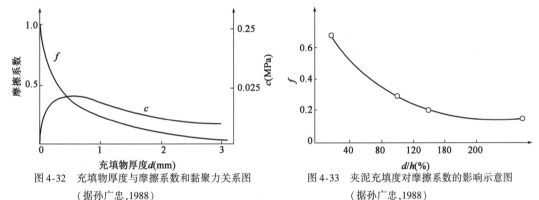

图 4-32　充填物厚度与摩擦系数和黏聚力关系图　　　　图 4-33　夹泥充填度对摩擦系数的影响示意图
　　　　　（据孙广忠,1988）　　　　　　　　　　　　　　　　（据孙广忠,1988）

由上述可知,当充填物厚度及充填度达到某一临界值后,结构面的抗剪强度最低且取决于充填物强度。在这种情况下,可将充填物的抗剪强度视为结构面的抗剪强度,而不必再考虑结构面粗糙起伏度的影响。

我国一些工程中的泥化夹层的抗剪强度指标列于表 4-13。

某些工程中泥化夹层的抗剪强度参数值　　　　　　　　　　表 4-13

工　程	岩　性	摩擦角(°)		黏聚力(MPa)	
		室内	现场	室内	现场
青山	F4 夹层泥化带	10.8	9.6	0.010	0.060
葛洲坝	202 夹层泥化带	13.5	13	0.021	0.063
铜子街	C5 夹层泥化带	17.7	16.7	0.010	0.018
升中	泥岩泥化	13.5	11.8	0.009	0.100
朱庄	页岩泥化	16.2	13	0.003	0.033
盐锅峡	页岩泥化	17.2	17.2	0.025	0
上犹江	板岩泥化	15.6	15.1	0.042	0.051
五强溪	板岩泥化	17.7	15.1	0.021	0.081

第五节　岩体的变形特性

一、岩体变形曲线及其特征

1. 岩体法向变形曲线

按 p-W 曲线的形状和变形特征可将其分为如图 4-34 所示的 4 类:

（1）直线型

此类为一通过原点的直线［图4-34a)］,其方程为 $p = f(W) = KW$,$\frac{\mathrm{d}p}{\mathrm{d}W} = K$（即岩体的刚度为常数）,且 $\frac{\mathrm{d}^2 p}{\mathrm{d}W^2} = 0$。其反映岩体在加压过程中 W 随 p 成正比增加。岩性均匀且结构面不发育或结构面分布均匀的岩体多呈这类曲线。根据 $p\text{-}W$ 曲线的斜率大小及卸压曲线特征,这类曲线又可分为如下两类。

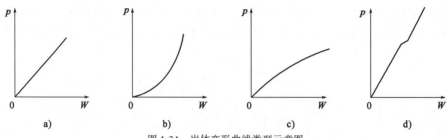

图4-34 岩体变形曲线类型示意图

①陡直线型（图4-35）,特点是 $p\text{-}W$ 曲线的斜率较陡,呈陡直线。说明岩体刚度大,不易变形。卸压后变形几乎恢复到原点,以弹性变形为主,反映出岩体接近于均质弹性体。较坚硬、完整、致密均匀、少裂隙的岩体,多具有这类曲线特征。

②曲线斜率较缓,呈直线型,反映出岩体刚度低、易变形。卸压后岩体变形只能部分恢复,有明显的塑性变形和回滞环（图4-36）。这类曲线虽是直线,但不是弹性。出现这类曲线的岩体主要有:由多组结构面切割,且分布较均匀的岩体及岩性较软弱而较均质的岩体;另外,平行层面加压的层状岩体,也多为缓直线型。

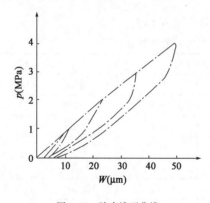

图4-35 陡直线型曲线

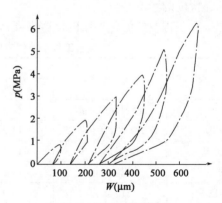

图4-36 缓直线型曲线

（2）上凹型

曲线方程为 $p = f(W)$,$\frac{\mathrm{d}p}{\mathrm{d}W}$ 随 p 增大而递增,$\frac{\mathrm{d}^2 p}{\mathrm{d}W^2} > 0$ 呈上凹型曲线［图4-34b)］。层状及节理岩体多呈这类曲线。据其加卸压曲线又可分为两种。

①每次加压曲线的斜率随加、卸压循环次数的增加而增大,即岩体刚度随循环次数增加而增大,各次卸压曲线相对较缓,且相互近于平行。弹性变形 W_e 和总变形 W 之比随 p 的增大而增大,说明岩体弹性变形成分较大（图4-37）。这种曲线多出现于垂直层面加压的较坚硬层状岩体中。

②加压曲线的变化情况与①相同,但卸压曲线较陡,说些卸压后变形大部分不能恢复,为

塑性变形(图4-38)。存在软弱夹层的层状岩体及裂隙岩体常呈这类曲线;另外,垂直层面加压的层状岩体也可出现这类曲线。

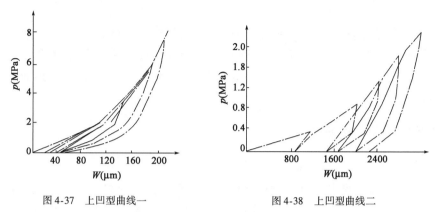

图4-37　上凹型曲线一　　　　　　　　　图4-38　上凹型曲线二

(3)下凹型

这类曲线的方程为 $p = f(W)$,$\dfrac{\mathrm{d}p}{\mathrm{d}W}$ 随 p 的增加而递减,$\dfrac{\mathrm{d}^2 p}{\mathrm{d}W^2} < 0$,呈下凹型曲线 [图4-34c)]。结构面发育且有泥质充填的岩体;较深处埋藏有软弱夹层或岩性软弱的岩体(黏性土、风化岩)等常呈这类曲线。

(4)复合型

$p\text{-}W$ 曲线呈阶梯形或" S "形[图4-34d)]。结构面发育不均或岩性不均匀的岩体,常呈此类曲线。

上述4类曲线,有人顺次称之为弹性、弹-塑性、塑-弹性及塑-弹-塑性岩体。但岩体受压时的力学行为是十分复杂的,它包括岩块压密、结构面闭合、岩块沿结构面滑移或转动等;同时,受压边界条件又随压力增大而改变。因此,实际岩体的 $p\text{-}W$ 曲线岩石比较复杂的,应注意结合实际岩体地质条件加以分析。

2. 岩体剪切变形曲线

原位岩体剪切试验(试验方法见本章第三节)研究表明:岩体的剪切变形曲线十分复杂。沿结构面剪切和剪断岩体的剪切曲线明显不同;沿平直光滑结构面和粗糙结构面剪切的剪切曲线也有差异。根据 $\tau\text{-}\mu$ 曲线的形状及残余强度 (τ_r) 与峰值强度 (τ_p) 的比值,可将岩体剪切变形曲线分为如图4-39所示的3类。

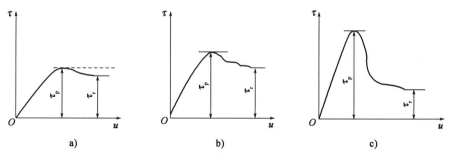

图4-39　岩体剪切变形曲线类型示意图

(1)峰值前变形曲线的平均斜率小,破坏位移大,一般可达 $2\sim10\mathrm{mm}$;峰值后随位移增大强度损失很小或不变,$\tau_r/\tau_p \approx 1.0\sim0.6$。沿软弱结构面剪切时,常呈这类曲线[图4-39a)]。

（2）峰值前变形曲线平均斜率较大，峰值强度较高。峰值后随剪位移增大强度损失较大，有较明显的应力降，$\tau_r/\tau_p \approx 0.8 \sim 0.6$。沿粗糙结构面、软弱岩体及剧风化岩体剪切时，多属这类曲线[图4-39b)]。

（3）峰值前变形曲线斜率大，曲线具有较清楚的线性段和非线性段。比例极限和屈服极限较易确定。峰值强度高，破坏位移小，一般约1mm。峰值后随位移增大强度迅速降低，残余强度较低，$\tau_r/\tau_p \approx 0.8 \sim 0.3$。剪断坚硬岩体时的变形曲线多属此类[图4-39c)]。

二、岩体变形参数的确定

1. 通过现场变形试验确定岩体变形参数

在现场岩体变形试验中，可以通过绘制出压力-变形关系曲线，计算出岩体的变形参数。如本章第三节介绍的承压板法、钻孔变形法以及动力法均可获得岩体的变形参数。常见岩体的弹性模量和变形模量如表4-14所示。由于岩体的变形模量受结构面发育程度及风化程度等因素影响十分明显，因此不同地质条件下的同一岩体，其变形模量相差较大。所以，在实际工作中，应密切结合岩体的地质条件，选择合理的模量值。此外，试验方法不同，岩体的弹性模量也有差异（表4-15）。

常见岩体的弹性模量和变形模量（据李先炜，1990） 表4-14

岩体名称	试验方法	弹性模量（GPa）	变形模量（GPa）	地 质 简 述	备 注
煤	单轴压缩	4.07			南非
页岩	承压板	2.8	1.93	泥质页岩与砂岩互层，较软	隔河岩，垂直岩层
	承压板	5.24	4.23	较完整，垂直于岩层，裂隙较发育	隔河岩，垂直岩层
	承压板	7.5	4.18	岩层受水浸，页岩泥化变松软	隔河岩，平行岩层
	水压法	19	14.6	薄层的黑色页岩	摩洛哥，平行岩层
	水压法	7.3	6.6	薄层的黑色页岩	摩洛哥，垂直岩层
砂岩	承压板	19.2	16.4	新鲜，完整，致密	万安
	承压板	3~6.3	1.4~3.4	弱风化，较破碎	万安
	承压板	0.95	0.36	断层影响带	万安
石灰岩	承压板	35.4	23.4	新鲜，完整，局部有微风化	隔河岩
	承压板	22.1	15.6	薄层，泥质条带，部分风化	隔河岩
	狭缝法	24.7	20.4	较新鲜完整	隔河岩
	狭缝法	9.15	5.63	薄层，微裂隙发育	隔河岩
	承压板	57.0	46	新鲜完整	乌江渡
	承压板	23	15	断层影响带，黏土充填	乌江渡
	承压板		104	微晶条带，坚硬，完整	
	承压板		1.44	节理发育	以礼河
白云岩			7.12		鲁布格
	承压板	11.5~32			德国
片麻岩	狭缝法	30~40		密实	意大利
	承压板	13~13.4	6.9~8.5	风化	德国

岩体名称	试验方法	弹性模量(GPa)	变形模量(GPa)	地 质 简 述	备 注
花岗岩	承压板	40~50	12.5	裂隙发育	丹江口
	承压板				
	承压板	3.7~4.7	1.1~3.4	新鲜微裂隙至风化强裂隙	日本黑部川 (Kurobe)坝
	大型三轴				
玄武岩	承压板	38.2	11.2	坚硬,致密,完整	以礼河三级电站
	承压板	9.75~15.68	3.35~3.86	破碎,节理多,且坚硬	以礼河三级电站
	承压板	3.75	1.21	断层影响带,且坚硬	以礼河三级电站
辉绿岩	承压板	83	36	变质,完整,致密,裂隙为岩脉充填	丹江口
	承压板		9.2	有裂隙	德国
闪长岩	承压板		62	新鲜,完整	太平溪
	承压板		16	弱风化,局部较破碎	
石英岩	承压板	40~45		密实	摩洛哥

几种岩体不同试验方法测定的弹性模量　　　　表4-15

岩 体 类 型	弹性模量(GPa)				备 注
	无限侧压 (实验室,平均)	承压板法 (现场)	狭缝法 (现场)	钻孔千斤顶法 (现场)	
裂隙和成层的闪长片麻岩	80	3.72~5.84	—	4.29~7.25	特哈查比(Tehachapi)隧道 (加利福尼亚州)
大到中等节理的花岗片麻岩	53	3.5~35	—	10.8~19	德沃夏克(Dworshak)坝 (爱达荷州)
大块的大理岩	48.5	12.2~19.1	12.6~21	9.5~12	克列斯特摩尔(Crestmore)矿 (加利福尼亚州)

2.岩体变形参数估算

由于岩体变形试验费用昂贵,周期长,一般只在重要的或大型的工程中进行。因此,人们企图用一些简单易行的方法来估算岩体的变形参数。目前,已提出的岩体变形参数估算方法有两种:一是在现场地质调查的基础上,建立适当的岩体地质力学模型,利用室内小试件试验资料来估算;二是在岩体质量评价和大量试验资料的基础上,建立岩体分类指标与变形参数之间的经验关系,并用于变形参数估算。现简要介绍如下:

(1)层状岩体变形参数估算

层状岩体可概化为如图4-40a)所示的地质力学模型。假设各岩层厚度相等为 S,且性质相同;层面的张开度可忽略不计;根据室内试验成果,设岩块的变形参数为 E、μ、和 G,层面的变形参数为 K_n、K_s。取 n-t 坐标系,n 垂直层面,t 平行层面。在以上假定下取一由岩块和层面组成的单元体[图4-40b)]来考察岩体的变形,分几种情况讨论如下:

①法向应力 σ_n 作用下的岩体变形参数

根据荷载作用方向又可分为沿 n 方向和 t 方向加 σ_n 两种情况。

当沿 n 方向加荷时,如(图4-40b)所示,在 σ_n 作用下,岩块和层面产生的法向变形分别为:

$$\begin{cases} \Delta V_r = \dfrac{\sigma_n}{E}S \\[3mm] \Delta V_j = \dfrac{\sigma_n}{K_n} \end{cases} \tag{4-59}$$

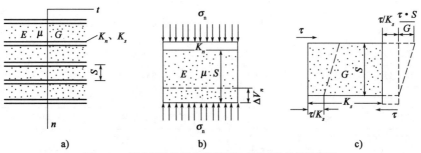

图 4-40 层状岩体地质力学模型及变形参数估算示意图

则岩体的总变形 ΔV_n 为：

$$\Delta V_n = \Delta V_r + \Delta V_j = \frac{\sigma_n}{E}S + \frac{\sigma_n}{K_n} = \frac{\sigma_n}{E_{mn}}S$$

简化后得层状岩体垂直层面方向的变形模量 E_{mn} 为：

$$\frac{1}{E_{mn}} = \frac{1}{E} + \frac{1}{K_n S} \tag{4-60}$$

假设岩块本身是各向同性的，n 方向加荷时，由 t 方向的应变可求出岩体的泊松比 μ_{nt} 为：

$$\mu_{nt} = \frac{E_{mn}}{E}\mu \tag{4-61}$$

当沿 t 方向加荷时，岩体的变形主要是岩块引起的，因此岩体的变形模量 E_{mt} 和泊松比 μ_{tn} 为：

$$\begin{cases} E_{mt} = E \\ \mu_{tn} = \mu \end{cases} \tag{4-62}$$

②剪应力作用下的岩体变形参数

如图 4-40c）所示，对岩体施加剪应力 τ 时，则岩体剪切变形由沿层面滑动变形 Δu 和岩块的剪切变形 Δu_r 组成，Δu_r 和 Δu 为：

$$\begin{cases} \Delta u_r = \dfrac{\tau}{G}S \\[3mm] \Delta u = \dfrac{\tau}{K_s} \end{cases} \tag{4-63}$$

岩体的剪切变形 Δu_j 为：

$$\Delta u_j = \Delta u + \Delta u_r = \frac{\tau}{K_s} + \frac{\tau}{G}S = \frac{\tau}{G_{mt}}S$$

简化后得岩体的剪切模量 G_{mt} 为：

$$\frac{1}{G_{mt}} = \frac{1}{G} + \frac{1}{K_s S} \tag{4-64}$$

由式（4-60）~式（4-62）和式（4-64）四式，可求出表征层状岩体变形性质的 5 个参数。

应当指出，以上估算方法是在岩块和结构面的变形参数及各岩层厚度都为常数的情况下得出的。当各层岩块和结构面变形参数 E、μ、G、K_s、K_n 及厚度 S 都不相同时，岩体变形参数的估算比较复杂。例如，对式（4-60），各层 K_n、E、S 都不相同时，可采用当量变形模量的办法来处理。方法是先按式(4-60)求出每一层岩体的变形模量 E_{mni}，然后再按下式求层状岩体的当量变形模量 E'_{mn}：

$$\frac{1}{E'_{mn}} = \sum_{i=1}^{n} \frac{S_t}{E_{mni}S}$$ (4-65)

式中：S_t——岩层的单层厚度；

S——岩体的总厚度。

其他参数也可以用类似的方法进行处理，具体可参考有关文献，在此不详细讨论。

(2)裂隙岩体变形参数的估算

对于裂隙岩体，国内外都特别重视建立岩体分类指标与变形模量之间的经验关系，并用于推求岩体的变形模量 E_m，下面介绍常用的几种估算方法。

①比尼卫斯基(Bieniawski，1987)研究了大量岩体变形模量实测资料，建立了分类指标 RMR 值和变形模量 E_m(GPa)间的统计关系如下：

$$E_m = 2RMR - 100$$ (4-66)

如图 4-41 所示，式(4-66)只适用于 RMR > 55 的岩体。为弥补这一不足，Serafim 和 Pereira (1983)根据收集到的资料以及 Bieniawski 的数据，拟合出如下方程，以用于 RMR ≤ 55 的岩体：

$$E_m = 10^{\frac{RMR-10}{40}}$$ (4-67)

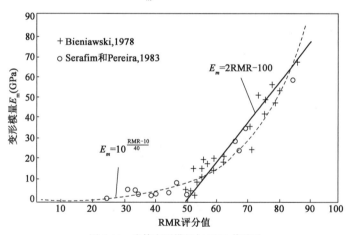

图 4-41 岩体变形模量与 RMR 值关系

②挪威的 Bhasin 和 Barton 等人(1993)研究了岩体分类指标 Q 值、纵波速度 v_{mp} (m/s)和岩体平均变形模量 E_{mean} (GPa)间的关系，提出了如下的经验关系：

$$\begin{cases} v_{mp} = 1000\lg Q + 3500 \\ E_{mean} = \dfrac{v_{mp} - 3500}{40} \end{cases}$$ (4-68)

利用式(4-68)，已知 Q 值或 v_{mp} 时，可求出岩体的变形模量 E_{mean}。式(4-68)只适用于 $Q > 1$ 的岩体。

三、影响岩体变形性质的因素

影响岩体变形性质的因素较多，主要包括组成岩体的岩性、结构面发育特征及荷载条件、试件尺寸、试验方法和温度等，下面主要对结构面特征的影响进行讨论。

结构面的影响包括结构面方位、密度、充填特征及其组合关系等方面的影响，称为结构效应。

（1）结构面方位。主要表现在岩体变形随结构面及应力作用方向间夹角的不同而不同，即导致岩体变形的各向异性。这种影响在岩体中结构面组数较少时表现特别明显，而随结构面组数增多，反而越来越不明显。图 4-42 为硐室岩体径向变形与结构面产状间的关系，由图可见，无论是总变形或弹性变形，其最大值均发生在垂直结构面方向上，平行结构面方向的变形最小。另外，岩体的变形模量 E_m 也具有明显的各向异性。一般来说，平行结构面方向的变形模量 $E_{//}$ 大于垂直方向的变形模量 $E_\perp$。

（2）结构面的密度。主要表现在随结构面密度增大，岩体完整性变差，变形增大，变形模量减小。图 4-43 为岩体 E_m/E 与 RQD 值的关系，图 4-43 中 E 为岩块的变形模量。由图 4-43 可见，当岩体 RQD 值由 100 降至 65 时，E_m/E 迅速降低；当 RQD < 65 时，E_m/E 变化不大，即结构面密度大到一定程度时，对岩体变形的影响不明显。

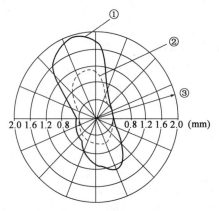

图 4-42　硐室岩体径向变形与结构面产状关系图（据肖树芳等，1986）
①变形；②弹性变形；③结构面走向

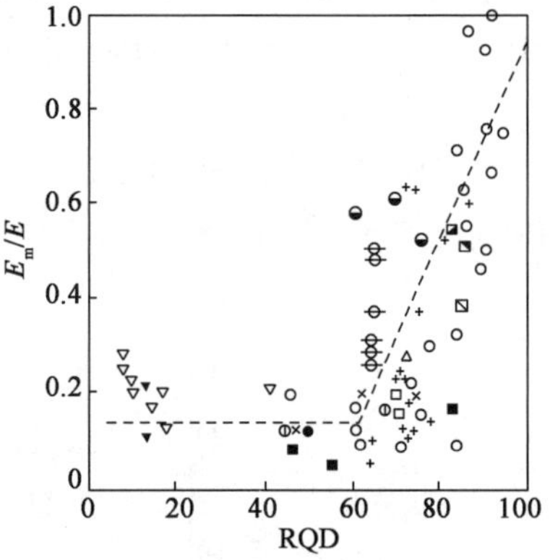

图 4-43　岩体 E_m/E 与 RQD 关系

（3）结构面的张开度及充填特征对岩体的变形也有明显的影响。一般来说，张开度较大且无充填或薄充填时，岩体变形较大，变形模量较小；反之，则岩体变形较小，变形模量较大。

第六节　岩体的强度分析

岩体强度是岩体抵抗外力破坏的能力。和岩块一样，也有抗压强度、抗拉强度和剪切强度之分。由于岩体是由各种形状的岩块和结构面组成的地质体，因此其强度必然受到岩块和结构面强度及其组合方式（岩体结构）的控制。一般情况下，岩体的强度既不同于岩块的强度，也不同于结构面的强度，其强度往往介于岩块与结构面强度之间。岩体强度的确定，除了采用现场试验确定外，也可根据岩体结构特征采用相似模型试验、理论分析和经验进行确定。

一、岩体的强度特性

1. 岩体的抗压强度

岩体的压缩强度也分为单轴抗压强度和三轴抗压强度。目前，在生产实际中，通常是采用原位单轴压缩和三轴压缩试验来确定。这两种试验也是在平巷中制备试件，并采用千斤顶等加压设备施加压力，直至试件破坏。关于采用岩体的单轴或三轴压缩试验确定岩体的强度已经在本章第三节中做了详细介绍。

2. 岩体抗剪强度

岩体内任一方向剪切面,在法向应力作用下所能抵抗的最大剪应力,称为岩体的剪切强度。通常又可细分为抗剪断强度、抗剪强度和抗切强度三种。抗剪断强度是指任一法向应力下,横切结构面剪切破坏时岩体能抵抗的最大剪应力;在任一法向应力下,岩体沿已有破裂面剪切破坏时的最大应力,成为抗剪强度,这实际上就是某一结构面的抗剪强度;剪切面上的法向应力为零时的抗剪断强度,称为抗切强度。

岩体的剪切强度参数可以通过现场强度试验获取,各类岩体的剪切强度参数 c_m、φ_m 值列于表4-16。由表4-16与表3-6相比较可知,岩体的内摩擦角与岩块的内摩擦角很接近;而岩体的黏聚力则大大低于岩块黏聚力。说明结构面的存在主要是降低岩体的联结能力,进而降低其黏聚力。

常见岩体的剪切强度参数　　　　表4-16

岩 体 名 称	黏聚力 c_m（MPa）	内摩擦角 φ_m（°）
褐煤	0.014 ~ 0.03	15 ~ 18
黏土岩	0.002 ~ 0.18	10 ~ 45
泥岩	0.01	23
泥灰岩	0.07 ~ 0.44	20 ~ 41
石英岩	0.01 ~ 0.53	22 ~ 40
闪长岩	0.2 ~ 0.75	30 ~ 59
片麻岩	0.35 ~ 1.4	29 ~ 68
辉长岩	0.76 ~ 1.38	38 ~ 41
页岩	0.03 ~ 1.36	33 ~ 70
石灰岩	0.02 ~ 3.9	13 ~ 65
粉砂岩	0.07 ~ 1.7	29 ~ 59
砂质页岩	0.07 ~ 0.18	42 ~ 63
砂岩	0.04 ~ 2.88	28 ~ 70
玄武岩	0.06 ~ 1.4	36 ~ 61
花岗岩	0.1 ~ 4.16	30 ~ 70
大理岩	1.54 ~ 4.9	24 ~ 60
石英闪长岩	1.0 ~ 2.2	51 ~ 61
安山岩	0.89 ~ 2.45	53 ~ 74
正长岩	1 ~ 3	62 ~ 66

3. 影响岩体强度的因素

试验和理论研究表明,岩体的抗剪强度主要受结构面、应力状态、岩块性质、风化程度及其含水状态等因素的影响。在高应力条件下,岩体的剪切强度较接近于岩块的强度,而在低应力条件下,岩体的剪切强度主要受结构面发育特征及其组合关系的控制。由于作用在岩体上的工程荷载一般多在10MPa以下,所以与工程活动有关的岩体破坏,基本上受结构面特征控制。

　　岩体中结构面的存在,致使岩体一般都具有高度的各向异性。即沿结构面产生剪切破坏(重剪破坏)时,岩体剪切强度最小,等于结构面的抗剪强度;而横切结构面剪切(剪断破坏)时,岩体剪切强度最高;沿复合剪切面剪切(复合破坏)时,其强度则介于以上两者之间。因此,一般情况下,岩体的剪切强度不是一个单一值,而是具有一定上限和下限的值域,其强度包络线也不是一条简单的曲线,而是有一定上限和下限的曲线族。其上限是岩体的剪断强度,一般可通过原位剪切试验或经验估算方法求得,在没有以上资料时,可用岩块剪断强度来代替;

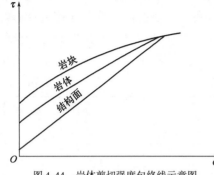

图 4-44　岩体剪切强度包络线示意图

下限是结构面的抗剪强度(图 4-44)。由图 4-44 可知,当应力 σ 较低时,强度变化范围较大,随着应力增大,范围逐渐变小。当应力 σ 高到一定程度时,包络线变为一条曲线,这时,岩体强度将不受结构面影响而趋于各向同性体。

　　在剧风化岩体和软弱岩体中,剪断岩体时的内摩擦角多在30°～40°之间变化,黏聚力多在 0.01～0.5MPa,其强度包络线上、下限比较接近,变化范围小,且其岩体强度总体上比较低。

　　在坚硬岩体中,剪断岩体时的内摩擦角多在45°以上,黏聚力在 0.1～4MPa。其强度包络线的上、下限差值较大,变化范围也大。在这种情况下,准确确定工程岩体的剪切强度困难较大。一般需依据原位剪切试验和经验估算数据,并结合工程荷载及结构面的发育特征等综合确定。

二、均质各向同性岩体的强度分析

　　当岩体的强度不由结构面控制(软岩)或岩体中的结构面随机分布时,可近似作均质各向同性岩体处理,设岩体的剪切强度参数为 c_m、φ_m,抗拉强度为 σ_{mt},抗压强度为 σ_{mc}。这类岩体的强度分析一般可采用莫尔-库仑准则或霍克-布朗(Hoek-Brown)准则。

　　1.岩体受压应力作用时(无拉应力)

　　对于干燥岩体,我们可以采用下列判别式来判断岩体的稳定性:

$$\sigma_1 < \sigma_3 \tan^2\left(45° + \frac{\varphi_m}{2}\right) + 2c_m \cdot \tan\left(45° + \frac{\varphi_m}{2}\right) \quad (稳定) \tag{4-69}$$

$$\sigma_1 = \sigma_3 \tan^2\left(45° + \frac{\varphi_m}{2}\right) + 2c_m \cdot \tan\left(45° + \frac{\varphi_m}{2}\right) \quad (极限平衡) \tag{4-70}$$

$$\sigma_1 > \sigma_3 \tan^2\left(45° + \frac{\varphi_m}{2}\right) + 2c_m \cdot \tan\left(45° + \frac{\varphi_m}{2}\right) \quad (不稳定) \tag{4-71}$$

当岩体内有水压力时,判别式为:

$$\sigma_1' < \sigma_3' \tan^2\left(45° + \frac{\varphi_m}{2}\right) + 2c_m \cdot \tan\left(45° + \frac{\varphi_m}{2}\right) \quad (稳定) \tag{4-72}$$

$$\sigma_1' = \sigma_3' \tan^2\left(45° + \frac{\varphi_m}{2}\right) + 2c_m \cdot \tan\left(45° + \frac{\varphi_m}{2}\right) \quad (极限平衡) \tag{4-73}$$

$$\sigma_1' > \sigma_3' \tan^2\left(45° + \frac{\varphi_m}{2}\right) + 2c_m \cdot \tan\left(45° + \frac{\varphi_m}{2}\right) \quad (不稳定) \tag{4-74}$$

2. 岩体受拉应力(主应力为负)时

对于干燥岩体,判别式为:

$$\sigma_3 > -\sigma_{mt} \quad (稳定) \tag{4-75}$$

$$\sigma_3 = -\sigma_{mt} \quad (极限平衡) \tag{4-76}$$

$$\sigma_3 < -\sigma_{mt} \quad (不稳定) \tag{4-77}$$

对于饱和岩体,判别式则为:

$$\sigma_3 > -\sigma_{mt} + P_w \quad (稳定) \tag{4-78}$$

$$\sigma_3 = -\sigma_{mt} + P_w \quad (极限平衡) \tag{4-79}$$

$$\sigma_3 < -\sigma_{mt} + P_w \quad (不稳定) \tag{4-80}$$

三、(非均质)节理岩体的强度分析

当岩体受到结构面控制时,其强度分析应按结构面进行。分析中一般用 c_m、φ_m 表示岩体的剪切强度参数,用 c、φ 表示岩石的剪切强度参数,用 c_j、φ_j 表示结构面的剪切强度参数。结构面强度小于岩石的强度。

1. 图解法判定结构面的稳定性

设岩体内有一节理面 mm,其倾角为 β(亦即节理面法线与大主应力成 β 角),如图 4-45 所示,根据该处岩体的应力状态 σ_1 和 σ_3 绘出应力圆,如图 4-46 的圆 O_1。从该圆的 m_1 点(圆与横轴的交点)作 mm 的平行线交圆周于 A 点,则 A 点就代表该节理面上的应力。根据节理面在应力圆上的点与节理强度线的相对位置关系,判断节理面的稳定性。

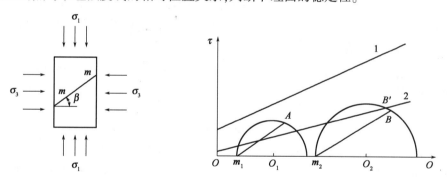

图 4-45　岩石中的节理面 mm　　　　图 4-46　图解法判断节理面稳定性

①如果节理面在应力圆上的点位于节理强度线的上方,$\tau > \tau_f$,则该节理不稳定(例如圆 O_1)。

②如果节理面在应力圆上的点位于节理强度线的下方,$\tau < \tau_f$,则该节理处于稳定状态(例如图中圆 O_2)。此岩体破坏应由 $\tau_f = \sigma\tan\varphi + c$ 控制。

③如果节理面在应力圆上的点刚好落在节理强度线上,$\tau = \tau_f$,则该节理处于极限平衡状态。

2. 公式判别法

根据材料力学的相关知识,节理面上的应力状态为:

$$\begin{cases} \tau = \dfrac{1}{2}(\sigma_1 - \sigma_3)\sin2\beta \\ \sigma = \dfrac{1}{2}(\sigma_1 + \sigma_3) + \dfrac{1}{2}(\sigma_1 - \sigma_3)\cos2\beta \end{cases} \tag{4-81}$$

而从以上的分析可知,节理面的强度条件为:

$$|\tau| \le c_j + \sigma\tan\varphi_j \tag{4-82}$$

将式(4-81)代入式(4-82)后,可得:

$$\frac{1}{2}(\sigma_1 - \sigma_3)\sin2\beta \le \left[\frac{1}{2}(\sigma_1 + \sigma_3) + \frac{1}{2}(\sigma_1 - \sigma_3)\cos2\beta\right]\tan\varphi_j + c_j \tag{4-83}$$

整理后得:

$$\sigma_1\cos\beta\sin(\varphi_j - \beta) + \sigma_3\sin\beta\cos(\varphi_j - \beta) + c_j\cos\varphi_j \ge 0 \tag{4-84}$$

上式即为判定节理面是否稳定的判别式。如果上式左端值大于零,表示稳定;等于零,表示处于极限平衡状态;若小于零,则表示节理面处于不稳定状态。

3. 节理岩体洞室边墙稳定性评价

节理岩体洞室边墙稳定性的评价,通常借助式(4-84)来判断。如图4-47所示,假定在层状(节理)岩体中开挖一个隧洞,岩体中节理的倾角为 β,现考虑边墙处岩体的稳定情况。从图4-46可知,对于边墙节理,其应力状态为:

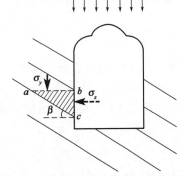

$$\begin{cases} \sigma_1 = \sigma_y = P_0 \\ \sigma_3 = \sigma_x = 0 \end{cases} \tag{4-85}$$

将式(4-85)代入式判别式(4-84),有:

$$\sigma_y\cos\beta\sin(\varphi_j - \beta) + c_j\cos\varphi_j \ge 0 \tag{4-86}$$

对边墙岩体的稳定性,分情况做如下讨论:

(1)当 $\beta \le \varphi_j$ 时,上式恒成立,说明边墙岩体 abc 是稳定的(静力平衡)。

图4-47 节理岩体围岩边墙稳定性的算例

(2)当 $\beta > \varphi_j$ 时,上式是否成立,应视具体情况而定。

若上式成立,则必有:

$$\sigma_y \le \frac{c_j\cos\varphi_j}{\cos\beta|\sin(\varphi_j - \beta)|} \tag{4-87}$$

例题4-2 洞室边墙节理 $\beta = 50°$,$\varphi_j = 40°$,$c_j = 0$,如图4-47所示,实测洞室处平均垂直应力 $\sigma_y = 2MPa$,试计算岩石锚杆在边墙处应提供多大的水平应力 σ_x 才能维持边墙的平衡?

解: 由判别式有

$$\sigma_y\cos 50°\sin(-10°) + \sigma_x\sin 50°\cos 10° \ge 0$$

$$\sigma_x \ge \frac{\sigma_y\cos 50°\sin 10°}{\sin 50°\cos 10°} = 0.148\sigma_y = 0.296MPa$$

思考:如何设计计算该边墙的锚杆(间距、拉力值)。

4. 节理面有孔隙水压力时的稳定性判别

根据节理面稳定性的判别式有:

$$\sigma_1\cos\beta\sin(\varphi_j - \beta) + \sigma_3\sin\beta\cos(\varphi_j - \beta) + c_j\cos\varphi_j \ge 0 \tag{4-88}$$

当有孔隙水压力时,以 σ_1' 代替 σ_1,σ_3' 代替 σ_3,则有:

$$\sigma_1'\cos\beta\sin(\varphi_j - \beta) + \sigma_3'\sin\beta\cos(\varphi_j - \beta) + c_j\cos\varphi_j \ge 0$$

$$\Rightarrow \sigma_1\cos\beta\sin(\varphi_j - \beta) + \sigma_3\sin\beta\cos(\varphi_j - \beta) + c_j\cos\varphi_j -$$

$$P_w[\cos\beta\sin(\varphi_j - \beta) + \sin\beta\cos(\varphi_j - \beta)] \ge 0 \tag{4-89}$$

经过整理,得到节理面有孔隙水压力时的稳定性判别标准:

$$\sigma_1\cos\beta\sin(\varphi_j - \beta) + \sigma_3\sin\beta\cos(\varphi_j - \beta) + c_j\cos\varphi_j - P_w\sin\varphi_j \geqslant 0 \qquad (4\text{-}90)$$

四、结构面对岩体强度的影响分析

1. 结构面方位对岩体强度的影响

试验发现,当结构面处于某种方位时(用倾角 β 表示),在某些应力条件下,破坏不沿结构面发生,而仍然在岩石材料内发生。下面通过理论来证明结构面方位对强度的影响。

由结构面破坏准则式(4-84)经过三角运算,可得结构面破坏准则的另一种形式:

$$\sigma_1 - \sigma_3 \geqslant \frac{2c_j + 2\sigma_3\tan\varphi_j}{(1 - \tan\varphi_j\cot\beta)\sin2\beta} \qquad (4\text{-}91)$$

讨论:固定 σ_3 ,上式中 $\sigma_1 - \sigma_3$ 应力差是 β 的函数。

(1)当 $\beta \to 90°$ 时, σ_1 可以达到 ∞ 。表明当结构面平行于 σ_1 时,结构面不破坏。

(2)当 $\beta \leqslant \varphi_j$ 时, σ_1 可以达到 ∞ ,表明当结构面与 σ_1 成 φ_j 角时,结构面不破坏。

从上面分析,可以看出只有当 β 处于(φ_j ,90°)之间时,方可沿结构面产生破坏。

以下求取 $\sigma_1 - \sigma_3$ 在(φ_j ,90°)之间的极值:

令 $\dfrac{d(\sigma_1 - \sigma_3)}{d\beta} = 0$,可求得当 $\beta = 45° + \dfrac{\varphi_j}{2}$ 时, $\sigma_1 - \sigma_3$ 有极小值。

将 β 代入结构面破坏准则式(4-91),得 $\sigma_1 - \sigma_3$ 的极小值,

$$(\sigma_1 - \sigma_3)_{min} = \sigma_3\left[\tan^2\left(45° + \frac{\varphi_j}{2}\right) - 1\right] + 2c_j\tan\left(45° + \frac{\varphi_j}{2}\right) \qquad (4\text{-}92)$$

从而可得,

$$\sigma_{1min} = \sigma_3\tan^2\left(45° + \frac{\varphi_j}{2}\right) + 2c_j\tan\left(45° + \frac{\varphi_j}{2}\right) \qquad (4\text{-}93)$$

通过上述分析可做出 σ_1 随倾角 β 变化的图示(图4-48)。

例题4-3 某岩石边坡由砂岩组成(图4-49),其抗剪强度指标 $c = 10\text{MPa}$, $\varphi = 30°$;边坡内有一外倾结构面如图所示,其 $c_j = 0.1\text{MPa}$, $\varphi_j = 20°$, $\beta = 30°$ 。坡顶为一重要建筑物,其作用于边坡的荷载为 40MPa ,为保证坡顶建筑物的安全,需要对边坡采取加固措施。请用岩石力学相关理论分析计算,边坡岩面要获得多大的侧向应力 σ_3 ,才能保证边坡的稳定。

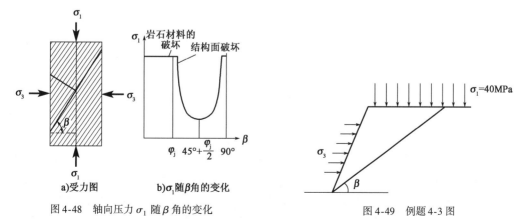

图4-48 轴向压力 σ_1 随 β 角的变化　　　　图4-49 例题4-3图

解:(1)根据式(4-84),要保证结构面稳定,需满足以下不等式:

$$\sigma_1\cos\beta\sin(\varphi_j - \beta) + \sigma_3\sin\beta\cos(\varphi_j - \beta) + c_j\cos\varphi_j \geqslant 0$$

代入数据有：

$$\sigma_1\cos\beta\sin(\varphi_j - \beta) + \sigma_3\sin\beta\cos(\varphi_j - \beta) + c_j\cos\varphi_j$$
$$= 40\cos30°\sin(20° - 30°) + \sigma_3\sin30°\cos(20° - 30°) + 0.1\cos20° \geqslant 0$$

可解出 $\sigma_3 \geqslant 12.03\text{MPa}$

（2）又根据式（3-81），要保证岩体不沿潜在破裂面破坏，需满足以下不等式：

$$\sigma_3 > \sigma_{3f} = \sigma_1\tan^2\left(45° - \frac{\varphi}{2}\right) - 2c\cdot\tan\left(45° - \frac{\varphi}{2}\right)$$

代入数据有：

$$\sigma_3 > \sigma_{3f} = \sigma_1\tan^2\left(45° - \frac{\varphi}{2}\right) - 2c\cdot\tan\left(45° - \frac{\varphi}{2}\right)$$
$$= 40\tan^2(45° - 15°) - 2\times10\cdot\tan(45° - 15°)$$
$$= 1.786(\text{MPa})$$

要保证边坡的稳定，应取以上两种情况的极大值，即边坡岩面至少需要获得12.03MPa的应力才能保证稳定。

2. 结构面粗糙度对强度的影响

结构面的粗糙度对岩体的强度影响分析包括平直无充填结构面、规则锯齿形无充填结构面、不规则无充填结构面以及有充填物的结构面对岩体强度的影响分析，这部分内容已在本章第四节中做了详细介绍，这里不再赘述。

3. 结构面上水压力对岩体强度的影响

如果结构面内有水压力，那么由于这种水压力使有效正应力降低，结构面强度也相应降低。有意义的是计算引起结构面滑动所需的水压力。这时必须确定从代表结构面原来应力状态的莫尔圆到代表极限状态的莫尔圆向左移动的距离（图4-50）。这个计算比无结构面的岩石稍复杂些，因为现在除了初始应力和强度参数外，还需考虑结构面的方位（结构面法线与大主应力成β角）。如果初始应力状态为σ_1和σ_3，则根据推导，造成结构面开始破坏的水压力用下式表示：

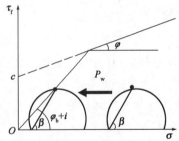

图4-50 结构面上水压力对岩体强度的影响

$$P_w = \frac{c_j}{\tan\varphi_j} + \sigma_3 + (\sigma_1 - \sigma_3)\left(\cos^2\beta - \frac{\sin\beta\cos\beta}{\tan\varphi_j}\right) \tag{4-94}$$

使用方法：先用$c_j = 0$和$\varphi_j = \varphi_b + i$代入上式，求得一个$P_w$，再用$c_j \neq 0$和$\varphi_j = \varphi_b$代入上式计算另一个$P_w$，取二者的最小值即为造成结构面开始破坏时的水压力。

五、裂隙岩体强度的经验估算

岩体强度的确定是一个十分重要而又十分困难的问题，因为一方面岩体的强度是评价工程岩体稳定性的重要指标之一；另一方面，求取岩体强度的原位试验又十分耗时、费钱，难以大量进行。因而所有的工程都要求对岩体强度进行综合定量分析是不可能的，特别是对于中小工程及其初级研究阶段，这样做既不经济，也无必要。因此，如何利用现场调查所得的地质资料及小试件室内试验资料,对岩体强度做出合理估计是岩体力学中重要的研究课题。

建立岩体强度与地质条件某些因素之间的经验关系式岩体强度估算的重要途径。这方面国内外不少学者作出了许多有益的探索和研究,提出了许多经验方程。下面主要介绍Hoek-Brown的经验方程。

Hoek 和 Brown(1980)根据岩体性质的理论与实践经验,用试验法导出了岩体和岩体破坏时主应力之间的关系:

$$\sigma_1 = \sigma_3 + \sqrt{m\sigma_c\sigma_3 + S\sigma_c^2} \tag{4-95}$$

式中:σ_1、σ_3——破坏主应力;

σ_c——岩块的单轴抗压强度;

m、S——与岩性结构面情况相关的常数,查表4-17得。

由式(4-95),令 $\sigma_3 = 0$,可得岩体的单轴抗压强度 σ_{mc}:

$$\sigma_{mc} = \sqrt{S}\sigma_c \tag{4-96}$$

对于完整岩块来说 $S = 1$,则 $\sigma_{mc} = \sigma_c$,即为岩块的抗压强度;对于裂隙岩体来说,必有 $S < 1.0$。

令 $\sigma_1 = 0$,从式(4-95)可解得岩体的单轴抗拉强度 σ_{mt}:

$$\sigma_{mt} = \frac{\sigma_c\left(m - \sqrt{m^2 + 4S}\right)}{2} \tag{4-97}$$

另外,式(4-95)的剪应力表达式为:

$$\tau = A\sigma_c\left(\frac{\sigma}{\sigma_c} - T\right)^B \tag{4-98}$$

式中:τ——岩体的剪切强度;

σ——法向应力;

A、B——常数;

$T = \frac{1}{2}\left(m - \sqrt{m^2 + 4S}\right)$。

A、B、T 可查表4-17求得。

岩体质量和经验常数之间关系表(据 Hoek 和 Brown,1980) 表4-17

经验强度方程: $\sigma_1 = \sigma + \sqrt{m\sigma_c\sigma + S\sigma_c^2}$ $\tau = A\sigma_c(\sigma/\sigma_c - T)^B$ $T = 1/2(m - \sqrt{m^2 + 4S})$	具有很好结晶解理的碳酸盐类岩石。如白云岩、灰岩、大理岩	成岩的黏土质岩石,如泥岩、粉砂岩、页岩、板岩(垂直于板理)	强烈结晶,晶解理不发育的砂质岩石。如砂岩、石英岩	细粒、多矿物结晶岩浆岩。如安山岩、辉绿岩、玄武岩、流纹岩	粗粒、多矿物结晶岩浆岩和变质岩。如角闪岩、辉长岩、片麻岩、花岗岩、石英闪长岩
完整岩块试件,实验室试件尺寸,无节理。RMR = 100,$Q = 500$	$m = 7.0$ $S = 1.0$ $A = 0.816$ $B = 0.658$ $T = -0.140$	$m = 10.0$ $S = 1.0$ $A = 0.918$ $B = 0.677$ $T = -0.099$	$m = 15.0$ $S = 1.0$ $A = 1.044$ $B = 0.692$ $T = -0.067$	$m = 17.0$ $S = 1.0$ $A = 1.086$ $B = 0.696$ $T = -0.059$	$m = 25.0$ $S = 1.0$ $A = 1.220$ $B = 0.705$ $T = -0.040$
非常好质量岩体,紧密互锁,未扰动、未风化岩体、节理间距 3m 左右。RMR = 85,$Q = 100$	$m = 3.5$ $S = 0.1$ $A = 0.651$ $B = 0.679$ $T = -0.028$	$m = 5.0$ $S = 0.1$ $A = 0.739$ $B = 0.692$ $T = -0.020$	$m = 7.5$ $S = 0.1$ $A = 0.848$ $B = 0.702$ $T = -0.013$	$m = 8.5$ $S = 0.1$ $A = 0.883$ $B = 0.705$ $T = -0.012$	$m = 12.5$ $S = 0.1$ $A = 0.998$ $B = 0.712$ $T = -0.008$

经验强度方程：$\sigma_1 = \sigma + \sqrt{m\sigma_c\sigma + S\sigma_c^2}$ $\tau = A\sigma_c(\sigma/\sigma_c - T)^B$ $T = 1/2(m - \sqrt{m^2 + 4S})$	具有很好结晶解理的碳酸盐类岩石。如白云岩、灰岩、大理岩	成岩的黏土质岩石，如泥岩、粉砂岩、页岩、板岩（垂直于板理）	强烈结晶，结晶解理不发育的砂质岩石。如砂岩、石英岩	细粒、多矿物结晶岩浆岩。如安山岩、辉绿岩、玄武岩、流纹岩	粗粒、多矿物结晶岩浆岩和变质岩。如角闪岩、辉长岩、片麻岩、花岗岩、石英闪长岩
好的质量岩体，新鲜至轻微风化，轻微构造变化岩体，节理间距 $1\sim3\mathrm{m}$。$RMR = 65, Q = 10$	$m = 0.7$ $S = 0.004$ $A = 0.369$ $B = 0.669$ $T = -0.006$	$m = 1.0$ $S = 0.004$ $A = 0.427$ $B = 0.683$ $T = -0.004$	$m = 1.5$ $S = 0.004$ $A = 0.501$ $B = 0.695$ $T = -0.003$	$m = 1.7$ $S = 0.004$ $A = 0.525$ $B = 0.698$ $T = -0.002$	$m = 2.5$ $S = 0.004$ $A = 0.603$ $B = 0.707$ $T = -0.002$
中等质量岩体，中等风化、岩体中发育有几组节理，间距为 $0.3\sim1\mathrm{m}$。$RMR = 44, Q = 1.0$	$m = 0.14$ $S = 0.0001$ $A = 0.198$ $B = 0.662$ $T = -0.0007$	$m = 0.20$ $S = 0.0001$ $A = 0.234$ $B = 0.675$ $T = -0.0005$	$m = 0.30$ $S = 0.0001$ $A = 0.280$ $B = 0.691$ $T = -0.0003$	$m = 0.34$ $S = 0.0001$ $A = 0.295$ $B = 0.691$ $T = -0.0003$	$m = 0.50$ $S = 0.0001$ $A = 0.346$ $B = 0.700$ $T = -0.0002$
坏质量岩体，大量风化节理，间距 $30\sim500\mathrm{mm}$，并含有一些夹泥。$RMR = 23, Q = 0.1$	$m = 0.04$ $S = 0$ $A = 0.042$ $B = 0.534$ $T = 0$	$m = 0.010$ $S = 0$ $A = 0.050$ $B = 0.539$ $T = 0$	$m = 0.015$ $S = 0$ $A = 0.061$ $B = 0.546$ $T = 0$	$m = 0.071$ $S = 0$ $A = 0.065$ $B = 0.548$ $T = 0$	$m = 0.025$ $S = 0$ $A = 0.078$ $B = 0.556$ $T = 0$
非常坏质量岩体，具大量严重风化节理，间距小于 $50\mathrm{mm}$ 充填夹泥。$RMR = 3, Q = 0.01$	$m = 0.007$ $S = 0$ $A = 0.042$ $B = 0.534$ $T = 0$	$m = 0.010$ $S = 0$ $A = 0.050$ $B = 0.539$ $T = 0$	$m = 0.015$ $S = 0$ $A = 0.061$ $B = 0.546$ $T = 0$	$m = 0.071$ $S = 0$ $A = 0.065$ $B = 0.548$ $T = 0$	$m = 0.025$ $S = 0$ $A = 0.078$ $B = 0.556$ $T = 0$

利用式(4-95)~式(4-98)四式和表4-17即可对裂隙化岩体的三轴压缩强度 σ_{1mf}、单轴抗压强度 σ_{mc} 及单轴抗压强度 σ_{mt} 进行估算，同时还可作出岩体的剪切强度包络线并求得其剪切强度参数 c_m，φ_m 值。进行估算时，需要通过工程地质调查，得出工程所在部位的岩体质量指标（RMR 和 Q 值，详见第六章第三节）、岩石类型及岩块单轴抗压强度 σ_c。

关于 m、S 的物理意义，Hoek(1983)曾指出：m 与库仑-莫尔判据中的内摩擦角 φ 非常类似，而 S 则相当于黏聚力 c 值。若如此，据 Hoek-Brown 提供的常数见表4-17，m 最大为25，显然这时用式(4-95)估算的岩体强度偏低，特别是在低围压下及较坚硬完整的岩体条件下，估算的强度明显偏低。但对于受构造变动扰动改造及结构面较发育的裂隙化岩体，Hoek(1987)认为用这一方法估算是合理的。

另外，Sheorey、Bisw 和 Choubeg(1989)等人在研究煤系地层和其他岩体的强度试验资料以后，提出用如下的经验方程来估算裂隙岩体的强度。

$$\sigma_1 = a\sigma_c\left(1 + \frac{\sigma_3}{c\sigma_c}\right)^b \tag{4-99}$$

式中：σ_1、σ_3——破坏主应力；

σ_c——岩块单轴抗压强度；

σ_{mc}、σ_{mt}——分别为岩体的单轴抗压和抗拉强度；

a、c——与岩体质量指标 Q 值相关的系数，$a = \dfrac{\sigma_{mc}}{\sigma_c}$，$c = \dfrac{\sigma_{mt}}{\sigma_c}$。

$$b = 2.6 \frac{J_r}{J_a} \left(\frac{a}{c} - 0.1 \right)^{-0.8} \tag{4-100}$$

式中:J_r——结构面粗糙度系数;

J_a——结构面蚀变系数。

通过现场工程地质调查,取得了岩体质量指标 Q 值、结构面粗糙度系数 J_r 和蚀变系数 J_a 及岩块 σ_c 后,就可利用式(4-99)和式(4-100)及图 4-51 来估算岩体强度。研究表明,式(4-99)适用于 $\sigma_1 = (3 \sim 4) \sigma_3$ 的脆性破坏范围。

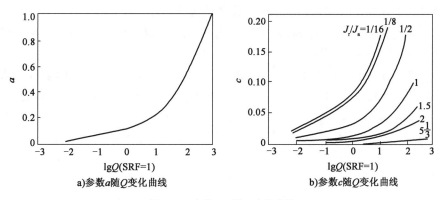

图 4-51　参数 a、c 随 Q 变化曲线

思　考　题

4-1　什么是结构面和结构体?结构面的类型及自然特性有哪些?

4-2　阐述结构体及其力学特点

4-3　岩体现场变形试验有哪些方法?各自适用条件是什么?

4-4　岩体的动弹性模量与静弹性模量哪个大?为什么?

4-5　岩石的动强度和静强度哪个大?

4-6　岩体中应力波速通常用哪些参数来标记?

4-7　简述岩体结构面的法向变形特征。

4-8　简述岩体结构面的切向变形特征。

4-9　简述岩体变形曲线的类型及其特征。

4-10　简述岩体变形参数的确定方法。

4-11　简述影响岩体变形性质的因素。

4-12　简述影响岩体强度的因素。

4-13　简述霍克-布朗(Hook-Brown)经验准则。

习　　题

4-1　在由中粒花岗岩构成的工程岩体中,有三组原生节理互成直角相交,各组节理的间距分别为 20cm、30cm 和 40cm。试计算裂隙频率和结构体的大小,并判断该岩体属于哪种结构类型。

4-2　某均质岩体的 $c_m = 40MPa$, $\varphi_m = 30°$。求此岩体在 $\sigma_3 = 20MPa$ 的侧向应力条件下的极限抗压强度。

[参考答案：198.56MPa]

4-3　在大理岩体中，找到了一个与主应力 σ_1 成 β 角的节理面，设节理面的 $c_j = 0MPa$，$\varphi_j = \varphi_0$。问岩体重新开始滑动需要的应力状态。

[参考答案：$\sigma_1 = \sigma_3 \tan(\beta + \varphi_0)/\tan\beta$]

4-4　对含单一节理面的岩石试块进行单轴加载试验。试分析节理面的倾角 α 对强度的影响，并绘出最小强度值及相应的节理面倾角值的关系。

4-5　某均质岩体：$V_p = 4720m/s$，$V_s = 2655m/s$，$\gamma = 26.3kN/m^3$。求 E_d、μ_d 和 G_d。

[参考答案：$E_d = 47.8GPa$；$\mu_d = 0.27$；$G_d = 18.8GPa$]

4-6　在岩体动力学测试中，测得 $V_p = 4500m/s$，$V_s = 2500m/s$，$\rho = 2700kg/m^3$。求 E_d、μ_d。

4-7　某岩石边坡是由闪长岩组成，其抗剪强度指标 $c = 40MPa$，$\varphi = 30°$；边坡内有一结构

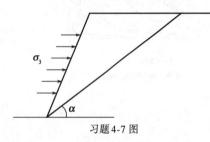

面，如习题 4-7 图所示，其 $c_j = 20MPa$，$\varphi_j = 20°$，$\alpha = 40°$。为防止下滑，要采取加固措施，使边坡岩面获得侧向应力 $\sigma_3 = 10MPa$。

试求：

(1) 边坡可能具有的极限抗压强度 σ_c'；(2) 如 $\alpha = 30°$，σ_c' 是增大还是减小？

[参考答案：(1)94.9MPa；(2)158.1MPa]

习题 4-7 图

4-8　设有一个层状结构岩体，其组成岩石与层理面即弱面的强度线已知[见习题 4-8 图 a)]，试根据这两种强度做出层面为不同 α 值时的强度图。

[提示：(1)寻找弱面对岩体强度特征的影响范围 $[\alpha_1, \alpha_2]$；(2)根据岩石强度曲线求岩石的极限应力与围压的差值 $p = \sigma_{1f} - \sigma_3$；(3)根据弱面的强度曲线求岩体在 $[\alpha_1, \alpha_2]$ 内的极限应力与围压的差值；(4)取不同 α 值，绘制如习题 4-8 图 b)所示的强度图。]

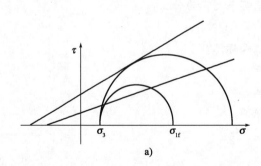
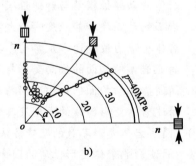

a)　　　　　　　　　　b)

习题 4-8 图

第五章　岩体天然应力场及其量测技术

第一节　概　　述

在岩石工程中,由于各种原因(如各种地质作用、构造运动、岩体自重、水、温度、地震等,以及人类活动中的开挖、填方、上部建筑物的修建等)在岩体内部引起的应力,统称为地应力。地应力在岩体空间有规律的分布形态称为地应力场。

我们把未经扰动与影响仍处于自然平衡状态的岩体称为原岩,把赋存于原岩中由各种地质作用、构造运动、岩体自重、水、温度、地震等引起的应力场称为岩体的天然应力场,又称为原岩应力场或初始应力场。而把由于人类工程活动对原岩的扰动,如开挖、填方、上部建筑物的修建等在岩体中引起的应力场,称为附加应力场。附加应力场叠加在天然应力场上,使一定范围内的原岩应力发生变化,变化后的应力称为次生应力,也称为二次应力。次生应力直接影响岩石工程的稳定性,为了控制岩石工程的稳定,保证岩石工程质量,必须掌握岩体中次生应力的大小、方向及其分布规律。

岩体天然应力场是一个极其复杂的问题,它的形成是在地壳形成的若干历史年代中,以及与地壳形成后各个时期的各种构造形迹一起形成的,并受到各种地质因素的控制和影响,因此它的基本特征和分布规律还远未被人们所认识。1878 年瑞士地质学家海姆(Heim)通过观察横贯阿尔卑斯山大型越岭隧道围岩的工作状态,首先提出了天然应力的概念,认为在岩体中的天然垂直应力与其上覆岩层的重量成正比,而水平应力大致与垂直应力相等,这就是著名的海姆假说。1925 年苏联学者 A. H. 金尼克根据弹性理论分析,提出了在岩体深处原岩铅直应力 $\sigma_1 = \gamma H$,原岩水平应力 $\sigma_2 = \sigma_3 = [\mu/(1-\mu)]\gamma H$ 的理论,式中 γ、μ、H 分别表示岩体的重度、泊松比和计算处岩体所处的深度。1958 年瑞典工程师 N. 哈斯特(N. Hast)首先在斯堪的纳维亚半岛进行了天然应力的量测,接着许多国家先后开展此项工作。实测证明,岩体中存在着应力是无疑的,但实测所得应力的数值与海姆和金尼克的假说并不完全一致,至少在深度 3000m 范围内,他们的假说不是天然应力的普遍规律。目前,要想获得天然应力状态的最可靠办法是原位测量,即在所要了解天然应力的地方,就地布点测量。除此之外,还可采用地质力学方法和构造地质分析法,以及根据实测地下工程变形,采用有限元等数值方法反分析,求得天然应力的大小和方向。

根据近四十年来实测与理论分析证明,天然应力场是一个具有相对稳定性的非稳定应力场,天然应力状态是岩体工程空间与时间的函数,仅除少数构造活动带外,时间上的变化可以不予考虑。天然应力主要是由于岩体的自重和地质构造作用引起,与岩体特性、裂隙方向和分布密度、岩体流变性及断层、褶皱等构造形迹等有关。此外,影响天然应力状态的因素还有地形、地震、水压力、热应力等。不过这些因素所产生的应力大多是次要的,只有在特定情况下才予以考虑。对岩石工程来讲，主要应考虑自重应力和构造应力，因此，天然应力可以认为是自重应力和构造应力叠加而成。

自重应力场是由岩体的自重所引起的应力的分布状态；构造应力场是指一定区域内具有成生联系的各种构造形迹在不同部位的应力状态的总体，它是空间和时间的函数，是随构造形迹发生变化的非稳定应力场。鉴于人类工程活动的时间远小于构造形迹的形成时间，可近似地、相对地把构造应力场看成是不随时间变化、只随空间变化的应力场。

自20世纪50年代初期起，许多国家和地区先后开展了岩体天然应力绝对值的实测研究，至今积累了大量的实测资料。本章从工程观点出发，根据收集到的岩体应力的实测资料，首先对地壳表层岩体天然应力分布的基本规律进行讨论，然后简要介绍地应力的量测技术。

第二节　岩体中的自重应力场

地壳上部各种岩体由于受地心引力的作用而引起的应力称为自重应力，即自重应力是由岩体自重引起。岩体自重作用不仅产生铅直应力，而且由于岩体的泊松效应和流变效应也会产生水平应力。研究岩体的自重应力时，一般把岩体视为均匀、连续且各向同性的弹性体，因此可以采用连续介质力学原理来探讨岩体的自重应力问题。将岩体视为半无限体，即上部以地表为界，下部及水平方向均无界限，岩体中某点的自重应力可按以下方式求解。

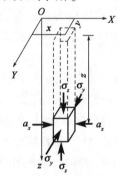

图 5-1　自重应力计算简图

设在距地表以下 $H(\mathrm{m})$ 深处取一单元体，如图 5-1 所示，在上覆岩层自重作用下，单元体所受铅直应力 σ_z 可按下式计算，即：

$$\sigma_z = \gamma_{\mathrm{m}} H \qquad (5\text{-}1)$$

式中：γ_{m}、H——分别表示岩体的重度和计算点岩体所处的深度。

单元体在铅直应力的作用下，由于泊松效应，有产生横向变形的趋势。但由于单元体受相邻岩体的约束，不可能产生横向变形，即 $\varepsilon_x = \varepsilon_y = 0$，而相邻岩体的阻挡作用就相当于对单元体施加了侧向应力 σ_x 和 σ_y。因为视岩体为各向同性体，所以有：

$$\sigma_x = \sigma_y \qquad \varepsilon_x = \varepsilon_y = 0 \qquad (5\text{-}2)$$

根据广义胡克定律，有：

$$\begin{cases} \varepsilon_x = \dfrac{1}{E_{\mathrm{m}}} \left[\sigma_x - \mu_{\mathrm{m}} (\sigma_y + \sigma_z) \right] \\[2mm] \varepsilon_y = \dfrac{1}{E_{\mathrm{m}}} \left[\sigma_y - \mu_{\mathrm{m}} (\sigma_z + \sigma_x) \right] \end{cases} \qquad (5\text{-}3)$$

由式(5-2)和式(5-3)式可得：

$$\sigma_x = \sigma_y = \frac{\mu_{\mathrm{m}}}{1 - \mu_{\mathrm{m}}} \sigma_z = \frac{\mu_{\mathrm{m}}}{1 - \mu_{\mathrm{m}}} \gamma_{\mathrm{m}} H \qquad (5\text{-}4)$$

式中：E_{m}——岩体的弹性模量；

μ_{m}——岩体的泊松比。

令 $k_0 = \mu_{\mathrm{m}}/(1 - \mu_{\mathrm{m}})$，则式(5-4)可写成：

$$\sigma_x = \sigma_y = k_0 \sigma_z = k_0 \gamma_{\mathrm{m}} H \qquad (5\text{-}5)$$

k_0 称为侧压力系数，其定义为某点水平应力与铅直应力的比值，即 $k_0 = \sigma_x/\sigma_z = \sigma_y/\sigma_z =$

$\mu_m / (1 - \mu_m)$。由于 Z 轴为对称轴,单元体不可能产生上下错动,前后左右也不会歪斜,所以单元体六个面上均无剪应力,即 $\tau_{xy} = \tau_{yz} = \tau_{xz} = 0$,单元体六个面均为主平面,$\sigma_x$、$\sigma_y$ 和 σ_z 都是主应力。显然,最大主应力 $\sigma_{max} = \sigma_z = \gamma_m H = \sigma_1$,而最小主应力 $\sigma_{minx} = \sigma_x = \sigma_y = k_0 \gamma_m H = \sigma_2 = \sigma_3$。

如果在深度 H 范围内存在多层岩石,当各层岩石重度不同时,最大主应力可按下式计算:

$$\sigma_{max} = \sigma_z = \sum_{i=1}^{n} \gamma_{mi} H_i \tag{5-6}$$

最小主应力为:

$$\sigma_{min} = \sigma_x = \sigma_y = \frac{\mu_{mi}}{1 - \mu_{mi}} \sum_{i=1}^{n} \gamma_{mi} H_i \tag{5-7}$$

式中:γ_{mi}——第 i 层岩体的重度;

H_i——第 i 层岩体的铅垂厚度;

μ_{mi}——第 i 层岩体的泊松比。

一般岩石的泊松比 μ_m 在 $0.2 \sim 0.35$,故侧压力系数 k_0 通常都小于1,只有岩石处于塑性状态时,k_0 值才增大。当 $\mu_m = 0.5$ 时,$k_0 = 1$,它表示侧向水平应力与铅直应力相等($\sigma_x = \sigma_y = \sigma_z$),即所谓的静水压力状态(海姆假说)。海姆认为岩石长期受重力作用产生塑性变形,甚至在深度不大时也会发展成各向应力相等的隐塑性状态。在地壳深处,其温度随深度的增加而加大,温变梯度约为 $30℃/km$。在高温高压下坚硬的脆性岩石也将逐渐转变为塑性状态。据估算,此深度应在距地表10km以下。

例题5-1 设某花岗岩埋深为1000m,其上覆盖地层的平均重度为 $\gamma_m = 26kN/m^3$,泊松比 $\mu_m = 0.25$。

(1)若花岗岩处于弹性状态,试计算该花岗岩在自重作用下的铅直应力和水平应力。

(2)若花岗岩处于塑性状态,试计算该花岗岩在自重作用下的铅直应力和水平应力。

解:(1)当岩体处于弹性状态时,采用弹性力学公式,即

铅直应力为:

$\sigma_z = \gamma_m H = 26 \times 1000 = 26(MPa)$

水平应力为:

$$\sigma_x = \sigma_y = \frac{\mu_m}{1 - \mu_m} \sigma_z = \frac{0.25}{1 - 0.25} \times 26 = 8.67(MPa)$$

(2)当岩体处于塑性状态时,由海姆假说,$\mu_m = 0.5$,则

铅直应力为:

$\sigma_z = \gamma_m H = 26 \times 1000 = 26(MPa)$

水平应力为:

$$\sigma_x = \sigma_y = \frac{\mu_m}{1 - \mu_m} \sigma_z = \frac{0.5}{1 - 0.5} \times 26 = 26(MPa)$$

第三节 岩体中的构造应力场

当人们还不能对天然应力进行测量之前,认为天然应力是由岩体自重引起的。因此,把天然应力单纯地看成自重应力。从自重应力场的分析可知,自重应力场中最大主应力的方向是

铅直的,然而,从后来大量的实测资料说明,天然应力并不完全符合自重应力场的规律,也就是说铅直应力 $\sigma_v \neq \gamma_m H$,水平应力 $\sigma_h \neq k_0 \gamma_m H$。同时发现铅直应力 σ_v 不一定都大于水平应力 σ_h,有时会出现水平应力 σ_h 大于铅直应力 σ_v 几倍到几十倍。例如,在我国江西铁山垄钨矿于深 480m 处测得铅直应力 $\sigma_v = 10.06\text{MPa}$,沿矿脉走向水平应力 $\sigma_{h1} = 11.18\text{MPa}$,垂直矿脉走向水平应力 $\sigma_{h2} = 6.53\text{MPa}$。实际中测得水平应力大于铅直应力的实例很多。国内外学者通过大量实测的研究与有关资料的分析,一致认为在岩体中不仅存在自重应力场,不少地区都有由于地质构造作用产生的构造应力场。

一、构造应力的概念

地壳形成之后,在漫长的地质年代中,在历次构造运动的作用下,有的地方隆起,有的地方下沉,如世界高峰——喜马拉雅山脉,在两三千万年以前,还是一个与现今地中海相连的内陆海,而且至今它还在继续上升。地壳中长期存在促使构造运动发生和发展的内在力量,即构造应力,构造应力在空间有规律的分布状态称为构造应力场。

目前,世界上测定天然应力最深的测点已达 5000m,但多数测点的深度在 1000m 左右。从测出的数据来看很不均匀,有的点最大主应力在水平方向,且较铅直应力大很多,有的点铅直应力就是最大主应力,还有的点最大主应力方向与水平而形成一定的倾角,这说明最大主应力方向是随地区而变化的。

近代地质力学的观点认为,从全球范围来看,构造应力的总规律是以水平应力为主。我国地质学家李四光认为,因地球自转角速度的变化而产生地壳水平方向的运动是造成构造应力以水平应力为主的重要原因。

由于构造应力是地质构造作用在岩体内积存的应力,根据地质构造运动的发展阶段,一般可把构造应力分成以下三种情况:

1. 原始构造应力

原始构造应力一般是指新生代以前发生的地质构造运动使岩体变形而积存在岩体内的构造应力。这种构造应力与构造形迹是密切相关的,所以也称与构造形迹相联系的原始构造应力。由于每次构造运动都在地壳中留下一定的构造形迹,如断层、褶皱等,所以这些构造形迹与构造应力的性质、大小和方向是密切相关的。在构造形迹相同的情况下,越是陡峭的山坡,越易出现高应力集中现象。

2. 残余构造应力

远古时期的地质构造运动,使岩体变形并以弹性变形能的形式储存于岩层内,形成了原始构造应力。但是,经过漫长的地质年代,由于松弛效应,储积在岩体内的应力随之减少,而且每一次新的构造运动对上一次构造应力将引起应力释放,地貌的变动也会引起应力释放,故使原始构造应力大为降低。这种经过显著降低而仍残留在岩体内的构造应力称为残余构造应力。

各地区原始构造应力的松弛与释放程度很不相同,所以残余构造应力的差异较大。有的地区虽有构造形迹,但构造应力不明显或不存在。这是由于应力松弛与应力释放造成的结果。

3. 现代构造应力(活动构造应力)

现代构造应力已为地层、冲击地压及原岩应力测量等所证实。它是现今正在形成某种构造体系和构造形迹的应力,也是导致当今地层和最新地壳变形的应力。这种构造应力的作用,开始时往往表现得不很强烈,也不会产生显著的变形,更不可能形成任何构造形迹。但在构造运动活跃地区,这种构造应力作用在工程上并逐渐积累,以致威胁工程的安全。在地壳内正在活动的现代构造应力和在地壳内已形成的构造形迹没有任何联系,也就是说现代构造应力是能量正在集聚和构造运动正在酝酿的构造应力,只有在适当的时期才会产生与之相适应的构造形迹。

二、构造应力场的确定

在隧道、地下厂房、水电边坡以及矿山等岩石工程中,经常见到的岩层褶皱、断层、节理、劈理等构造形迹,是历次地壳运动在岩体中产生永久变形的遗迹。这些构造形迹的形式和形态尽管复杂、多样,但一切形迹都是在一定构造应力作用下发生的,且各有其力学本质。总的来说,它的力学性质不外是压应力、张(拉)应力和剪应力的作用,以及这些应力间相互作用的结果。由于地质构造形迹保留在岩体中,它们的走向与形成时的构造应力方向有一定的关系,因此,根据各种构造形迹形成时构造应力性质的不同,即可确定构造应力的方向。

当水平岩层受到挤压作用时,就可产生垂直于压应力方向的褶皱,称为压性结构面;当岩体受到张拉作用时,就会产生垂直于张应力方向的张裂面,称为张性结构面。另外,当岩体受到水平错动作用时,还会产生斜交于压应力方向的剪切破裂面,称为扭性结构面。

鉴别岩石工程工区地质构造应力场特征的第一步工作就是要找出岩体压性构造形迹,即确定区域性构造线。

所谓构造线是指区域性挤压应力所形成的构造形迹,换句话说,是指与产生地质构造运动的压应力方向相垂直的平面和地面的交线。由此可知,垂直于构造线的方向就是最大主应力的方向。构造线方向可以从以下的构造形迹中寻找:

(1)褶皱轴的走向,即背斜轴面、向斜轴面、倒转褶皱轴面的走向,尤其是紧密线性褶皱轴面的走向更具有代表性;

(2)逆断层的走向;

(3)区域性陡倾、直立岩层的走向;

(4)矿脉的走向。

确定构造线要根据多种标志综合判断,并结合区域性构造及地质情况来分析,以免把局部构造方向误认为构造线方向。

鉴别地质构造应力场特征的第二步工作是确定构造形迹的次序。一个地区的岩体在长时间的历史过程中,往往经受许多次强烈的地质构造运动,那么,产生的构造应力场也就有多次变化,每次地质构造运动形成一个构造体系,在这一体系中包括这一次运动产生的所有地质构造形迹。由于地质构造运动发生的时间有先有后,因此就有了构造体系的序次。如某一地区经受了三次地质构造运动,那么就要分清楚哪些构造形迹是第一序次的地质构造形迹,哪些是第二序次的构造形迹,哪些是第三序次的构造形迹,根据其相对关系找出产生的先后次序。

最后确定最新构造应力场,找出主应力方向。按照地质力学的观点,应力场的主应力方向取决于该地区最新序次的构造应力场,也就是说只有最新构造体系才能代表该区域最新的构造应力场的特点,但也有例外。因此,在一般情况下,只有确定大区域构造线,找出序次关系,才能避免判断上的错误。

当最新构造应力场确定后,根据构造线,即可找出主应力的方向。

第四节　岩体中的天然应力场的分布规律

一、岩体中的铅直天然应力分布规律

天然应力场的实测结果表明,绝大部分地区的铅直天然应力 σ_v 大致等于按平均重度 $\gamma_m = 27\text{kN/m}^3$ 计算出来上覆岩体的自重(图 5-2)。但是,在某些现代上升地区,例如位于法国和意大利之间的勃朗峰、乌克兰的顿涅茨盆地,均测到了 σ_v 显著大于上覆岩体自重的结果[$\sigma_v / (\gamma_m Z) \approx 1.2 \sim 7.0$, Z 为测点距地面的深度]。而在俄罗斯阿尔泰区兹良诺夫矿区测得的铅直方向上的应力,则比自重小得多,甚至有时为张应力。这种情况的出现,大都与目前正在进行的构造运动有关。

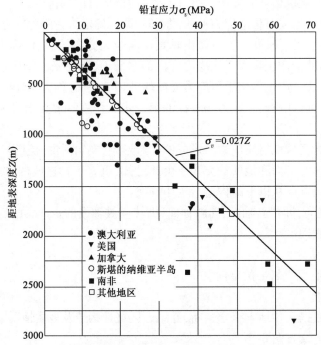

图 5-2　铅直应力与埋藏深度关系的实测结果(据 Hoek 和 Brown,1981)

铅直天然应力 σ_v 常常是岩体中天然主应力之一,与单纯的自重应力场不同的是,在岩体天然应力场中, σ_v 大都是最小主应力,少数为最大或中间主应力。例如,在斯堪的纳维亚半岛的前寒武纪岩体、北美地台的加拿大地盾、乌克兰的希宾地块以及其他地区的结晶基底岩体中, σ_v 基本上是最小主应力。而在斯堪的纳维亚岩体中测得的 σ_v 值,却大都是最大主应力。此外,由于侧向侵蚀卸荷作用,在河谷谷坡附近及单薄的山体部分,常可测得 σ_v 为最大主应力的应力状态。

二、岩体中的水平天然应力分布规律

岩体中水平天然应力的分布和变化规律,是一个比较复杂的问题。根据已有实测结果分析,岩体中水平天然应力主要受地区现代构造应力场的控制,同时,还受到岩体自重、侵蚀所导致的天然卸荷作用、现代构造断裂运动、应力调整和释放以及岩体力学性质等因素的影响。根据世界各地的天然应力量测成果,岩体中水平天然应力可以概括为如下特点。

(1)岩体中水平天然应力以压应力为主,出现拉应力者甚少,且多具局部性质。值得注意的是,在通常被视为现代地壳张力带的大西洋中脊轴线附近的冰岛,哈斯特已于距地表4~65m深处,测得水平天然应力为压应力。上述结论已被表5-1和表5-2的一些实测成果所证实。

芬兰斯堪的纳维亚部分地区水平应力的测量结果(据 Hast,1967)　　　表 5-1

量测地点	地表下深度(m)	水平主应力(MPa)		σ_2/σ_1	τ_{max}(MPa)	σ_1 方位	τ_{max} 方位	岩石类型	测量年份
		σ_1	σ_2						
Crargesberg	410	34.5	23.0	0.66	5.8	NW43°	NE2°	麻粒岩	1951
Strallberg	690	56.0	32.0	0.57	12.0	NW45°	N－S	麻粒岩	1957
Strallberg	880	56.0	16.0	0.82	5.0	—	—	麻粒岩	1957
Vingesbacke	410	70.0	37.0	0.53	16.5	NW45°	NE2°	花岗岩	1962
Vingesbacke	4l0	90	60.0	0.66	15.0	—	—	花岗岩	—
Malmberget	290	38.0	13.0	0.34	12.5	NW83°	NW38°	花岗岩	1957
Laisvall	225	33.5	12.0	0.36	10.8	NW16°	NW29°	花岗岩	1952
Laisvall	115	23.5	13.5	0.57	5.0	NE24°	NW2l°	石英岩	1960
Laisvall	180	46.0	33.5	0.73	6.3	NW61°	NE16°	—	1960
Nyang	657	50.0	35.0	0.70	7.5	NE28°	NW17°	花岗岩	1959
Nyang	477	46.0	26.0	0.56	10.0	NE52°	NE7°	花岗岩	1959
Kirure	90	14.5	10.5	0.72	2.0	NE3°	NE32°	麻粒岩	1958
Kirure	120	14.0	10.5	0.75	1.8	NW11°	NE34°	麻粒岩	1958
Solhem	100	19.0	10.5	0.55	4.3	NE49°	NE4°	灰岩	1962
Lidiugo	32	13.0	7.0	0.54	3.0	NE6°	NW39°	花岗岩	1961
Sibbo	45	14.5	11.5	0.79	1.5	NW45°	E-W	灰岩	1961
Sibbo	100	15.0	13.0	0.87	1.1	—	—	灰岩	1961
Jussaro	145	21.0	13.0	0.62	4.0	NE51°	NE6°	花岗岩	1962
Slite	45	13.0	10.5	0.81	1.3	NW47°	NW2°	灰岩	1964
Messaure	100	16.5	12.0	0.73	2.3	NW10°	NE35°	花岗岩	1964
Kirkenas	50	12.0	8.5	0.7l	1.8	NE23°	NW22°	花岗岩	1963
Karlshamn	10	12.0	7.5	0.62	2.3	NW65°	NW20°	花岗岩	1963
Sondrum	14.5	40.0	13.0	0.32	3.5	NW7.5°	NW52.5°	花岗岩	l964
Rixo	9	12.0	6.5	0.54	2.9	NW24°	NW69°	花岗岩	1965
Transs	8	10.5	6.0	0.57	2.4	NE47°	NE2°	花岗岩	1964
Gol	50	20.5	10.5	0.5l	5.0	NW33°	NE12°	花岗岩	1964
Wassbo(Idre)	31	13.5	6.5	0.48	3.5	NW9°	NW54°	石英岩	1964
Bierlov	6	14.5	10.0	0.69	2.5	NW26°	NW71°	花岗岩	1965
Bornholm	17	6.0	4.0	0.67	1.0	NW30°	NE15°	花岗岩	1966
Merrang	260	26.0	18.5	0.71	3.8	NW43°	NS2°	花岗岩	1966
Kristinealtad	15	16.0	6.5	0.65	1.8	NE24°	NW21°	花岗岩	1966

测量地点	测量时间	岩性及时代	大水平主应力(MPa)	小水平主应力(MPa)	最大主应力方向	$\dfrac{\sigma_{hmin}}{\sigma_{hmax}}$
隆尧茅山	1966 年 10 月	寒武系鲕状灰岩	7.7	4.2	NW54°	0.55
顺义吴雄寺	1971 年 6 月	奥陶系灰岩	3.1	1.8	NW75°	0.58
顺义庞山	1973 年 11 月	奥陶系灰岩	0.4	0.2	NW58°	0.50
顺义吴雄寺	1973 年 11 月	奥陶系灰岩	2.6	0.4	NW73°	0.15
北京温泉	1974 年 8 月	奥陶系灰岩	3.6	2.2	NW65°	0.67
北京昌平	1974 年 10 月	奥陶系灰岩	1.2	0.8	NW75°	0.67
北京大灰厂	1974 年 11 月	奥陶系灰岩	2.1	0.9	NW35°	0.43
辽宁海城	1975 年 7 月	前震旦系菱镁矿	9.3	5.9	NE87°	0.63
辽宁营口	1975 年 10 月	前震旦系白云岩	16.6	10.4	NW84°	0.61
隆尧茅山	1976 年 6 月	寒武系灰岩	3.2	2.1	NE87°	0.66
滦县一孔	1976 年 8 月	奥陶系灰岩	5.8	3.0	NE84°	0.52
滦县二孔	1976 年 9 月	奥陶系灰岩	6.6	3.2	NW89°	0.48
顺义吴雄寺	1976 年 9 月	奥陶系灰岩	3.6	1.7	NW83°	0.47
唐山凤凰山	1976 年 10 月	奥陶系灰岩	2.5	1.7	NW47°	0.68
三河孤山	1976 年 10 月	奥陶系灰岩	2.1	0.5	NW69°	0.24
怀柔坟头村	1976 年 11 月	奥陶系灰岩	4.1	1.1	NW83°	0.27
河北赤城	1977 年 7 月	前寒武系超基性岩	3.3	2.1	NE82°	0.64
顺义吴雄寺	1977 年 7 月	奥陶系灰岩	2.7	2.1	NW83°	0.78

注:测点深度小于30m。

(2)大部分岩体中的水平应力大于铅直应力,特别是在前寒武纪结晶岩体中,以及山麓附近和河谷谷底的岩体中,这一特点更为突出。如 σ_{hmax} 和 σ_{hmin} 分别代表岩体内最大和最小水平主应力,而在古老结晶岩体中,普遍存在 $\sigma_{hmax} > \sigma_{hmin} > \sigma_v = \gamma Z$ 的规律。例如,芬兰斯堪的纳维亚的前寒武纪岩体、乌克兰的希宾地块和加拿大地盾等处岩体均有上述规律。另外一些情况下,则有 $\sigma_{hmax} > \sigma_v$,而 σ_{hmin} 却不一定都大于 σ_v,也就是说,还存在着 $\sigma_{hmin} < \sigma_v$ 的情况。

(3)岩体中两个水平应力 σ_{hmax} 和 σ_{hmin} 通常都不相等。一般来说 $\sigma_{hmin}/\sigma_{hmax}$ 比值随地区不同而变化于0.2~0.8。例如,在芬兰斯堪的纳维亚大陆的前寒武纪岩体中, $\sigma_{hmin}/\sigma_{hmax}$ 比值为0.3~0.75。又如,在我国华北地区不同时代岩体中应力量测结果(表5-2)表明,最小水平应力与最大水平应力比值的变化范围在0.15~0.78。说明岩体中水平应力具有强烈的方向性和各向异性。

(4)在单薄的山体、谷坡附近以及未受构造变动的岩体中,水平天然应力均小于铅直天然应力。在很单薄的山体中,甚至可出现水平应力为零的极端情况。

三、岩体中水平天然应力与铅直天然应力的比值

岩体中水平天然应力与铅直天然应力之比定义为天然应力比值系数,用 λ 表示。世界各

地的天然应力量测成果表明,绝大多数情况下平均水平天然应力与铅直天然应力的比值为1.5~10.6。

天然应力比值系数随深度增加而减小。图5-3是霍克-布朗(Hoek-Brown)根据世界各地天然应力测量结果得出的平均水平天然应力(σ_{hav})与铅直天然应力(σ_v)比值随深度(Z)的变化曲线。曲线表明 σ_{hav}/σ_v 比值有如下规律:

$$\left(0.3 + \frac{100}{Z}\right) < \left(\frac{\sigma_{hav}}{\sigma_v}\right) < \left(0.5 + \frac{1500}{Z}\right) \tag{5-8}$$

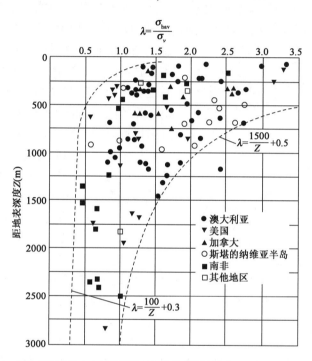

图5-3 平均水平天然应力与埋藏深度关系的实测结果(据 Hoek 和 Brown,1981)

四、天然应力状态

岩体中天然应力一般处于三维应力状态。根据三个主应力轴与水平面的相对位置关系,把天然应力场分为水平应力场与非水平应力场两类。水平应力场的特点是两个主应力轴呈水平或与水平面夹角小于30°,另一个主应力轴垂直于水平面或与水平面夹角大于或等于70°。非水平应力场特点是两个主应力轴与水平面夹角在45°左右。另外两个主应力轴与水平面夹角在0~45°间变化。应力量测结果表明,水平应力场在地壳表层分布比较广泛,而非水平应力场仅分布在板块接触带或两地块之间的边界地带。

在水平应力场条件下,两个水平或近似水平方向的应力,是两个主应力或近似主应力。在这种情况下,岩体铅直平面内没有或仅有很小的铅直剪应力,而存在着数值取决于两水平主应力之差的水平剪应力。当水平剪应力足够大时,岩体就会沿铅直平面发生剪切破坏。哈斯特认为各种行星外壳中正交断裂系统,都是这种水平应力场作用的结果。

在非水平应力场条件下,岩体中铅直平面内存在铅直剪应力,在水平面内存在水平剪应力。根据哈斯特的应力量测资料,芬兰斯堪的纳维亚半岛与大西洋和挪威海相接触地带,以及太平洋与美洲大陆之间的接触地带都存在非水平应力场。哈斯特还认为非水平应力场和很高的垂直天然应力场出现在地壳不稳定区。可以推断,目前存在非水平应力场的地区,很可能是现今正在发生铅垂运动的不稳定地区。

第五节　岩体应力的现场量测

目前国内外使用的所有应力测量方法,均是在钻孔、地下开挖或露头面上刻槽而引起岩体中应力的扰动,然后用各种探头量测由于应力扰动而产生的各种物理量变化的方法来实现。总体上岩体地应力测试方法可分为直接测量法和间接测量法两大类,如图 5-4 所示。直接测量法是指由测量仪器所记录的补偿应力、平衡力或其他应力量直接决定岩体的应力,而不需要知道岩体的物理力学性质及应力与应变关系。如扁千斤顶法、水压致裂法、刚性圆筒应力计以及声发射法均属于此类。间接测量法是指测试仪器不是直接记录应力或应变变化值,而是通过记录某些与应力有关的间接物理量的变化,然后根据已知或假设的公式,计算出现场应力值,这些间接物理量可以是变形、应变、波动参数、密、放射性参数等。如应力解除法、局部应力解除法、应变解除法、应用地球物理方法等均属于间接测量法一类。

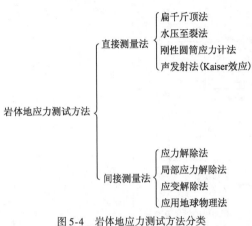

图 5-4　岩体地应力测试方法分类

根据国内外实践表明,应力解除法是一种较好的岩体应力测量方法,目前在国内外被广泛应用,因此下面将重点介绍应力解除法,对于其他方法仅做简要介绍。

一、应力解除法

应力解除法既可量测洞室周围较浅部分的岩体应力,又可量测岩体深部的应力。

1.应力解除法的基本原理

以测定洞室边墙岩体深部的应力为例,说明应力解除法的基本原理。如图 5-5a) 所示,为了测定距边墙表面深度为 z 处的应力,这时利用钻头在边墙钻一深度为 z 的钻孔,然后再用嵌有细粒金刚石的钻头将孔底磨平、磨光,为了简化问题,现假定钻孔方向与该处岩体的某一主应力方向重合(假如与第三主应力重合),这时钻孔底面即为应力的主平面。因此,确定钻孔底部的主应力也就十分方便(如果钻孔轴线与主应力方向并不一致,这时则按后面所述方法确定主应力)。

为了确定这个主应力,在钻孔底面贴上三个互成 120° 交角的电阻应变片花,如图 5-5b) 所示(有的钻孔应变计内部已装好互成一定角度的三个电阻应变片,使用时直接将此应变元件胶结于钻孔底部即可)。这时通过电阻应变仪读出相应的三个初始读数。然后再用与钻孔直径相同的“套钻钻头”在钻孔底部的四周进行“套钻”掏槽(槽深约 5cm),如图 5-5c) 所示,掏槽的结果就在钻孔底部形成一个与周围岩体相脱离的独立岩柱岩芯。这样一来,掏槽前周围岩体作用于岩芯上的应力就被解除,岩芯也就产生相应的变形。因此,根据所测的岩芯变形就可以换算出掏槽前岩芯所承受的应力。应力解除后在应变仪上可读出三个读数,它们分别与掏槽前所读的三个相应初始读数之差,就表示图 5-5d) 中岩芯分别沿 1、2、3 三个不同方向的应变值,现分别以 ε_1、ε_2 和 ε_3 表示。

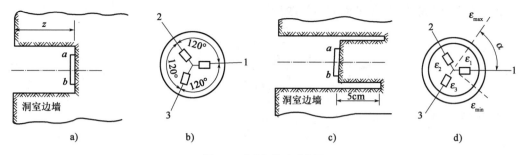

图 5-5　应力解除法示意图

下面根据材料力学的原理,由测量获得的应变值(ε_1、ε_2 和 ε_3)来确定沿孔底平面内的两个主应力的大小和方向(沿孔轴线方向的主应力无法求得),这是一个平面问题。

(1)求出主轴方向上的应变。

设该点的应变分量为 ε_x、ε_y、γ_{xy},则过该点任一方向上的正应变(通过坐标轴旋转)可求得:

$$\varepsilon_\alpha = \cos^2\alpha \cdot \varepsilon_x + \sin^2\alpha \cdot \varepsilon_y + \sin\alpha \cdot \cos\alpha \cdot \gamma_{xy} \qquad (5\text{-}9)$$

于是有:

$$\begin{Bmatrix} \varepsilon_1 \\ \varepsilon_2 \\ \varepsilon_3 \end{Bmatrix} = \begin{bmatrix} \cos^2 0° & \sin^2 0° & \sin 0° \cdot \cos 0° \\ \cos^2 120° & \sin^2 120° & \sin 120° \cdot \cos 120° \\ \cos^2 240° & \sin^2 240° & \sin 240° \cdot \cos 240° \end{bmatrix} \begin{Bmatrix} \varepsilon_x \\ \varepsilon_y \\ \gamma_{xy} \end{Bmatrix} \qquad (5\text{-}10)$$

可解得:

$$\begin{cases} \varepsilon_x = \varepsilon_1 \\ \varepsilon_y = \dfrac{2}{3}\varepsilon_2 + \dfrac{2}{3}\varepsilon_3 - \dfrac{1}{3}\varepsilon_1 \\ \gamma_{xy} = \dfrac{2}{3}\sqrt{3}\,(\varepsilon_3 - \varepsilon_2) \end{cases} \qquad (5\text{-}11)$$

(2)已知应变分量求主应变(二维)。

$$\begin{cases} \varepsilon_{max} = \dfrac{\varepsilon_x + \varepsilon_y}{2} + \sqrt{\left(\dfrac{\varepsilon_x - \varepsilon_y}{2}\right)^2 + \left(\dfrac{1}{2}\gamma_{xy}\right)^2} \\ \varepsilon_{min} = \dfrac{\varepsilon_x + \varepsilon_y}{2} - \sqrt{\left(\dfrac{\varepsilon_x - \varepsilon_y}{2}\right)^2 + \left(\dfrac{1}{2}\gamma_{xy}\right)^2} \\ \tan 2\alpha = \dfrac{\gamma_{xy}}{\varepsilon_x - \varepsilon_y} \qquad (\alpha \text{ 是 } \varepsilon_{max} \text{ 与 } \varepsilon_x \text{ 夹角}) \end{cases} \qquad (5\text{-}12)$$

(3)由 ε_1、ε_2、ε_3 可求得两个主应变。

$$\begin{cases} \varepsilon_{max} = \dfrac{1}{3}(\varepsilon_1 + \varepsilon_2 + \varepsilon_3) + \dfrac{\sqrt{2}}{3}\sqrt{(\varepsilon_1 - \varepsilon_2)^2 + (\varepsilon_2 - \varepsilon_3)^2 + (\varepsilon_3 - \varepsilon_1)^2} \\ \varepsilon_{min} = \dfrac{1}{3}(\varepsilon_1 + \varepsilon_2 + \varepsilon_3) - \dfrac{\sqrt{2}}{3}\sqrt{(\varepsilon_1 - \varepsilon_2)^2 + (\varepsilon_2 - \varepsilon_3)^2 + (\varepsilon_3 - \varepsilon_1)^2} \\ \tan 2\alpha = \dfrac{\sqrt{3}\,(\varepsilon_2 - \varepsilon_3)}{2\varepsilon_1 - \varepsilon_2 - \varepsilon_3} \qquad (\alpha \text{ 是 } \varepsilon_{max} \text{ 与 } \varepsilon_1 \text{ 的夹角},x \text{ 轴},0° \text{ 方向}) \end{cases} \qquad (5\text{-}13)$$

（4）由主应变求主应力。

量测浅处岩体应力时，按平面应力问题计算：

$$
\begin{cases}
\sigma_{\max} = \dfrac{E_{\mathrm{m}}}{1-\mu_{\mathrm{m}}^2}(\varepsilon_{\max} + \mu_{\mathrm{m}}\varepsilon_{\min}) \\[3mm]
\sigma_{\min} = \dfrac{E_{\mathrm{m}}}{1-\mu_{\mathrm{m}}^2}(\mu_{\mathrm{m}}\varepsilon_{\max} + \varepsilon_{\min})
\end{cases}
\tag{5-14}
$$

量测深处岩体应力时，按平面应变问题计算：

$$
\begin{cases}
\sigma_{\max} = \dfrac{E_{\mathrm{m}}(1-\mu_{\mathrm{m}})}{1-\mu_{\mathrm{m}}-2\mu_{\mathrm{m}}^2}\left(\varepsilon_{\max} + \dfrac{\mu_{\mathrm{m}}}{1-\mu_{\mathrm{m}}}\varepsilon_{\min}\right) \\[3mm]
\sigma_{\min} = \dfrac{E_{\mathrm{m}}(1-\mu_{\mathrm{m}})}{1-\mu_{\mathrm{m}}-2\mu_{\mathrm{m}}^2}\left(\dfrac{\mu_{\mathrm{m}}}{1-\mu_{\mathrm{m}}}\varepsilon_{\max} + \varepsilon_{\min}\right)
\end{cases}
\tag{5-15}
$$

上述方法通过钻孔孔底的应变测量，可求出与钻孔轴线垂直的平面内的二维应力状态，这种方法称为孔底应变法。还可以通过测定钻孔孔径的变化来求与钻孔轴线垂直的平面内的二维应力，称为孔径变形法。显然这些方法都只能测定与孔轴正交的平面中的平面应力状态，要确定岩体的空间应力状态，不论是采用孔底应变法，还是孔径变形法都必须首先利用这些方法在岩体中测定三个钻孔中的平面应力分量，然后根据这些实测数据才能确定岩体的空间应力。

例题 5-2 某矿岩体沿 Z 轴方向打一个钻孔，并在孔底运用互成 $120°$ 交角的应变片花 $(0°,120°,240°)$ 测得应变值 $\varepsilon_0 = -2\times10^{-6}$，$\varepsilon_{120} = 200\times10^{-6}$，$\varepsilon_{240} = 400\times10^{-6}$，已知岩体的 $E_{\mathrm{m}} = 5.3\times10^4\mathrm{MPa}$，$\mu_{\mathrm{m}} = 0.3$。试求该测点的主应变和主应力大小。

解：（1）求该点的应变分量 ε_x、ε_y、γ_{xy}。

$$
\begin{cases}
\varepsilon_x = \varepsilon_0 = -2\times10^{-6} \\[2mm]
\varepsilon_y = \dfrac{2}{3}\varepsilon_{120} + \dfrac{2}{3}\varepsilon_{240} - \dfrac{1}{3}\varepsilon_0 = 400.67\times10^{-6} \\[2mm]
\gamma_{xy} = \dfrac{2}{3}\sqrt{3}(\varepsilon_{240} - \varepsilon_{120}) = 230.93\times10^{-6}
\end{cases}
$$

（2）求主应变。

$$
\begin{cases}
\varepsilon_{\max} = \dfrac{\varepsilon_x + \varepsilon_y}{2} + \sqrt{\left(\dfrac{\varepsilon_x - \varepsilon_y}{2}\right)^2 + \left(\dfrac{1}{2}\gamma_{xy}\right)^2} = 431.44\times10^{-6} \\[3mm]
\varepsilon_{\min} = \dfrac{\varepsilon_x + \varepsilon_y}{2} - \sqrt{\left(\dfrac{\varepsilon_x - \varepsilon_y}{2}\right)^2 + \left(\dfrac{1}{2}\gamma_{xy}\right)^2} = -32.76\times10^{-6}
\end{cases}
$$

（3）求主应力。

$$
\begin{cases}
\sigma_{\max} = \dfrac{E_{\mathrm{m}}}{1-\mu_{\mathrm{m}}^2}(\varepsilon_{\max} + \mu_{\mathrm{m}}\varepsilon_{\min}) = 24.56\mathrm{MPa} \\[3mm]
\sigma_{\min} = \dfrac{E_{\mathrm{m}}}{1-\mu_{\mathrm{m}}^2}(\mu_{\mathrm{m}}\varepsilon_{\max} + \varepsilon_{\min}) = 5.62\mathrm{MPa}
\end{cases}
$$

2. 岩体的三向应力量测

前面所述测量在应变片花所贴平面上的两个主应力，另一个主应力必须平行于钻孔底面。但实际工程中如果不知道主应力的方向，必须测定一点的 6 个应力分量 σ_x、σ_y、σ_z、τ_{xy}、τ_{yz}、τ_{xz}，这时需通过三个钻孔的量测资料才能确定。下面介绍两种按应力解除法原理来确定岩体三向应力状态的方法。

(1)采用共面三钻孔法确定三维应力状态。

为了测定如图 5-6a)所示的三向应力,可在 xz 平面中分别打三个钻孔①、②和③,如图 5-6b)所示。为了方便起见,使钻孔①与 z 轴重合,其余两钻孔与 z 轴的交角分别为 δ_2 与 δ_3。各钻孔底面的平面应力状态,如图 5-6c)所示,各钻孔底面中的坐标分别以 x_i、y_i 表示($i=1,2,3$),其中 y_i 与 y 轴平行。由弹性理论可知,图 5-6c)中坐标系为 x_i-y_i 的平面应力分量 σ_{xi}、σ_{yi}、σ_{xyi} 与 6 个待求的空间应力分量(σ_x、σ_y、σ_z、τ_{xy}、τ_{yz}、τ_{zx})之间具有以下关系。

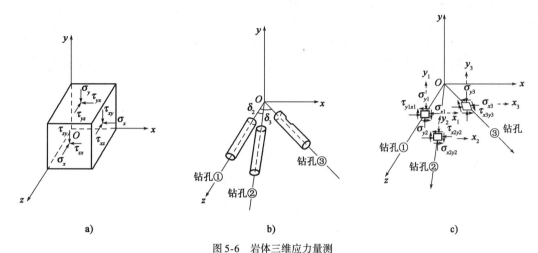

图 5-6 岩体三维应力量测

①对于钻孔①,测得的平面应力 σ_{x1}、σ_{y1} 和 τ_{x1y1}。

坐标系 x_1y_1 对坐标系 xyz 的方向余弦为:

$$\begin{cases} x_1(1,0,0) = (l_{1x}, m_{1x}, n_{1x}) \\ y_1(0,1,0) = (l_{1y}, m_{1y}, n_{1y}) \end{cases}$$

将 xyz 坐标系旋转到 $x_1y_1z_1$ 中后,在 $x_1y_1z_1$ 坐标系中的应变量为:

$$\begin{cases} \sigma_{x1} = \sigma_x = \sigma_x l_{1x}^2 + \sigma_y m_{1x}^2 + \sigma_z n_{1x}^2 + 2\tau_{xy}l_{1x}m_{1x} + 2\tau_{yz}m_{1x}n_{1x} + 2\tau_{zx}n_{1x}l_{1x} \\ \sigma_{y1} = \sigma_y = \sigma_x l_{1y}^2 + \sigma_y m_{1y}^2 + \sigma_z n_{1y}^2 + 2\tau_{xy}l_{1y}m_{1y} + 2\tau_{yz}m_{1y}n_{1y} + 2\tau_{zx}n_{1y}l_{1y} \\ \tau_{x1y1} = \tau_{xy} = \sigma_x l_{1x}l_{1y} + \sigma_y m_{1y}n_{1x} + \sigma_z n_{1x}n_{1y} + \tau_{zx}(n_{1x}l_{1y} + n_{1y}l_{1x}) + \\ \qquad\qquad \tau_{xy}(l_{1x}m_{1y} + l_{1y}m_{1x}) + \tau_{yz}(m_{1x}n_{1y} + m_{1y}n_{1x}) \end{cases} \quad (5\text{-}16)$$

②对于钻孔②,测得 σ_{x2}、σ_{y2} 和 τ_{x2y2}。

坐标系 x_2y_2 对 xyz 坐标系中的方向余弦:

$$\begin{cases} x_2(l_{2x}, m_{2x}, n_{2x}) = (\cos\delta_2, 0, \sin\delta_2) \\ y_2(l_{2y}, m_{2y}, n_{2y}) = (0,1,0) \end{cases}$$

同理坐标系变换后有:

$$\begin{cases} \sigma_{x2} = \sigma_x \cos^2\delta_2 + \sigma_z \sin^2\delta_2 + \tau_{zx}\sin^2\delta_2 \\ \sigma_{y2} = \sigma_y \\ \tau_{x2y2} = \tau_{xy}\cos\delta_2 + \tau_{yz}\sin\delta_2 \end{cases} \quad (5\text{-}17)$$

③对于钻孔③同理可得:

$$\begin{cases} \sigma_{x3} = \sigma_x\cos^2\delta_3 + \sigma_z\sin^2\delta_3 + \tau_{zx}\sin^2\delta_3 \\ \sigma_{y3} = \sigma_y \\ \tau_{x3y3} = \tau_{xy}\cos\delta_3 + \tau_{yz}\sin\delta_3 \end{cases} \qquad (5\text{-}18)$$

联立求解式(5-16)~式(5-18),可求取空间6个应力分量(注意:这里只有6个独立方程)。值得指出的是,这里是对共面三钻孔①、②、③进行讨论的。如果这些钻孔互相正交,上述所介绍的方法也同样完全适用。有关这种正交钻孔法的公式,这里不再详细讨论。

(2)孔壁应变测试法。

前述共面三钻孔方法需三个钻孔,才能确定三向应力。为便于测试,后来提出了孔壁应变测试法,该法的优点在于只需在一个钻孔中通过对孔壁应变进行量测,即可完全确定岩体的6个空间应力分量。空心包体孔壁应变计法是国际岩石力学学会推荐使用的一种地应力测试方法,其应变片布置和结构如图5-7所示。下面先介绍这种方法的基本原理,然后再说它的具体测试方法。

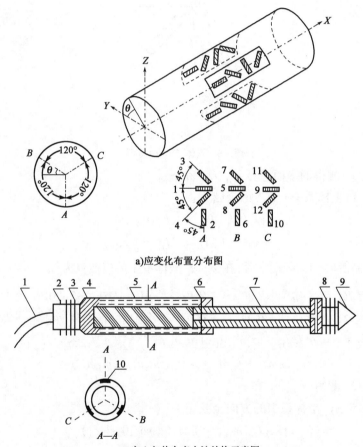

a)应变化布置分布图

b)空心包体全应力计结构示意图

图5-7 空心包体孔壁应变计法应变片布置和结构示意图

1-电缆;2-定向销;3、8-密封圈;4-环氧树脂筒;5-黏胶剂;6-固定销;7-柱塞;9-导向杆;10-应变玫瑰花

①空心包体孔壁应变计法的测试原理。

采用空心包体应变计测定地应力状态,应变计内布设 s 个应变丛,其序号用 i 表示,对应的极角为 θ_i。每个应变丛由 t 个应变片组成,其序号用 j 表示,对应的角度为 φ_{ij},空心包体应变计上的应变丛设置在环氧树脂圆形薄层(薄壁圆筒)中,薄层与安装杆体间隔0.5~1.0mm,设

140

钻孔的半径为 a，薄壁圆筒内径为 a_1，应变丛所在位置半径为 ρ（图 5-8），设围岩为均质各向同性，其弹性常数为 E_{m}、μ_{m}、G_{m}，薄壁圆筒（即环氧树脂层）的弹性常数为 E_1、μ_1、G_1。

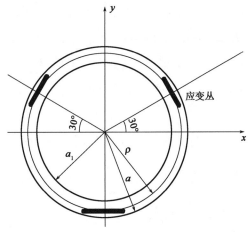

图 5-8 空心包体应变计应力传递原理

薄壁圆筒中嵌固应变片部位的极径 $r=\rho$ 上应力状态 $\sigma_{\theta i}^1$、σ_{zi}^1、σ_{ri}^1 和 $\tau_{zi\theta i}^1$ 与钻孔坐标系表达的地应力状态的关系为：

$$
\left\{
\begin{aligned}
\sigma_{ri}^1 &= \frac{\zeta d_1}{1+\mu_{\mathrm{m}}}\left(1-\frac{a_1^2}{\rho^2}\right)\left[\,(1-\mu_1\mu_{\mathrm{m}})(\sigma_x+\sigma_y)+(\mu_1+\mu_{\mathrm{m}})\sigma_z\,\right]+ \\
&\quad 2\zeta(1-\mu_{\mathrm{m}})\left(d_3+\frac{d_4}{\rho^2}+\frac{d_5}{\rho^4}\right)\left[\,(\sigma_x-\sigma_y)\cos2\theta_i+2\tau_{xy}\sin2\theta_i\,\right] \\
\sigma_{\theta i}^1 &= \frac{\zeta d_1}{1+\mu_{\mathrm{m}}}\left(1+\frac{a_1^2}{\rho^2}\right)\left[\,(1-\mu_1\mu_{\mathrm{m}})(\sigma_x+\sigma_y)+(\mu_1+\mu_{\mathrm{m}})\sigma_z\,\right]+ \\
&\quad 2\zeta(1-\mu_{\mathrm{m}})\left(-d_2\rho^2-d_3-\frac{d_5}{\rho^4}\right)\left[\,(\sigma_x-\sigma_y)\cos2\theta_i+2\tau_{xy}\sin2\theta_i\,\right] \\
\sigma_{zi}^1 &= \frac{E_1}{E_{\mathrm{m}}}\left[\,\sigma_z-\mu_{\mathrm{m}}(\sigma_x+\sigma_y)\,\right]+\frac{2\mu_1\zeta d_1}{1+\mu_{\mathrm{m}}}\left[\,(1-\mu_1\mu_{\mathrm{m}})(\sigma_x+\sigma_y)+(\mu_1-\mu_{\mathrm{m}})\sigma_z\,\right]+ \\
&\quad 2\zeta\mu_1(1-\mu_{\mathrm{m}})\left(-d_2\rho^2+\frac{d_4}{\rho^2}\right)\left[\,(\sigma_x-\sigma_y)\cos2\theta_i+2\tau_{xy}\sin2\theta_i\,\right] \\
\tau_{zi}^1 &= 2\zeta(1-\mu_{\mathrm{m}})\left(-\frac{d_2\rho^2}{2}-d_3+\frac{d_4}{2\rho^2}+\frac{d_5}{\rho^4}\right)\left[\,(\sigma_x-\sigma_y)\sin2\theta_i+2\tau_{xy}\cos2\theta_i\,\right]
\end{aligned}
\right.
$$

$$(5\text{-}19)$$

式中：a——钻孔半径；

a_1——包体应变片内半径；

r——径向距离；

θ——极径与 x 轴的夹角；

z——钻孔轴向，指向孔口为正。

$d_1\sim d_5$ 按式（5-20）计算。

$$\begin{cases} d_1 = 1/\left[1 - 2\mu_1 + m^2 + \zeta(1 - m^2)\right] \\ d_2 = 12(1 - \zeta)m^2(1 - m^2)/(a^2 D) \\ d_3 = \left[m^4(4m^2 - 3)(1 - \zeta) + \kappa_1 + \zeta\right]/D \\ d_4 = -4a_1^2\left[m^6(1 - \zeta) + \kappa_1 + \zeta\right]/D \\ d_5 = -3a_1^4\left[m^4(1 - \zeta) + \kappa_1 + \zeta\right]/D \\ d_6 = 1/\left[1 + m^2 + \zeta(1 - m^2)\right] \end{cases} \tag{5-20}$$

式(5-20)中:

$$\begin{cases} D = (1 + \kappa\zeta)\left[\kappa_1 + \zeta + (1 - \zeta)(3m^2 - 6m^4 + 4m^6)\right] + \\ \qquad (\kappa_1 - \kappa\zeta)m^2\left[(1 - \zeta)m^6 + (\kappa_1 + \zeta)\right] \\ \zeta = \dfrac{G_1}{G_m} = \dfrac{E_1(1 + \mu_m)}{E_m(1 + \mu_1)} \\ m = a_1/a \\ \kappa = 3 - 4\mu_m \\ \kappa_1 = 3 - 4\mu_1 \end{cases} \tag{5-21}$$

利用环氧树脂层中应变片嵌固部位点应变状态之间的关系,第 i 应变丛第 j 应变片测得的解除应变测值 ε_{ij} 与切向、轴向应变值的关系为:

$$\varepsilon_{ij}^1 = \varepsilon_{zi}^1\cos^2\varphi_{ij} + \varepsilon_{\theta i}^1\sin^2\varphi_{ij} + \frac{1}{2}\gamma_{zi\theta i}^1\sin 2\varphi_{ij} \tag{5-22}$$

再引入应力-应变关系的广义胡克定律:

$$\begin{cases} \varepsilon_{z1}^1 = \dfrac{1}{E_1}(\sigma_{z1}^1 - \mu_1\sigma_{\theta 1}^1 - \mu_1\sigma_{r1}^1) \\ \varepsilon_{\theta 1}^1 = \dfrac{1}{E_1}(\sigma_{\theta 1}^1 - \mu_1\sigma_{z1}^1 - \mu_1\sigma_{r1}^1) \\ \gamma_{zi\theta i}^1 = \dfrac{2(1 + \mu_1)}{E_1}\tau_{zi\theta i}^1 \end{cases} \tag{5-23}$$

将式(5-19)和式(5-22)代入式(5-23),得出:

$$\begin{cases} \sigma_{\theta i}^1 - \mu_1(\sigma_{zi}^1 + \sigma_{ri}^1) = \dfrac{E_1}{E_m}\{K_1(\sigma_x + \sigma_y) - 2(1 - \mu_m^2)K_2\left[(\sigma_x - \sigma_y)\cos 2\theta_i + \right. \\ \qquad\qquad\qquad\qquad\qquad \left. 2\tau_{xy}\sin 2\theta_i\right] - \mu_m K_4\sigma_z\} \\ \sigma_{zi}^1 - \mu_1(\sigma_{\theta i}^1 + \sigma_{ri}^1) = \dfrac{E_1}{E_m}\left[\sigma_z - \mu_m(\sigma_x + \sigma_y)\right] \\ \tau_{zi\theta i}^1 = 2\dfrac{E_1}{E_m}\dfrac{1 + \mu_m}{1 + \mu_1}K_3(\tau_{yz}\cos\theta_i - \tau_{zx}\sin\theta_i) \end{cases} \tag{5-24}$$

式中:

$$\begin{cases} K_1 = d_1(1 - \mu_1\mu_m)\left(1 - 2\mu_1 + \dfrac{a_1^2}{\rho^2}\right) + \mu_1\mu_m \\[2ex] K_2 = (1 - \mu_1)d_2\rho^2 + d_3 + \dfrac{d_4\mu_1}{\rho^2} + \dfrac{d_5}{\rho^4} \\[2ex] K_3 = d_6\left(1 + \dfrac{a_1^2}{\rho^2}\right) \\[2ex] K_4 = -\dfrac{(\mu_1 - \mu_m)d_1}{\mu_m}\left(1 - 2\mu_1 + \dfrac{a_1^2}{\rho^2}\right) + \dfrac{\mu_1}{\mu_m} \end{cases} \quad (5\text{-}25)$$

得到各方向的应变观测值方程：

$$\begin{aligned} E\varepsilon_{ij} = &\left\{ K_1(\sigma_x + \sigma_y) - 2(1 - \mu_m^2)K_2\left[(\sigma_x - \sigma_y)\cos2\theta_i + 2\tau_{xy}\sin2\theta_i\right] - \right.\\ &\left. \mu_m K_4\sigma_z \right\}\sin^2\varphi_{ij} + \left[\sigma_z - \mu_m(\sigma_x + \sigma_y)\right]\cos^2\varphi_{ij} + \\ &2(1 + \mu_m)K_3(\tau_{yz}\cos\theta_i - \tau_{zx}\sin\theta_i)\sin2\varphi_{ij} \\ &(i = 1、2、\cdots、s, j = 1、2、\cdots、t) \end{aligned} \quad (5\text{-}26)$$

把观测值方程以轴向应变片测得的观测值为起始逆时针方向编号，并令 $k = (i - 1) + j$，得到空心包体应力计应变测量的观测值方程组：

$$E\varepsilon_k = A_{k1}\sigma_x + A_{k2}\sigma_y + A_{k3}\sigma_z + A_{k4}\tau_{xy} + A_{k5}\tau_{yz} + A_{k6}\tau_{zx} \quad (5\text{-}27)$$
$$[k = (i - 1)t + j, i = 1 \sim s, j = 1 \sim t]$$

式中：

$$\begin{cases} A_{k1} = \left[K_1 + \mu_m - 2(1 - \mu_m^2)K_2\cos2\theta_i\right]\sin^2\varphi_{ij} - \mu_m \\[1.5ex] A_{k2} = \left[K_1 + \mu_m - 2(1 - \mu_m^2)K_2\cos2\theta_i\right]\sin^2\varphi_{ij} - \mu_m \\[1.5ex] A_{k3} = 1 - (1 - \mu_m K_4)\sin^2\varphi_{ij} \\[1.5ex] A_{k4} = -4(1 - \mu_m^2)K_2\sin2\theta_i\sin^2\varphi_{ij} \\[1.5ex] A_{k5} = 2(1 + \mu_m)K_3\cos2\theta_i\sin2\varphi_{ij} \\[1.5ex] A_{k6} = -2(1 + \mu_m)K_3\sin2\theta_i\sin2\varphi_{ij} \end{cases} \quad (5\text{-}28)$$

式（5-27）即为空心包体应变计地应力测量的观测值方程组，修正系数 K_i 一般在 0.8~1.3，根据实际情况可取 $K_1 = K_2 = K_3 = K_4 = 1$。

②空心包体孔壁应变计法的测试方法。

采用空心包体孔壁应变计法测定岩体的三向应力时，需用到钻孔套芯应力解除法。钻孔套芯应力解除法是在地应力测量点，打一个 $\phi130$mm 的钻孔，孔深为隧道断面半径的 2~3 倍，将孔底磨平，并在孔底打一个起导向作用的喇叭孔，在大孔中心钻一个 $\phi38 \sim \phi40$mm 的测量小孔，测量小孔的深度约为 50cm，然后在测孔中安装测量探头，探头引线与孔外测量仪器相连接，测初始值，如图 5-9 所示。

如果是进行相对值测量，设备安装工作就此结束，此后间隔一段时间再测探头的数值，就可测出应力随时间的变化情况。绝对应力测量是在测量小孔外，再用 $\phi130$mm 口径的钻头同心钻进，开挖应力解除槽，钻进过程中导线从钻杆中心穿过，由水接头处引出与测量仪器相连接，监视解除过程中的变化。随着应力解除槽的加深，岩芯逐渐与外界应力场相隔离，岩芯发生弹性恢复，仪器测值随之发生变化，直至仪器读数不再变化时，停止钻进，取出岩芯。应力解除槽钻出前后仪器的读数差值即为解除读数值。通常每钻进 3~5cm（测试时为采集足量的数

143

据,可采用1.5cm或2cm的间隔),仪器读数一次,得到仪器读数随解除深度的变化曲线,称之为应力解除曲线。

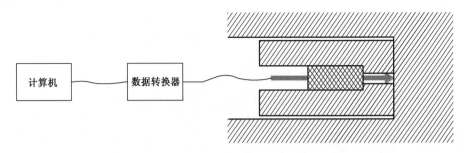

图5-9 钻孔套芯应力解除测试示意图

取出带有测量探头的完整岩芯后,通常在现场进行围压率定试验。将岩芯放进橡胶衬垫双轴室中,然后在岩芯上施加围压,随着压力的变化,仪器读数也跟着变化。根据应变读数绘出压力与仪器读数的关系曲线,称为率定曲线。此曲线可判断孔中各探头是否处于正常工作状态,有利于综合判定原始资料的可靠性。从率定结果可以求出岩石的弹性模量和泊松比。为取得更接近实际的真值,通常在单孔中进行多次测量,然后进行统计处理分析,尽量减少测量误差和人为误差。

根据现场取得的原始资料,在室内进行资料整理,利用相关计算程序,可求出最大、中间、最小主应力的大小、方向和倾角。

二、扁千斤顶法

扁千斤顶法是最早期的应力测量方法,其原理和操作简单。图5-10为其试验装置示意图。具体试验步骤如下:

(1)在洞室岩壁上布置一对或多对测点(如图中A、B为一对测点),每对测点的间距d_0视所采用的引伸仪尺寸而定,一般每对测点间的距离为15cm左右。

(2)在两测点之间的中线处,用金刚石锯切割一道狭缝槽。由于洞壁岩体受到环向压应力σ_θ的作用,所以,在狭缝槽切割后,两测点间的距离就会从初始值d_0减小到d,即两点间距产生相对缩短位移。

(3)把扁千斤顶塞入狭缝槽内[图5-10b)],并用混凝土充填狭缝槽,使扁千斤顶与洞壁岩体紧密胶结在一起。

(4)对扁千斤顶泵入高压油,通过扁千斤顶对狭缝两壁岩体加压,使岩壁上两测点的间距缓缓地由d恢复到d_0[图5-10c)]。这时扁千斤顶对岩壁施加的压力p_c即为所要测定的洞壁岩体的环应力值σ_θ。

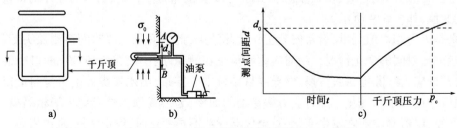

图5-10 扁千斤顶试验装置示意图

如果在垂直地下巷道的断面上，布置 A、B、C 三个扁千斤顶试验测点，则可以测得三个环应力值 σ_θ，那么，环向应力值 $\sigma_{\theta A}$、$\sigma_{\theta B}$、$\sigma_{\theta C}$ 与岩体天然应力 σ_x、σ_y、τ_{xy} 间的关系为，

$$\begin{Bmatrix} \sigma_{\theta A} \\ \sigma_{\theta B} \\ \sigma_{\theta C} \end{Bmatrix} = \begin{bmatrix} a_{11} & a_{12} & a_{13} \\ a_{21} & a_{22} & a_{23} \\ a_{31} & a_{32} & a_{33} \end{bmatrix} \begin{Bmatrix} \sigma_x \\ \sigma_y \\ \tau_{xy} \end{Bmatrix} \tag{5-29}$$

式中，系数 a_{ij} 可以用数值法求得。

对于开挖在天然应力为铅直和水平的岩体中的圆形巷道而言，若在该巷道某断面上用扁千斤顶法，分别测得边墙和拱顶处的环向应力 $\sigma_{\theta R}$ 和 $\sigma_{\theta W}$，则岩体沿竖直和水平方向的天然应力为：

$$\sigma_v = \frac{3}{8}\sigma_{\theta R} + \frac{1}{8}\sigma_{\theta W} \tag{5-30}$$

$$\sigma_h = \frac{1}{8}\sigma_{\theta R} + \frac{3}{8}\sigma_{\theta W} \tag{5-31}$$

扁千斤顶法一般只能用于较坚硬完整的岩体中，而且测出的应力是一个二维应力场，虽然通过数值模拟可以推算出深层岩体中的三维应力场，但是这种推算需要许多假设，因而其结果是不准确的。

三、水压致裂法

水压致裂法应力测试示意图如图 5-11 所示，把高压水泵装入由栓塞隔开的试段中，当钻孔试段中的水压升高时，钻孔孔壁的环向压应力降低，并在某些点出现拉应力；随着泵入的水压力不断升高，钻孔孔壁的拉应力也逐渐增大；当钻孔中水压力引起的孔壁拉应力达到孔壁岩石抗拉强度时，就在孔壁形成拉裂隙。若设形成孔壁拉裂隙时，钻孔的水压力为 P_i，拉裂隙一经形成后，孔内水压力就要降低，然后达到某一稳定的压力 P_s，称之为关闭压力。这时，如人为地降低水压，孔壁拉裂隙将闭合，若再继续泵入高压水流，则拉裂隙将再次张开，这时孔内的压力为 P_r。根据初始裂隙在切向应力最小的部位发生以及关闭压力必须和最小主应力相平衡的理论关系，在有初始孔隙压力 P_0 的情况下，可计算出钻孔平面内的两个岩体天然主应力，即：

$$\sigma_1 = 3P_s - P_r - P_0 \tag{5-32}$$

$$\sigma_2 = P_s \tag{5-33}$$

σ_2 的方向与裂隙方向垂直。

水压致裂法测量应力包括六个步骤：

（1）打钻孔到测试部位，并将试验段用两个封隔器隔离起来。

（2）向隔离段注高压水流，直到孔壁出现裂隙，并记下此时的初始开裂压力；然后继续施加水压使裂隙扩展，当裂隙扩张至 2～3 倍钻孔直径

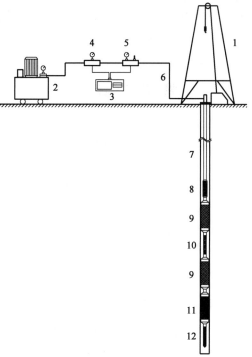

图 5-11　水压致裂法应力测试示意图

1-钻塔；2-高压泵站；3-采集系统；4-流量计；5-压力变送器；6-高压管；7-钻杆；8-推拉开关；9-串联封隔器；10-试验段；11-印模器；12-数字定向仪

时,关闭高压水系统,待水压恒定后记下关闭压力;最后卸压使裂隙闭合。

（3）重新向密封段注射高压水,使裂隙重新张开,并记下裂隙重开时的压力。这种重新加压的过程重复 2~3 次。

（4）将封隔器完全卸压后从钻孔内取出。

（5）将用特殊橡皮包裹的印模器送入破裂段并加压,水压致裂裂隙的形状、大小、方位及原来孔壁存在的节理、裂隙均由橡皮印痕器记录下来。

（6）根据记录数据绘制压力-时间曲线图（图 5-12）,并计算主应力的大小,确定主应力方向。

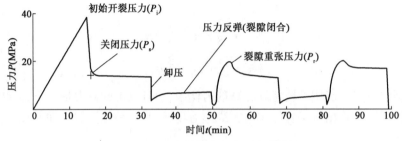

图 5-12　水压致裂试验的压力-时间曲线图

水压致裂法的突出优点是能测量深部地压,但采用该方法时,只有假定钻孔方向与一个主应力方向重合,且该主应力的值也已知,才能根据在一个钻孔测得的结果确定三维地应力状态,否则就必须打交会于测点的互不平行的三个钻孔。通常假定自重应力是一个主应力,因而将钻孔打在垂直方向,但是在很多情况下,垂直方向并不是主应力方向,而且垂直应力也不等于自重应力。这种方法认为初始开裂在垂直于最小主应力的方向发生,可是如果岩石本来就有层理、节理等弱面存在,那么初始裂隙就有可能沿着弱面发生,因此这种方法只能用于比较完整的岩石中。

四、刚性圆筒应力计

刚性圆筒应力计的外壳是一个由钢或其他坚硬材料制成的空心圆筒,内部是压力传感器。将应力计装入圆筒内。刚性圆筒和孔壁处于紧密结合状态,钻孔周围的应力变化是通过刚性圆筒传到压力传感器上。刚性圆筒应力计的变形模量必须非常大,至少要 4 倍于岩石的变形模量,这样才能阻止岩石变形,有效地将孔壁周围的应力变化传递到应力计内。目前在一些国家,特别是在美国获得较为广泛应用的振动钢弦应力计,可视为刚性圆筒应力计的一种。

刚性圆筒应力计具有很高的稳定性,因而可用于现场长期监测。它通常只能测量垂直于钻孔的平面内的相对应力变化,而且灵敏度较低。除振动钢弦应力计外,其他刚性圆筒应力计逐渐被淘汰。

五、声发射法

岩石类材料在受到外荷载作用时,其内部储存的应变能会因微破裂作用而快速释放产生弹性波,发生声响,称为声发射。利用声发射法测地应力是基于这样一种现象,即材料在经过一次或几次反复加载 – 卸载后,再一次对其加载时,如果没有超过先前的最大应力,则很少发生声发射,只有达到并超过以前的最大应力,才能产生大量声发射,这种现象称为 Kaiser 效应。现场测量时先取定向岩芯,然后在实验室中对加工好的定向试样加载,并测量声发射和确定

Kaiser 点,以测定试样先前受到的最大应力,并将它定为采芯地点的地应力。这种方法可以和应力解除法或水压致裂法结合起来,因为声发射试样很容易从这两种方法的钻孔岩芯中获得。由于绝大多数地区的构造运动是极其复杂的,而目前的应力场主要受最近一次的构造运动所控制,所以声发射确定的只是采芯地点先前受到的最大应力,而不一定代表目前的地应力状态。

六、局部应力解除法

与套孔解除法的完全应力解除不同,某些方法采用对钻孔做部分应力或应变解除,以测量原始地应力。这些方法通常有:

(1)径向切槽法。使用金刚石钻具在钻孔壁上沿径向切槽,并用切向应变计记录切槽前后的应变变化。通过三个同样的切槽测量,即可决定垂直于钻孔的平面内的应力状态。这种方法经过改进也有可能用来测量三维应力状态。

(2)全息干涉测量法。在垂直于孔壁的方向钻一个小孔,使孔壁应力部分解除,从而产生微小位移并引起全息干涉仪中相干光的干涉。由干涉条纹可确定孔壁上的二维应力状态和岩石的弹性模量。

(3)平行钻孔法。将孔径变形计安装在一个钻孔内,然后在该孔周围再打一个或数个与之平行的钻孔,由测得的第一个孔的孔径变形,根据含两个或多个圆孔的无限大平板的弹性理论解或运用数值方法,即可求得垂直于钻孔的平面内的应力状态。

(4)中心钻孔法。在岩石表面沿一个直径为 200~250mm 的圆周等间距地布置三对径向测量柱,然后在圆心处打一个直径为 150mm 的钻孔,测量钻孔所引起的三对测量柱之间的径向距离变化,即可确定岩石表面的二维应力状态。

(5)钻孔延伸法。将钻孔变形计安装在靠近钻孔底部的地方,然后延伸钻孔,从而引起孔径变化。当钻孔延伸超过 2 倍孔径时,变形趋于稳定,通过有限元计算等方法,即可由测量的钻孔变形求出垂直于钻孔的平面内的二维应力状态。

(6)千斤顶压裂法。用一自平衡双向千斤顶沿直径方向向孔壁加压,直至在孔壁的另一径向相对的部位出现纵向开裂,从而引起局部应力解除。用事先压贴在开裂部位的摩擦式电阻应变计,可以测出该部位的切向应变。沿三个不同方向加压并测量,由测量结果就可计算出垂直于钻孔的平面内的二维应力状态。

七、松弛应变测量

(1)微应变曲线分析。此法基于这样的假设,即在应力解除后,在暴露的岩芯基体上会出现一系列的微裂隙,微裂隙的数量和方向均和原岩的应力状态有关。对从岩芯中截取得到立方体试样加静水压力,使试样中的所有裂隙闭合,在试件表面不同方向粘贴应变片,记录下闭合过程中的应变变化,据此即可推断出原岩应力状态。

(2)钻孔张裂测量法。在钻孔表面暴露以后,由于岩石膨胀,会在与最小主应力方向平行的钻孔径向相对的两个区域出现平行于钻孔表面的纵向张裂。如果钻孔与一主应力方向重合,那么通过测量钻孔张裂即可决定其他两个主应力的方向,主应力的大小由张裂的深度和宽度来决定。

(3)非弹性恢复应变测量法。这种方法是应力解除法的延伸。在应力解除之后,立即在做好方位标记的岩芯表面沿不同方向贴上应变片,以测量岩芯从钻孔取出后一段时间的部分恢复应变。原岩主应力的方向和主恢复应变的方向相重合,主应力的大小由主恢复应变值、有效自重应力及岩石的弹性性质所决定。

八、应用地球物理方法

(1)超声波测量法。岩石中的弹性波特别是纵波的波速和衰减随应力状态而依一定的定量关系,测量弹性波在岩体中的传播速度,并根据在该岩石中标定的压力和波速的关系,即可确定测量平面内的主应力状态。

(2)超声波谱法。向岩石中发射超声剪切波,此波将因岩石应力而发生双折射,其双折射率是应力的函数。为了确定地应力状态,需要首先标定超声剪切波在岩石中双折射随岩石应力变化的规律。

(3)放射性同位素法。岩体对放射性同位素辐射的吸收率是密度的函数,随着压缩应力增加,岩体密度显著增加,故通过测定辐射吸收率即可确定岩体密度并进而估计出应力的大小。

(4)原子磁性共振法。已经发现,核子四极共振受应力和温度变化所引起的晶格扭曲的影响。若已知共振频率和应力的关系,则岩体中的每个晶格都可被用作应力传感器。

应力作用所引起的电阻率、电容、电磁等性质的变化,也可用来推算岩体应力状态。

对于应用地球物理方法,目前尚未完全弄清楚地球物理量与岩石及地应力的理论关系,因而也不能精确测定地应力的大小与方向,只能对大范围的应力状态进行大致的探索。

思　考　题

5-1　地壳是静止不动的还是变动的?怎样理解岩体的自然平衡状态?

5-2　什么是天然应力?其成因是什么?

5-3　岩体天然应力状态与哪些因素有关?

5-4　试述自重应力场与构造应力场的区别和特点。

5-5　什么是构造应力场?构造应力是怎么产生的?

5-6　什么是侧压力系数?侧压力系数能否大于1?从侧压力系数值的大小如何说明岩体所处的应力状态?

5-7　试述应力解除法的基本原理。

5-8　什么是应变片花?岩体应力测量中为什么使用直角形和等角形应变片花?

5-9　已知岩体中某一点的六个应力分量,如何求该点的主应力?

5-10　用孔壁应变法测量岩体应力时,为什么能通过测量孔壁应变便可确定一点的应力状态?

习　　题

5-1　在某矿进行原岩应力测量。由测量结果计算出主应力为 $\sigma_1 = 33.5\text{MPa}$, $\sigma_2 = 21.1\text{MPa}$, $\sigma_3 = 20.8\text{MPa}$, σ_3 的方向为铅直方向, σ_1 与水平轴 X 的夹角为 $\alpha = -2.50°$, 覆盖层厚度 $H = 500\text{m}$, 岩体泊松比 $\mu_\text{m} = 0.29$, $\gamma_\text{m} = 25\text{kN/m}^3$。试计算自重应力场和构造应力场的大小。

[参考答案:自重应力 $\sigma_1^z = \sigma_2^z = 5.1\text{MPa}$,$\sigma_3^z = 12.5\text{MPa}$;构造应力 $\sigma_1^0 = 28.4\text{MPa}$,$\sigma_2^0 = 16\text{MPa}$,$\sigma_3^0 = 8.3\text{MPa}$]

5-2 列出自重作用下的厚岩体,处于弹性、塑性状态时,水平应力和自重应力的关系表达式。当厚岩体为松散岩体时,其关系如何?

5-3 岩体深处 100m,上部岩体的重度 $\gamma_\text{m} = 25\text{kN}/\text{m}^3$,$\mu_\text{m} = 0.2$,自重应力为多少?当 $\mu_\text{m} = 0.5$ 时自重应力是多少?

[参考答案:$\mu_\text{m} = 0.2$ 时自重应力 $\sigma_z = 2.5\text{MPa}$,$\sigma_x = \sigma_y = 0.625\text{MPa}$;$\mu_\text{m} = 0.5$ 时自重应力 $\sigma_z = \sigma_x = \sigma_y = 2.5\text{MPa}$]

5-4 某矿岩体沿 Z 轴方向打一个钻孔,并在孔底运用直角形应变片花($0°,45°,90°$),测得应变值 $\varepsilon_0 = -3 \times 10^{-6}$,$\varepsilon_{45} = 272 \times 10^{-6}$,$\varepsilon_{90} = 404 \times 10^{-6}$。已知岩体的 $E_\text{m} = 5.41 \times 10^4\text{MPa}$,$\mu_\text{m} = 0.351$,试求:

(1)该测点的主应变大小和方向;(2)该测点的主应力大小和方向。

[参考答案:(1) $\varepsilon_{\max} = 4.16 \times 10^{-4}$,$\varepsilon_{\min} = -1.6 \times 10^{-5}$;(2) $\sigma_{\max} = 25.3\text{MPa}$,$\sigma_{\min} = 8.02\text{MPa}$]

5-5 在某露天矿中测定平面应力,采用等角应变片花,测得的应变为 ε_0、ε_{60}、ε_{120},求取主应变和主应力的计算公式。

5-6 自地表向下的岩层依次为:表土层,厚度 60m,重度 $\gamma_\text{m} = 20\text{kN}/\text{m}^3$,内摩擦角 $\varphi_\text{m} = 30°$;砂岩层,厚度 60m,重度 $\gamma_\text{m} = 25\text{kN}/\text{m}^3$,内摩擦角 45°,泊松比 0.25。求距离地表 50m 及 100m 处的岩体的自重水平应力。

[参考答案:50m 处 $\sigma_x = 0.33\text{MPa}$;100m 处 $\sigma_x = 0.73\text{MPa}$]

5-7 在距地表 100m 深度处某点测得天然应力场的三个主应力分别为 $\sigma_x = 5\text{MPa}$、$\sigma_y = 0.5\text{MPa}$ 和 $\sigma_z = 15\text{MPa}$;已知岩体的平均重度 24kN/m^3,泊松比 0.2。求该点处的构造应力,并确定构造应力的方向。

[参考答案:$\sigma_z^0 = 12.6\text{MPa}$;$\sigma_x^0 = 4.4\text{MPa}$;$\sigma_y^0 = -0.1\text{MPa}$]

第六章　工程岩体分级

第一节　概　　述

以岩体为工程建筑物地基或环境,并对其进行开挖或加固的工程,称为岩石工程。它主要包括岩石地下工程、岩石边坡工程和岩石地基工程。岩石工程影响范围内的岩体,称之为工程岩体。所有岩石工程都是建筑物本身和工程岩体的结合体,工程岩体自身的稳定是整个岩石工程稳定的基础和前提。因此,在工程建设中,准确而及时地进行工程岩体的稳定性判断,对于保证工程施工和使用的安全具有十分重要的意义。

评价岩体稳定性的基本方法主要有分析计算法、模拟试验法和岩体分级法等三种。分析计算法和模拟试验法,是在地质调查(或预测)和详细岩石力学测试的基础上,通过一定的简化模型,包括荷载的简化、几何边界条件的简化、应力与应变关系或材料的简化,运用数学手段或模拟理论,来分析岩体的稳定性,研究其安全支护措施。岩体分级法则是在地质调查(或预测)和简易岩石力学测试基础上,借助于建立在大量工程实践经验和大量岩石力学测试基础上的工程岩体分级标准,来判断工程岩体的稳定性,预测工程岩体的物理力学参数,为岩石工程建设的勘察设计和施工等提供基本依据。相对而言,岩体分级法不需要详尽的岩体力学测试资料(尤其是现场大型测试),只需进行少量简易的地质勘察和岩石力学试验就能确定岩体级别,可以节省大量的时间和投资,因此在岩石工程中被广泛采用。

一、工程岩体分级的概念

岩体分级的英文名称为"Rock Mass Classification"。国内对其称呼因习惯而不同,出现了诸如岩石分级、岩体分级、工程岩体分级、岩体分类、围岩分级、围岩分类等多种名称。严格来说,分类和分级是有本质区别的。

认识事物的同一性和差异性的方法就是将事物进行分类和分级。分类主要突出同一性,是质的定性评价,强调的是属性特征,如按地质成因,岩石可分为岩浆岩、沉积岩、变质岩三大类。而分级主要突出差异性,是量的界定,强调的是等级特征,如Ⅰ级、Ⅱ级、Ⅲ级岩体的差异性主要表现在强度、模量等值的数量上的不同,强调量化。换句话讲,分类一词通常用来划分有"质"的区别的事物,分级主要是用于对"质"相同而"量"有差异的事物进行"量"的划分。可以说分级是一种有序的分类,是在分类基础上进行的。

在岩石工程中,过去国内习惯于用分类的概念,现在逐渐将分级和分类的概念分开并加以明确。因此,工程岩体分级的定义为对工程岩体依据一定的特征指标进行归类分级。

对于一些大型的重要工程,可通过地质勘察、力学试验、数值分析、物理模拟等进行评价;而对于一般的岩土工程,不可能投入大量的物力、人力、财力,花费大量的时间进行上述评价,此时可采用经验类比法进行评价,以岩体分级作为经验类比法的尺度,这是一种快速、经济、简便易行的分析方法。例如,隧道设计中,对Ⅱ级围岩可直接采用迈式锚杆,Ⅴ级、Ⅵ级围岩采用钢拱架支护。同时,通过工程岩体分级,可以预测岩体的强度及变形指标,例如,规范中给出了不同级别岩体的力学参数取值范围。

岩体分级最终目的是在工程界统一认识,便于交流,便于预测可能出现的岩体力学问题,同时为岩石工程设计与施工提供基本依据,预测工程岩体的宏观力学参数等。岩体分级是岩石力学中的一个重要研究课题。

二、工程岩体分级的基本思想

图 6-1 给出了工程岩体分级的基本结构。一个完整的工程岩体分级方法,应包括 3 个组成部分,即分级因素(输入部分)、分级标准(判断部分)和工作指标(输出部分)。分级因素为分级方法的输入部分,即为确定岩体级别所必须事先知道的定性或定量指标,通常区分为基本分级因素和修正因素;分级标准为确定岩体级别的具体规定,它们可以归结为经验分级法、数值分级法以及经验分级与数值分级相结合的方法;工作指标为岩体分级的输出部分,应包括岩体物理力学参数、岩体自稳能力(即岩体在不支护条件下保持其形状和尺寸不变的能力)、岩体所能承受的极限荷载、岩体加固支护措施和支护参数等。

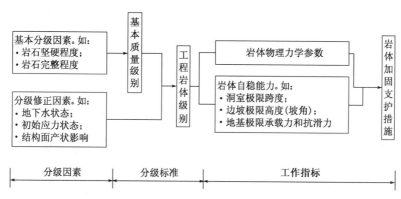

图 6-1　工程岩体分级方法的基本结构(据柳赋铮,1991)

岩体分级方法不可能包含所有众多的因素,分级因素的选择,应遵循如下基本原则:

(1)重要性原则:分级因素必须是控制岩体质量和稳定性的最重要、最基本的因素。试图包括一切影响因素,将使分级方法失去科学性和实用性。

(2)独立性原则:分级因素必须具有独立性,同一分级方法中必须避免其实质上的重复。而反映某一分级因素的指标,可能有多个,比如岩石坚硬程度这一因素可以用单轴抗压强度、点荷载强度、回弹指数来描述。只有保证了分级因素的独立性,才能使各因素权重分配有实质的意义。

(3)易测性原则:分级因素的各项指标必须容易获取,测试方法要求简单易行,比如岩体的变形性能能够很好地反映岩体质量的一个方面,但是由于其指标难以获取,一般不宜选择为分级因素。

三、国内外常见的岩体分级方法

自 20 世纪 50~60 年代开始,工程岩体分级问题引起了国外岩土工程界的广泛关注。国外学者提出了许多工程岩体分级方法,并在工程中得到了不同程度的应用。自 20 世纪 70 年代以后,国内的岩土工程界也开始了工程岩体分级方法的研究,并在学习和消化国外研究成果,总结工程经验的基础上,提出了一些工程岩体分级方法,制定了相应的工程岩体分级行业标准,为我国经济建设的快速和健康发展做出了很大的贡献。自20世纪90年代以来,又对国内外的研究成果及工程经验进行了系统的总结,制定了一些工程岩体分级的国家规范,对许多行业标准也进行了修订。

目前国内外岩石(体)的分级方法多达几十种,不同的分级方法采用不同的指标、不同的标准,有定量、定性和半定量之分。表6-1列出了不同时期提出的具有代表性的分类分级方法。本章主要介绍普氏分级、可钻性分级、可爆性分级、Deere-Miller 分级等岩石分级方法和 RMR(Rock Mass Rating)分级、岩体基本质量指标(Based Quality,BQ)分级、巴顿 Q 系统分级等岩体分级方法。

不同时期提出的具有代表性的分类分级方法

表 6-1

时　间	提　出　者	分类分级方法名称
1909 年,1926 年	普洛托吉雅柯诺夫	普氏分级
1940 年	苏哈诺夫	苏氏分级
1946 年	太沙基	太沙基分级
1958 年	Lauffer	Lauffer 分类
1964 年	Deere	RQD 分类
1974 年,1978 年	Wickham	岩石结构(RSR)分类
1974 年,1980 年	Barton	Q 系统
1974 年,1976 年	Bieniawski	RMR 分类
1982 年	菊地宏吉	坝基岩体分类
1985 年,1988 年,1991 年	Romana	边坡岩体 SMR 分类
1984 年	Williamson	统一分类
1979 年	谷德振、黄鼎成	Z-分类
1980 年	王思敬	弹性波指标分类
1980 年	关宝树	围岩质量 Q 分类
1982 年,1984 年	杨子文	M 分类
1983 年	陈德基	块度模数 MK 分类
1980 年,1985 年	王石春	RMQ 分类
1979 年,1984 年	邢念信	坑道工程围岩分类
1984 年	东北工学院	围岩稳定性动态分级
1985 年	长江水利委员会	三峡 YZP 分类
1988 年	昆明水电院	大型水电站地下洞室围岩分类
1990 年	王思敬	岩体力学性能质量系数 Q 分类
1993 年	国家标准	工程岩体分级标准
1995 年	曹永成、杜伯辉	基于 RMR 体系修改的 CSMR 法
1997 年	陈昌彦	岩体质量动、静态综合评价体系

第二节 岩石分级

一、普氏分级

岩石普氏分级是由苏联普洛托吉雅柯诺夫(М. М. Лротодбяконов)1909 年提出的岩石坚固性分级,所谓坚固性是指岩石在多种变形方式(如压缩、拉伸、剪切等)的组合作用下抵抗破坏的能力。

1. 指标

岩石普氏分级采用普氏坚固性系数作为分级指标,其定义为:

$$f_{ps} = \frac{\sigma_c}{10} \tag{6-1}$$

式中:f_{ps}——普氏坚固性系数;

σ_c——岩石极限抗压强度,MPa。

2. 分级

根据普氏坚固系数的大小,将岩石坚固性分为十级,见表6-2。

岩石坚固性的普氏分级表　　　　　　　　　　　　　　表6-2

等级	坚固性程度	岩　　　　石	f_{ps}
Ⅰ	最坚固	最坚固岩石、细致、坚韧的石类岩和玄武岩	20
Ⅱ	很坚固	很坚固的花岗质岩石、石英斑岩,很坚固的花岗岩,砂质片岩比上一级较不坚固的石英岩,最坚固的砂岩和石灰岩	15
Ⅲ	坚固	花岗岩(致密的)和花岗质岩石,很坚固的砂岩和石灰岩,石英质矿脉,坚固的砾岩,极坚固的铁矿	10
Ⅲ$_a$	坚固	石灰岩(坚固的),不坚固的花岗岩,坚固的砂岩,坚固的大理石和白云岩,黄铁矿	8
Ⅳ	较坚固	一般的砂岩、铁矿	6
Ⅳ$_a$	较坚固	砂质页岩、页岩质砂岩	5
Ⅴ	中等	坚固的黏土质岩石,不坚固的砂岩和石灰岩	4
Ⅴ$_a$	中等	各种页岩(不坚固的)、致密的泥灰岩	3
Ⅵ	较软弱	较软弱的页岩,很软的石灰岩、白垩、岩盐、石膏、冻土、无烟煤、普通泥灰岩、破碎的砂岩、胶结砾石、石质土壤	2
Ⅵ$_a$	较软弱	碎石质土壤,破碎的页岩,凝结成块的砾石和碎石、坚固的煤、硬化的黏土	1.5
Ⅶ	软弱	黏土(致密的)、软弱的烟煤、坚固的冲积层、黏土质土壤	1.0
Ⅶ$_a$	软弱	轻砂质黏土、黄土、砾石	0.8
Ⅷ	土质岩石	腐殖土、泥煤、软砂质土壤、湿砂	0.6
Ⅸ	松散性岩石	砂、山麓堆积、细砾石、松土、采下的煤	0.5
Ⅹ	流沙性岩石	流沙、沼泽土壤、含水黄土及其他含水土壤	0.3

3. 修正

由于普氏分级将 $\sigma_c \geqslant 200MPa$ 的岩石统统划归到 Ⅰ 级,在工程适用上不太合理,故在1955 年提出了修正公式:

$$f_{ps} = \frac{\sigma_c}{30} + \sqrt{\frac{\sigma_c}{3}} \tag{6-2}$$

这样，$\sigma_c = 300\text{MPa}$ 使得 f_{ps} 值仍为 20。

4. 评价

从普氏坚固性系数的定义可知，普氏的岩石分级是建立在岩石的极限抗压强度之上的，由于岩石的极限抗压强度容易获得，因此该分级方法在岩石工程中易于采用。

二、岩石的可钻性分级

所谓岩石可钻性，是指在一定的钻进条件下，岩石钻进的难易程度。显然，岩石可钻性是岩石与钻具共同作用的结果。为了客观评价岩石的可钻性，必须规定相同的钻具条件才能对岩石的可钻性进行可靠评价。

1. 指标

在冲击式凿岩破碎的条件下，以破碎单位体积岩石所消耗的功作为岩石可钻性分级的相对指标。我国林韵梅等提出了"凿碎法岩石可钻性分级方法"，利用凿测器在自重下落时撞凿试样，可求出单位体积岩石破碎所消耗的功，称为凿碎比功。记为 α_{dr}，单位为 J/cm^3。

$$\alpha_{dr} = \frac{A}{V} = \frac{14770}{d^2 H} \quad (\text{J/cm}^3) \tag{6-3}$$

式中：d——凿孔直径，cm；

H——凿孔深度，cm。

2. 测试方法

凿碎比功可在室内或现场进行测试，这里介绍由林韵梅提出的测试方法：选取测定的岩块，使冲凿的测试面平整且接近水平，在岩石上凿 5mm 深的小孔，然后使凿测器的质量为 4kg 的重锤从 1m 高处沿导向杆自由落下，产生 39.2J 的冲击功，钎头凿入初始小孔内，连续做 480 次，测出冲凿孔的最终深度和初始深度之差 H，然后按式(6-3)计算 α_{dr}。

钢钎的直径略小于凿孔直径 d。

3. 分级

根据我国 96 种岩石 2500 多个试样的测定结果，按照凿碎比功将岩石的可钻性分成七级，见表6-3。

岩石可钻性的凿碎比功的分级（据林韵梅，1996）　　　　表6-3

级别	凿碎比功(J/cm^3)	可钻性	代表性岩石
I	<190	极易	页岩、煤、凝灰岩
II	191~290	易	石灰岩、砂页岩、橄榄岩、绿泥角闪岩、云母石英片岩、白云岩
III	291~390	中等	花岗岩、石灰岩、橄榄片岩、铝土矿、混合岩、角闪岩
IV	391~490	较难	花岗岩、硅质灰岩、辉长岩、玢岩、黄铁矿、磁铁石英岩、片麻岩、矽卡岩、大理岩
V	491~590	难	假象赤铁矿、磁铁石英岩(南芬)、苍山片麻岩、中细粒花岗岩、暗绿角闪岩
VI	491~690	很难	假象赤铁矿(姑山)、煌斑岩、磁铁石英岩(南芬一、二层铁)、致密矽卡岩
VII	≥700	极难	假象赤铁矿(白云鄂博)、磁铁石英岩(南芬)

三、岩石可爆性分级

所谓岩石的可爆性,是指岩石在爆破作用下发生破碎的难易程度。显然,岩石可爆性除了与岩石本身在动荷载条件下的物理力学特性和构造特性有关,同时还与爆破参数和爆破工艺有关,如何从量上进行分级是一个较复杂的问题。影响岩石可爆性的主要因素有:①岩石性质,如岩石的密度、强度、弹塑性、脆性以及节理、裂隙等都对岩石爆破效果产生影响。②爆破参数和工艺,如炸药性能、布孔尺度、炮孔堵塞质量、起爆时间等。③炸药与岩石的动力相互作用,特别是炸药与岩石的波阻抗的耦合作用影响较大。

1. 指标

我国学者经过长期的研究,提出了能综合反映以上各影响因素的岩石可爆性分级指数 N_{bur}(据林韵梅,1996):

$$N_{bur} = 67.22 - 38.44\ln V + 2.03\ln(\rho v_m) + K_b \tag{6-4}$$

式中:N_{bur}——岩石可爆性分级指数;

$\quad V$——爆破漏斗体积,m^3;

$\quad \rho v_m$——岩体波阻抗,$10MPa/s$;

$\quad \rho$——岩石质量密度,$10^3 kg/m^3$;

$\quad K_b$——块度指数。

块度指数 K_b 可表示为:

$$K_b = \ln\left(\frac{K_{b1}^{7.42}}{K_{b2}^{1.89} \cdot K_{b3}^{4.75}}\right) \tag{6-5}$$

式中:K_{b1}——大块率($>300mm$),%;

$\quad K_{b2}$——小块率($<50mm$),%;

$\quad K_{b3}$——平均合格率,%。

2. 测试方法

可爆性分级指数可通过现场爆破试验测试,试验条件为:在一个自由面的岩体上垂直钻孔,钎头直径45mm,炮眼深度1m,装2号岩石铵梯炸药0.45kg,瞬发雷管起爆。爆破后测出漏斗体积 V,并对爆破岩石进行块度分级统计。大于300mm者为大块,统计出 K_{b1};小于50mm者为小块,统计出 K_{b2};其余50~300mm又分为三个块组,取其平均率值为平均合格率 K_{b3}。

3. 分级

根据得出的分级指数将岩石的可爆性分为五级,见表6-4。

岩石可爆性分级(据林韵梅,1996) 表6-4

级	别	可爆性分级指数 N_{bur}	可 爆 性	代表性岩石
I	I₁	<29	极易爆	煤、黏土、千纹岩、泥质板岩
	I₂	29~39		
II	II₁	39~46	易爆	角砾岩、绿泥片岩、混合岩、砂岩、页岩
	II₂	46~53		
III	III₁	53~60	中等	混合岩、石灰岩、大理岩
	III₂	60~67		

级　别		可爆性分级指数 N_{bur}	可　爆　性	代表性岩石
Ⅳ	Ⅳ₁	67 ~ 74	难爆	赤铁矿、磁铁矿、石英片岩、片麻岩、闪长岩
	Ⅳ₂	74 ~ 81		
Ⅴ	Ⅴ₁	81 ~ 88	很难爆	花岗岩、矽卡岩
	Ⅴ₂	≥88		

四、Deere-Miller 双指标分级（1965）

1. 岩块单轴抗压强度分级

按岩块单轴抗压强度 σ_c（MPa），将岩石强度分为五级，见表 6-5。

岩块单轴抗压强度分级　　　　　　　　　　表 6-5

σ_c	>200	200 ~ 100	100 ~ 50	50 ~ 25	25 ~ 1
级别	A	B	C	D	E
分类	极高强度	高强度	中等强度	低强度	极低强度

2. 岩块模量比分级

岩块弹性模量 E_e 与岩块单轴抗压强度 σ_c 的比值，称为岩块模量比，记为 E_e/σ_c。按照岩块模量比将岩石分为三级，见表 6-6。

岩 块 模 量 比 分 级　　　　　　　　　　表 6-6

E_e/σ_c	>500	500 ~ 200	≤200
级别	H	M	L
分类	高模量比	中模量比	低模量比

3. 双指标综合分级

以岩块单轴抗压强度和岩块模量比作为岩石分级的双指标，对岩石进行分级，如 AH 表示高模量比极高强度岩石；BM 表示中模量比高强度岩石。

4. 评价

双指标分级能综合反映岩石的变形和强度性质，使用方便。

五、岩石坚硬程度分级

《工程岩体分级标准》（GB/T 50218—2014）和《岩土工程勘察规范》（2009 年版）（GB 50021—2001）规定，采用新鲜岩石的饱和抗压强度对岩石的坚硬程度进行分级。

1. 指标

新鲜岩石的饱和抗压强度 σ_{cw}（MPa）。

2. 分级

根据新鲜岩石的饱和抗压强度 σ_{cw}，可将岩石分成五种类别的坚硬程度，见表 6-7。

表 6-7 岩石坚硬程度分级

σ_{cw}	>60	60~30	30~15	15~5	≤5
坚硬程度	坚硬岩	较硬岩	较软岩	软岩	极软岩

当无法取得岩石饱和单轴抗压强度数据时,也可采用实测的岩石点荷载强度指数进行换算,求得岩石的饱和抗压强度。换算式为:

$$\sigma_{cw} = 22.82 I_{s(50)}^{0.75} \qquad (6\text{-}6)$$

式中:$I_{s(50)}$——岩石点荷载强度指数。

岩石点荷载强度指数的测试应符合《工程岩体分级标准》(GB/T 50218—2014)的相关规定。

第三节　岩体分级

由于尺寸和范围上的差异,岩体与岩块主要区别在于其均匀性和完整性不同。因此岩体分级不仅要考虑其组成岩石的性质,而且要考虑其均匀程度和完整性的影响。同时岩体是处于一定地质环境的地质体,因此岩体分级还应考虑地下水、地应力以及结构面产状等因素的影响。

一、完整性系数分级

岩体完整性系数是用来描述岩体完整程度的指标,记为 K_{mv},通常情况下用岩体纵波波速和岩石纵波波速的比值来计算。其表达式为:

$$K_{mv} = \left(\frac{V_{pm}}{V_{pr}}\right)^2 \qquad (6\text{-}7)$$

式中:V_{pm}——岩体纵波速度,m/s;

V_{pr}——岩石纵波波速,m/s。

岩体完整性系数 K_{mv} 可通过现场岩体钻孔取样并施以超声波测井来确定,即在现场钻孔取样后,在钻孔中采用超声波测井获得岩体的纵波速度 V_{pm},对采取的岩芯采用室内超声波测试岩块的纵波速度 V_{pr},通过式(6-7)即可计算岩体完整性系数 K_{mv}。

当现场钻孔难以实施超声波测井法时,也可采用经验法确定岩体完整性系数 K_{mv},即根据岩体单位体积内节理条数 J_v(条/m³)与 K_{mv} 的对应经验关系来确定。根据大量工程经验总结,得到的岩体单位体积内节理条数 J_v 与 K_{mv} 的对照关系见表6-8。

表 6-8 J_v 与 K_{mv} 对照表

J_v(条/m³)	<3	3~10	10~20	20~35	≥35
K_{mv}	>0.75	0.75~0.55	0.55~0.35	0.35~0.15	≤0.15

岩体单位体积内节理条数 J_v 又称为岩体体积节理数。应针对不同的工程地质岩组或岩性段,选择有代表性的露头或开挖壁面进行节理(结构面)统计,有条件时宜选择两个正交岩体壁面进行统计。现场统计时,除成组节理外,对延伸长度大于1m的分散节理亦应予以统计。已为硅质、铁质、钙质充填再胶结的节理不予统计。每一测点的统计面积不应小于 $2 \times 5\text{m}^2$。岩体 J_v 值,应根据节理统计结果,按下式计算:

$$J_v = \sum_{i=1}^{n} S_i + S_0 \qquad (i = 1, 2, \cdots, n) \qquad (6\text{-}8)$$

式中：J_v——岩体体积节理数，条/m^3；

  S_i——第 i 组节理沿法向每米长测线上的节理条数，条/m；

  n——统计区域内节理组数；

  S_0——每立方米岩体非成组节理条数，条/m^3。

根据完整性系数将岩体完整程度分为五级，见表 6-9。

岩体完整程度分级 表 6-9

完整性系数	≤0.15	0.15~0.35	0.35~0.55	0.55~0.75	>0.75
完整程度分级	极破碎	破碎	较破碎	较完整	完整

《岩土工程勘察规范》(2009 年版)(GB 50021—2001)规定，在进行岩土工程勘察时，除了进行岩石坚硬程度、岩体完整程度的等级划分外，还应通过岩石坚硬程度和岩体完整程度对岩体基本质量进行等级划分，见表 6-10。

岩体基本质量分级 表 6-10

坚硬程度	完整程度				
	完整	较完整	较破碎	破碎	极破碎
坚硬岩	Ⅰ	Ⅱ	Ⅲ	Ⅳ	Ⅴ
较硬岩	Ⅱ	Ⅲ	Ⅳ	Ⅳ	Ⅴ
较软岩	Ⅲ	Ⅳ	Ⅳ	Ⅴ	Ⅴ
软岩	Ⅳ	Ⅳ	Ⅴ	Ⅴ	Ⅴ
极软岩	Ⅴ	Ⅴ	Ⅴ	Ⅴ	Ⅴ

可以看出，该岩体基本质量分级考虑了岩石的坚硬程度和岩体的完整程度，但并未考虑岩体所处的地下水、地应力以及结构面产状等地质环境因素的影响。因此，该分级方法一般用于工程地质条件简单的岩石工程，对于工程地质条件复杂、工程重要性等级高的岩石工程，只能用于工程勘察阶段对岩体基本质量的初步分级。

二、RQD 分级

RQD(Rock Quality Designation，又称为岩石质量指标)是迪尔 1964 年提出的用来表示岩体良好度的一种方法。RQD 是根据修正的岩芯采取率来决定的。所谓修正的岩芯采取率，就是将钻孔中直接获取的岩芯总长度，扣除破碎岩芯和软弱夹泥的长度，再与钻孔总进尺之比。国家标准规定在计算岩芯长度时，只计算长度大于 100mm 坚硬的和完整的岩芯。

$$\text{RQD} = \frac{\sum l_i}{L} \times 100\% \qquad (i = 1, 2, \cdots, n) \tag{6-9}$$

式中：RQD——岩石质量指标；

  l_i——第 i 节大于 100mm 的岩芯长度，m；

  L——钻孔总进尺；

  n——长度大于 100mm 的岩芯数量。

根据 RQD 值将岩体良好度分为五级，见表 6-11。

RQD	分 级				表 6-11
RQD	0 ~ 25	25 ~ 50	50 ~ 75	75 ~ 90	90 ~ 100
分级	很差	差	较好	好	很好

RQD 被广泛引用于水利水电、矿山、地下工程、交通工程等岩体稳定性评价。纵观国内外几十种工程岩体分类方案,几乎无一例外地将 RQD 指标作为最重要的分类参数。

值得注意的是,虽然 RQD 指标已在工程岩体分类中广泛应用,但也存在不完善之处。在实际工程中,经常会出现同一结构区的同一岩体中,不同钻孔测得的 RQD 指标离散性很大,有时甚至与实际岩体完整性完全不符的情况。造成这种现象的主要原因,一方面是裂隙发育程度、充填特征的不均一性,以及岩体风化程度的差异,常引起岩体工程性质的不均一性,不同地点的 RQD 值,哪怕相距仅 1m,也可能存在差异。另一方面,岩体中裂隙发育的各向异性,常导致岩体工程性质的各向异性,相应地,RQD 值也存在各向异性。例如,对水平层状岩体(仅发育一组水平节理),层厚为 9cm 时,则铅直钻孔测得的 RQD 为 0,而水平钻孔测得的 RQD 却为100;同样,对倾斜层状岩体(仅发育一组顺层倾斜节理),层厚为 9cm 时,用铅直钻孔进行测量,若岩层倾角大于 26°,RQD 等于 100;若岩层倾角小于 26°,则 RQD 为 0。

三、国标 BQ 分级

为建立统一的评价工程岩体稳定性的分级方法,为岩石工程建设的勘察设计施工和编制定额提供必要的基本依据,1993 年由水利部主编,会同有关部门共同制订了工程岩体分级的国家标准,多次修订后的现行版本为《工程岩体分级标准》(GB/T 50218—2014)。该标准提出了适用于各类型岩石工程的岩体基本质量(BQ)分级法,因其采用的分级指标为 BQ(Based Quality),因此又称为国标 BQ 分级法。该方法采用了定性与定量相结合的方法,并分两个步骤进行,先确定岩体基本质量分级,再结合具体工程的特点确定工程岩体级别。

1. 分级因素及确定方法

岩体基本质量是岩体所固有的、影响工程岩体稳定性的最基本属性,它由岩石坚硬程度和岩体完整程度所决定。因此在确定岩体基本质量分级的因素上,仍然以岩石坚硬程度和岩体完整程度为主要因素。岩石坚硬程度和岩体完整程度可采用定性划分和定量指标两种方法确定。其中定量确定方法可按照表 6-7、表 6-8 和表 6-9 确定,下面介绍定性确定方法。

岩石坚硬程度的定性划分按表 6-12 确定,风化程度的定性划分按表 6-13 确定。岩体完整程度的定性划分按表 6-14 确定,结构面结合程度的定性划分按表 6-15 确定。

岩石坚硬程度的定性划分　　　　表 6-12

名　　　称		定 性 鉴 定	代表性岩石
硬质岩	坚硬岩	锤击声清脆,有回弹,震手,难击碎;浸水后,大多无吸水反应	未风化 ~ 微风化的花岗岩、正长岩、闪长岩、辉绿岩、玄武岩、安山岩、片麻岩、石英片岩、硅质板岩、石英岩、硅质胶结的砾岩、石英砂岩、硅质石灰岩等
	较坚硬岩	锤击声清脆,有轻微回弹,稍震手,较难击碎;浸水后,有轻微吸水反应	①中等(弱)风化的坚硬岩; ②未风化 ~ 微风化的熔结凝灰岩、大理岩、板岩、白云岩、石灰岩、钙质砂岩、粗晶大理岩等

159

名　　称		定　性　鉴　定	代　表　性　岩　石
软质岩	较软岩	锤击声不清脆,有回弹,较易击碎;浸水后,指甲可刻出印痕	①强风化的坚硬岩; ②中等(弱)风化的较坚硬岩; ③未风化～微风化的凝灰岩、千枚岩、砂质泥岩、泥灰岩、泥质砂岩、粉砂岩、页岩等
	软岩	锤击声哑,无回弹,有凹痕,易击碎;浸水后,手可掰开	①强风化的坚硬岩; ②中等(弱)风化～强风化的较坚硬岩; ③中等(弱)风化的较软岩; ④未风化的泥岩、泥质页岩、绿泥石片岩、绢云母片岩等
	极软岩	锤击声哑,无回弹,有较深凹痕,手可捏碎;浸水后,可捏成团	①全风化的各种岩石; ②强风化的软岩; ③各种半成岩

岩石风化程度的定性划分　　　　　　表 6-13

名　　称	风　化　特　征
未风化	岩石构造未变,岩质新鲜
微风化	岩石结构构造、矿物成分和色泽基本未变,部分裂隙面有铁锰质渲染或略有变色
中等(弱)风化	岩石结构构造部分破坏,矿物成分和色泽较明显变化,裂隙面风化较剧烈
强风化	岩石结构构造大部分破坏,矿物成分和色泽明显变化,长石、云母和铁镁矿物已风化蚀变
全风化	岩石结构构造全部破坏,已崩解和分解成松散土状或砂状,矿物全部变色,光泽消失,除石英颗粒外的矿物大部分风化蚀变为次生矿物

岩体完整程度的定性划分　　　　　　表 6-14

完整程度	结构面发育程度		主要结构面的结合程度	主要结构面类型	相应结构类型
	组数	平均间距(m)			
完整	1～2	>1.0	结合好或结合一般	节理、裂隙、层面	整体状或巨厚层状结构
较完整	1～2	>1.0	结合差	节理、裂隙、层面	块状或厚层状结构
	2～3	1.0～0.4	结合好或结合一般		块状结构
较破碎	2～3	1.0～0.4	结合差	节理、裂隙、劈理、层面、小断层	裂隙块状或中厚层状结构
	≥3	0.4～0.2	结合好		镶嵌碎裂结构
			结合一般		薄层状结构
破碎	≥3	0.4～0.2	结合差	各种类型结构面	裂隙块状结构
		≤0.2	结合一般或结合差		碎裂结构
极破碎	无序		结合很差		散体状结构

注:平均间距指主要结构面(1～2组)间距的平均值。

结构面结合程度的定性划分　　　　　　表 6-15

结合程度	结构面特征
结合好	张开度小于1mm,为硅质、铁质或钙质胶结,或结构面粗糙,无充填物; 张开度1～3mm,为硅质或铁质胶结; 张开度大于3mm,结构面粗糙,为硅质胶结

结合程度	结构面特征
结合一般	张开度小于1mm,结构面平直,钙泥质胶结或无充填物; 张开度 1~3mm,为钙质胶结; 张开度大于3mm,结构面粗糙,为铁质或钙质胶结
结合差	张开度 1~3mm,结构面平直,为泥质胶结和钙泥质胶结; 张开度大于3mm,多为泥质或岩屑充填
结合很差	泥质充填或泥夹岩屑充填,充填物厚度大于起伏差

2. 岩体基本质量分级

(1)岩体基本质量指标 BQ 的确定

按照《工程岩体分级标准》(GB/T 50218—2014)规定,岩体基本质量指标 BQ 应根据分级因素的定量指标 σ_{cw} 和 K_{mv},按下式计算:

$$BQ = 100 + 3\sigma_{cw} + 250K_{mv} \tag{6-10}$$

式中:σ_{cw}——岩石饱和抗压强度,MPa;

K_{mv}——岩体完整性系数。

当 $\sigma_{cw} > 90K_{mv} + 30$ 时,应以 $\sigma_{cw} = 90K_{mv} + 30$ 和 K_{mv} 代入式(6-10),计算 BQ 值。即 BQ = $190 + 520K_{mv}$。

当 $K_{mv} > 0.04\sigma_{cw} + 0.4$ 时,应以 $K_{mv} = 0.04\sigma_{cw} + 0.4$ 和 σ_{cw} 代入式(6-10),计算 BQ 值。即 BQ = $200 + 13\sigma_{cw}$。

(2)岩体基本质量级别的确定

按照《工程岩体分级标准》(GB/T 50218—2014)规定,岩体基本质量分级应根据岩体基本质量的定性特征和岩体基本质量指标 BQ 两者相结合,并应按表6-16确定。

基于定性特征和 BQ 的岩体基本质量分级　表 6-16

岩体基本质量级别	岩体基本质量的定性特征	岩体基本质量指标 BQ
Ⅰ	坚硬岩,岩体完整	>550
Ⅱ	坚硬岩,岩体较完整 较坚硬岩,岩体完整	550~451
Ⅲ	坚硬岩,岩体较破碎 较坚硬岩,岩体较完整 较软岩,岩体完整	450~351
Ⅳ	坚硬岩,岩体破碎 较坚硬岩,岩体较破碎~破碎 较软岩,岩体较完整~较破碎 软岩,岩体完整~较完整	350~251
Ⅴ	较软岩,岩体破碎 软岩,岩体较破碎~破碎 全部极软岩及全部极破碎岩	≤250

当根据基本质量定性特征和岩体基本质量指标 BQ 确定的级别不一致时,应通过对定性划分和定量指标的综合分析,确定岩体基本质量级别。当两者的级别划分相差达 1 级及以上时,应进一步补充测试。

各基本质量级别岩体的物理力学参数,可按表6-17确定。结构面抗剪断峰值强度参数,可根据其两侧岩石的坚硬程度和结构面结合程度,按表6-18确定。

岩体的物理力学参数

表6-17

岩体基本质量级别	重度 γ（kN/m³）	抗剪断强度峰值		变形模量 E_m（GPa）	泊松比 μ_m
		内摩擦角 φ_m（°）	黏聚力 c_m（MPa）		
Ⅰ	>26.5	>60	>2.1	>33	<0.2
Ⅱ		60~50	2.1~1.5	33~16	0.2~0.25
Ⅲ	26.5~24.5	50~39	1.5~0.7	16~6	0.25~0.30
Ⅳ	24.5~22.5	39~27	0.7~0.2	6~1.3	0.30~0.35
Ⅴ	<22.5	<27	<0.2	<1.3	>0.35

岩体结构面抗剪断峰值强度

表6-18

类别	两侧岩石坚硬程度及结构面的结合程度	内摩擦角 φ_j（°）	黏聚力 c_j（MPa）
1	坚硬岩,结合好	>37	>0.22
2	坚硬~较坚硬岩,结合一般; 较软岩,结合好	37~29	0.22~0.12
3	坚硬~较坚硬岩,结合差; 较软岩~软岩,结合一般	29~19	0.12~0.08
4	较坚硬~较软岩,结合差~结合很差; 软岩,结合差; 软质岩的泥化面	19~13	0.08~0.05
5	较坚硬岩及全部软质岩,结合很差; 软质岩泥化层本身	<13	<0.05

3. 工程岩体级别的确定

前述岩体基本质量分级,实际上是对工程岩体进行的初步定级。在对工程岩体进行详细定级时,应在岩体基本质量分级的基础上,结合不同类型工程的特点,根据地下水状态、初始应力状态、工程轴线或工程走向线的方位与主要结构面产状的组合关系等修正因素,综合确定各类工程岩体质量级别。

为了便于理解,把岩体基本质量分级与工程岩体质量分级的关系用图6-2表示。

（1）地下工程岩体级别的确定

对地下工程岩体进行详细定级时,应考虑地应力、主要结构面（起控制作用）、地下水等不利因素的影响,对 BQ 进行修正:

$$[BQ] = BQ - 100(K_1 + K_2 + K_3) \tag{6-11}$$

式中: $[BQ]$ ——岩体修正质量指标;

  BQ ——岩体基本质量指标;

  K_1 ——地下工程地下水影响修正系数;

  K_2 ——地下工程主要结构面产状影响修正系数;

  K_3 ——初始应力状态影响修正系数。

K_1、K_2、K_3 分别列于表6-19、表6-20 和表6-21 中。

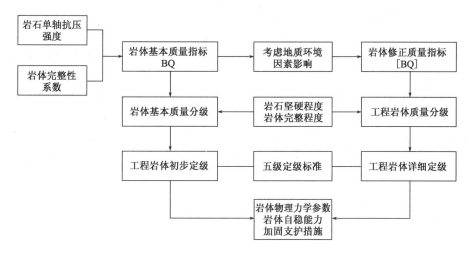

图 6-2　岩体基本质量分级与工程岩体质量分级关系

地下工程地下水影响修正系数 K_1　　　　　表 6-19

地下水出水状态	岩体基本质量指标 BQ				
	>550	550~451	450~351	350~251	≤250
潮湿或点滴状出水，$p \leqslant 0.1$ 或 $Q \leqslant 25$	0	0	0~0.1	0.2~0.3	0.4~0.6
淋雨状或线流状出水，$0.1 < p \leqslant 0.5$ 或 $25 < Q \leqslant 125$	0~0.1	0.1~0.2	0.2~0.3	0.4~0.6	0.7~0.9
涌水状出水，$p > 0.5$ 或 $Q > 125$	0.1~0.2	0.2~0.3	0.4~0.6	0.7~0.9	1.0

注：p-地下工程围岩裂隙水压（MPa）；Q-每 10m 洞长出水量[L/（min·10m）]。

地下工程主要结构面产状影响修正系数　　　　　表 6-20

结构面产状及其与洞轴线的组合关系	结构面走向与洞轴线夹角 <30°，结构面倾角 30°~75°	结构面走向与洞轴线夹角 >60°，结构面倾角 >75°	其 他 组 合
K_2	0.4~0.6	0~0.2	0.2~0.4

初始应力状态影响修正系数　　　　　表 6-21

围岩强度应力比 $\left(\dfrac{\sigma_{cw}}{\sigma_{max}}\right)$	岩体基本质量指标 BQ				
	>550	550~451	450~351	350~251	≤250
<4（极高应力区）	1.0	1.0	1.0~1.5	1.0~1.5	1.0
4~7（高应力区）	0.5	0.5	0.5	0.5~1.0	0.5~1.0

注：σ_{max}-垂直于洞轴线方向的最大初始应力（MPa）；σ_{cw}-岩石饱和抗压强度（MPa）。

当无实测资料时,岩体初始应力状态,可根据工程埋深或开挖深度、地形地貌、地质构造运动史、主要构造线和开挖过程中出现的岩爆、岩芯饼化等特殊地质现象做出评估。

①较平缓的孤山体,一般情况下初始应力的垂直向应力为自重应力,水平向应力不大于 $\gamma H \mu /(1-\mu)$ 。

②通过对历次构造形迹的调查和对近期构造运动的分析,以第一序次为准,根据复合关系确定最新构造体系,据此确定初始应力的最大主应力方向。

当垂直向应力为自重应力,且是主应力之一时,水平向主应力较大的一个可取 (0.8 ~ 1.2)γH 或更大。

③埋深大于 1000m,随着深度的增加,初始应力场逐渐趋向于静水压力分布;大于 1500m 以后,一般可按静水压力分布考虑。

④在峡谷地段,从谷坡至山体以内,可划分为应力松弛区、应力过渡区、应力稳定区和河底应力集中区。峡谷的影响范围,在水平方向一般为谷宽的 1 ~ 3 倍。对两岸山体,最大主应力方向一般平行于河谷,在谷底较深部位,最大主应力趋于水平且转向垂直于河谷。

⑤地表岩体剥蚀显著地区,水平向应力仍按原覆盖厚度计算,其覆盖层厚度应包括已剥蚀的部分。

⑥发生岩爆或岩芯饼化现象,应考虑存在高初始应力的可能。此时,可根据岩体在开挖和钻孔取芯过程中,出现的高初始应力条件下的主要现象,按表 6-22 评估工程岩体所对应的强度应力比范围值。

高初始应力地区岩体在开挖过程中出现的主要现象　　　　　　　表 6-22

高初始应力条件下的主要现象	σ_{cw}/σ_{max}
硬质岩:岩芯常有饼化现象;开挖过程中时有岩爆发生,有岩块弹出,洞壁岩体发生剥离,新生裂缝多,围岩易失稳;基坑有剥离现象,成形性差。 软质岩:开挖过程中洞壁岩体有剥离,位移极为显著,甚至发生大位移,持续时间长,不易成洞;基坑发生显著隆起或剥离,不易成形	<4
硬质岩:岩芯时有饼化现象;开挖过程中偶有岩爆发生,洞壁岩体有剥离和掉块现象,新生裂缝较多;基坑时有剥离现象,成形性一般尚好。 软质岩:开挖过程中洞壁岩体位移显著,持续时间较长,围岩易失稳,基坑有隆起现象,成形性较差	4 ~ 7

地下工程岩体级别,应根据地下工程岩体修正质量指标[BQ],按表 6-23 所示,对地下工程岩体质量进行分级。将分级结果代入表 6-17 和表 6-18,可获得相应级别地下工程岩体的物理力学参数。

地下工程岩体质量分级　　　　　　　表 6-23

[BQ]	>550	550 ~ 451	450 ~ 351	350 ~ 251	≤250
分级	I	II	III	IV	V

对跨度小于或等于 20m 的地下工程,当已确定级别的岩体,可按表 6-24 确定其自稳能力。如实际的自稳能力与分级预测的自稳能力不相符时,应对岩体级别做相应调整。

地下工程岩体自稳能力　　　　　　　表 6-24

岩体级别	自 稳 能 力
I	跨度≤20m,可长期稳定,偶有掉块,无塌方
II	跨度<10m,可长期稳定,偶有掉块;跨度 10 ~ 20m,可基本稳定,局部可发生掉块或小塌方
III	跨度<5m,可基本稳定;跨度 5 ~ 10m,可稳定数月,可发生局部块体位移及小、中塌方;跨度 10 ~ 20m,可稳定数日至 1 个月,可发生小、中塌方
IV	跨度≤5m,可稳定数日至 1 个月;跨度 > 5m,一般无自稳能力,数日至数月内可发生松动变形、小塌方,进而发展为中、大塌方。埋深小时,以拱部松动破坏为主,埋深大时,有明显塑性流动变形和挤压破坏

岩体级别	自 稳 能 力
V	无自稳能力

注:小塌方是指塌方高度小于3m或塌方体积小于30m³的塌方;中塌方是指塌方高度3～6m或塌方体积30～100m³的塌方;大塌方是指塌方高度大于6m或塌方体积大于100m³的塌方。

对跨度大于20m或特殊的地下工程岩体,除应按上述方法确定基本质量级别外,详细定级时,尚可采用其他有关标准中的方法,进行对比分析,综合确定岩体级别。

(2)边坡工程岩体级别的确定

对岩石边坡工程岩体进行详细定级时,应根据控制边坡稳定性的主要结构面类型与延伸性、边坡内地下水发育程度以及结构面产状与坡面间关系等影响因素,对岩体基本质量指标BQ进行修正:

$$[BQ] = BQ - 100(K_4 + \lambda_{bq}K_5) \tag{6-12}$$

$$K_5 = F_1 \times F_2 \times F_3 \tag{6-13}$$

式中:[BQ]——岩体修正质量指标;

BQ——岩体基本质量指标;

λ_{bq}——边坡工程主要结构面类型与延伸性修正系数;

K_4——边坡工程地下水影响修正系数;

K_5——边坡工程主要结构面产状影响修正系数;

F_1——反映主要结构面倾向与边坡倾向间关系影响的系数;

F_2——反映主要结构面倾角影响的系数;

F_3——反映边坡倾角与主要结构面倾角间关系影响的系数。

λ_{bq}、K_4、F_1、F_2、F_3分别列于表6-25、表6-26和表6-27中。

边坡工程主要结构面类型与延伸性修正系数 λ_{bq}　　　　　　表6-25

结构面类型与延伸性	修 正 系 数
断层、夹泥层	1.0
层面、贯通性较好的节理和裂隙	0.9～0.8
断续节理和裂隙	0.7～0.6

边坡工程地下水影响修正系数 K_4　　　　　　表6-26

边坡地下水发育程度	岩体基本质量指标 BQ				
	>550	550～451	450～351	350～251	≤250
潮湿或点滴状出水,$p_w < 0.2H$	0	0	0～0.1	0.2～0.3	0.4～0.6
线流状出水,$0.2H < p_w \leq 0.5H$	0～0.1	0.1～0.2	0.2～0.3	0.4～0.6	0.7～0.9
涌流状出水,$p_w > 0.5H$	0.1～0.2	0.2～0.3	0.4～0.6	0.7～0.9	1.0

注:p_w-边坡坡内潜水或承压水头(m);H-边坡高度(m)。

边坡工程主要结构面产状影响系数　　　　　　表6-27

序号	条件与影响系数	影响程度划分				
		轻微	较小	中等	显著	很显著
1	结构面倾向与边坡坡面倾向间的夹角(°)	>30	30～20	20～10	10～5	≤5
	F_1	0.15	0.40	0.70	0.85	1.0

序号	条件与影响系数	影响程度划分				
		轻微	较小	中等	显著	很显著
2	结构面倾角(°)	<20	20～30	30～35	35～45	≥45
	F_2	0.15	0.40	0.70	0.85	1.0
3	结构面倾角与边坡坡面倾角之差(°)	>10	10～0	0	0～-10	≤-10
	F_3	0	0.2	0.8	2.0	2.5

边坡工程岩体级别,应根据边坡工程岩体修正质量指标[BQ],按表6-28所示,对边坡工程岩体质量进行分级。将分级结果代入表6-17和表6-18,可获得相应级别边坡工程岩体的物理力学参数。

边坡工程岩体质量分级 表6-28

[BQ]	>550	550～451	450～351	350～251	≤250
分级	I	II	III	IV	V

对高度不大于60m的边坡工程岩体,可根据已确定的岩体级别,可按表6-29确定其自稳能力。对高度大于60m或特殊边坡工程岩体,还需根据坡高影响,结合工程进行专门论证,综合确定岩体级别。

边坡工程岩体自稳能力 表6-29

岩体级别	自稳能力
I	高度≤60m,可长期稳定,偶有掉块
II	高度<30m,可长期稳定,偶有掉块; 高度30～60m,可基本稳定,局部可发生楔形体破坏
III	高度<15m,可基本稳定,局部可发生楔形体破坏; 高度15～30m,可稳定数月,可发生由结构面及局部岩体组成的平面或楔形体破坏,或由反倾结构面引起的倾倒破坏
IV	高度<8m,可稳定数月,局部可发生楔形体破坏; 高度8～15m,可稳定数日至1月,可发生由结构面及局部岩体组成的平面或楔形体破坏,或由反倾结构面引起的倾倒破坏
V	不稳定

注:表中边坡指坡角大于70°的陡倾岩质边坡。

(3)地基工程岩体级别的确定

岩石地基工程主要是指以岩石作为承载地基的工业与民用建筑物岩石地基、公路与铁路桥涵岩石地基以及港口工程岩石地基等。岩石地基工程设计中,最关心的是地基的承载能力。由于岩体的基本质量综合反映了岩石的坚硬程度和岩体的完整程度,而此两项指标是影响岩石基础承载力的主要因素,因此,岩石地基工程岩体的级别可以直接由岩体的基本质量定级,见表6-30。地基工程岩体的物理力学参数由表6-17和表6-18确定。

地基工程岩体质量分级 表6-30

BQ	>550	550～451	450～351	350～251	≤250
分级	I	II	III	IV	V

各级岩石地基承载力基本值 f_0 可按表6-31确定。当考虑基岩形态影响时,基岩承载力标准值 f_k 可按下式计算:

$$f_k = \eta_{dj} f_0 \qquad (6-14)$$

式中: η_{dj} ——基岩形态影响折减系数,可按表6-32确定。

各级岩体基岩承载力基本值 f_0　表6-31

岩体级别	I	II	III	IV	V
f_0（MPa）	>7.0	7.0~4.0	4.0~2.0	2.0~0.5	≤0.5

基岩形态影响折减系数 η_{dj}　表6-32

岩基形态	平坦型	反坡型	顺坡型	台阶型
岩面坡度（°）	0~10	10~20	10~20	台阶高度<5m
η_{dj}	1.0	0.9	0.8	0.7

四、RMR 分级

RMR分级,又名地质力学分类法,是由Bieniawski于1972—1973年期间创立的。后来又结合许多工程实例,对RMR分级系统进行了多次修正,使之与国际标准和方法相一致(Bieniawski,1979年)。Bieniawski在1989年出版《工程岩体分类》一书,该书系统阐述了这种岩体分类方法。

1. 分级指标

RMR系统分级指标由岩石强度、RQD值、结构面间距、结构面条件(粗糙度、密度、充填等)以及地下水等五个指标组成。

2. 分级方法

分类时,根据各类指标的实际情况,先按表6-33所列标准评分,得到总分RMR的初值。然后根据节理、裂隙的产状变化按表6-34和表6-35对RMR的初值加以修正,表6-36给出了指导分类的结构面条件,修正的目的在于进一步调整结构面对岩体稳定产生的不利影响。最后用修正的总分对照表6-37,即可求得所研究岩体的类别及相应的无支护地下工程的自稳时间和岩体强度指标值。

岩体地质力学分类参数及其 RMR 评分值（Bieniawski,1989）　表6-33

分类参数			数 值 范 围						
1	完整岩石强度（MPa）	点荷载强度指标	>10	10~4	4~2	2~1	对强度较低的岩石宜用单轴抗压强度		
		单轴抗压强度	>250	250~100	100~50	50~25	25~5	5~1	≤1
	评分值		15	12	7	4	2	1	0
2	岩芯质量指标 RQD(%)		100~90	90~75	75~50	50~25	≤25		
	评分值		20	17	13	8	3		
3	结构面间距（cm）		>200	200~60	60~20	20~6	≤6		
	评分值		20	15	10	8	5		

分类参数			数值范围				
4	结构面条件		很粗糙,不连续,不张开,岩石坚硬(未风化)	稍粗糙,张开小于1mm,岩石坚硬(微风化)	稍粗糙,张开小于1mm,岩石软弱(强风化)	光滑或含有小于5mm的夹泥,张开1~5mm,连续	含厚度≥5mm的夹泥,张开≥5mm,连续
	评分值		30	25	20	10	0
5	地下水条件	每10m长的隧道涌水量(L/min)	0	<10	10~25	25~125	≥125
		$\dfrac{\text{节理水压力}}{\text{最大主应力}}$	0	0~0.1	0.1~0.2	0.2~0.5	≥0.5
		一般条件	完全干燥	湿润	潮湿	滴水	涌水
	评分值		15	10	7	4	0

按结构面方向 RMR 修正值　　　　　　　　　　　　　　　　表 6-34

结构面走向或倾向		非常有利	有利	一般	不利	非常不利
评分值	隧道	0	−2	−5	−10	−12
	地基	0	−2	−7	−15	−25
	边坡	0	−5	−25	−30	−60

结构面走向和倾角对隧道开挖的影响　　　　　　　　　　　　表 6-35

走向与隧道轴线垂直				走向与隧道轴线平行		与走向无关
沿倾向掘进		反倾向掘进		倾角20°~45°	倾角45°~90°	倾角0°~20°
倾角90°~45°	倾角45°~20°	倾角90°~45°	倾角45°~20°			
非常有利	有利	一般	不利	一般	非常不利	一般

指导分类的结构面条件　　　　　　　　　　　　　　　　　　表 6-36

参数	分类				
结构面长度(连通度)	<1m	1~3m	3~10m	10~20m	≥20m
	6	4	2	1	0
张开(开度)	闭合	<0.1mm	0.1~1.0mm	1~5mm	≥5mm
	6	5	4	1	0
粗糙度	很粗糙	粗糙	稍粗糙	平滑	光滑
	6	5	3	1	0
充填物(夹泥)	无充填	硬质充填		软质充填	
		<5mm	≥5mm	<5mm	≥5mm
	6	4	2	2	0
风化	未风化	微风化	中风化	强风化	离析
	6	5	3	1	0

按总 RMR 评分值确定的岩体级别及岩体质量评价　　　　表6-37

评分值	100 ~ 81	80 ~ 61	60 ~ 41	40 ~ 21	≤20
分级	I	II	III	IV	V
质量描述	非常好的岩体	好岩体	一般岩体	差岩体	非常差岩体
平均稳定时间	15m 跨度,20 年	10m 跨度,1 年	5m 跨度,1 周	2.5m 跨度,10h	1m 跨度,30min
岩体黏聚力(kPa)	>400	400 ~ 300	300 ~ 200	200 ~ 100	≤100
岩体内摩擦角(°)	>45	45 ~ 35	35 ~ 25	25 ~ 15	≤15

RMR 系统分级原为解决坚硬岩体中浅埋隧道工程而发展起来的。从现场使用来看,使用较简便,大多场合岩体评分值都有用,但在处理那些造成挤压、膨胀和涌水的极其软弱的岩体问题时,此方法难以使用。

3.基于 RMR 的岩体力学参数估计

(1)变形指标

①Bieniawski(1978)建议:

$$E_m = 2RMR - 100 \quad (GPa) \quad (RMR > 50) \tag{6-15}$$

②Serafim 和 Pereial(1983)提出另一种覆盖 RMR 全部范围的关系:

$$\lg E_m = \frac{RMR - 100}{40} \quad (GPa) \tag{6-16}$$

(2)强度指标

Hock-Brown 准则描述的岩体破坏时主应力之间的关系:

$$\sigma_1 = \sigma_3 + \sqrt{m\sigma_c\sigma_3 + s\sigma_c^2} \tag{6-17}$$

式中:σ_1、σ_3——岩体破坏时的大、小主应力,MPa;

　　　σ_c——岩块的抗压强度,MPa;

　　m、s——岩体的 Hock-Brown 参数,与岩性及结构面情况有关。

①对于扰动岩体:

$$\begin{cases} \dfrac{m}{m_0} = \exp\left(\dfrac{RMR - 100}{14}\right) \\ s = \exp\left(\dfrac{RMR - 100}{6}\right) \end{cases} \tag{6-18}$$

②对于未扰动岩体:

$$\begin{cases} \dfrac{m}{m_0} = \exp\left(\dfrac{RMR - 100}{28}\right) \\ s = \exp\left(\dfrac{RMR - 100}{9}\right) \end{cases} \tag{6-19}$$

式中:m_0——岩石的 m 值,为经验值,在第三章中已经做过介绍。

由式(6-17),可得岩体的单轴抗压强度和单轴抗拉强度:

$$\sigma_{mc} = \sqrt{s}\,\sigma_c \tag{6-20}$$

$$\sigma_{mt} = \frac{1}{2}\sigma_c(m - \sqrt{m^2 + 4s}) \tag{6-21}$$

五、巴顿 Q 系统分级

巴顿 Q 系统分级由挪威地质学家巴顿(Barton,1974)等人提出,其分级指标 Q 为:

$$Q = \frac{\text{RQD}}{J_n} \frac{J_r}{J_a} \frac{J_w}{\text{SRF}} \tag{6-22}$$

式中:RQD——Deere 的岩石质量指标;

J_n——节理组数;

J_r——节理粗糙度系数;

J_a——节理风化系数(蚀变系数);

J_w——节理水折减系数;

SRF——应力折减系数。

上式中 6 个参数的组合反映了岩体质量的三个方面,即 RQD/J_n 表示岩体的完整性, J_r/J_a 表示结构面的形态、充填物特征及其次生变化程度, J_w/SRF 表示水与其他应力存在时对质量的影响。

分类时,根据各参数的实际情况,可通过查表[可参阅《工程岩石力学》(J. A. Hudson 著,冯夏庭等译)第 12 章]确定式(6-22)中 6 个参数值,然后代入式(6-22)即可得到 Q 值,按 Q 值将岩体分为 7 类,见表 6-38。

岩体 Q 值分级   表 6-38

Q 值	≤ 0.01	0.01 ~ 0.1	0.1 ~ 1.0	1.0 ~ 4.0	4.0 ~ 10	10 ~ 40	>40
分级	特坏	极坏	很坏	坏	一般	好	很好

Q 系统与 RMR 之间的关系,可用下式表达:

$$\text{RMR} = A\ln Q + B \tag{6-23}$$

式中:$A = 9 \sim 14$;

$B = 35 \sim 55$。

1995 年,R. Coling 研究挪威 62m 跨度地下冰球场时,得出:

$$\begin{cases} \text{RMR} = 6.5\ln Q + 48.6 & (\text{SRF} = 1) \\ \text{RMR} = 6.1\ln Q + 53.4 & (\text{SRF} \neq 1) \end{cases} \tag{6-24}$$

利用岩体的 Q 值,也可预估岩体的力学指标,如 1983 年 Barton 建议岩体变形模量可用下式估计:

$$E_m = (40 \sim 10)\lg Q \quad (\text{GPa}) \tag{6-25}$$

六、其他分级方法简介

1. RMI 分类法

1996 年,挪威学者 Arild Palmstrom 博士在对 RMR 分级和巴顿 Q 系统分级评述的基础上,通过对大量现场岩体试验的分析和反分析,提出了一种新的岩体分类指标 RMI(Rock Masses Index),并已在岩体强度预测、地下洞室支护和数值计算等多个方面得到初步验证和应用。

RMI 以结构面参数为变量,通过对岩石单轴抗压强度的折减,来反映岩体的强度特性,其表达式为:

$$\text{RMI} = \sigma_c \cdot \text{JP} \tag{6-26}$$

式中:σ_c——岩块单轴抗压强度(MPa),由直径为 50mm 的岩石试件在实验室测得;

JP——结构面参数,反映被结构面切割而成的块体体积、结构面摩擦特性和规模对岩块强度的弱化效应,其值变化在 0~1 间,对完整岩块取 1,破碎岩体取 0。

JP 可由式(6-27)、式(6-28)和式(6-29)计算:

$$JP = \sqrt[0.2]{J_c V_b^D} \tag{6-27}$$

$$D = 0.37 J_c^{0.2} \tag{6-28}$$

$$J_c = J_L \cdot \frac{J_r}{J_a} \tag{6-29}$$

式中:V_b——被结构面切割成的块体的体积,m³;

J_c——结构面条件系数;

J_L——结构面尺寸与连续性系数;

J_r——结构面粗糙度系数;

J_a——结构面蚀变影响系数。

RMI 实质为工程岩体强度,将各参数代入式(6-26)~式(6-29)求得 RMI 后,可按表 6-39 进行岩体分类。

工程岩体 RMI 分类　　　　　　　　　　　表 6-39

RMI 描 述	RMI 值	岩体强度描述
极低	≤ 0.001	极软弱
很低	0.001~0.01	很软弱
低	0.01~0.1	软弱
中等	0.1~1	中等
高	1~10	坚硬
很高	10~100	很坚硬
极高	>100	极坚硬

2. SMR 边坡岩体分级法

边坡岩体分级 SMR (Slope Rock Mass Rating)是作为 RMR(Rock Mass Rating)岩体分级的一种应用,1985 年由 Romana 发展起来的一个分类体系,为了评价边坡岩体失稳的风险性,分类参数包括了不连续面、边坡、破坏模式和开挖方法等因素的特性。根据 SMR 指标,边坡可分为各种不稳定类型,同时还列出了适用于 SMR 值各个变化范围的支护措施(挂网、坡脚护坡沟、喷射混凝土、锚杆、锚固、重开挖等)。从仅需局部支护到需要进行整体重开挖的各种稳定程度的边坡,SMR 都已得到检验。事实上,SMR 体系是评价边坡风险性的一个实用工具。

边坡岩体分级 SMR 是在 RMR 基础上,通过减去一个依赖于节理-边坡关系的调整系数,同时加上一个与开挖方法有关的系数而得到的。SMR 可表示为:

$$SMR = RMR - (F_1 \times F_2 \times F_3) + F_4 \tag{6-30}$$

式中:F_1——取决于节理与坡面走向之间的平行程度,取值在 0.15~1,也可用关系 $F_1 = (1 - \sin\alpha)^2$,α 为节理与坡面走向的夹角;

F_2——取决于边坡破坏模式和节理倾角,对于平面破坏,$F_2 = \tan^2\beta$,β 为节理倾角;倾覆破坏,$F_2 = 1.0$;

F_3——取决于坡面与倾角的关系,取 0~60;

F_4——与开挖有关的调整值,自然边坡取15,预裂爆破取10,光面爆破取8,正常爆破取0,欠缺爆破取 -8,机械开挖取0。

F_1、F_2、F_3、F_4 的取值可参阅《工程岩石力学》(J. A. Hudson 著,冯夏庭等译)第12章中的相关表格。

经过计算获得的 SMR,可直接用于边坡工程岩体的分级,见表6-40。

边坡工程岩体 SMR 分级 表6-40

SMR 分值	100~81	80~61	60~41	40~21	≤20
分级	I	II	III	IV	V
质量描述	非常好的岩体	好岩体	一般岩体	差岩体	非常差岩体
边坡稳定性	完全稳定	稳定	部分稳定	不稳定	完全不稳定
破 坏	无	一些块体	一些节理或许多楔体	平面或大型楔体	大型平面或土体类
支 护	无	局部	系统的	重要/修复	开挖

1997年中国水利水电边坡工程小组,对 SMR 分级方法进行进一步修正,得到了 CSMR(Chinese Slope Rockmass Rating)分级方法:

$$CSMR = \xi_{sm}RMR - \lambda_{sm}(F_1 \times F_2 \times F_3) + F_4 \quad\quad (6-31)$$

式中:ξ_{sm}——边坡高度修正系数,$\xi_{sm} = 0.57 + 0.43(H_r/H)$,$H$ 为边坡高度,m,$H_r = 80m$;

λ_{sm}——结构面条件修正系数,对于断层和夹泥层 $\lambda_{sm} = 1.0$,对于层面和贯通裂隙 $\lambda_{sm} = 0.8~0.9$,对于节理 $\lambda_{sm} = 0.7$。

思 考 题

6-1 阐述工程岩体分级的概念及意义。

6-2 阐述工程岩体分级的基本思想。

6-3 工程岩体分级中,分级指标的选择原则是什么?

6-4 简述工程岩体分级的现状和发展趋势。

习 题

6-1 埋深200m的洞室包含三组断裂面的泥岩:第一组为层理面、强风化、表面稍粗糙、连续、产状为180°∠10°;第二组是节理面、微风化、稍粗糙、产状为185°∠75°;第三组是节理面、微风化、稍粗糙、产状为90°∠80°。原岩强度为55MPa,RQD 值和平均断裂面间距分别为60%和0.4m。采用 RMR 系统对该岩体进行分级,并评价从东到西开挖10m 宽洞室的稳定性。

[参考答案:RMR = 44~47]

6-2 采用 Q 系统对习题6-1所描述的岩体进行稳定性评价。

[参考答案:$Q = 2.5/0.6$]

6-3 开挖直径为7m的隧道依次通过页岩和玄武岩,最大埋深为61m。页岩向东倾斜,玄武岩形成接近垂直的岩脉。层理面倾角为15°~20°,节理面倾角为70°~90°。页岩中的节理面粗糙,而且大多数很薄且被方解石充填,整个岩体被描述为块状的和有裂缝的。地下水水位在隧道仰拱上50m。页岩的平均单轴抗压强度是53MPa,玄武岩的单轴抗压强度是71MPa。

垂直应力约 1.0MPa,水平应力约 3.4MPa。弯曲的隧道线路意味着,隧道可能沿长度某些地方在方向 90°~180°前进。采用 RMR 系统对开挖中岩石的特性进行预测。

[参考答案:页岩 RMR =40;玄武岩 RMR =53]

6-4 采用 Q 系统对习题 6-3 所描述的岩体进行稳定性评价。

[参考答案:页岩 Q =5.6;玄武岩 Q =3.8]

6-5 利用习题 6-1~习题 6-4 对 RMR 和 Q 评价,研究 RMR 和 Q 之间的联系。检查结果是否符合一般公认的关系之一,比如 RMR =9ln$Q$ +44 等。

第七章　地下洞室围岩应力及稳定性分析

第一节　概　　述

地下洞室是指人工开挖或天然存在于岩土中作为各种用途的构筑物。按其用途可分为交通隧道、水工隧洞、矿山巷道、地下厂房和仓库、地下铁道及地下军事工程等类型。按其内壁是否受内水压力作用可分为有压洞室和无压洞室两类。按其断面形式可分为圆形、椭圆形、矩形、城门洞形和马蹄形洞室等类型。按洞室轴线与水平面的关系可分为水平洞室、竖井和倾斜洞室三类。按围岩介质类型可分为土洞和岩洞两类。另外，还有人工洞室、天然洞室、单式洞室和群洞等类型。各种类型的洞室所产生的岩石力学问题及对岩石条件的要求各不相同，因而所采用的研究方法和内容也不尽相同。

在地下洞室开挖前，未经扰动的岩体处于由自重应力和构造应力所构成的天然应力场的作用下，岩体中任一单元体都处于三向应力平衡状态。当在岩体中开挖洞室后，洞室周边岩体原有的应力平衡状态遭到破坏，引起洞室附近岩体产生变形、位移、甚至破坏，直到出现新的应力平衡为止。在岩石力学中，将开挖后出现的应力变化称为应力重新分布，洞室周围发生应力重新分布的岩体称为围岩，围岩中应力重新分布后形成的新的应力状态称为重分布应力状态。

为了保证地下洞室在开挖过程中以及开挖后的稳定与安全，必须对地下洞室(空间)围岩稳定性进行研究，这种稳定性研究课题主要涉及以下岩石力学问题：

(1)重分布应力状态分析与计算：地下洞室的开挖，破坏了原有岩体中的天然应力平衡，造成岩体中的应力重分布，形成新的重分布应力状态，如何计算重分布应力是研究围岩稳定性课题首先要解决的问题。

(2)开挖后围岩的稳定状态判别：在重分布应力状态下，洞室围岩岩体中会出现应力集中，这种重分布应力集中是否超过岩体强度、变形是否达到破坏，这是开挖后围岩的稳定状态判别的主要内容。

(3)地下洞室围岩压力分析与计算：在重分布应力作用下，洞室围岩将向洞内产生变形位移，如果围岩重分布应力超过岩体的承受能力，围岩将产生破坏，从而给洞室的稳定性带来危害，因此需要对围岩进行支护和衬砌，这时就必须分析和计算变形破坏围岩对支衬结构的作用荷载，这种荷载称为围岩压力(又称为山岩压力或地压)。

(4)有压洞室围岩的抗力问题：对于有压洞室，其内水压力通过衬砌作用于围岩，此时围岩将产生一个反力，我们称这个反力为围岩抗力。围岩能否抵抗内水压力的作用，属于围岩抵抗力的计算问题。显然围岩抗力越大，对围岩的稳定性就越有利。

地下洞室围岩稳定性分析，实质上就是研究地下洞室产生上述力学效应的机理和计算方法。所谓围岩稳定性是一个相对的概念，它主要研究围岩重分布应力与围岩强度之间的相对比例关系。一般而言,当围岩内任一点的应力达到或超过相应围岩的强度时,就认为该处围岩已破坏,否则就不破坏。

从上述4种力学作用可以看出,要分析地下洞室的围岩稳定性,必须首先根据地下洞室工程所处的天然应力状态来确定围岩中重分布应力的大小和特点,进而研究围岩应力与围岩变形和强度之间的关系,进行稳定性评价;同时确定围岩压力和围岩抗力的大小与分布情况,以作为地下洞室设计和施工的依据。

本章主要讨论地下洞室围岩应力的计算及稳定性分析问题,对于围岩压力计算将在下一章中介绍。

第二节　水平洞室围岩应力计算和稳定性分析

本节采用弹性力学公式来计算水平洞室围岩的重分布应力及其分布规律。该方法由于采用理想、均匀弹性体假设,因而存在一定的误差,故在实际工程设计中采用较大的安全系数。

计算围岩的重分布应力必须确定岩体中的初始应力场,从第五章可知,当岩体不受构造作用时,岩体的初始应力场完全由自重应力场确定。图7-1给出了三种不同侧压力系数的初始应力场分布。在浅层岩体中,侧压力系数 $k_0 = 0$,岩体受单向应力状态,即 $\sigma_{0h} = 0$、$\sigma_{0v} = \gamma_m z$;在深部岩体中会呈现 $k_0 = 1/3$ 的双向应力场,即 $\sigma_{0v} = \gamma_m z$、$\sigma_{0h} = (1/3)\gamma_m H$;在很深的岩体中往往出现静水压力式的初始应力场, $k_0 = 1$, 即 $\sigma_{0v} = \gamma_m z$、$\sigma_{0h} = \gamma_m H$。根据大量实测资料表明,当洞室中心距地表的距离 H 超过洞室高度 h 的三倍时,在洞室围岩的受力状态(自重应力)可近似按均匀压力处理。即洞室围岩上、下的垂直应力相等,其值为 $\sigma_{0v} = \gamma_m H$;洞室围岩两侧的水平应力也可近似按均匀分布处理,其值为 $\sigma_{0h} = k_0 \gamma_m H$。由此可获得图7-2所示的围岩重分布应力计算简图。

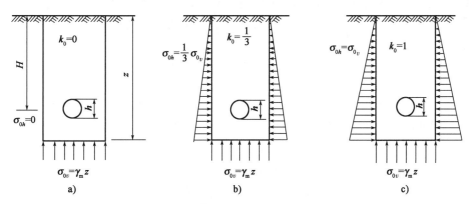

图7-1　岩体中的三种初始自重应力场

一、圆形洞室围岩应力计算

设洞室开始前的初始应力场为 $\sigma_{0v} = \gamma_m H$, $\sigma_{0h} = k_0 \gamma_m H$, 则洞室开挖后的围岩中的应力场可按双向应力作用下的薄板中的孔的应力计算公式进行计算,如图7-2所示。由弹性力学公式可得围岩应力场的分布:

$$\begin{cases} \sigma_r = \left(\dfrac{\sigma_{0v} + \sigma_{0h}}{2}\right)\left(1 - \dfrac{r_0^2}{r^2}\right) - \left(\dfrac{\sigma_{0v} - \sigma_{0h}}{2}\right)\left(1 - \dfrac{4r_0^2}{r^2} + \dfrac{3r_0^4}{r^4}\right)\cos 2\theta \\[2mm] \sigma_\theta = \left(\dfrac{\sigma_{0v} + \sigma_{0h}}{2}\right)\left(1 + \dfrac{r_0^2}{r^2}\right) + \left(\dfrac{\sigma_{0v} - \sigma_{0h}}{2}\right)\left(1 + \dfrac{3r_0^4}{r^4}\right)\cos 2\theta \\[2mm] \tau_{r\theta} = \left(\dfrac{\sigma_{0v} - \sigma_{0h}}{2}\right)\left(1 + \dfrac{2r_0^2}{r^2} - \dfrac{3r_0^4}{r^4}\right)\sin 2\theta \end{cases} \tag{7-1}$$

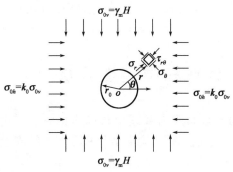

图 7-2 围岩重分布应力计算简图

下面对圆形洞室围岩应力分布进行讨论:

(1)由式(7-1)可以看出,围岩应力场与围岩的弹性常数 E_{me}、μ_m 无关,而且也与洞室尺寸无关,仅与 r_0/r 相关,并随 r_0/r 而变化。

(2)洞壁周边的应力分布。令 $r = r_0$,可获得在洞壁周边的应力分布计算公式:

$$\begin{cases} \sigma_r = 0 \\ \sigma_\theta = (\sigma_{0v} + \sigma_{0h}) + 2(\sigma_{0v} - \sigma_{0h})\cos 2\theta \\ \tau_{r\theta} = 0 \end{cases} \tag{7-2}$$

这表明,在洞壁只有切向应力,而无径向应力,且切向应力为围岩中的最大值,并沿 θ 角(洞室周边)而变化。表7-1 给出了周边特征部位上的重分布应力 σ_θ 的值。

圆形洞室洞壁周边特征部位的 σ_θ 值 表 7-1

	k_0	0	1/3	1	2	3	4	5
σ_θ	$0°,180°$	$3\sigma_{0v}$	$8\sigma_{0v}/3$	$2\sigma_{0v}$	σ_{0v}	0	$-\sigma_{0v}$	$-\sigma_{0v}$
	$90°,270°$	$-\sigma_{0v}$	0	$2\sigma_{0v}$	$5\sigma_{0v}$	$8\sigma_{0v}$	$11\sigma_{0v}$	$14\sigma_{0v}$

(3)洞室远场应力分布。当 $r \geqslant 6r_0$ 时(相当于3倍洞直径),式(7-1)可写成:

$$\begin{cases} \sigma_r \approx \left(\dfrac{\sigma_{0v} + \sigma_{0h}}{2}\right) - \left(\dfrac{\sigma_{0v} - \sigma_{0h}}{2}\right)\cos 2\theta \\[2mm] \sigma_\theta \approx \left(\dfrac{\sigma_{0v} + \sigma_{0h}}{2}\right) + \left(\dfrac{\sigma_{0v} - \sigma_{0h}}{2}\right)\cos 2\theta \end{cases} \tag{7-3}$$

当 $\theta = 0$ 时,$\sigma_r = \sigma_{0h}$、$\sigma_\theta = \sigma_{0v}$、$\tau_{r\theta} = 0$;当 $\theta = \pi/2$ 时,$\sigma_r = \sigma_{0v}$、$\sigma_\theta = \sigma_{0h}$、$\tau_{r\theta} = 0$。这表明,在远离洞室中心三倍洞直径的地方,其重分布应力场基本上接近于初始应力场。这也从理论上证实了,开挖洞室的影响范围是三倍洞直径。

(4)当 $k_0 = 0$ 时,洞室处于单向受拉情况,此时的重分布应力为:

$$\begin{cases} \sigma_r = \dfrac{\sigma_{0v}}{2}\left(1 - \dfrac{r_0^2}{r^2}\right) - \dfrac{\sigma_{0v}}{2}\left(1 - \dfrac{4r_0^2}{r^2} + \dfrac{3r_0^4}{r^4}\right)\cos 2\theta \\[2mm] \sigma_\theta = \dfrac{\sigma_{0v}}{2}\left(1 + \dfrac{r_0^2}{r^2}\right) + \dfrac{\sigma_{0v}}{2}\left(1 + \dfrac{3r_0^4}{r^4}\right)\cos 2\theta \\[2mm] \tau_{r\theta} = \dfrac{\sigma_{0v}}{2}\left(1 + \dfrac{2r_0^2}{r^2} - \dfrac{3r_0^4}{r^4}\right)\sin 2\theta \end{cases} \tag{7-4}$$

由该式分别计算在水平轴线($\theta = 0$)和垂直轴线($\theta = \pi/2$)上围岩重分布应力随距离 r_0/r 的变化关系曲线,如图7-3所示。从图中曲线可明显地看出,位于洞室水平轴端点的切向应力

σ_θ 产生较大的应力集中;位于垂直轴端点的切向应力 σ_θ 则为负值(拉应力)。因此在洞室的设计中对于洞室边界上的这两处部位,必须予以足够的重视。令 $r=r_0$,可得洞室周边的应力场计算公式:

$$\begin{cases} \sigma_r = 0 \\ \sigma_\theta = \sigma_{0v}(1 + 2\cos2\theta) \\ \tau_{r\theta} = 0 \end{cases} \tag{7-5}$$

当 $r \geqslant 6r_0$ 时,远场重分布应力:

$$\begin{cases} \sigma_r = \dfrac{\sigma_{0v}}{2}(1 - \cos2\theta) \\ \sigma_\theta = \dfrac{\sigma_{0v}}{2}(1 + \cos2\theta) \\ \tau_{r\theta} = \dfrac{\sigma_{0v}}{2}\sin2\theta \end{cases} \tag{7-6}$$

(5)当 $k_0 = 1$ 时,洞室处于双向等压受力情况,即 $\sigma_{0v} = \sigma_{0h} = \gamma_\mathrm{m}H$;此时围岩中的重分布应力为:

$$\begin{cases} \sigma_r = \sigma_{0v}\left(1 - \dfrac{r_0^2}{r^2}\right) = \left(1 - \dfrac{r_0^2}{r^2}\right)\gamma_\mathrm{m}H \\ \sigma_\theta = \sigma_{0v}\left(1 + \dfrac{r_0^2}{r^2}\right) = \left(1 + \dfrac{r_0^2}{r^2}\right)\gamma_\mathrm{m}H \\ \tau_{r\theta} = 0 \end{cases} \tag{7-7}$$

由该式计算出围岩中的应力分布曲线如图 7-4 所示(因与方位角 θ 无关,因此图中曲线在任意方向上均相同),可以看出:围岩中径向应力都小于岩体的初始应力 $\gamma_\mathrm{m}H$;而切向应力则大于岩体的初始应力 $\gamma_\mathrm{m}H$,并在洞室周边达到最大值 $2\gamma_\mathrm{m}H$,说明周边切向应力集中,应力集中系数为 2。令 $r = r_0$,可得周边应力场的计算公式:

$$\begin{cases} \sigma_r = 0 \\ \sigma_\theta = 2\gamma_\mathrm{m}H \\ \tau_{r\theta} = 0 \end{cases} \tag{7-8}$$

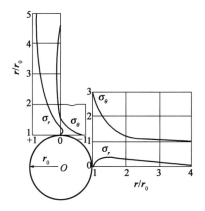

图 7-3 围岩重分布应力随距离 r_0/r 的
变化关系曲线($k_0 = 0$)

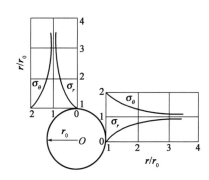

图 7-4 围岩重分布应力随距离 r_0/r 的
变化关系曲线($k_0 = 1$)

当 $r \geqslant 6r_0$ 时,远场重分布应力:

$$\begin{cases} \sigma_r = \gamma_m H \\ \sigma_\theta = \gamma_m H \\ \tau_{r\theta} = 0 \end{cases} \qquad (7\text{-}9)$$

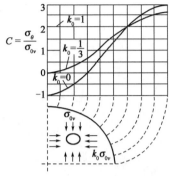

图 7-5 圆形洞室周边应力集中系数

（6）不同初始应力场作用下,洞室边界上切向应力集中系数对比分析。从上述讨论中可以看出,洞室开挖引起的围岩重分布应力集中,主要发生于洞室的周界上(特别是洞顶和洞侧附近),并且主要表现为切向应力 σ_θ 集中(在周界上的径向应力 σ_r 为零)。为了便于计算圆形洞室边界处的切向应力,如图 7-5 所示分别给出了 $k_0 = 0$、$k_0 = 1/3$ 和 $k_0 = 1$ 三种情况下洞室周边切向应力 σ_θ 的集中系数 ($C = \sigma_\theta/\sigma_{0v}$) 沿周边不同点的变化曲线。可以看出:

①在水平方向端部应力集中系数随 k_0 减少而增大。

②在水平方向端部应力集中表现在压应力。该处只要 k_0 不超过一定值,该处不会出现拉应力。

③竖向端部应力集中随 k_0 增大而增大,且当 $k_0 < 1/3$ 后出现拉应力,因而最容易破坏的部位可能出现在顶部。

二、椭圆形洞室围岩应力计算

以 q_1、q_2 分别表示椭圆在 X 轴和 Y 轴方向上的半轴长度,椭圆的参数方程可以写成:

$$\begin{cases} x = q_1\cos\theta \\ y = q_2\sin\theta \end{cases} \qquad (7\text{-}10)$$

如果将图 7-2 中的圆形洞室改成椭圆形洞室,利用弹性力学原理同样可以计算椭圆洞室围岩中的各点应力。由于围岩中的最大切向应力发生在洞室边界上,因此在洞室的稳定性计算中,经常需要计算洞室边界处的切向应力。对于椭圆形洞室边界上的切向应力可按下式计算:

$$\sigma_\theta = \frac{-(\sigma_{0v} - \sigma_{0h})[(q_1 + q_2)^2 \sin^2\theta - q_2^2] + 2q_1q_2\sigma_{0v}}{(q_1^2 - q_2^2)\sin^2\theta + q_2^2} \qquad (7\text{-}11)$$

式中:q_1——水平方向椭圆半轴长度,m;

q_2——竖直方向椭圆半轴长度,m;

其余参数同前。

利用式(7-11)按照四种宽高比($B_h/h = 0.25$、0.5、2.0、4.0,这里 B_h 为椭圆洞室宽度, h 为椭圆洞室高度),对于不同的三种初始应力场 ($k_0 = 0, k_0 = 1/3, k_0 = 1$) 计算了椭圆洞室边界上各点的切向应力 σ_θ。根据计算结果绘制了如图 7-6 所示的切向应力集中系数分布曲线。由图 7-6 中曲线可以看出,不论椭圆洞室的几何形状是狭长的($B_h/h < 1$),还是扁平的($B_h/h > 1$),在各种初始应力场($k_0 = 0, 1/3, 1$)的受力方式下,洞室边点 B (椭圆与水平轴的交点)处的切向应力,都是压应力。而且由式(7-11),可以证明,只要侧压力系数小于 1,边点 B 处是不可能出现拉应力的。由图 7-6 还可以看出,对于宽高比大于 1 的扁平椭圆洞室,在 B 点出现很高的应力集中现象。对于椭圆洞室的顶点 A (椭圆与 y 轴的交点),在 $k_0 = 0$ 的情况下,不论宽高比的比值如何,A 点都出现拉应力;相反,在 $k_0 = 1$ 的情况下各种不同的宽高比,顶点 A 处都出现压应力,特别是对于狭长的椭圆洞室($B_h/h < 1$),这时顶点 A 将出现很高的应力集中现象。

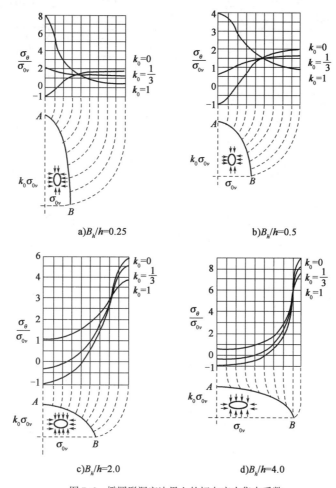

图 7-6　椭圆形洞室边界上的切向应力集中系数

综上所述,对椭圆形洞室周边切向应力分布规律做如下总结:

(1)水平方向端部的应力分布。①均为压应力,可以证明,只要 $k_0 \leq 1$ 该部位不会出现拉应力;②应力集中系数大小(应力集中程度)随 k_0 的增大而减少,随 q_1 增大而增大;③判定该部位是否破坏,采用 σ_θ 与岩石的抗压强度进行比较。

(2)在竖直方向端部的应力分布。①应力集中系数随 k_0 增大而增大,随 q_2 增大而增大。②当 $k_0 = 1$ 时该部位均出现压应力,而当 $k_0 = 0$ 时,该处均出现拉应力;当 $k_0 = 1/3$ 时,如果 $q_1/q_2 < 1$,出现压应力,反之为拉应力。

三、矩形洞室围岩应力计算

与圆形和椭圆形洞室相比,矩形洞室的围岩应力计算要复杂得多。因此,矩形洞室的围岩应力常采用光弹试验来确定。图 7-7 是根据光弹试验的结果绘出的五种不同宽高比的矩形洞室在三种初始应力场($k_0 = 0$,$k_0 = 1/3$,$k_0 = 1$)情况下,洞室边界上切向应力集中系数的分布曲线(为了避免在矩形的四角出现极高的应力集中,所有光弹模型的转角处都改成圆角)。

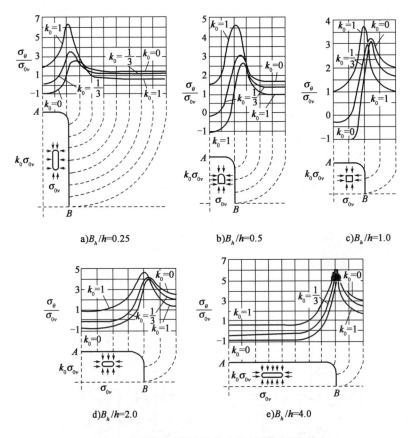

a)$B_h/h=0.25$ b)$B_h/h=0.5$ c)$B_h/h=1.0$

d)$B_h/h=2.0$ e)$B_h/h=4.0$

图 7-7 矩形洞室周边切向应力集中系数分布曲线

为了便于应用,根据上述圆形、椭圆、矩形洞室的计算结果,直接绘制这些洞形边界上的最大切向压应力与宽高比的关系曲线。图 7-8 ~ 图 7-10 分别表示 $k_0 = 0$、$k_0 = 1/3$、$k_0 = 1$ 三种情况下洞室周边最大切向压应力与宽高比的关系曲线。图 7-11 则给出了最大切向拉应力集中系数曲线。

由图 7-8 看出,在 $k_0 = 0$ 的单向初始应力场中,当宽高比小于 1 时,椭圆洞室的最大切向应力小于矩形洞室的最大切向应力;但是在宽高比大于 1 的情况下,则出现相反的情况。因此,在设计宽高比大于 1 的洞室时,采用圆角矩形比采用椭圆形的要好。

由图 7-9 明显地看出,在 $k_0 = 1/3$ 的双向初始应力场中,当宽高比小于 1.4 时,椭圆形洞室的最大切向应力小于矩形洞室的最大切向应力;而且在宽高比大致等于 1/3 时,椭圆形的最大切向应力出现最小值。当宽高比大于 1.4 时,则出现相反的情况,即矩形洞室的最大切向应力反而小于椭圆形洞室的最大切向应力。

由图 7-10 可以看出,在 $k_0 = 1$ 的静水压力式的应力场中,圆形洞室(宽高比等于 1 的情况)所产生的最大切向应力比矩形洞室的小;当宽高比大于 2.5 时,椭圆形洞室的应力集中系数比矩形洞室的大。值得指出的是,图 7-10 中的椭圆形曲线在宽高比为 1 时,出现最小值,这说明在设计洞室时可优先考虑圆形洞室。

由图 7-11 可以明显看出,在 $k_0 = 0$ 的单向初始应力场中,不论是椭圆形或矩形洞室,在洞室顶部都出现应力集中系数为 1 或接近于 1 的拉应力集中现象。在 $k_0 = 1/3$ 的初始应力场中,对于椭圆形洞室,在宽高比大于 1 的情况下,洞顶才出现拉应力。虽然这种情况下的拉应力总是低于单向初始应力场的拉应力,但应力值总是随宽高比的增大而增大。顺便指出,因为在 $k_0 = 1$ 的静水压力式的应力场中,各种洞形的围岩中都不出现拉应力,所以图 7-11 中没有 $k_0 = 1$ 的曲线。

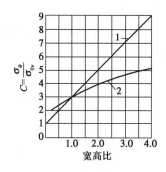

图 7-8　$k_0 = 0$ 时洞室周边最大切向
压应力集中系数
1-椭圆形(包括圆形);2-矩形

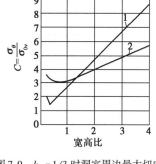

图 7-9　$k_0 = 1/3$ 时洞室周边最大切向
压应力集中系数
1-椭圆形(包括圆形);2-矩形

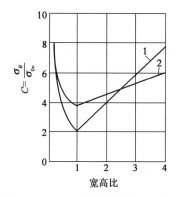

图 7-10　$k_0 = 1$ 时洞室周边最大切向
压应力集中系数
1-椭圆形(包括圆形);2-矩形

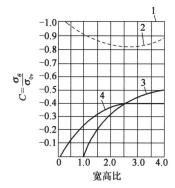

图 7-11　洞室周边最大切向
拉应力集中系数
1-椭圆形 $k_0 = 0$;2-矩形 $k_0 = 0$;
3-椭圆 $k_0 = 1/3$;4-矩形 $k_0 = 1/3$

四、直墙圆拱洞室围岩应力计算

鉴于直墙圆拱洞室是目前工程中应用最多的形式之一,但由于其应力计算目前尚无现成公式,一般采用有限元分析,故而前面的分析中未包含该内容。为了能快速分析围岩的稳定性,这里介绍直墙圆拱洞室周边切向应力计算的两种经验方法。

(1)P. H. 萨文公式法。对于圆拱形的洞室壁切向应力计算,可采用 P. H. 萨文公式,即:

$$\sigma_\theta = \frac{\gamma_m(h + a)}{1 - \mu_m}\left[1 + 2(1 - 2\mu_m)\cos\theta\right] - \frac{\gamma_m a}{1 - \mu_m}\left[\frac{1}{2}\sin\theta + (1 - 2\mu_m)\sin3\theta\right] \quad (7-12)$$

式中:h——洞室埋深,m;

γ_m——围岩重度,kN/m³;

a——圆拱的半径,m;

μ_m——围岩泊松比;

181

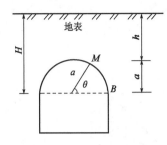

图7-12 P.H.萨文公式计算图示

θ——计算点的方位角,(°)。

各参数如图7-12所示。但应当注意,该公式只适用于洞顶部分。

(2)洞形等效法。根据经验,只要洞室的高跨比 h_0/B_h 在 2/3 ~ 3/2 范围之内(h_0 为洞的高度;B_h 为洞的跨度),那么这时就可以将这种洞室近似地看作椭圆形断面(也可看作圆形断面),如图7-13所示。利用椭圆形(或圆形)洞室的应力公式来近似地计算围岩的应力,由式(7-11)可得:

$$\sigma_\theta = \left[\left(\frac{2a}{b} + 1 \right) \frac{\mu_m}{1 - \mu_m} - 1 \right]\sigma_{0v} \qquad (\text{顶部 } A \text{ 点}) \qquad (7\text{-}13)$$

$$\sigma_\theta = \left[\frac{2a}{b} - \frac{\mu_m}{1 - \mu_m} + 1 \right]\sigma_{0v} \qquad (\text{拱脚 } B \text{ 点}) \qquad (7\text{-}14)$$

式中:σ_{0v}——计算点的初始垂直压力,MPa,$\sigma_{0v} = \gamma_m H$;

　　　H——洞室中心到地面的距离,m;

　　　μ_m——围岩泊松比;

　　a、b——分别为等效椭圆在竖直方向和水平方向上的半轴长度,m。

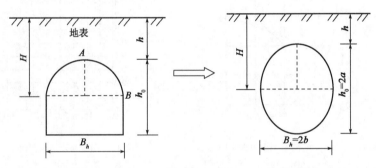

图7-13 洞形等效法示意图

五、各种洞形围岩应力集中系数计算

由前述分析可知,洞室重分布的最大应力在洞壁上,且只有切向应力,因此只要洞壁围岩在重分布的切向应力作用下不发生破坏,那么洞室围岩一般是稳定的。为了研究各种洞形洞壁上的重分布应力及其变化情况,下面介绍洞壁围岩应力计算的应力集中系数法。

地下洞室开挖后洞壁上一点的应力与开挖前洞壁处该点的天然应力的比值,称为应力集中系数。该系数反映了洞壁各点开挖前后应力的变化情况,由式(7-2)可知,圆形洞室洞壁上的切向应力为:

$$\sigma_\theta = (\sigma_{0v} + \sigma_{0h}) + 2(\sigma_{0v} - \sigma_{0h})\cos 2\theta$$

可改写为:

$$\sigma_\theta = \sigma_{0v}(1 + 2\cos 2\theta) + \sigma_{0h}(1 - 2\cos 2\theta)$$

令 $\alpha = 1 + 2\cos 2\theta$,$\beta = 1 - 2\cos 2\theta$,则有:

$$\sigma_\theta = \alpha\sigma_{0v} + \beta\sigma_{0h} \tag{7-15}$$

式中：α、β——应力集中系数，其大小仅与点的位置有关。

类似地，对于其他洞形的洞室也可以用式(7-15)来表达洞壁上的重分布切向应力，不同的只是不同洞形有不同的应力集中系数 α、β 值而已。表 7-2 给出了常见几种形状洞室洞壁的应力集中系数。这些系数是依据光弹性实验或弹性力学方法求得的。应用这些系数，可以由已知的岩体天然应力 σ_{0v}、σ_{0h} 来确定洞壁围岩重分布切向应力 σ_θ。

当洞室围岩中无构造应力存在时，初始地应力仅为自重应力。将 $\sigma_{0h} = k_0\sigma_{0v}$ 代入式(7-15)后可得：

$$\sigma_\theta = \alpha\sigma_{0v} + \beta k_0\sigma_{0v} = (\alpha + k_0\beta)\sigma_{0v}$$

令 $C = \alpha + k_0\beta = (1 + k_0) + 2(1 - k_0)\cos2\theta$，则有：

$$\sigma_\theta = C\sigma_{0v} \tag{7-16}$$

式中，C 表示围岩无构造应力时洞室壁的应力集中系数，但该系数大小不仅与点的位置有关，还与侧压力系数有关。从式(7-16)可以看出，当 $k_0 = 0$ 时，$C = \alpha$；当 $k_0 = 1$ 时，$C = \alpha + \beta$。前述的图 7-5 ~ 图 7-11 都是按照该应力集中系数表达的。不同洞形无构造应力时的洞室壁的应力集中系数 C 计算公式列于表 7-2 中。

各种洞形洞壁应力计算公式及特殊点的应力集中系数　　表 7-2

序号	洞室形状	计算公式	计算点号	系数 α	系数 β	系数 $C = \alpha + k_0\beta$
1	圆形	$\sigma_\theta = \alpha\sigma_{0v} + \beta\sigma_{0h}$ $\sigma_\theta = C\sigma_{0v}$	A	-1	3	$-1 + 3k_0$
			B	3	-1	$3 - k_0$
			m	$1 + 2\cos2\theta$	$1 - 2\cos2\theta$	$(1 + k_0) +$ $2(1 - k_0)\cos2\theta$
2	椭圆形	$\sigma_\theta = \alpha\sigma_{0v} + \beta\sigma_{0h}$ $\sigma_\theta = C\sigma_{0v}$	A	-1	$2\dfrac{a}{b} + 1$	$(-1 + k_0) +$ $2k_0 a/b$
			B	$2\dfrac{a}{b} + 1$	-1	$(1 - k_0) + 2a/b$
3	正方形	$\sigma_\theta = \alpha\sigma_{0v} + \beta\sigma_{0h}$ $\sigma_\theta = C\sigma_{0v}$	A	-0.87	1.616	$-0.87 + 1.616k_0$
			B	1.616	-0.87	$1.616 - 0.87k_0$
			C	4.230	0.265	$4.230 + 0.265k_0$
			D	0.265	4.230	$0.265 + 4.230k_0$
4	矩形 $b/a = 3.2$	$\sigma_\theta = \alpha\sigma_{0v} + \beta\sigma_{0h}$ $\sigma_\theta = C\sigma_{0v}$	A	-1.00	1.40	$-1 + 1.40k_0$
			B	2.20	-0.80	$2.20 - 0.80k_0$
5	矩形 $b/a = 5$	$\sigma_\theta = \alpha\sigma_{0v} + \beta\sigma_{0h}$ $\sigma_\theta = C\sigma_{0v}$	A	-0.95	1.20	$-0.95 + 1.2k_0$
			B	2.40	-0.80	$2.40 - 0.80k_0$

序号	洞室形状	计算公式	计算点号	系数 α	系数 β	系数 $C = \alpha + k_0\beta$
6	地下厂房 $h/b = 0.36$ $H/b = 1.43$	$\sigma_\theta = \alpha\sigma_{0v} + \beta\sigma_{0h}$ $\sigma_\theta = C\sigma_{0v}$	A	-0.38	2.66	$-0.38 + 2.66k_0$
			B	0.77	-0.38	$0.77 - 0.38k_0$
			C	1.54	1.14	$1.54 + 1.14k_0$
			D	1.54	1.90	$1.54 + 1.90k_0$

六、水平洞室围岩稳定性验算

对于整体性良好的坚硬岩体来说,由于其节理裂隙不发育,强度较大,无塑性变形,且弹性变形迅速完成,所以可假定岩体是均匀的、各向同性的连续介质弹性体,验算洞室边界上的切向应力是否超过岩体强度即可。

1. 洞室周边切向压应力验算

由前述计算获得的重分布应力计算公式,可以求出洞室周边的最大切向应力 σ_θ。当 σ_θ 为压应力时,采用下式来判断围岩是否稳定:

$$\sigma_\theta < [\sigma_{mc}] \qquad (7\text{-}17)$$

式中: σ_θ——洞室周边切向压应力最大值,MPa;

$[\sigma_{mc}]$——洞室围岩岩体容许抗压强度,MPa。

考虑到长期荷载作用下,洞室围岩岩体的强度可能降低,洞室围岩岩体容许抗压强度 $[\sigma_{mc}]$ 一般需要折减。对于无裂隙围岩取 $[\sigma_{mc}] = 0.6\sigma_{mc}$,对于有裂隙围岩取 $[\sigma_{mc}] = 0.5\sigma_{mc}$,$\sigma_{mc}$ 是岩体单轴抗压强度。

2. 洞室周边切向拉应力验算

当洞室周边切向应力 σ_θ 为拉应力时,应采用下式进行验算:

$$\sigma_\theta > [-\sigma_{mt}] \qquad (7\text{-}18)$$

式中: σ_θ——洞室周边切向最大拉应力,MPa;

$[\sigma_{mt}]$——洞室围岩岩体容许抗拉强度,MPa,原则上类同于洞室围岩岩体容许抗压强度 $[\sigma_{mc}]$ 的求法进行取值。

例题 7-1 在 600m 深度下掘进一个椭圆形隧道,隧道最大高度为 5m,最大宽度 2.5m,覆盖层岩体重度 25kN/m³,岩体抗压强度 80MPa,岩体抗拉强度为 5MPa,泊松比 0.25。假设不存在附加的构造应力,试用应力集中系数方法计算隧道顶点和侧壁中点的岩石表面应力,并判断洞壁是否破坏。

解: 在隧道周边岩石表面,径向应力为零,只有切向应力 σ_θ,因此计算隧道顶点和侧壁中点的岩石表面应力,实际上就是计算该两点处的切向应力。首先计算侧压力系数:

$$k_0 = \frac{\mu_m}{1 - \mu_m} = \frac{0.25}{1 - 0.25} = \frac{1}{3}$$

由于没有附加的构造应力存在,所以天然应力为:

$$\begin{cases} \sigma_{0v} = \gamma_m H = 25 \times 600 = 15 (\text{MPa}) \\ \sigma_{0h} = k_0 \sigma_{0v} = \dfrac{1}{3} \times 15 = 5 (\text{MPa}) \end{cases}$$

按照切向应力计算式(7-15),并查表7-2,可获得洞室壁围岩表面应力如下。

隧道顶点的岩石表面应力:$\sigma_{\theta顶} = 5 \times 5 - 1 \times 15 = 10 (\text{MPa})$。

隧道侧壁中点的岩石表面应力:$\sigma_{\theta侧} = -1 \times 5 + 5 \times 15 = 70 (\text{MPa}) > 80 \times 0.6 \text{MPa}$。

可见在隧道侧壁中点的岩石表面应力大于岩体容许抗压强度,该处围岩将产生压破坏。

例题7-2 某花岗岩岩体,完整性良好,单轴抗压强度100MPa。在该岩体内开挖直墙拱顶洞室,洞的跨度12m,洞的高度16m,洞的埋置深度$H = 220\text{m}$,岩体重度27kN/m³,泊松比0.24。试问围岩的稳定性如何?

解:鉴于本题的高跨比在2/3~3/2范围之内,因此可以采用洞形等效法进行计算。如图7-13所示,由式(7-13)和式(7-14)可得:

顶部A点:$\sigma_\theta = \left[\left(\dfrac{16}{6} + 1 \right) \dfrac{0.24}{1 - 0.24} - 1 \right] \times 27 \times 220 = 0.94 (\text{MPa})$

拱脚B点:$\sigma_\theta = \left[\dfrac{12}{8} - \dfrac{0.24}{1 - 0.24} + 1 \right] \times 27 \times 220 = 12.95 (\text{MPa})$

岩体容许抗压强度:$[\sigma_{mc}] = 100 \times 0.6 = 60 (\text{MPa})$

可见,围岩稳定。

第三节 有压隧洞围岩应力和稳定性分析

在水利水电工程建设中,经常会遇到作为引水建筑物之一的是水工隧洞。水工隧洞可分为无压隧洞及有压隧洞两大类。无压隧洞的断面大部分做成马蹄形或其他形状,有压隧洞则多做成圆形。水工隧洞常常设有衬砌,衬砌可用混凝土、钢筋混凝土、钢板喷浆层做成,在近几年来,喷锚支护在水工隧洞中也得到了较广泛的应用。无压隧洞衬砌所承受的荷载主要是围岩压力、外水压力。有压隧洞除了承受这些压力之外,特别重要的是承受内水压力。这种内水压力有时是很大的,不仅衬砌受到压力,围岩也要承受部分内水压力。围岩受到这种压力之后必然要引起一些力学现象和变形、稳定等问题。本节将重点讨论有压隧洞受到内水压力作用后的有关围岩本身的一些计算问题,至于衬砌的结构计算,则不属于本课程的范围。

有压隧洞围岩应力的变化过程是比较复杂的。起初,出于地下开挖,引起了围岩应力的重新分布。后隧洞充水,内水压力又使围岩产生一个应力,这个应力称为附加应力。附加应力叠加到重分布应力上,就使围岩总的应力发生改变,隧洞运转后,因检修或其他原因可能使隧洞内的水被放空,附加应力又没有了,剩下的只是重分布应力。以后再充水,附加应力再度产生。因此,有压隧洞围岩的应力是不断变化的。在研究围岩的稳定问题时,应当研究各种应力情况下围岩的稳定程度,特别应当重视这个附加应力的作用。

一、无衬砌隧洞围岩附加应力计算

有压隧洞由内水压力引起的围岩附加应力计算,通常采用弹性力学中的厚壁圆筒理论作为基础,然后进行推广求得。

1. 厚壁圆筒理论

设厚壁圆筒的内径为 a，外径为 b，见图 7-14。在筒内离圆心距离为 r 处取出一个微小单元 $rdrd\theta, a < r < b$。当筒内充满压力水或压力气体时，则半径 r 就增加 u，该处的周长从 $2\pi r$ 增加到 $2\pi(r + u)$。设厚壁圆筒受到内压力 p_a、外压力 p_b，则由弹性理论可求得厚壁中任一点处的应力为：

$$
\begin{cases}
\sigma_r = \dfrac{a^2(b^2 - r^2)}{r^2(b^2 - a^2)}p_a - \dfrac{b^2(a^2 - r^2)}{r^2(b^2 - a^2)}p_b \\
\sigma_\theta = -\dfrac{a^2(b^2 + r^2)}{r^2(b^2 - a^2)}p_a + \dfrac{b^2(a^2 + r^2)}{r^2(b^2 - a^2)}p_b
\end{cases}
\tag{7-19}
$$

管壁内任一点的径向位移为：

$$
u = \frac{1 + \mu}{E}\left[\frac{(1 - 2\mu)\,r^2 + b^2}{r(t^2 - 1)}p_a - \frac{b^2 + (1 - 2\mu)\,t^2 r^2}{r(t^2 - 1)}p_b\right]
\tag{7-20}
$$

式中：$t = b/a$；

E、μ——厚壁圆筒材料的弹性模量和泊松比。

2. 无衬砌有压隧洞围岩附加应力

我们感兴趣的是，隧洞受内水压力作用后围岩内的附加应力。如果隧洞无衬砌，洞壁受到内水压力 p 的作用，则可以利用上述厚壁圆筒理论的公式求围岩的附加应力。

隧洞洞壁上的边界条件为（图 7-15）：当 $r = a$ 时，$p_a = p$；当 $r = b = \infty$ 时，$\sigma_r = p_b = 0$；将 $p_a = p, p_b = 0, b \to \infty$ 代入厚壁圆筒公式（7-19）中可得：

$$
\begin{cases}
\sigma_r = \dfrac{a^2}{r^2}p \\
\sigma_\theta = -\dfrac{a^2}{r^2}p
\end{cases}
\tag{7-21}
$$

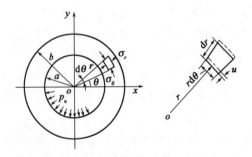
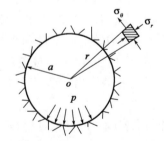

图 7-14　厚壁圆筒计算模型　　　　　　图 7-15　围岩内的附加应力计算

这就是有压隧洞围岩附加应力的计算公式。根据观察和计算，附加应力 σ_r 和 σ_θ 随着向围岩内部而迅速降低。在 $r = 2a$ 处，它们只有洞壁应力的 25% 左右。大致在三倍洞径处，即 $6a$ 处，附加应力甚小，可以略去不计（图 7-16）。

从式（7-21）可知，内水压力使围岩产生的环向应力 σ_θ 是拉应力。当这个拉应力很大，抵消了围岩原来的压应力，并超过岩体抗拉强度时，则岩石就要发生开裂。在有些有压隧洞中常见到新形成的、平行洞轴线且呈放射状的裂缝，就是由于这个原因而造成的（图 7-17）。设置衬砌和喷锚支护的目的之一，也就是要衬砌和喷锚支护承受一部分或全部内水压力。当然，在设计时也应当考虑围岩本身的承受内水压力的能力。

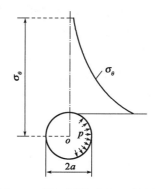

图 7-16　围岩内附加应力 σ_θ 的变化

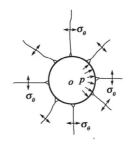

图 7-17　围岩内放射状裂缝

二、有衬砌隧洞围岩和衬砌应力计算

对于有衬砌的隧洞,内水压力通过衬砌传递到围岩中。由于衬砌的作用,衬砌将承担一部分压力,而剩余部分压力再传递到围岩中,由围岩承担。因此有衬砌的隧洞围岩中的附加应力比无衬砌隧洞围岩中的附加应力要小。此时要计算围岩和衬砌内附加应力,首先必须求出衬砌和围岩各自承担的内水压力,即计算衬砌和围岩的交界面上的荷载,然后将衬砌和围岩分离,计算各自内部的附加应力。目前求取衬砌和围岩各自承担的内水压力可采用两种方法:一是内压力分配法,二是抗力系数法。

1. 内压力分配法

设混凝土衬砌隧洞的内半径为 a,外半径为 b。如果隧洞内受到内水压力 p,则有部分荷载 $p_b = \lambda p$ 通过混凝土衬砌传递到岩石上,而另一部分荷载 $(1 - \lambda)p$ 则由衬砌承担。这里 λ 称为内压力分配系数。

要求解有衬砌隧洞围岩和衬砌中的附加应力,首先必须求解内压力分配系数 λ,然后再利用厚壁圆筒理论计算附加应力。为了推求内压力分配系数 λ,我们再假设混凝土与岩石之间紧密接触且没有缝隙(图 7-18)。

(1)内压力分配系数。在 $b < r < \infty$ 范围内的材料是围岩,将围岩看作受内压为 λp 的无限厚度的圆筒;在 $a < r < b$ 范围内的材料是混凝土衬砌,看作受内压为 p、外压为 λp 的厚壁圆筒;运用弹性理论分别计算两种材料在 $r = b$ 处位移,根据位移

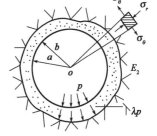

图 7-18　有衬砌隧洞的无裂隙围岩附加应力计算

相容条件(混凝土径向位移与岩石径向位移在 $r = b$ 处相等)可求得:

$$\lambda = \frac{2a^2(m_1 + 1)(m_1 - 1)m_2 E_2}{m_1^2 E_1(m_2 + 1)(b^2 - a^2) + m_2 E_2(m_1 + 1)[(m_1 - 2)b^2 + m_1 a^2]} \tag{7-22}$$

式中:E_1——衬砌弹性模量,MPa;

　　　m_1——衬砌的泊松数,$m_1 = 1/\mu_1$;

　　　μ_1——衬砌的泊松比;

　　　E_2——围岩的弹性模量,MPa;

　　　m_2——围岩的泊松数,$m_2 = 1/\mu_2$;

　　　μ_2——围岩的泊松比。

λ 值表示隧洞内水压力 p 通过衬砌传给岩石的份数, λ 值越大,即传给岩石的压力越大; λ 值越小,即传给岩石的压力越小,大部分荷载由衬砌所承担。显然, λ 值与岩石的性质和衬砌混凝土的性质有关,同时还与隧洞衬砌的尺寸 a、b 有关。

(2)围岩内附加应力计算。求得 λ 值后,即可计算传递到岩石周界面上的压力 λp 。将 λp 代入式(7-21),就得到围岩内任一点的应力计算公式:

$$\sigma_r = \frac{b^2}{r^2}\lambda p \qquad (压应力) \qquad (7\text{-}23)$$

$$\sigma_\theta = -\frac{b^2}{r^2}\lambda p \qquad (拉应力) \qquad (7\text{-}24)$$

这相当于半径为 b,内压为 λp 的无衬砌隧洞。

(3)衬砌内应力计算。将 $p = p_a$、$\lambda p = p_b$ 代入式(7-19)所示的厚壁圆筒公式,就得到衬砌内任一点的应力计算公式:

$$\sigma_r = \frac{a^2(b^2 - r^2)}{r^2(b^2 - a^2)}p - \frac{b^2(a^2 - r^2)}{r^2(b^2 - a^2)}\lambda p \qquad (压应力) \qquad (7\text{-}25)$$

$$\sigma_\theta = -\frac{a^2(b^2 + r^2)}{r^2(b^2 - a^2)}p + \frac{b^2(a^2 + r^2)}{r^2(b^2 - a^2)}\lambda p \qquad (拉应力) \qquad (7\text{-}26)$$

这相当于内径为 a、外径为 b、内压为 p、外压为 λp 的厚壁圆筒。

当 $r = a$ 时:

$$\begin{cases} \sigma_r = p \\ \sigma_\theta = -\dfrac{b^2 + a^2 - 2\lambda b^2}{b^2 - a^2}p \end{cases} \qquad (7\text{-}27)$$

当 $r = b$ 时:

$$\begin{cases} \sigma_r = \lambda p \\ \sigma_\theta = -\dfrac{2a^2 - \lambda(b^2 + a^2)}{b^2 - a^2}p \end{cases} \qquad (7\text{-}28)$$

2. 抗力系数法

(1)围岩抗力与抗力系数。围岩抗力:有压洞室由于存在很高的内水压力作用,迫使衬砌向围岩方向变形,围岩被迫后退时,将产生一个反力来阻止衬砌的变形。我们把围岩对衬砌结构的反力,称为围岩抗力或弹性抗力,如图 7-19 所示的 p_b。围岩抗力越大,越有利于围岩的稳定(有压隧洞),因它可承担(或抵抗)一部分内水压力,从而减小了衬砌所承受的内水压力,起到保护衬砌的作用。所以充分利用围岩的抗力,可以大大减小衬砌的厚度,降低工程造价。由此可见,围岩抗力的研究具有重要的工程实际意义。

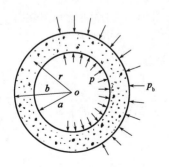

图 7-19　有衬砌隧洞衬砌受荷情况

围岩抗力系数:围岩抗力的大小反映了围岩抵抗衬砌向围岩方向变形能力的强弱,围岩抗力系数就是描述这种抵抗能力的一个指标,用 K 表示。其定义为:使洞壁围岩产生一个单位径向变形所需要的内水压力。如图 7-19 所示,设作用在洞壁围岩(不计及衬砌)上的内水压力为 p_b(内水压力 p 经过衬砌后传递过来的部分),在 p_b 作用下洞壁围岩产生向外位移为 y,则有:

$$p_b = K \cdot y \tag{7-29}$$

式中：K——围岩抗力系数，MPa/cm，K 越大，围岩受内水压力的能力越高。K 是洞室支衬设计中的重要指标。

由于相同的岩体在相同的内水压力作用下，洞室的尺寸越大，变形越大（应变相同）。因此从围岩抗力系数 K 的定义可以得出，K 与洞室尺寸有关，洞室半径越大，K 越小。

单位抗力系数：由于 K 与洞室尺寸有关，对同一种岩石不是一个常数，洞室半径越大，K 越小，这给工程应用带来了困难。为了统一标准，提出了单位抗力系数，定义为：洞室半径为 1m 时的抗力系数值，称为单位抗力系数 K_0。单位抗力系数 K_0 与抗力系数 K 之间存在如下关系：

$$K_0 = K \frac{r_0}{100} \tag{7-30}$$

式中：r_0——洞室半径，cm。

可见，如果已知 K_0，就可求出任意半径为 r_0 的抗力系数 K 值。

（2）围岩抗力系数的确定。确定围岩抗力系数的方法有直接测定法、计算法和工程地质类比（经验数据）法等。常用的直接测定法又有双筒橡皮囊法、隧洞水压法和径向千斤顶法等。

双筒橡皮囊法是在岩体中挖一个直径大于 1m 的圆形试坑，坑的深度应大于 1.5 倍的直径。试坑周围岩体要有足够的厚度，一般应大于 3 倍的试坑直径。在坑内安装环形橡皮囊，如图 7-20 所示。用水泵对橡皮囊加压使其扩张，并对坑壁岩体施压，使坑壁岩体受压而向四周变形，其变形值可用百分表（或测微计）测记。若坑壁无混凝土衬砌，则 K 值可按式（7-29）计算。若有混凝土衬砌时，则按下式计算围岩抗力系数 K：

$$K = \frac{p_a}{y} - \frac{bE_1}{r_0^2} \tag{7-31}$$

式中：p_a——作用于衬砌内壁上的水压力，MPa；

　　y——径向位移，cm；

　　b——衬砌的厚度，cm；

　　E_1——衬砌的弹性模量，MPa；

　　r_0——试坑半径，cm。

隧洞水压法是在已开挖的隧洞中，选择代表性地段进行水压试验。将所选定试段的两端堵死，在洞内安装量测洞径变化的测微计（百分表），如图 7-21 所示。然后向洞内泵入高压水，洞壁围岩在水压力的作用下发生径向变形，测出径向变形 y 和相应的压力 p_b（或 p_a），即可按式（7-29）和式（7-30）或式（7-31）计算围岩的 K 或 K_0 值。

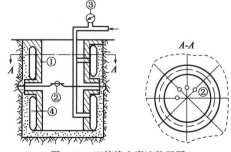

图 7-20　双筒橡皮囊法装置图
①-金属筒；②-测微计；③-水压表；④-橡皮囊

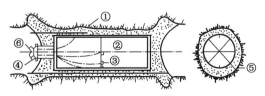

图 7-21　隧洞水压法装置图
①-衬砌；②-橡皮囊；③-测微计；④-阀门；⑤-伸缩缝；⑥-排气孔

径向千斤顶法是利用扁千斤顶代替水泵作为加压工具对岩体施加径向压力,并测得径向变形。然后据测得径向变形 y 和相应的压力 p_b(或 p_a),用式(7-29)和式(7-30)或式(7-31)求岩体的 K 或 K_0 值。

计算法是根据围岩抗力系数和弹性模量 E_{me} 与泊松比 μ_m 之间的理论关系来求围岩的 K 或 K_0 值。根据弹性理论,K、K_0 和 E_{me}、μ_m 之间有下列关系:

①对于坚硬完整围岩体:

$$K = \frac{E_{me}}{(1 + \mu_m)r_0} \tag{7-32}$$

式中:E_{me}、μ_m——岩体的弹性常数;

r_0——洞室半径。

②对于软弱、破碎或塑性围岩体:

$$K = \frac{E_{me}}{\left(1 + \mu_m + \ln\frac{R}{r_0}\right)r_0} \tag{7-33}$$

式中:E_{me}、μ_m——岩体的弹性常数;

r_0——洞室半径,cm;

R——裂隙区半径,cm,对坚硬岩体 R/r_0 取3.0,而软弱破碎岩体 R/r_0 取300。

工程地质类比法是根据已有的工程经验,将拟建工程岩体的结构和力学特性、工程规模等因素与已建工程进行类比确定 K 值。在一些中、小型工程中,大都采用此方法。表7-3给出了我国部分水工隧洞围岩抗力系数 K_0 的经验数据。

国内部分工程围岩抗力系数 K_0 值

表7-3

工程名称	岩 体 条 件	最大荷载 (MPa)	K_0 (MPa/cm)	试 验 方 法
隔河岩	深灰色薄层泥质条带灰岩、新鲜完整,0.1~0.2m 裂隙破碎带	3.0	176~268	径向扁千斤顶法
	灰岩、新鲜完整、裂隙方解石充填	1.2	224~309	双筒橡皮囊法
映秀湾	花岗闪长岩,微风化,中细粒,裂隙发育	1.0	16.1~18.1	径向扁千斤顶法
	花岗闪长岩,较完整均一,裂隙不太发育	1.0	116~269	径向扁千斤顶法
龚咀	花岗岩,中粒,似斑状,具隐裂隙,微风化	1.0	88~102.5	扁千斤顶法
	辉绿岩脉,有断层通过,破碎,不均一	0.6	11.3~50.1	扁千斤顶法
太平溪	灰白色至浅灰色石英闪长岩,中粒,新鲜坚硬,完整	3.0	250~375	扁千斤顶法
长湖	砂岩,微风化,夹千枚岩,页岩	0.6	78	水压法
南桠河三级	花岗岩,中粗粒,弱风化,不均	1.0	18~70.5	扁千斤顶法
	花岗岩,裂隙少,坚硬完整	1.8	40~130	扁千斤顶法
二滩	正长岩,新鲜,完整	1.3	104~188	扁千斤顶法
刘家峡	微风化云母石英片岩	1.0~1.2	300~320	双筒橡皮囊法
	中风化云母石英片岩	1.0~1.2	140~160	双筒橡皮囊法

(3)抗力系数法求解衬砌-岩石界面压力 p_b。将有压圆形洞室的衬砌看作厚壁圆筒(图7-19),由厚壁圆筒理论公式(7-20),可求得衬砌内任一点的位移:

$$u = \frac{1+\mu_1}{E_1}\left[\frac{(1-2\mu_1)r^2+b^2}{r(t^2-1)}p - \frac{t^2(1-2\mu_1)r^2+b^2}{r(t^2-1)}p_b\right] \qquad (7-34)$$

式中：E_1、μ_1——分别衬砌材料的弹性模量和泊松比；

$t = b/a$。

令 $r = b$，得衬砌-围岩界面上的位移：

$$u_b = \frac{2b}{E_1}\frac{(1+\mu_1)(1-\mu_1)}{t^2-1}p - \frac{b}{E_1}\frac{(1+\mu_1)[t^2(1-2\mu_1)+1]}{t^2-1}p_b \qquad (7-35)$$

运用抗力系数的定义 $p_b = K \cdot u_b$，可以求得衬砌-岩石界面压力 p_b：

$$p_b = u_b \cdot K = K\frac{2b}{E_1}\frac{(1+\mu_1)(1-\mu_1)}{t^2-1}p - \frac{b}{E_1}K\frac{(1+\mu_1)[t^2(1-2\mu_1)-1]}{t^2-1}p_b \qquad (7-36)$$

由此可获得内水压力 p 在衬砌和围岩上的分配系数 $\lambda = p_b/p$：

$$\lambda = \frac{p_b}{p} = \frac{2b(1-\mu_1^2)K}{E_1(t^2-1)+bK(1+\mu_1)[t^2(1-2\mu_1)+1]} \qquad (7-37)$$

（4）衬砌内和围岩内附加应力计算。将式（7-37）计算获得的分配系数 $\lambda = p_b/p$ 代入式（7-23）~ 式（7-26），便可以求出衬砌内和围岩内的附加应力。

3. 有裂隙衬砌和围岩的附加应力计算

如果混凝土衬砌在半径方向有均匀的裂隙，那么可以假定传递到岩石上的压力与衬砌内半径成正比，与外半径成反比，即假设：

$$p_b = \frac{a}{b}p \qquad (7-38)$$

这实际上就是假定分配系数 $\lambda = a/b$，代入式（7-23）~式（7-26），便可以求出衬砌内和围岩内的附加应力。

如果围岩中存在裂隙，如图 7-22 所示。设裂隙深度为 d，可以将衬砌和有裂隙围岩看作两层厚壁圆筒来进行计算，对于无裂隙围岩部分仍看作无衬砌围岩进行附加应力计算。

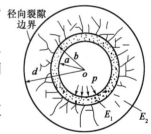

（1）衬砌附加应力计算：将衬砌视为厚壁圆筒（$a < r < b$），内压力为 $p_a = p$，外压力（$r = b$ 处）可假定为 $p_b = (a/b)p$。

图 7-22 有裂隙围岩

（2）有裂隙围岩部分附加应力计算：将有裂隙围岩视为厚壁圆筒（$b < r < d$），其内压力为 $p_b = (a/b)p$，外压力（$r = d$ 处）可假定为 $p_d = (a/d)p$。

（3）无裂隙围岩部分附加应力计算：将无裂隙围岩部分视为无衬砌围岩（$d < r < \infty$），其内压力为 $p_d = (a/d)p$。

三、有压隧洞围岩稳定性验算

有压隧洞的围岩稳定性验算包括隧洞周边局部围岩稳定性验算和上覆岩层的整体稳定性验算两部分内容。隧洞周边局部围岩稳定性验算方法与水平洞室围岩稳定性验算相同，当洞室周边的最大切向应力 σ_θ 为压应力时，采用下式来判断围岩是否稳定：

$$\sigma_\theta = \sigma_\theta^1 + \sigma_\theta^2 < [\sigma_{mc}] \qquad (7-39)$$

式中：σ_θ^1——洞室周边重分布切向应力，MPa；

σ_θ^2——内水压力引起的洞室周边附加切向应力，MPa；

σ_θ——洞室周边最大切向压应力，MPa；

$[\sigma_{mc}]$——洞室围岩岩体容许抗压强度（MPa）。

当洞室周边的最大切向应力 σ_θ 为拉应力时，采用下式来判断围岩是否稳定：

$$\sigma_\theta = \sigma_\theta^1 + \sigma_\theta^2 > [-\sigma_{mt}] \qquad (7\text{-}40)$$

式中：σ_θ^1——洞室周边重分布切向应力，MPa；

σ_θ^2——内水压力引起的洞室周边附加切向应力，MPa；

σ_θ——洞室周边最大切向拉应力，MPa；

$[\sigma_{mt}]$——洞室围岩岩体容许抗拉强度，MPa。

上覆岩层的整体稳定性验算，是将洞室的覆盖层视为一个整体，演算覆盖层在内水压力作用下是否被掀起破坏，这一问题在下一小节单独进行讨论。

四、有压隧洞围岩最小覆盖层厚度问题

前述有压隧洞围岩应力和稳定性分析，讨论了隧洞围岩在重分布应力和附加应力作用下是否稳定。在分析和讨论过程中，并未涉及围岩的厚度或埋深问题，隐含了洞室周围岩体范围无限大的假设。但实际工程中，地下洞室都存在一个埋深问题，也就是说洞室周围岩体范围是有限的，特别是对一些浅埋洞室，如果内水压力较大，围岩又较软弱，围岩很容易被破坏。因此为分析有压隧洞围岩稳定性，除了前述通过应力计算判断洞室围岩内部是否稳定外，还应分析洞室埋深范围内有限厚度的覆盖层是否会被掀起而破坏。

有压隧洞在内水压力作用下，洞周界上产生向上托浮力，当上托力超过上覆岩层的重量和阻力时，覆盖层将有被掀起的可能，从而导致隧洞破坏。显然，覆盖层越厚，越不容易被掀起；覆盖层越薄，就越容易被掀起。因此在水工隧洞设计时，必须解决洞室围岩的最小覆盖层问题，即当内水压力恒定时，并考虑一定的安全系数，覆盖层最小为多大才不会被掀起？或者说，当覆盖层厚度确定，并考虑一定的安全系数，内水压力不超过多少才不会破坏？下面分别介绍确定地下洞室围岩最小覆盖层厚度的三种方法：基本方法、叶格尔（Jaeger）方法、规范推荐方法。

1. 基本方法

研究覆盖层是否被破坏，应当验算覆盖层内的应力分布是否超过岩体的强度。覆盖层内的应力含两部分：一是洞室开挖后的重分布应力；二是内水压力作用下的附加应力。从理论上讲，当洞壁受内水压力后，围岩内总应力若为压应力，在压应力作用下覆盖层不会被掀起；但洞壁受内水压力后，围岩内总应力若为拉应力，且该拉应力超过岩石的抗拉强度，则该处将发生拉裂，覆盖层可能会被掀起。按照这种原则，下面首先讨论侧压力系数 $k_0 = 1$ 的简单情况。

（1）$k_0 = 1$ 时的最小覆盖层厚度。从前述理论我们知道，当岩体中的天然应力场为 p_0、内水压力为 p、$k_0 = 1$ 时，围岩中的附加应力为：

$$\begin{cases} \sigma_r = \dfrac{a^2}{r^2} p \\ \sigma_\theta = -\dfrac{a^2}{r^2} p \end{cases} \qquad (7\text{-}41)$$

围岩重分布应力为：

$$\begin{cases} \sigma_r^1 = \left(1 - \dfrac{a^2}{r^2}\right)p_0 \\[3mm] \sigma_\theta^1 = \left(1 + \dfrac{a^2}{r^2}\right)p_0 \end{cases} \tag{7-42}$$

从上式中可以看出，σ_r 场为压应力，叠加后不会出现拉应力。而切向应力叠加后有可能出现拉应力，因而计算时仅以 σ_θ 来进行控制。应力场叠加后为：

$$\sigma_{\theta总} = \sigma_\theta + \sigma_\theta^1 = -\frac{a^2}{r^2}p + \left(1 + \frac{a^2}{r^2}\right)p_0 \tag{7-43}$$

如果总切向应力大小超过围岩抗拉强度 $\sigma_{\theta总} < -\sigma_{mt}$，则围岩破坏，即：

$$-\frac{a^2}{r^2}p + \left(1 + \frac{a^2}{r^2}\right)p_0 \geqslant -\sigma_{mt} \tag{7-44}$$

设岩体中深度 Z 处的天然应力场为 $p_0 = \gamma_m Z$，则有：

$$-\frac{a^2}{r^2}p + \left(1 + \frac{a^2}{r^2}\right)\gamma_m Z \geqslant -\sigma_{mt} \tag{7-45}$$

可求解出 Z：

$$Z \geqslant \frac{a^2 p - r^2 \sigma_{mt}}{(r^2 + a^2)\gamma_m} \tag{7-46}$$

上式表明，要保证洞室稳定，洞室的埋置深度必须满足式(7-46)的要求。实际上只要洞壁处满足要求，则整个覆盖层都不会被掀起，因此令 $r = a$、$Z = H$，获得最小覆盖层厚度：

$$H = \frac{p - \sigma_{mt}}{2\gamma_m} \tag{7-47}$$

上面讨论了 $k_0 = 1$ 时有压隧洞围岩最小覆盖层厚度的计算问题，式(7-47)仅适用于 $k_0 = 1$ 的情况，但实际浅埋隧洞 k_0 通常是小于1的。

（2）$k_0 \neq 1$ 时的最小覆盖层厚度。对于 $k_0 \neq 1$ 的情况，如果再用上述方法确定洞室的最小埋置深度，计算将是十分复杂的，因此在实际计算中做如下简化处理：

①假设初始应力场只有自重应力场。

②围岩中只要出现拉应力，就认为是危险状态。

这样假定的理由是，当隧洞开挖经过一段时间以后，围岩内由于应力重分布而造成的过度压缩的紧张状态会随着时间而逐渐消失，亦即重分布的切向应力 σ_θ 会逐渐降低(此即应力松弛现象)，但应指出，应力的降低也不会低于岩体原来的天然应力。因此洞顶岩体的应力就同自重应力分布规律一样，由自重所引起的侧向应力 p_h 呈三角形分布(图7-23所示的实线，它是压应力)；由内水压力引起的附加应力 σ_θ 为拉应力(图7-23所示的虚线)。从图7-23中可知 m 点至洞壁范围内，附加应力 σ_θ 的绝对值大于侧向应力 σ_{0h}，即：

$$|\sigma_\theta| > \sigma_{0h}$$

此式说明在这个范围内，岩体处于受拉状态，这是危险的，也就是不稳定的。只有当由 p 引起的附加应力 σ_θ 小于上覆岩层的水平自重应力场 σ_{0h}，围岩中将不会出现拉

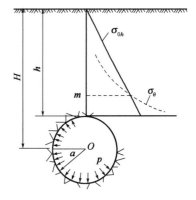

图7-23　圆形洞室围岩的自重应力和附加应力分布

应力,认为此时是稳定的,故有:

$$|\sigma_\theta| \leq \sigma_{0h}$$

也就是说,围岩稳定必须满足下列条件:

$$p\frac{a^2}{r^2} = \gamma_m z = \gamma_m [h - (r - a)] \tag{7-48}$$

实际上,只要 $r = a$ 的洞顶那点达到这个要求,则洞顶围岩范围内均达到这个要求,因此,令 $r = a$,上式变为:

$$p = \gamma_m h \tag{7-49}$$

这说明,只要洞顶围岩岩柱的重量小于洞内内水压力的上抬力,围岩就不会有拉应力区而保持稳定。当内水压力 p 为一定时,可以求出保持围岩稳定而需要的最小覆盖岩层厚度:

$$h = \frac{p}{\gamma_m} \tag{7-50}$$

在实际计算中,还应当根据不同的条件考虑一个安全系数 F_s,式(7-50)改写为:

$$h = F_s \cdot \frac{p}{\gamma_m} \tag{7-51}$$

关于安全系数 F_s 目前还没有统一的意见,一般在 $1 \sim 5$ 之间。我国有些单位认为,对于无衬砌隧洞的安全系数不能过低。对于岩性较坚硬,岩体较完整,又未风化,抗风化和抗冲刷能力较强的岩石,覆盖层厚度应当大于或等于内水压力 p 的水头高度,即:

$$h \geq \frac{p}{\gamma_\omega} \tag{7-52}$$

如果定义覆盖层厚度与内水压力水柱高度 p/γ_ω 之比为覆盖比,则覆盖层稳定的条件就是要求覆盖比必须大于1,即满足下式:

$$\frac{h}{p/\gamma_\omega} \geq 1 \tag{7-53}$$

从整个围岩的稳定性来考虑,假设没有其他方面的问题,覆盖比为 1.0 就可以不加衬砌了。但为了防止岩石受高速水流的冲刷和抵抗气蚀等作用,则还是要有护壁措施或施作衬砌,衬砌的目的不是为了承担内水压力,而是起着保护洞壁的作用。

一般认为,设置衬砌后覆盖比可以取为 0.4,围岩厚度应为隧洞直径的 3 倍(3 倍是计算公式的假设前提)。如果这两个条件不具备,在计算中就应该适当降低岩体的弹性抗力系数 K,以减少岩体分担的内水压力值,甚至也可以不考虑弹性抗力。

2. 叶格尔(Jaeger)方法

C. Jaeger 认为上述方法过于粗略,计算中应当考虑岩石的性质和强度,从而采用不同的公式。他把岩石分为下列三种类型进行考虑:坚硬而无裂缝的岩石、裂缝岩石及塑性岩石。限于篇幅,这里仅给出其计算公式:

(1)对于坚硬而无裂缝的岩石,最小覆盖层厚度可按下式计算:

$$\begin{cases} H \geq \sqrt[3]{\dfrac{n^3 p a^2}{(n-1)k_0 \gamma_m}} \\ h = H - a \\ n = \dfrac{H}{r} \end{cases} \tag{7-54}$$

式中:H——地表至隧洞中心的深度,m;

　　　h——最小覆盖层厚度,m;

　　　a——洞室半径,m;

　　　p——内水压力,kPa;

　　　γ_m——围岩重度,kN/m³;

　　　k_0——侧压力系数;

　　　r——围岩稳定性验算点距洞室中心的距离,m。

有压洞室围岩的应力分布如图7-24所示。

Jaeger建议:$n = 3, \gamma = 25\text{kN/m}^3, k_0 = 0.7$。故有Jaeger公式:

$$\begin{cases} H \geqslant \sqrt[3]{0.77pa^2} \\ h = H - a \end{cases} \tag{7-55}$$

(2)对于具有径向裂缝的岩石,最小覆盖层厚度可按下式计算:

$$\begin{cases} H \geqslant \sqrt{0.257pa} \\ h = H - a \end{cases} \tag{7-56}$$

(3)对于塑性岩石,运用弹塑性理论求解内水压力公式和附加应力,最终可求得最小覆盖层厚度:

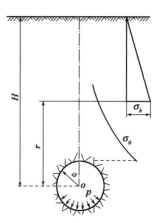

图7-24　有压洞室围岩的应力分布

$$\begin{cases} H = 3a\mathrm{e}^{\frac{1}{2}\left(\frac{p}{c_m} - \frac{8}{9}\right)} \\ h = H - a \end{cases} \tag{7-57}$$

式中:c_m——围岩的黏聚力,kPa。

3. 规范推荐方法

中国水利行业标准《水工隧洞设计规范》(SL 279—2016)规定,水工隧洞垂直向和侧向岩体最小覆盖层厚度,应根据地形、地质条件、岩体的抗抬能力、抗渗透特性、洞内水压力和衬砌型式等因素分析确定。目前国际上通行的经验准则有三种,即垂直向准则、雪山准则和挪威准则。

(1)垂直向准则[图7-25a)]。无衬砌隧洞的最小覆盖层按下式计算:

$$h \geqslant \frac{Fp}{\gamma_m} \tag{7-58}$$

式中:F——安全经验系数,等同于式(7-51)中的安全系数F_s;

　　　p——隧洞内水压力,kPa。

(2)雪山准则[图7-25b)]。对于比较陡峭的地形,侧向覆盖层常起控制作用,据此产生了澳大利亚的雪山准则。无衬砌隧洞的最小覆盖层按下式计算:

$$h_H = 2h_V = \frac{2p}{\gamma_m} \tag{7-59}$$

式中:h_H——水平覆盖层厚度,m;

　　　h_V——垂直覆盖层厚度,m。

(3)挪威准则[图7-25c)]。早年,在挪威当压力隧洞地表岩体坡度变陡时,设计者只是简单地把所需的围岩覆盖层厚度从内水压力水头高度的0.6倍增加到1.0倍,结果导致一些工

程失败。对工程失败情况进一步研究,形成了挪威准则。无衬砌隧洞的最小覆盖层按下式计算:

$$h = \frac{Fp}{\gamma_{\mathrm{m}}\cos\alpha} \tag{7-60}$$

式中:F——安全经验系数,等同于式(7-51)中的安全系数 F_{s};

   h——最小覆盖层厚度,m;

   α——地表岩体坡角,(°)。

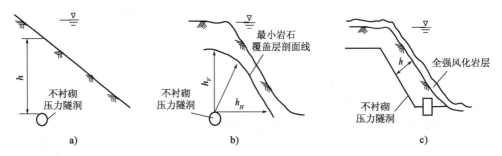

图 7-25 水工隧洞最小覆盖层确定示意图

经过对岩体坡脚从 0°~70°的不同情况使用垂直向准则、雪山准则和挪威准则进行计算对比分析,结果表明,雪山准则和挪威准则的结果相当吻合,随着坡脚的增加而覆盖层厚度增加,垂直向准则覆盖层厚度随着坡脚的增大而减小。显然雪山准则和挪威准则更趋合理。根据国内工程经验,《水工隧洞设计规范》(SL 279—2016)推荐使用挪威准则。

例题 7-3 已知某圆形引水隧洞,埋深 200m,隧洞半径 3.5m,该地区无构造应力存在,岩体较完整,裂隙不发育,上覆岩体重度为 26kN/m³,岩体抗压强度 56MPa,岩体抗拉强度 5MPa,弹性模量 32GPa,泊松比为 0.21,隧道运行时承受的内水压力为 0.4MPa;隧洞采用混凝土衬砌,混凝土的抗压强度为 20MPa,抗拉强度为 1.1MPa,衬砌的弹性模量为 22.5GPa,泊松比为 0.2。试计算:

(1)隧洞开挖后洞壁是否破坏?

(2)隧洞开挖后实施厚度 0.4m 的混凝土衬砌,请问隧道通水运行后围岩和衬砌是否破坏?

(3)假设地面水平,请验算隧洞的覆盖层是否满足运行要求?

解:首先计算围岩体中初始地应力:

$$\begin{cases} \sigma_{0v} = \gamma_{\mathrm{m}}h = 26 \times 200 = 5.2\,(\mathrm{MPa}) \\ \sigma_{0h} = k_0\sigma_{0v} = \dfrac{0.21}{1 - 0.21} \times 5.2 = 1.38\,(\mathrm{MPa}) \end{cases}$$

围岩体容许强度值:

$$\begin{cases} [\sigma_{\mathrm{mc}}] = 0.6 \times \sigma_{\mathrm{mc}} = 33.6\,(\mathrm{MPa}) \\ [\sigma_{\mathrm{mt}}] = 0.6 \times \sigma_{\mathrm{mt}} = -3\,(\mathrm{MPa}) \end{cases}$$

(1)隧洞壁切向应力由式(7-2)计算:

$$\begin{aligned} \sigma_\theta &= (\sigma_{0v} + \sigma_{0h}) + 2(\sigma_{0v} - \sigma_{0h})\cos 2\theta = 5.2 + 1.38 + 2 \times (5.2 - 1.38)\cos 2\theta \\ &= 6.58 + 7.64\cos 2\theta \end{aligned}$$

隧洞壁顶点:$\sigma_\theta = 6.58 + 7.64\cos 180° = -1.06\,(\mathrm{MPa})$

隧洞侧壁中点：$\sigma_\theta = 6.58 + 7.64\cos0° = 14.22(\text{MPa})$

可见洞室壁切向应力均未超过围岩抗压强度和抗拉强度的容许值，表明隧洞开挖后围岩保持稳定。

（2）按照式(7-22)计算压力分配系数：

$$\lambda = \frac{2 \times 3.1^2(1/0.2 + 1)(1/0.2 - 1) \times 1/0.21 \times 32}{5^2 \times 22.5(1/0.21 + 1)(3.5^2 - 3.1^2) + 1/0.21 \times 32 \times (5 + 1)[(5 - 2)3.5^2 + 5 \times 3.1^2]}$$
$$= 0.82$$

衬砌内的应力验算：

由式(7-27)得内壁上的应力：

$$\begin{cases} \sigma_r = p = 0.4\text{MPa} < 20\text{MPa} \\ \sigma_\theta = -\dfrac{3.5^2 + 3.1^2 - 2 \times 0.82 \times 3.1^2}{3.5^2 - 3.1^2} \times 0.4 = -0.92(\text{MPa}) > -1.1\text{MPa} \end{cases}$$

可见衬砌稳定。

围岩内的附加应力计算，由式(7-23)和式(7-24)可得围岩与衬砌交界面处围岩的附加应力：

$$\begin{cases} \sigma_r = \dfrac{b^2}{r^2}\lambda p = \lambda p = 0.82 \times 0.4 = 0.328(\text{MPa}) \\ \sigma_\theta = -\dfrac{b^2}{r^2}\lambda p = -\lambda p = -0.82 \times 0.4 = -0.328(\text{MPa}) \end{cases}$$

由式(7-40)计算围岩与衬砌交界面处围岩的总应力：

隧洞壁顶点：$\sigma_\theta = \sigma_\theta^1 + \sigma_\theta^2 = -1.06 - 0.328 = -1.388(\text{MPa}) > [-\sigma_{mt}] = -3\text{MPa}$

隧洞侧壁中点：$\sigma_\theta = \sigma_\theta^1 + \sigma_\theta^2 = 14.22 - 0.328 = 13.892(\text{MPa}) < [\sigma_{mc}] = 33.6\text{MPa}$

可见隧洞开挖衬砌后，通水运行，围岩仍然保持稳定。

（3）在不考虑衬砌的条件下，按照规范推荐的方法，利用式(7-60)可获得隧洞的最小覆盖层厚度为：

$$h = \frac{Fp}{\gamma_m \cos\alpha} = \frac{5 \times 400}{26 \times \cos0°} = 76(\text{m})$$

可见，当取最大安全系数 $F = 5$ 时，隧洞所需的最小覆盖层厚度为76m，而隧洞实际覆盖层厚度为200m。因此，隧洞的覆盖层满足运行要求，不会被掀起。

第四节　围岩的变形与破坏分析

地下洞室开挖后，岩体中形成了一个自由变形空间，使原来处于挤压状态的围岩，由于失去了支撑而发生向洞内松胀变形；如果这种变形超过围岩本身所能承受的能力，则围岩就要发生破坏，并从母岩中脱落形成坍塌、滑动或岩爆。我们称前者为变形，后者为破坏。

研究表明，围岩变形破坏形式常取决于围岩应力状态、岩体结构及洞室断面形状等因素。本节重点讨论围岩结构及其力学性质对围岩变形破坏的影响，以及围岩变形破坏的预测方法。

一、不同结构围岩的变形破坏特点

岩体可划分为整体状、块状、层状、碎裂状和散体状五种结构类型。它们各自的变形特征和破坏机理不同，现分述如下。

1. 整体状和块状岩体围岩

这类岩体本身具有很高的力学强度和抗变形能力,其主要结构面是节理,很少有断层,含有少量的裂隙水。在力学属性上可视为均质、各向同性、连续的线弹性介质,应力与应变呈近似直线关系。这类围岩具有很好的自稳能力,其变形破坏形式主要有岩爆、脆性开裂及块体滑移等。

岩爆是高地应力地区,由于洞壁围岩中应力高度集中,使围岩产生突发性变形破坏的现象。伴随岩爆产生,常有岩块弹射、声响及冲击波产生,对地下洞室开挖与安全造成极大的危害。

脆性开裂常出现在拉应力集中部位。如洞顶或岩柱中,当天然应力比值系数 $k_0 < 1/3$ 时,洞顶常出现拉应力,容易产生拉裂破坏。尤其是当岩体中发育有近铅直的结构面时,即使拉应力很小,也可产生纵向张裂隙,在水平向裂隙交切作用下,易形成不稳定块体而塌落,形成洞顶塌方。

块体滑移是块状岩体常见的破坏形成。它是以结构面切割而成的不稳定块体滑出的形式出现。其破坏规模与形态受结构面的分布、组合形式及其与开挖面的相对关系控制。典型的块体滑移形式如图 7-26 所示。

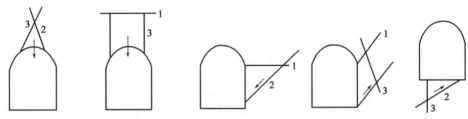

图 7-26　坚硬块状岩体中的块体滑移形式示意图(刘佑荣,1998)
1-层面;2-断裂;3-裂隙

这类围岩的整体变形破坏可用弹性理论分析,局部块体滑移可用块体极限平衡理论来分析。

2. 层状岩体围岩

这类岩体常呈软硬岩层相间的互层形式出现。岩体中的结构面以层理面为主,并有层间错动及泥化夹层等软弱结构面发育。层状岩体围岩的变形破坏主要受岩层产状及岩层组合等因素控制,其破坏形式主要有沿层面张裂、折断塌落、弯曲内鼓等。层状围岩变形破坏特征如图 7-27 所示。在水平层状围岩中,洞顶岩层可视为两端固定的板梁,在顶板压力下,将产生下沉弯曲、开裂;当岩层较薄时,如不及时支撑,任其发展,则将逐层折断塌落,最终形成图7-27a)所示的三角形塌落体。在倾斜层状围岩中,常表现为沿倾斜方向一侧岩层弯曲塌落;另一侧边墙岩块滑移等破坏形式,形成不对称的塌落拱;这时将出现偏压现象[图 7-27b)]。在直立层状围岩中,当天然应力比值系数 $k_0 < 1/3$ 时,洞顶由于受拉应力作用,使之发生沿层面纵向拉裂,在自重作用下岩柱易被拉断塌落;侧墙则因压力平行于层面,常发生纵向弯折内鼓,进而危及洞顶安全[图 7-27c)]。但当洞轴线与岩层走向有一交角时,围岩稳定性会大大改善。经验表明,当这一交角大于20°时,洞室边墙不易失稳。

这类岩体围岩的变形破坏常可用弹性梁、弹性板或材料力学中的压杆平衡理论来分析。

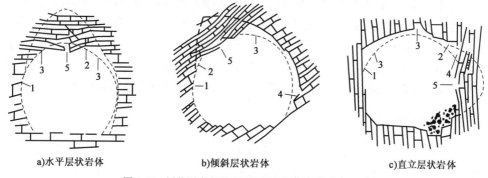

a)水平层状岩体　　　　　b)倾斜层状岩体　　　　　c)直立层状岩体

图7-27　层状围岩变形破坏特征示意图(刘佑荣,1998)

1-设计断面轮廓线;2-破坏区;3-崩塌;4-滑动;5-弯曲、张裂及折断

3. 碎裂状岩体围岩

碎裂岩体是指断层、褶曲、岩脉穿插挤压和风化破碎加次生夹泥的岩体。这类围岩的变形破坏形式常表现为塌方和滑动(图7-28)。破坏规模和特征主要取决于岩体的破碎程度和含泥多少。在夹泥少、以岩块刚性接触为主的碎裂围岩中,由于变形时岩块相互镶合挤压,错动时产生较大阻力,因而不易大规模塌方。相反,当围岩中含泥量很高时,由于岩块间不是刚性接触,则易产生大规模塌方或塑性挤入,如不及时支护,将愈演愈烈。

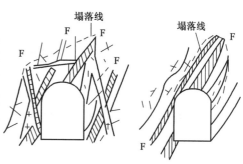

图7-28　碎裂围岩塌方示意图(刘佑荣,1998)

这类围岩的变形破坏,可用松散介质极限平衡理论来分析。

4. 散体状岩体围岩

散体状岩体是指强烈构造破碎、强烈风化的岩体或新近堆积的土体。这类围岩常表现为弹塑性、塑性或流变性,其变形破坏形式以拱形冒落[图7-29a)]为主。当围岩结构均匀时,冒落拱形状较为规则。但当围岩结构不均匀或松动岩体仅构成局部围岩时,则常表现为局部塌方、侧鼓、底鼓[图7-29b)、c)、d)]、塑性挤入及滑动等变形破坏形式。

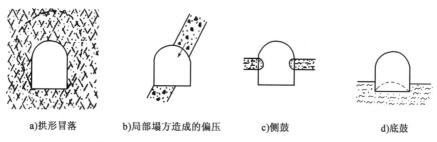

a)拱形冒落　　　b)局部塌方造成的偏压　　　c)侧鼓　　　d)底鼓

图7-29　散体状围岩变形破坏特征示意图(刘佑荣,1998)

这类围岩的变形破坏,可用松散介质极限平衡理论配合流变理论来分析。

应当指出,任何一类围岩的变形破坏都是渐进式逐次发展的。其逐次变形破坏过程常表现为侧向与垂向变形相互交替发生、互为因果,形成连锁反应。例如水平层状围岩的塌方过程常表现为:首先是拱脚附近岩体的塌落和超挖;然后顶板沿层面脱开,产生下沉及纵向开裂,边墙岩块滑落。当变形继续向顶板以上发展时,形成松动塌落,压力传全顶拱,再次危害顶拱稳定。如此循环往复,直至达到最终平衡状态。又如块状围岩的变形破坏过程往往是先由边墙楔形岩块滑移,导致拱脚失去支撑,进而使洞顶楔形岩块塌落等。其他类型围岩的变形破坏过程也是如此,只是各次变形破坏的形式和先后顺序不同而已。我们分析围岩变形破坏时,应抓住其变形破坏的始发点和发生连锁反应的关键点,预测变形破坏逐次发展及迁移的规律。在围岩变形破坏的早期就加以处理,这样才能有效控制围岩变形,确保围岩的稳定性。

二、围岩位移计算

在坚硬完整的岩体中开挖洞室,当天然应力不大的情况下,围岩常处于弹性状态。这时洞壁围岩的位移可用弹性理论进行计算。先讨论平面应变条件下洞壁围岩弹性位移的计算问题。

据弹性理论,平面应变与位移间的关系为:

$$
\begin{cases}
\varepsilon_r = \dfrac{\partial u_r}{\partial r} \\[2mm]
\varepsilon_\theta = \dfrac{u_r}{r} + \dfrac{1}{r}\dfrac{\partial u_\theta}{\partial \theta} \\[2mm]
\gamma_{r\theta} = \dfrac{1}{r}\dfrac{\partial u_r}{\partial \theta} + \dfrac{\partial u_\theta}{\partial r} - \dfrac{u_\theta}{r}
\end{cases}
\tag{7-61}
$$

又平面应变与应力的物理方程为:

$$
\begin{cases}
\varepsilon_r = \dfrac{1}{E_{\mathrm{me}}}\left[(1-\mu_{\mathrm{m}}^2)\sigma_r - \mu_{\mathrm{m}}(1+\mu_{\mathrm{m}})\sigma_\theta\right] \\[2mm]
\varepsilon_\theta = \dfrac{1}{E_{\mathrm{me}}}\left[(1-\mu_{\mathrm{m}}^2)\sigma_\theta - \mu_{\mathrm{m}}(1+\mu_{\mathrm{m}})\sigma_r\right] \\[2mm]
\gamma_{r\theta} = \dfrac{2}{E_{\mathrm{me}}}(1+\mu_{\mathrm{m}})\tau_{r\theta}
\end{cases}
\tag{7-62}
$$

由以上两式得:

$$
\begin{cases}
\dfrac{\partial u_r}{\partial r} = \dfrac{1}{E_{\mathrm{me}}}\left[(1-\mu_{\mathrm{m}}^2)\sigma_r - \mu_{\mathrm{m}}(1+\mu_{\mathrm{m}})\sigma_\theta\right] \\[2mm]
\dfrac{u_r}{r} + \dfrac{\partial u_\theta}{r\partial\theta} = \dfrac{1}{E_{\mathrm{me}}}\left[(1-\mu_{\mathrm{m}}^2)\sigma_\theta - \mu_{\mathrm{m}}(1+\mu_{\mathrm{m}})\sigma_r\right] \\[2mm]
\dfrac{\partial u_r}{r\partial\theta} + \dfrac{\partial u_\theta}{\partial r} - \dfrac{u_\theta}{r} = \dfrac{2}{E_{\mathrm{me}}}(1+\mu_{\mathrm{m}})\tau_{r\theta}
\end{cases}
\tag{7-63}
$$

将式(7-1)的围岩重分布应力 (σ_r,σ_θ) 代入式(7-63),并进行积分运算,可求得在平面应变条件下的围岩位移为:

$$
\begin{cases}
\begin{aligned}
u_r =\ & \dfrac{1-\mu_{\mathrm{m}}^2}{E_{\mathrm{me}}}\left[\dfrac{\sigma_{0h}+\sigma_{0v}}{2}\left(r+\dfrac{r_0^2}{r}\right) + \dfrac{\sigma_{0h}-\sigma_{0v}}{2}\left(r-\dfrac{r_0^4}{r^3}+\dfrac{4r_0^2}{r}\right)\cos2\theta\right] - \\
& \dfrac{\mu_{\mathrm{m}}(1+\mu_{\mathrm{m}})}{E_{\mathrm{me}}}\left[\dfrac{\sigma_{0h}+\sigma_{0v}}{2}\left(r-\dfrac{r_0^2}{r}\right) - \dfrac{\sigma_{0h}-\sigma_{0v}}{2}\left(r-\dfrac{r_0^4}{r^3}\right)\cos2\theta\right] \\
u_\theta =\ & -\dfrac{1-\mu_{\mathrm{m}}^2}{E_{\mathrm{me}}}\left[\dfrac{\sigma_{0h}-\sigma_{0v}}{2}\left(r+\dfrac{r_0^4}{r^3}+\dfrac{2r_0^2}{r}\right)\sin2\theta\right] - \\
& \dfrac{\mu_{\mathrm{m}}(1+\mu_{\mathrm{m}})}{E_{\mathrm{me}}}\left[\dfrac{\sigma_{0h}-\sigma_{0v}}{2}\left(r+\dfrac{r_0^4}{r^3}-\dfrac{2r_0^2}{r}\right)\sin2\theta\right]
\end{aligned}
\end{cases}
\tag{7-64}
$$

式中:u_r、u_θ——分别为围岩内任一点的径向位移和环向位移;

E_{me}、μ_m——分别为围岩岩体的弹性模量和泊松比;

其余符号意义同前。

由式(7-64),当 $r = r_0$ 时,可得洞壁的弹性位移为:

$$
\begin{cases}
u_r = \dfrac{(1 - \mu_m^2)r_0}{E_{me}}\big[\sigma_{0h} + \sigma_{0v} + 2(\sigma_{0h} - \sigma_{0v})\cos 2\theta\big] \\[2mm]
u_\theta = -\dfrac{2(1 - \mu_m^2)r_0}{E_{me}}\big[(\sigma_{0h} - \sigma_{0v})\sin 2\theta\big]
\end{cases}
\tag{7-65}
$$

当天然应力为静水压力状态($\sigma_{0h} = \sigma_{0v} = \sigma_0$)时,则式(7-65)可简化为:

$$
\begin{cases}
u_r = \dfrac{2r_0\sigma_0(1 - \mu_m^2)}{E_{me}} \\[2mm]
u_\theta = 0
\end{cases}
\tag{7-66}
$$

可见在的静水压力状态中,洞壁仅产生径向位移,而无环向位移。

式(7-66)是在 $\sigma_{0h} = \sigma_{0v}$ 时,考虑天然应力与开挖卸荷共同引起的围岩位移。但一般认为,天然应力引起的位移在洞室开挖前就已经完成,开挖后洞壁的位移仅是开挖卸荷(开挖后重分布应力与天然应力的应力差)引起的。假设岩体中天然应力为 $\sigma_{0h} = \sigma_{0v} = \sigma_0$,则开挖前洞壁围岩中一点的应力为 $\sigma_{r1} = \sigma_{r2} = \sigma_0$,而开挖后洞壁上的重分布应力由式(7-2)得 $\sigma_{r2} = 0$,$\sigma_{\theta2} = 2\sigma_0$,则因开挖卸荷引起的应力差为:

$$
\Delta\sigma_r = \sigma_{r1} - \sigma_{r2} = \sigma_0
$$
$$
\Delta\sigma_\theta = \sigma_{\theta1} - \sigma_{\theta2} = -\sigma_0
$$

将 $\Delta\sigma_r$、$\Delta\sigma_\theta$ 代入式(7-61)的第一个式子有:

$$
\varepsilon_r = \frac{\partial u_r}{\partial r} = \frac{1 - \mu_m^2}{E_{me}}\left(\Delta\sigma_r - \frac{\mu_m}{1 - \mu_m}\Delta\sigma_\theta\right) = \frac{1 + \mu_m}{E_{me}}\sigma_0
$$

两边积分后得洞壁围岩的径向位移为:

$$
u_r = \frac{1 + \mu_m}{E_{me}}\sigma_0 r_0
\tag{7-67}
$$

比较式(7-66)和式(7-67)可知,是否考虑天然应力对位移的影响,计算出的洞壁位移是不同的。

若开挖后有支护力 p_i 作用,由式(7-67)可知其洞壁的径向位移为:

$$
u_r = \frac{1 + \mu_m}{E_{me}}(\sigma_0 - p_i)r_0
\tag{7-68}
$$

三、围岩破坏区范围的确定方法

在地下洞室喷锚支护设计中,围岩破坏圈厚度是必不可少的资料。针对不同力学属性的岩体可采用不同的确定方法。例如,对于整体状、块状等具有弹性或弹塑性力学属性的岩体,通常可用弹性力学或弹塑性力学方法确定其围岩破坏区厚度;而对于松散岩体则常用松散介质极限平衡理论方法来确定等。这里主要介绍弹性力学方法,弹塑性力学方法将在下一章中介绍,松散介质极限平衡方法本书不进行介绍。

由本章第二节的围岩重分布应力分析可知,当岩体天然应力比值系数 $k_0 < 1/3$ 时,洞顶、底将出现拉应力,其值为 $\sigma_\theta = (3k_0 - 1)\sigma_{0v}$。而两侧壁将出现压应力集中,其值为 $\sigma_\theta = (3 -$

$k_0)\sigma_{0v}$。在这种情况下,若顶、底板的拉应力大于围岩的抗拉强度 σ_{mt}(严格地说应为一向拉、一向压的拉压强度)时,则围岩就要发生破坏。其破坏范围可用图 7-30 所示的方法进行预测。在 $k_0 > 1/3$ 的天然应力场中,洞壁围岩均为压应力集中,顶、底的压应力 $\sigma_\theta = (3k_0 - 1)\sigma_{0v}$,侧壁的压应力 $\sigma_\theta = (3 - k_0)\sigma_{0v}$。当 σ_θ 大于围岩的抗压强度 σ_{mc} 时,洞壁围岩就要破坏。沿洞周压破坏范围可按图 7-31 所示的方法确定。

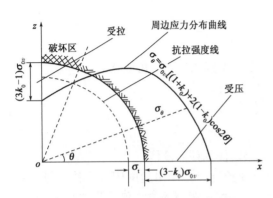

图 7-30 $k_0 < 1/3$ 时洞顶破坏区范围预测   图 7-31 $k_0 > 1/3$ 时,洞壁破坏区范围预测

对于围岩破坏圈厚度,可以利用围岩处于极限平衡时,主应力与强度条件之间的对比关系求得。由式(7-1)可知,当 $r > r_0$ 时,只有在 $\theta = 0$、$\pi/2$、π、$3\pi/2$ 四个方向上,$\tau_{r\theta}$ 等于零,σ_r 和 σ_θ 才是主应力。由莫尔强度条件可知,围岩的强度为:

$$\sigma_1 = \sigma_3 \tan^2\left(45° + \frac{\varphi_m}{2}\right) + 2c_m \tan\left(45° + \frac{\varphi_m}{2}\right) \tag{7-69}$$

式中:φ_m——围岩内摩擦角,(°);

c_m——围岩黏聚力,MPa。

若用 σ_r 代入式(7-69),求出 σ_{1m}(围岩强度),然后与 σ_θ 比较,若 $\sigma_\theta \geqslant \sigma_{1m}$,围岩就破坏,因此,围岩的破坏条件为:

$$\sigma_\theta \geqslant \sigma_3 \tan^2\left(\frac{\pi}{2} + \frac{\varphi_m}{2}\right) + 2c_m \tan\left(\frac{\pi}{2} + \frac{\varphi_m}{2}\right) \tag{7-70}$$

根据式(7-70),可用作图法来求 x 轴和 z 轴方向围岩的破坏厚度。其具体方法如图 7-32 和图 7-33 所示。

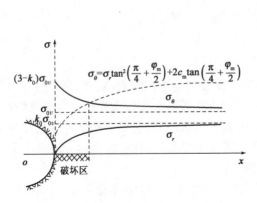

图 7-32 x 轴方向破坏厚度预测示意图

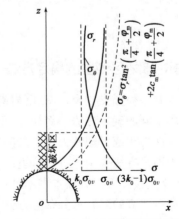

图 7-33 z 轴方向破坏厚度预测示意图

求出 x 轴和 z 轴方向的破坏圈厚度之后,其他方向上的破坏圈厚度可由此大致推求。但当岩体中天然应力 $\sigma_{0h} = \sigma_{0v}(k_0 = 1)$ 时,可用以上方法精确确定各个方向的破坏圈厚度。求得 θ 方向和 r 轴方向的破坏区范围,则可确定围岩的破坏区范围。

思 考 题

7-1 什么是重分布应力?

7-2 解释围岩应力与围岩压力的概念,它们有何区别。

7-3 在静水压力式的天然应力场中开挖水平圆形洞室,请问其周边重分布应力有何特点?

7-4 在工程中为什么常采用直墙圆拱形洞室,它与矩形洞室相比有何优缺点?

7-5 有压隧洞与无压隧洞的围岩应力有何本质上的区别?

7-6 对于弹性围岩,如何判别其稳定性?

7-7 由内水压力引起的有压洞室围岩附加应力对围岩稳定性有何影响?

7-8 有压洞室与无压洞室在围岩稳定性分析上有何区别?

习 题

7-1 有一半径为 $a = 3\text{m}$ 的圆形隧洞,埋深 $H = 50\text{m}$,围岩重度 $\gamma_m = 27\text{kN/m}^3$,$\mu_m = 0.3$,$E_{me} = 1.5 \times 10^5 \text{MPa}$。试求 $\theta = 0°$、$90°$ 处洞周边应力和位移。

[参考答案: $\sigma_\theta = 3.47\text{MPa}$、$0.39\text{MPa}$;$u_r = 0.07\text{mm}$,$0.63\text{mm}$;$u_\theta = 0\text{mm}$,$0\text{mm}$]

7-2 某厂 2 号洞室,洞顶呈圆拱形,如习题 7-2 图所示,已知 $\gamma_m = 27\text{kN/m}^3$,$\mu_m = 0.2$。岩体 $\sigma_{mc} = 40\text{MPa}$,试验算洞室的稳定性。

对于圆拱形的洞室壁切向应力计算,可采用 P. H. 萨文公式,即:

$$\sigma_\theta = \frac{\gamma_m(H + a)}{1 - \mu_m}\left[1 + 2(1 - 2\mu_m)\cos\theta\right] - \frac{\gamma_m a}{1 - \mu_m}\left[\frac{1}{2}\sin\theta + (1 - 2\mu_m)\sin3\theta\right]$$

式中,H 为洞室埋深;γ_m 为围岩重度;a 为圆拱的半径;μ_m 为围岩泊松比;θ 为计算点的方位角。但该公式只适用于洞顶部分;另一种方法是将其简化为圆或椭圆来计算。

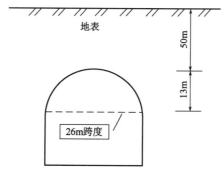

习题 7-2 图

[参考答案: $\sigma_\theta = 4.68\text{MPa}$;稳定]

7-3 某花岗岩岩体完好,洞跨度12m,高度16m,埋深220m,岩体 $\gamma_m = 27kN/m^3$, $k_0 = 1$, $\sigma_{mc} = 100MPa$;如果现在设计该洞室,如按圆形设计和按椭圆形设计,其稳定性各如何?(考虑长期荷载,岩体强度降低折减系数0.6)

[参考答案: $\sigma_\theta = 11.88MPa$、$15.84MPa$;稳定]

7-4 洞室跨度6m、高度8m, $H = 150m$, $\gamma_m = 32kN/m^3$, $k_0 = 0.26$, $\sigma_{mc} = 72MPa$, $\sigma_{mt} = 5MPa$。按椭圆设计,请判定洞顶和侧墙的稳定性。

[参考答案:洞顶 $\sigma_\theta = -0.244MPa$,侧壁 $\sigma_\theta = 16.35MPa$;稳定]

7-5 洞室设计题:原岩应力 $\sigma_{0v} = 1.16 \sim 1.46MPa$, $\sigma_{0h} = 1.6 \sim 2.3MPa$,岩体的抗压强度 $\sigma_{mc} = 30MPa$,岩体完整性系数 $K_v = 0.36$。估计围岩稳定性,并选择断面形式。

[提示:对于圆形、椭圆形、方形和矩形洞室,其洞壁切向应力计算公式可写成统一形式: $\sigma_\theta = \alpha\sigma_{0h} + \beta\sigma_{0v}$,式中的 α、β 为应力集中系数,可查表7-2]

7-6 已知某圆形水工隧洞,半径 $a = 3m$,内水压力 $p = 0.3MPa$,试计算3倍洞径位置的附加应力。

[参考答案: $\sigma_r = 0.033MPa$, $\sigma_\theta = -0.033MPa$]

第八章　地下洞室围岩压力分析与计算

第一节　概　　述

一、围岩压力的概念

前面对地下洞室(有压和无压)围岩应力进行了分析和计算,它是研究围岩稳定性和洞室安全性的基础。在岩体内开挖洞室以后,岩体的原始平衡状态被破坏,发生应力重分布。一些强度较低的岩石由于应力达到强度的极限值而破坏,产生裂缝或剪切位移,破坏了的岩石在重力作用下甚至大量塌落,造成所谓"冒顶"现象,特别是节理、裂隙等软弱结构面发育的岩石更为显著。为了保证围岩的稳定以及地下洞室结构的安全,常常在洞室开挖后进行必要的支护与衬砌,以约束围岩的破坏和变形的继续扩展。

围岩在重分布应力作用下产生过量的塑性变形或松动破坏,进而引起施加于支护衬砌上的压力,称为围岩压力(又称为地层压力、岩石压力或地压)。根据这一定义,围岩压力是围岩与支护衬砌的相互作用力,它与围岩应力不是同一个概念。围岩应力是岩体中的内力,而围岩压力则是针对支衬结构来说的,是作用于支护衬砌上的外力。因此,如果围岩足够坚固,能够承受住围岩应力的作用,就不需要设置支衬结构,也就不存在围岩压力问题。只有当围岩适应不了围岩应力的作用,而产生过量塑性变形或塌方、滑移等破坏时,才需要设置支衬结构以维护围岩稳定,保证洞室安全和正常使用,因而就形成了围岩压力。围岩压力是支护衬砌设计及施工的重要依据。

二、围岩压力的类型

按围岩压力的形成机理,可将其划分为变形围岩压力、松散围岩压力和冲击围岩压力三种。

1. 变形围岩压力

由于围岩塑性变形如塑性挤入、膨胀内鼓、弯折内鼓等形成的挤压力,称为变形围岩压力。地下洞室开挖后围岩的变形包括弹性变形和塑性变形。但一般来说,弹性变形(关于弹性变形的计算已在上一章中做了介绍)在施工过程中就能完成,因此它对支衬结构一般不产生挤压力。而塑性变形则具有随时间增长而增强的特点,如果不及时支护,就会引起围岩失稳破坏,形成较大的围岩压力。产生变形围岩压力的条件有:①岩体较软弱或破碎,这时围岩应力很容易超过岩体的屈服极限而产生较大的塑性变形;②深埋洞室,由于围岩受压力过大易引起塑性流动变形。由围岩塑性变形产生的围岩压力可用弹塑性理论进行分析计算。除此之外,还有一种变形围岩压力就是由膨胀围岩产生的膨胀围岩压力,它主要是由于矿物吸水膨胀产生的对支衬结构的挤压力。因此.膨胀围岩压力的形成必须具备两个基本条件：一是岩体中要有膨胀性黏土矿物(如蒙脱石等)；二是要有地下水的作用。这种围岩压力可采用支护和围岩共同变形的弹塑性理论计算。不同的是在洞壁位移值中应加上由开挖引起径向减压所造成的膨胀位移值，这种位移值可通过岩石膨胀率和开挖前后径向应力差之间的关系曲线来推算。此外，还可用流变理论予以分析。

2.松散围岩压力

由于围岩拉裂塌落、块体滑移及重力坍塌等破坏引起的压力，称为松散围岩压力。这是一种有限范围内脱落岩体重力施加于支护衬砌上的压力，其大小取决于围岩性质、结构面交切组合关系及地下水活动和支护时间等因素。松散围岩压力可采用松散体极限平衡或块体极限平衡理论进行分析计算。

3.冲击围岩压力

冲击围岩压力是由岩爆形成的一种特殊围岩压力。它是强度较高且较完整的弹脆性岩体过度受力后突然发生岩石弹性变形所引起的围岩压力现象。冲击围岩压力的大小与天然应力状态、围岩力学属性等密切相关，并受到洞室埋深、施工方法及洞形等因素的影响。冲击围岩压力的大小，目前无法进行准确计算，只能对冲击围岩压力的产生条件及其产生可能性进行定性的评价预测。

三、影响围岩压力的因素

1.洞室形状和大小

一般而言，圆形、椭圆形和拱形洞室的应力集中程度较小，破坏也少，岩石比较稳定，围岩压力也较小；而矩形断面的洞室的应力集中程度较大，尤以转角处最大，因而围岩压力比其他形状的围岩压力要大些。

从前一章的理论分析可知，洞室的形状相同时，围岩应力与洞室的尺寸无关，亦即与洞室的跨度无关。但是围岩压力一般而言是与洞室的跨度有关的，它可以随着跨度的增加而增大。目前从有些围岩压力公式中就可看出压力是随着跨度成正比增加的，但是根据经验，这种正比关系只对跨度不大的洞室适用，对于跨度很大的洞室，由于往往容易发生局部坍塌和不对称的压力，使得围岩压力与跨度之间不一定成正比关系。根据我国铁路地下洞室的调查认为，单线地下洞室与双线地下洞室的跨度相差为80%，而围岩压力相差仅为50%左右。所以，在有些情况中，对于大跨度洞室，采用围岩压力与跨度成正比的关系，会造成衬砌过于的浪费现象。此外，在稳定性很差的岩体内开挖洞室时，实际的围岩压力往往比按照常用方法计算的压力可能大得多。

2.地质构造

地质构造对于围岩的稳定性及围岩压力的大小起着重要影响。目前有关围岩的分类和围岩压力的经验公式大都建立在这一基础上。地质构造简单、地层完整、无软弱结构面，围岩稳定，围岩压力也小；反之，地质构造复杂、地层不完整、有软弱结构面，围岩就不稳定，围岩压力也就大。在断层破碎带、褶皱破碎带和裂隙发育的地段，围岩压力一般都较大，因此在这些地段的洞室开挖过程中常常会有大量的较大范围的崩塌，造成较大的松动压力。另外，如果岩层倾斜、节理不对称以及地形倾斜，都能引起不对称的围岩压力(即所谓偏压)。所以在估计围岩压力的大小时，应当特别重视地质构造的影响。

3. 支护形式和刚度

围岩压力有松动压力和变形压力之分。当松动压力作用时,支护的作用就是承受松动岩体或塌落岩体的重量,支护主要起承载作用。当变形压力作用时,支护的作用主要是限制围岩的变形,以维持围岩的稳定,也就是支护主要起约束作用。在一般情况下,支护可能同时具有上述两种作用。目前的支护可分为两种:一是外部支护,如钢拱架,它能承受围岩压力或限制变形;二是内承支护(自承支护),如锚杆、砂浆等,它能提高岩体的自承能力。

支护的刚度和支护时间的早晚(即洞室开挖后围岩暴露时间的长短)都对围岩压力有较大的影响。支护的刚度越大,则允许的变形就越小,围岩压力就越大;反之,围岩压力越小。洞室开挖后,围岩立即产生变形(弹性变形和塑性变形)。根据研究,在一定的变形范围内,支护上的围岩压力是随着支护以及围岩的变形量增加而减少的。目前常采用的薄层混凝土支护或具有一定柔性的外部支护,都能够充分利用围岩的自承能力,可以减少支护结构承担的围岩压力。

4. 支衬时间

由于围岩压力主要是由于岩体的变形和破坏而造成的,而岩体的变形和破坏都有一个时间过程,所以围岩压力一般都与时间有关。在实际工程中,通常根据围岩的变形规律(由监控量测获得),选择最佳衬砌时间,既有利于充分发挥围岩的自承能力,又能保证工程安全和节约造价。

5. 洞室深度

洞室深度与围岩压力的关系目前有各种说法。在有些公式中围岩压力与深度无关,有些公式中围岩压力与深度有关。一般来说,当围岩处于弹性状态时,围岩压力不应当与洞室的埋深有关。但当围岩中出现塑性区时,洞室的埋置深度应当对围岩压力有影响。这是由于埋置深度对围岩的应力分布有影响,同时对初始侧压力系数 k_0 也有影响,从而对塑性区的形状和大小以及围岩压力的大小均有影响。研究表明,当围岩处于塑性变形状态时,洞室埋置越大,围岩压力越大。深埋洞室的围岩通常处于高压塑性状态,所以它的围岩压力随着深度的增加而增大,在这种情况下宜采用柔性较大的支护以充分发挥围岩的自承能力。

6. 施工方法

围岩压力的大小与洞室的施工方法和施工速率也有较大关系。在岩体较差的地层中,如采用钻眼爆破,尤其是放大炮,或采用高猛度的炸药,都会引起围岩的破碎而增加围岩压力。用掘岩机掘进、光面爆破、减少超挖量、采用合理的施工方法可以降低围岩压力。在易风化的岩层中,需加快施工速度和迅速进行衬砌,以便尽可能减少这些地层与水的接触,减少它们的风化过程,避免围岩压力增大。通常施工作业暴露过长、衬砌较晚、回填不实或者回填材料不好(易压缩的)等,都会引起围岩压力的增大。

四、围岩压力的确定方法

目前确定围岩压力的方法主要有直接测量法、理论估算法和工程类比法等三种。

直接测量法就是通过埋设压力传感设备直接测量围岩压力的方法。该方法能准确反映围岩压力的真实情况,对于地下洞室工程而言也是未来发展的方向。但由于受测量设备和测试技术水平的制约,目前还不能普遍采用。

理论估算法是以工程实践为基础从理论上对围岩压力进行分析和预测的方法。由于地质条件的不确定性,影响围岩压力的因素又非常多,这些因素本身及它们之间的组合也带有一定的偶然性,企图建立一种完善的和适合各种实际情况的通用围岩压力理论及计算方法是困难的,因此,现有的围岩压力理论都做了相当的简化和假设,还不能完全切合工程实际。

工程类比法,又称为经验法,它是根据大量以前工程的实际资料的统计和总结,按不同围岩分级提出围岩压力的经验数值,作为后建地下工程确定围岩压力的依据的方法。这也是目前工程中使用较多的方法,现行规范也多采用工程类比法和理论分析相结合的方法,推荐围岩压力的计算公式。

第二节　松散围岩压力分析与计算

松散围岩压力是指松动塌落岩体重量所引起的作用在支护衬砌上的压力。实际上,围岩的变形与松动是围岩变形破坏发展过程中的两个阶段,围岩过度变形超过了它的抗变形能力,就会引起塌落等松动破坏,这时作用于支护衬砌上的围岩压力就等于塌落岩体的自重或重量。目前计算松散围岩压力的方法主要有平衡拱理论、太沙基理论及块体极限平衡理论等,下面分别介绍这些方法。

一、平衡拱理论

平衡拱理论是由普洛托吉雅柯诺夫提出的,又称为普氏理论。该理论认为:洞室开挖以后,如不及时支护,洞顶岩体由于应力集中使岩石破碎并不断塌落而形成一个拱形,称为塌落拱。开始这个拱形不是稳定的,如果洞侧壁稳定,则拱高随塌落不断增高;如果侧壁不稳定,则拱跨和拱高将同时增大。当洞室的埋深较大($H > 5b_1$,H 是洞室埋深,b_1 是拱半跨)时,塌落拱不会无限发展,最终将在围岩中形成一个自然平衡拱。这时,作用于支护衬砌上的围岩压力平衡拱与衬砌间破碎岩体的重量,与拱外岩体无关。因此,利用该理论计算围岩压力时,关键是要找出平衡拱的形状和拱高。

1. 基本假设

目前关于推求平衡拱(或压力拱)形状方面有着不同的假设。由于假设不同,所求出的围岩压力也就不同。普洛托吉雅柯诺夫的压力拱理论认为,岩体内总是有许多大大小小的裂隙、层理、节理等软弱结构面的。由于这些纵横交错的软弱面,将岩体割裂成各种大小的块体,破坏了岩体的整体性,造成松动。被软弱面割裂而成的岩块与整个地层相比,它们的几何尺寸较小。因此,可以把洞室周围的岩体看作没有凝聚力的大块散粒体。但是,实际上岩体是有黏聚力的。因此,就用增大内摩擦系数的方法来补偿这一因素。这个增大了的内摩擦系数称为岩石的坚固性系数,用 f_{ps} 表示。普氏理论的基本假设有:

①假设围岩是没有凝聚力的散粒体(围岩 c_m 值可采用等效内摩擦角代换);

②由于围岩被假设为无黏性散粒体,因此塌落拱不承受拉应力;

③采用压力拱理论,围岩中必须能形成平衡拱(或压力拱);

④洞室上方应有足够厚度的稳定岩体($H > 5b_1$),以保证平衡拱能形成。

从上述假设可以看出,普氏理论主要适用于破碎性较大岩石或土体围岩。

2. 基本原理

如图 8-1 所示,对于侧壁围岩稳定的洞室,洞室侧壁不需要支护,侧壁也就无水平围岩压力,此时,只有洞顶支护承受垂直围岩压力,仅需要计算洞室垂直围岩压力即可。

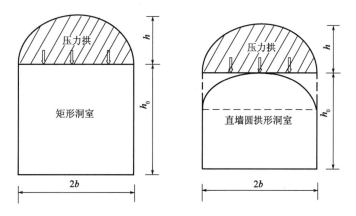

图 8-1　侧壁围岩稳定时的压力拱

如图 8-2 所示,对于洞室侧壁不稳定的围岩,侧壁沿 $45° + \varphi_k/2$(φ_k 为围岩等效为散粒体后的等效内摩擦角)破裂面破坏,此时洞顶有垂直围岩压力,侧壁有水平围岩压力,水平围岩压力按破裂面计算 Rankine 土压力来代替。

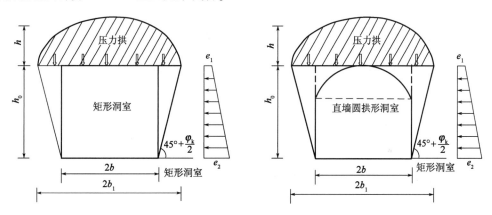

图 8-2　侧壁围岩不稳定时的压力拱

上述两种情况的平衡拱显然不同,下面问题的关键就是求解拱线的方程。求出拱线方程后,便可根据平衡拱内的岩体的重力计算垂直围岩压力。

3. 垂直围岩压力的计算

(1)围岩的无黏聚力散粒体等效。洞室围岩岩体本身具有黏聚力,即具有强度指标 c_m、φ_m 值。现将其等效为 $c_k = 0$、$\varphi_k \neq 0$ 的散粒体,等效原则为抗剪强度等效。

围岩岩体的抗剪强度为:

$$\tau_f = \sigma \tan\varphi_m + c_m$$

式中:φ_m——围岩内摩擦角,(°);

　　c_m——围岩黏聚力,kPa。

散粒体的抗剪强度为:

$$\tau_f = \sigma \tan\varphi_k$$

按照强度等效,围岩岩体的抗剪强度与散粒体的抗剪强度相等,可得散粒体的等效内摩擦

209

角 φ_k:

$$\tan\varphi_k = \tan\varphi_m + \frac{c_m}{\sigma}$$

令

$$f_{ps} = \tan\varphi_k = \tan\varphi_m + \frac{c_m}{\sigma} \tag{8-1}$$

式中:f_{ps}——岩石坚固性系数,或普氏系数,表 8-1 给出了各种岩石的 f_{ps} 值。

对于整体状围岩,也可采用下述经验公式来求普氏系数:

$$f_{ps} = \tan\varphi_k = \frac{\sigma_c}{10} \tag{8-2}$$

式中:σ_c——岩石单轴极限抗压强度,MPa;

φ_k——围岩体等效为散粒体时内摩擦角,(°)。

有了岩石的坚固性系数 f_{ps},就可直接求取散粒体的等效内摩擦角 φ_k,从而把洞室围岩岩体等效为无黏聚力的散粒体。

各种岩石的坚固系数、重度和等效内摩擦角的数值表　　　　　　表 8-1

等级	类　型	f_{ps}	$\gamma(kN/m^3)$	$\varphi_k(°)$
极坚硬岩	最坚硬的、致密的及坚韧的石英岩、玄武岩,非常坚硬的其他岩石	20	28~30	87
	极坚硬的花岗岩、石英斑岩、砂质片岩,最坚硬的砂岩及石灰岩	15	26~27	85
	致密的花岗岩,极坚硬的砂岩及石灰岩,坚硬的砾岩,极坚硬的铁矿	10	25~26	82.5
坚硬岩	坚硬的石灰岩,不坚硬的花岗岩,坚硬的砂岩、大理岩、白云岩	8	25	80
	普通砂岩、铁矿	6	24	75
	砂质片岩、片岩状砂岩	5	25	72.5
中等的	坚硬的黏土质片岩,不坚硬的砂岩、石灰岩,软的砾岩	4	26	70
	不坚硬的片岩,致密的泥灰岩,坚硬的胶结黏土	3	25	70
	软的片岩、石灰岩、冻土,普通泥灰岩,破坏的砂岩,胶结的卵石和砾石,掺石的土	2	24	65
	碎石土,破坏的片岩,卵石和碎石,硬黏土,坚硬的煤	1.5	18~20	60
	密室的黏土,普通煤,坚硬冲积土,黏土质土,混有石子的土	1.0	18	45
	轻砂质黏土,黄土,砂砾,软煤	0.8	16	40
松软的	湿砂,砂壤土,种植土,泥炭,轻砂壤土	0.6	15	30
不稳定的	散砂,小砂砾,新积土,开采出来的煤,流沙,沼泽土,含水的黄土及其他含水土	0.5	17	27
		0.3	15~18	9

(2)压力拱曲线方程。如图 8-3 所示,先来分析侧墙不稳定的洞室形成的平衡拱曲线方程。

由于是散粒体,不能承受拉应力(因为散粒体的抗拉、抗弯能力很小),平衡拱最稳定的条件就是沿着拱的切线方向作用有压力,否则拱不稳定或不能形成平衡拱。如图 8-3 所示,取平衡拱的一半来进行受力分析,设拱顶处沿拱线切线方向作用的压力为 T,拱角处沿拱线切线方向作用的压力为 S,中间无拉应力,对于 A 点的切向力分解为 F 和 N。F 可理解为拱向外位移时受到岩石的反向摩阻力,故有:

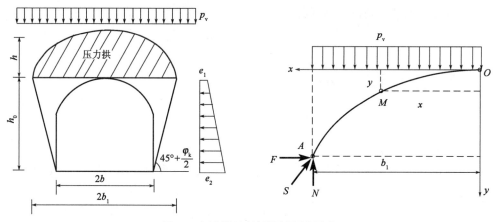

图8-3 压力拱理论计算围岩压力图示

$$F = f_{ps} \cdot N$$

再考虑一定的安全储备,摩阻力 F 只取一半,即 $F = \dfrac{1}{2}f_{ps} \cdot N$,相当于安全系数为2。

①取拱中任一点 $M(x,y)$,以 M 点为矩心,根据 OM 段的力矩平衡,有:

$$\sum M_M = Ty - \frac{1}{2}p_v \cdot x^2 = 0$$

可求得:

$$y = \frac{p_v}{2T}x^2 \tag{8-3}$$

这就是拱线方程,但其中的 T 是未知量。

②为了求得式(8-3)中的未知量 T,取拱线 OA 段进行整体平衡分析,OA 段应满足下列平衡方程:

$$\sum F_x = 0 : F = T \qquad T = \frac{1}{2}f_{ps} \cdot N$$

$$\sum F_y = 0 : N = p_v \cdot b_1$$

$$\sum M_A = 0 : T \cdot h = \frac{1}{2}p_v \cdot b_1^2$$

联立求解上述方程,可得:

$$\begin{cases} T = \dfrac{1}{2}f_{ps} \cdot p_v \cdot b_1 \\ h = \dfrac{b_1}{f_{ps}} \end{cases} \tag{8-4}$$

由式(8-3)和式(8-4)可得压力拱的拱线方程及高度:

$$\begin{cases} y = \dfrac{x^2}{f_{ps} \cdot b_1} \\ h = \dfrac{b_1}{f_{ps}} \end{cases} \tag{8-5}$$

式中:b_1——洞室侧壁不稳定时的洞室半宽度,m;

$\qquad h$——平衡拱的拱高,m。

(3)洞顶垂直压力。求得压力拱线方程和高度后,便可计算洞顶任一点的垂直围岩压力。

211

首先求出洞顶任一点松动岩石的厚度：

$$h - y = \frac{b_1}{f_{ps}} - \frac{x^2}{b_1 f_{ps}} \tag{8-6}$$

在洞顶任一点垂直围岩压力：

$$q = (h - y)\gamma_m = \frac{\gamma_m b_1}{f_{ps}} - \frac{\gamma_m x^2}{b_1 f_{ps}} \tag{8-7}$$

式中：γ_m——洞室围岩重度，kN/m^3。

式（8-7）即为洞顶任一点垂直围岩压力计算公式。可以看出在洞室拱顶轴线上（$x = 0$）的垂直围岩压力最大，为 $q_{max} = \gamma_m b_1 / f_{ps}$，并沿轴线向两侧呈对称分布。

上述公式是针对洞室侧壁岩石不稳定时导出的，如果洞室侧壁岩石稳定，则将式（8-7）中的 b_1 用 b 代替即可：

$$q = \frac{\gamma_m b}{f_{ps}} - \frac{\gamma_m x^2}{b f_{ps}} \tag{8-8}$$

式中：b——洞室侧壁稳定时的洞室半宽度，m。

此时，轴线上的最大垂直围岩压力为：

$$q_{max} = \frac{\gamma_m b}{f_{ps}} \tag{8-9}$$

4. 水平围岩压力计算

当洞室侧壁岩石不稳定时，除了在洞室顶部存在垂直围岩压力外，在洞室侧壁还存在水平围岩压力。根据前述分析，可以采用 Rankine 主动土压力公式进行计算。如图 8-4 中的水平围岩压力分布为：

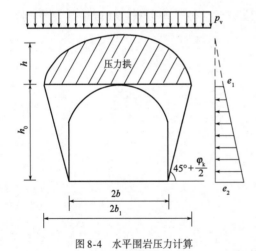

$$\begin{cases} e_1 = \gamma_m h \tan^2\left(45° - \frac{\varphi_k}{2}\right) \\ e_2 = \gamma_m(h + h_0)\tan^2\left(45° - \frac{\varphi_k}{2}\right) \end{cases} \tag{8-10}$$

总水平侧向围岩压力：

$$P_h = \frac{1}{2}\gamma_m h_0(2h + h_0)\tan^2\left(45° - \frac{\varphi_k}{2}\right) \tag{8-11}$$

式中：h_0——洞室高度，m；
h——平衡拱的拱高，m。

图 8-4 水平围岩压力计算

5. 普氏理论适用条件

如前所述，压力拱理论的基本前提是洞室上方的岩石能够形成自然压力拱，这就要求洞室上方有足够的厚度且有相当稳定的岩体，以承受岩体自重和其上的荷载。因此能否形成压力拱就成为应用压力拱理论的关键。下列情况不能形成自然平衡拱，因此不能用压力拱理论计算围岩压力。

（1）岩石坚固性系数 $f_{ps} < 0.8$，洞室埋置深度 H（由衬砌顶部至地面或松软土层接触面的

垂直距离)小于 2 倍压力拱高度($H < 2h$)或小于压力拱跨度的 2.5 倍($H < 5b_1$ 或 $H < 5b$)。

（2）用明挖法建造的地下结构。

（3）坚固性系数 $f_{ps} < 0.3$ 的土,如淤泥、粉砂,饱和软黏土等。

6. 不能形成压力拱时的围岩压力计算

当洞室上面的岩体不能形成压力拱,或者经过验算压力拱的承载能力不够时,则从洞室底面的两端开始,可能形成伸延到地面的倾斜破裂面,如图 8-5 所示的 AC 和 BD,这时 EE' 平面上岩体总荷载 Q(即总的垂直围岩压力),可以近似地看作岩柱 $EE'E''E'''$ 的重量 G,减去岩柱两侧的抗滑阻力 F。

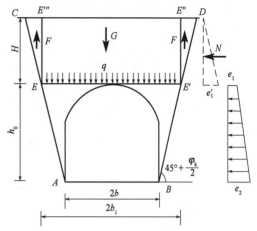

图 8-5　不能形成压力拱时的围岩压力计算

（1）垂直围岩压力的计算。由图 8-5 可知,在作用在 EE' 面上总的垂直围岩压力为:

$$Q = G - 2F = 2b_1H\gamma_m - 2Nf_{ps}$$

式中的 N 为作用在滑面 $E'E''$ 上的法向力,该法向力由滑体 $EE'E''E'''$ 外侧岩体的侧向岩石压力提供,可采用主动土压力公式计算,即:

$$N = \frac{1}{2}\gamma_m H^2 \tan^2\left(45° - \frac{\varphi_k}{2}\right)$$

由上两式可得:

$$Q = G - 2F = 2b_1H\gamma_m - 2Nf_{ps} = 2b_1H\gamma_m - 2 \times \left[\frac{1}{2}\gamma_m H^2 \tan^2\left(45° - \frac{\varphi_k}{2}\right)\right]f_{ps} \quad (8\text{-}12)$$

由式(8-12)可以求出垂直围岩压力分布(即单位面积上的垂直围岩压力):

$$q = \frac{Q}{2b_1} = H\gamma_m - \frac{1}{2b_1}\gamma_m H^2 \tan^2\left(45° - \frac{\varphi_k}{2}\right)f_{ps} \quad (8\text{-}13)$$

令

$$\begin{cases} \eta_B = \tan^2\left(45° - \dfrac{\varphi_k}{2}\right)f_{ps} \\ \eta = 1 - \dfrac{\eta_B H}{2b_1} \end{cases} \quad (8\text{-}14)$$

则有:

$$q = \eta H\gamma_m \quad (8\text{-}15)$$

式中:η——垂直压力折减系数,显然 η 不能大于 1(因为 q 不能超过上覆岩体的重量,有地表荷载例外),也就是要求 $\eta_B H < 2b_1$。这实际上给出了式(8-13)或式(8-15)的应用条件为:

$$H < \frac{2b_1}{\eta_B} \quad (8\text{-}16)$$

此外,在内摩擦角较小(不大于 25°)的散粒体中,该公式比较接近实际情况。当内摩擦角较大时,用这公式计算结果与实际情况相差较大。

为了使设计偏于安全,对于不能形成压力拱的岩体,允许按全部岩柱重量(不考虑两侧摩

阻力)来计算垂直压力,即:

$$\begin{cases} Q = G = 2b_1 H\gamma_\mathrm{m} \\ q = H\gamma_\mathrm{m} \end{cases} \tag{8-17}$$

在含水地层中开挖洞室时,围岩压力的计算中应当考虑到岩石重度的减小,也就是说,岩石的重度应采用浮重度,另外,衬砌上应考虑水压力。

对于洞室侧壁围岩稳定的情况,在计算垂直围岩压力时,将上述公式中的 b_1 用 b 代替即可。

(2)水平围岩压力的计算。如图 8-5 所示,对于侧壁不稳定的洞室,其水平围岩压力的计算理论与平衡拱理论相同,仍然采用 Rankine 主动土压力计算公式,与平衡拱理论的不同之处在于这里直接用 E' 点的竖向应力(实际上就是 $q = \eta H\gamma_\mathrm{m}$)和 B 点竖向应力($q + \gamma_\mathrm{m} h_0$)来分别计算 e_1、e_2 值。水平围岩压力分布为:

$$\begin{cases} e_1 = q\tan^2\left(45° - \dfrac{\varphi_\mathrm{k}}{2}\right) \\ e_2 = (q + \gamma_\mathrm{m} h_0)\tan^2\left(45° - \dfrac{\varphi_\mathrm{k}}{2}\right) \end{cases} \tag{8-18}$$

二、太沙基理论

太沙基理论中假定岩石为散粒体,并具有一定的黏聚力。该理论也适用于一般的土体,由于岩体一般总是有一定的裂隙和节理,又由于洞室开挖施工的影响,其围岩不可能是一个非常完整的整体,所以用这一理论计算松散围岩压力有时也可以得到较好的效果。

1. 太沙基理论的基本假设

(1)假设洞室围岩岩体是具有黏聚力 c_m 的散粒体。

(2)假设洞室围岩的破坏是洞顶岩体沿两个竖直破裂滑动。

2. 洞室侧壁稳定的围岩松动压力计算

如图 8-6 所示,设顶部岩体沿两竖直破裂面 AA' 和 BB' 滑动。这两个滑动面上的抗剪强度为:

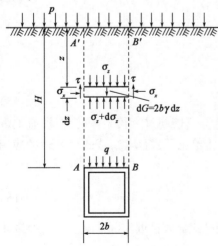

$$\tau_\mathrm{f} = \sigma\tan\varphi_\mathrm{m} + c_\mathrm{m}$$

围岩的重度为 γ_m,地面上作用强度为 p 的均布荷载,在地表以下任何深度处的垂直应力为 σ_z,而相应的水平应力为:

$$\sigma_x = k_0\sigma_z$$

式中:k_0——围岩体的侧压力系数。

(1)滑体内任一深度的竖向应力 σ_z 计算。在表面以下深度为 z 处,在 $AA'B'B$ 岩柱中取厚度为 $\mathrm{d}z$ 薄层进行受力分析。薄层的重量等于 $2b\gamma_\mathrm{m}\mathrm{d}z$(以垂直图形平面的单位长度计)。在这薄层上作用的力如图 8-6 所示。作用在薄层上的垂直力之和等于零。根据这个条件可以写出下列方程式:

$$2\tau\mathrm{d}z = \sigma_z 2b - (\sigma_z + \mathrm{d}\sigma_z)2b + \mathrm{d}G$$

图 8-6　用太沙基理论计算围岩压力

将 $\tau = \sigma_x \tan\varphi_\mathrm{m} + c_\mathrm{m}$, $\sigma_x = k_0\sigma_z$, $\mathrm{d}G = 2b\mathrm{d}z\gamma_\mathrm{m}$ 代入上式,可得:

$$\frac{\mathrm{d}\sigma_z}{\mathrm{d}z} = \gamma_\mathrm{m} - \frac{c_\mathrm{m}}{b} - k_0\sigma_z\frac{\tan\varphi_\mathrm{m}}{b}$$

这是关于 σ_z 的微分方程,根据边界条件:$z = 0$ 时,$\sigma_z = p$,可解得:

$$\sigma_z = \frac{b\left(\gamma_\mathrm{m} - \dfrac{c_\mathrm{m}}{b}\right)}{k_0\tan\varphi_\mathrm{m}}\left(1 - \mathrm{e}^{-k_0\tan\varphi_\mathrm{m}\frac{z}{b}}\right) + p\mathrm{e}^{-k_0\tan\varphi_\mathrm{m}\frac{z}{b}} \tag{8-19}$$

(2)洞顶垂直围岩压力的计算。在式(8-19)中,令 $z = H$,便得到洞顶垂直围岩压力分布,即:

$$q = \frac{b\gamma_\mathrm{m} - c_\mathrm{m}}{k_0\tan\varphi_\mathrm{m}}\left(1 - \mathrm{e}^{-k_0\tan\varphi_\mathrm{m}\frac{H}{b}}\right) + p\mathrm{e}^{-k_0\tan\varphi_\mathrm{m}\frac{H}{b}} \tag{8-20}$$

式中:H——洞室的埋深,m;

b——洞室侧壁稳定时的洞室半宽度,m。

这就是太沙基围岩压力计算公式,它不仅适用于浅埋洞室,而且也适用于深埋洞室。对于深埋洞室,令 $H \to \infty$,有:

$$q = \frac{b\gamma_\mathrm{m} - c_\mathrm{m}}{k_0\tan\varphi_\mathrm{m}} \tag{8-21}$$

如果围岩无黏聚力 c_m,令 $c_\mathrm{m} = 0$,有:

$$q = \frac{b\gamma_\mathrm{m}}{k_0\tan\varphi_\mathrm{m}} \tag{8-22}$$

3.洞室侧壁不稳定时围岩压力计算

对于洞室侧面岩石不稳定的情况,可用类似的方法来求围岩压力。这时,洞室侧面从底面起就产生了一个与铅垂线成 $45° - \varphi_\mathrm{m}/2$ 角的滑裂面,如图8-7所示。拱顶受到垂直围岩压力,而侧墙则受到水平侧向压力(水平围岩压力)的作用。

(1)垂直围岩压力计算。垂直围岩压力的计算公式的推导与上述过程相同,只要将上述公式的 b 转换成 b_1 即可:

$$q = \frac{b_1\gamma_\mathrm{m} - c_\mathrm{m}}{k_0\tan\varphi_\mathrm{m}}\left(1 - \mathrm{e}^{-k_0\tan\varphi_\mathrm{m}\frac{H}{b_1}}\right) + p\mathrm{e}^{-k_0\tan\varphi_\mathrm{m}\frac{H}{b_1}}$$

$$\tag{8-23}$$

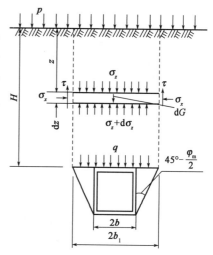

图8-7　侧壁岩石不稳时的围岩压力计算

式中:b_1——洞室侧壁不稳定时的洞室半宽度,m。

(2)侧向围岩压力计算。水平侧向围岩压力仍然采用 Rankine 主动土压力理论进行计算:

$$\begin{cases} e_1 = q\tan^2\left(45° - \dfrac{\varphi_\mathrm{m}}{2}\right) - 2c_\mathrm{m}\cdot\tan\left(45° - \dfrac{\varphi_\mathrm{m}}{2}\right) \\ e_2 = (q + \gamma_\mathrm{m}h_0)\tan^2\left(45° - \dfrac{\varphi_\mathrm{m}}{2}\right) - 2c_\mathrm{m}\cdot\tan\left(45° - \dfrac{\varphi_\mathrm{m}}{2}\right) \end{cases} \tag{8-24}$$

式中:h_0——洞室的高度,m。

三、规范推荐法

中国交通行业标准《公路隧道设计规范　第一册　土建工程》(JTG 3370.1—2018)和推荐标准《公路隧道设计细则》(JTG/T D70—2010)规定,围岩压力应综合考虑隧道所处的地形条件、地质条件、隧道跨度、结构形式、埋置深度、隧道间距以及开挖方法等因素进行确定。对于埋深较浅的隧道可以只计算围岩的松散压力;对于埋深较大的隧道不仅要计算围岩的松散压力,而且还要计算围岩的变形压力;对于小净距隧道以及连拱隧道可以不计算变形压力。下面重点介绍规范推荐的单洞隧道松散围岩压力计算方法与原理。对于偏压隧道、小净距隧道以及连拱隧道的松散围岩压力计算请参考《公路隧道设计细则》(JTG/T D70—2010)。而深埋隧道的变形围岩压力计算将在下一节中介绍。

1. 深埋隧道和浅埋隧道的判别

由于单洞隧道的深埋直接影响围岩压力的计算,因此首先应区分深埋隧道和浅埋隧道。规范规定,深埋隧道和浅埋隧道应按荷载等效高度并结合地质条件、施工方法等因素按下式判定。

$$\begin{cases} H_{\mathrm{p}} = (2 \sim 2.5)h_{\mathrm{q}} \\ h_{\mathrm{q}} = \dfrac{q}{\gamma_{\mathrm{m}}} \end{cases} \tag{8-25}$$

式中:H_{p}——深埋与浅埋隧道的分界深度,m;

　　　h_{q}——荷载等效高度,m;

　　　q——按照深埋隧道计算出的垂直围岩压力分布,kN/m²,$q = \gamma_{\mathrm{m}}h_{\mathrm{q}}$;

　　　γ_{m}——围岩重度,kN/m³。

采用矿山法施工时,对于Ⅳ ~ Ⅵ级围岩取 $H_{\mathrm{p}} = 2.5h_{\mathrm{q}}$;Ⅰ ~ Ⅲ级围岩取 $H_{\mathrm{p}} = 2.0h_{\mathrm{q}}$。荷载等效高度 h_{q} 是由隧道顶部垂直压力分布按照围岩重度反算的高度。隧道围岩发生松散破坏的最直接的表现就是隧道塌方,因此荷载等效高度可理解为隧道顶部上方的塌方高度或前述的普氏压力拱的高度。《铁路隧道设计规范》(TB 10003—2016)编写组通过对1046个隧道塌方样本数的统计,给出了荷载等效高度的经验公式:

$$h_{\mathrm{q}} = 0.41 \times 1.79^s \tag{8-26}$$

式中:s——围岩级别。

单线铁路隧道各级围岩塌方高度统计分析结果对比,见表8-2。

单线铁路隧道各级围岩塌方高度统计分析结果对比　　　　　　　　　　　表8-2

分级名称	各级围岩下的塌方高度					
	Ⅰ	Ⅱ	Ⅲ	Ⅳ	Ⅴ	Ⅵ
统计标准值	0.58	1.59	2.68	3.98	8.53	11.36
经验公式计算值	0.73	1.31	2.34	4.19	7.49	13.39

《公路隧道设计规范》(JTG D70—2010)根据公路隧道的特点,推荐使用荷载等效高度的经验公式:

$$h_{\mathrm{q}} = 0.45 \times 2^{s-1} \overline{\omega} \tag{8-27}$$

式中:s——围岩级别;

$\overline{\omega}$——宽度影响系数，$\overline{\omega} = 1 + i(B_t - 5)$；

B_t——隧道最大开挖跨度，应考虑超挖影响，m；

i——B_t 每增加 1m 时的围岩压力增减率，其取值见表 8-3。

公路隧道围岩压力增减率 i 取值表

表 8-3

隧道宽度 B_t(m)	$B_t < 5$	$5 \leqslant B_t < 14$	$14 \leqslant B_t < 25$	
围岩压力增减率	0.2	0.1	分导洞开挖	0.07
			上下台阶或一次性开挖	0.12

2. 深埋隧道的松散围岩压力计算

深埋单洞隧道拱部竖向围岩压力可按经验公式法和普氏平衡拱理论公式两种方法进行计算。

（1）经验公式计算法。《公路隧道设计规范 第一册 土建工程》（JTG 3370.1—2018）规定，在不产生偏压和显著膨胀力的条件下，深埋隧道的垂直围岩压力和水平围岩压力均按照均匀分布考虑。其中垂直均布围岩压力可按下式计算：

$$
\begin{cases}
q = \gamma_m h_q \\
h_q = 0.45 \times 2^{s-1}\, \overline{\omega} \\
\overline{\omega} = 1 + i(B_t - 5)
\end{cases} \tag{8-28}
$$

式中：q——深埋隧道竖向围岩压力分布，kN/m^2；

其余符号含义同前。

使用该经验公式法条件：①采用钻爆法开挖的隧道；② $h_0/B_t < 1.7$，h_0 为隧道开挖高度（m），B_t 为隧道开挖跨度（m）；③不产生显著偏压及膨胀力的一般围岩；④隧道开挖跨度小于 15m。

公路隧道水平均布围岩压力可按照表 8-4 计算。

公路隧道水平均布围岩压力

表 8-4

围岩级别	Ⅰ、Ⅱ	Ⅲ	Ⅳ	Ⅴ	Ⅵ
水平均布围岩压力 e	0	$< 0.15q$	$(0.15 \sim 0.3)q$	$(0.3 \sim 0.5)q$	$(0.5 \sim 1.0)q$

（2）普氏理论公式计算法。按照《公路隧道设计细则》（JTG/T D70—2010）规定，垂直围岩压力和水平围岩压力均按照隧道侧壁不稳定条件进行计算。垂直围岩压力按均布压力考虑，可按照式（8-29）计算，式中的 b 用 b_1 替换，即：

$$
q = \gamma_m h_q = \frac{\gamma_m b_1}{f_{ps}} \tag{8-29}
$$

式中：b_1——平衡拱半宽度，m；

h_q——平衡拱高度，即荷载等效高度，m。

可以看出，《公路隧道设计细则》（JTG/T D70—2010）以隧道顶部中点的最大垂直围岩压力作为垂直围岩均布压力，显然出于安全考虑，但应注意，该方法只能用于能形成稳定的压力拱，并具有一定强度的接近松散体的围岩，不可用于Ⅰ级、Ⅱ级完整性很好的围岩，也不可用于Ⅵ级围岩。计算过程中普氏系数可按下式近似计算：

$$\begin{cases} f_{ps} \approx \left(\dfrac{1}{15} \sim \dfrac{1}{12} \right) \sigma_{cw} & \text{(坚硬岩石)} \\[3mm] f_{ps} \approx \left(\dfrac{1}{10} \sim \dfrac{1}{8} \right) \sigma_{cw} & \text{(较软岩石)} \\[3mm] f_{ps} = \tan \varphi_m & \text{(松散破碎岩石)} \\[3mm] f_{ps} = \dfrac{c_m}{\sigma_{cw}} + \tan \varphi_m & \text{(黏性土或黄土)} \end{cases}$$

式中：σ_{cw}——岩石饱和抗压强度，MPa。

对于水平围岩压力计算。当围岩质量较好（Ⅰ~Ⅲ级）时，水平围岩压力可按均布荷载进行计算，即：

$$e = q \tan^2 \left(45° - \frac{\varphi_k}{2} \right) \tag{8-30}$$

式中：e——深埋隧道水平均布围岩压力分布，kN/m^2；

$\quad q$——深埋隧道竖向围岩压力分布，kN/m^2，按式(8-29)计算；

$\quad \varphi_k$——围岩等效内摩擦角，(°)。

当围岩质量较差（Ⅳ~Ⅵ级）时，水平围岩压力可按梯形分布荷载计算，即：

$$\begin{cases} e_1 = q \tan^2 \left(45° - \dfrac{\varphi_k}{2} \right) \\[3mm] e_2 = (q + \gamma_m h_0) \tan^2 \left(45° - \dfrac{\varphi_k}{2} \right) \end{cases} \tag{8-31}$$

式中：e_1、e_2——深埋隧道拱顶和边墙底部的水平围岩压力分布，kN/m^2；

$\quad q$——深埋隧道竖向围岩压力分布，kN/m^2，按式(8-29)计算；

$\quad h_0$——隧道开挖高度，m。

令围岩的侧压力系数 $k_0 = \tan^2(45° - \varphi_k/2)$，水平围岩压力的计算公式可以表达为：

$$\begin{cases} e = k_0 q & \text{(Ⅰ~Ⅲ级围岩均布水平压力)} \\ e_1 = k_0 q & \text{(Ⅳ~Ⅵ级围岩拱顶水平压力)} \\ e_2 = k_0 (q + \gamma_m h_0) & \text{(Ⅳ~Ⅵ级围岩边墙底部水平压力)} \end{cases} \tag{8-32}$$

隧道围岩侧压力系数 k_0 可按表8-5取值。

隧道围岩侧压力系数取值表   表8-5

围岩级别	Ⅰ、Ⅱ	Ⅲ	Ⅳ	Ⅴ	Ⅵ
侧压力系数	0	< 0.15	0.15~0.3	0.3~0.5	0.5~1.0

3. 浅埋隧道的松散围岩压力计算

（1）当隧道埋深小于或等于等效荷载高度 h_q 时，将隧道顶部至地面的整个岩柱的重量用于计算垂直均布围岩压力，不考虑围岩破坏面的摩阻力的影响。可以直接按照式(8-17)和式(8-18)计算垂直围岩压力和水平围岩压力，即：

$$\begin{cases} q = \gamma_m H \\ e_1 = k_0 q \\ e_2 = k_0 (q + \gamma_m h_0) \end{cases} \tag{8-33}$$

式中：H——隧道埋深，即隧道拱顶至地面的距离，m；

h_0——隧道开挖高度,m。

(2)当隧道埋深大于 h_q 而小于或等于分界深度 H_q 时,在将隧道顶部至地面的整个岩柱的重量用于计算垂直均布围岩压力过程中,要考虑围岩破坏面的摩阻力的影响。因此可按式(8-15)计算垂直围岩压力,按式(8-18)计算水平围岩压力。即:

$$
\begin{cases}
q = \gamma_m H \left(1 - \dfrac{k_0 H f_{ps}}{2 b_1} \right) \\[2mm]
e_1 = k_0 q \\[2mm]
e_2 = k_0 (q + \gamma_m h_0)
\end{cases}
\tag{8-34}
$$

式中:H——隧道埋深,即隧道拱顶至地面的距离,m;

b_1——隧道压力拱或塌方范围的半宽度,m。

例题 8-1 已知某地下洞室埋深 150m,其宽度为 4.2m,高度 2.8m,围岩重度 $24kN/m^3$,岩石的坚固性系数为 12。试计算洞室的松散围岩压力。

解:由岩石的坚固性系数可得围岩的等效内摩擦角:

$$
\varphi_k = \arctan f_{ps} = \arctan 12 = 85.2°
$$

如果侧壁不稳定,可计算出:

$$
b_1 = b + h_0 \cot(45° + \varphi_k/2) = 2.1 + 2.8 \times \cot 130.2° = 2.217 (\text{m})
$$

由式(8-5)可得侧壁不稳定时的压力拱拱高:

$$
h = \frac{b_1}{f_{ps}} = \frac{2.217}{12} = 0.185 (\text{m})
$$

洞室埋深远大于 $(2 \sim 2.5)h$,因此可采用平衡拱理论计算松散围岩压力。

(1)当洞室侧壁稳定时:

由式(8-4)可得侧壁稳定时的压力拱拱高:

$$
h = \frac{b}{f_{ps}} = \frac{2.1}{12} = 0.175 (\text{m})
$$

洞室顶部垂直围岩压力分布:

$$
q = \frac{\gamma_m b}{f_{ps}} - \frac{\gamma_m x^2}{b f_{ps}} = \frac{24 \times 2.1}{12} - \frac{24 x^2}{2.1 \times 12} = 4.2 - 0.95 x^2 (\text{kPa})
$$

最大垂直围岩压力为:

$$
q_{max} = \frac{\gamma_m b}{f_{ps}} = \frac{24 \times 2.1}{12} = 4.2 (\text{kPa})
$$

(2)当洞室侧壁不稳定时:

洞室顶部垂直围岩压力分布:

$$
q = \frac{\gamma_m b_1}{f_{ps}} - \frac{\gamma_m x^2}{b_1 f_{ps}} = \frac{24 \times 2.217}{12} - \frac{24 x^2}{2.217 \times 12} = 4.43 - 0.9 x^2 (\text{kPa})
$$

最大垂直围岩压力为:

$$
q_{max} = \frac{\gamma_m b_1}{f_{ps}} = \frac{24 \times 2.217}{12} = 4.43 (\text{kPa})
$$

侧向围岩压力分布:

$$\begin{cases} e_1 = \gamma_m h \tan^2\left(45° - \dfrac{\varphi_k}{2}\right) = 24 \times 0.185 \times \tan^2(45° - 42.6°) = 0.008(\text{kPa}) \\[2mm] e_2 = \gamma_m(h + h_0)\tan^2\left(45° - \dfrac{\varphi_k}{2}\right) = 24 \times 2.8 \times \tan^2(45° - 42.6°) = 0.129(\text{kPa}) \end{cases}$$

总水平侧向围岩压力：

$$P_h = \frac{1}{2}\gamma_m h_0(2h + h_0)\tan^2\left(45° - \frac{\varphi_k}{2}\right)$$

$$= \frac{1}{2} \times 24 \times 2.8 \times (0.37 + 2.8)\tan^2(2.4°)$$

$$= 0.187(\text{kN/m})$$

例题 8-2 在地下 60m 深处开挖洞室，洞室跨度为 5m，洞室高度 6m，围岩体指标分别为：$c_m = 5\text{kPa}$，$\varphi_m = 33°$，$\gamma_m = 25\text{kN/m}^3$，$k_0 = 0.7$。已知洞室侧壁不稳定，试用太沙基理论计算洞室的松散围岩压力。

解：由图 8-7 计算 b_1：

$$b_1 = b + h_0\tan(45° - \varphi_m/2) = 2.5 + 6 \times \tan(45° - 16.5°) = 5.76(\text{m})$$

由式(8-23)可得垂直围岩压力分布(均匀分布)：

$$q = \frac{b_1\gamma_m - c_m}{k_0\tan\varphi_m}(1 - e^{-k_0\tan\varphi_m\frac{H}{b_1}}) + pe^{-k_0\tan\varphi_m\frac{H}{b_1}}$$

$$= \frac{5.76 \times 25 - 5}{0.7 \times \tan33} \times (1 - e^{-0.7 \times \tan33 \times \frac{60}{5.76}}) + 0 \times e^{-0.7 \times \tan33 \times \frac{60}{5.76}}$$

$$= 303.1(\text{kPa})$$

由式(8-24)可得侧向围岩压力分布(梯形分布)：

$$\begin{cases} e_1 = q\tan^2\left(45° - \dfrac{\varphi_m}{2}\right) - 2c_m \cdot \tan\left(45° - \dfrac{\varphi_m}{2}\right) \\[2mm] \quad = 303.1 \times \tan^2(28.5°) - 2 \times 5 \times \tan(28.5°) \\[2mm] \quad = 83.92(\text{kPa}) \\[2mm] e_2 = (q + \gamma_m h_0)\tan^2\left(45° - \dfrac{\varphi_m}{2}\right) - 2c_m \cdot \tan\left(45° - \dfrac{\varphi_m}{2}\right) \\[2mm] \quad = (303.1 + 25 \times 6) \times \tan^2(28.5°) - 2 \times 5 \times \tan(28.5°) \\[2mm] \quad = 128.14(\text{kPa}) \end{cases}$$

例题 8-3 已知某两车道公路隧道，埋深 300m，其开挖宽度 12m，高度 7.5m，围岩为Ⅲ级岩体，无构造应力存在，重度 26.5kN/m³，内摩擦角 63°，岩石的坚固性系数为 12。试用规范推荐的方法估算隧道的松散围岩压力。

解：首先判别隧道是深埋还是浅埋，然后再采用规范法计算围岩压力；如果是浅埋隧道，只计算松散围岩压力如果是深埋隧道不仅要计算围岩的松散压力，而且还要计算围岩的变形压力。

由式(8-27)计算荷载等效高度：

$$h_q = 0.45 \times 2^{s-1}\overline{\omega} = 0.45 \times 2^2 \times [1 + 0.1 \times (12 - 7.5)] = 2.61(\text{m})$$

如果按照《铁路隧道设计规范》(TB 10003—2016)经验式(8-26)计算：

$$h_q = 0.41 \times 1.79^s = 0.41 \times 1.79^3 = 2.35(\text{m})$$

可见，《公路隧道设计规范 第一册 土建工程》(JTG 3370.1—2018)计算结果明显大于

220

《铁路隧道设计规范》(TB 10003—2016)，主要是源于公路隧道跨度较大，大多为扁平形状，跨度远大于高度，可以计算如果当隧道的跨度和高度差3m左右时，两者计算结果基本一致。

由式(8-25)计算深埋和浅埋隧道分界深度：
$$H_p = 2h_q = 5.22m < 300m（对于三级围岩，取2倍h_q）$$

可见，该隧道可按照深埋隧道进行计算。因本题只要求计算松散围岩压力，因此下面暂不考虑变形围岩压力的计算。

(1)采用经验公式法计算。由式(8-28)可得垂直均布围岩压力：
$$q = \gamma_m h_q = 26.5 \times 2.61 = 69.2（kPa）$$

由表8-4可得水平均布围岩压力：
$$e \leq 0.15q = 0.15 \times 69.2kPa = 10.38kPa$$

(2)采用普氏理论公式计算。由式(8-29)可得垂直均布围岩压力：
$$q = \gamma_m h_q = 26.5 \times 2.61 = 69.2（kPa）$$

由式(8-30)可得水平均布围岩压力：
$$e = q \tan^2\left(45° - \frac{\varphi_k}{2}\right) = 69.2 \times \tan^2(45° - 31.5) = 3.99（kPa）$$

第三节　变形围岩压力分析与计算

在上一章中将洞室围岩看作弹性体，其应力-应变关系符合弹性情况，只要应力小于岩石的强度，则就认为围岩稳定，此时既无松动压力，也无变形压力，即不产生围岩压力。在本章第二节中普氏和太沙基假定岩体为"散粒体"，计算一部分岩石在自重作用下对洞室引起的围岩压力，这些压力都是松动压力。这些理论都对岩体做了比较简单的假定，没有对洞室围岩进行较严密的应力和强度分析。多年来，许多岩石力学工作者以弹塑性理论为基础，研究了围岩的应力和稳定情况以及围岩压力。从理论上讲，弹塑性理论比前面的理论更严密，但是弹塑性理论的数学运算较复杂，公式也较繁。此外，在进行公式推导时，也必须附加一些假设，否则也不能得出所需的解答。

为了简化计算和分析，目前总是对圆形洞室进行分析，因为圆形洞室在特定的条件下是应力轴对称的，轴对称问题在数学上容易求解。当遇到矩形或直墙圆拱、马蹄形等洞室时，可将它们看作为相当的圆形进行近似计算。对于洞形特殊和地质条件复杂的情况，可采用有限单元法分析(可参见相关书籍)。下面首先介绍塑性围岩的应力、位移、破坏区的弹塑性理论解，在此基础上再分别介绍用于变形围岩压力计算的芬纳(Fenner)公式、卡柯(Caquot)公式。

一、塑性围岩的重分布应力计算

大多数岩体往往受结构面切割使其整体性丧失，强度降低，在重分布应力作用下，很容易发生塑性变形而改变其原有的物性状态。由弹性围岩重分布应力特点可知，地下开挖后洞壁的应力集中最大。当洞壁重分布应力超过围岩屈服极限时，洞壁围岩就由弹性状态转化为塑性状态，并在围岩中形成一个塑性变形圈，这个圈称为塑性松动圈。但是，这种塑性区不会无限扩大。这是由于随着距洞壁距离增大，径向应力 σ_r 由零逐渐增大，应力状态由洞壁的单向应力状态逐渐转化为双向应力状态。莫尔应力圆由与强度包络线相切的状态逐渐内移，变为与强度包络线不相切，围岩的强度条件得到改善，围岩由塑性状态逐渐转化为弹性状态。这样,将在围岩中出现塑性区和弹性区。

塑性区岩体的基本特点是裂隙增多,黏聚力、内摩擦角和变形模量降低。而弹性区围岩仍保持原岩强度,其应力、应变关系仍服从胡克定律。

塑性松动圈的出现,使圈内一定范围内的应力因释放而明显降低,而最大应力集中由原来的洞壁移至塑、弹性区交界处,使弹性区的应力明显升高。弹性区以外则是应力基本未发生变化的天然应力区(或称为原岩应力区)。各圈(区)的应力变化如图 8-8 所示。在这种情况下,围岩重分布应力就不能用弹性理论计算,而应采用弹塑性理论求解。

为了求解塑性区内的重分布应力,假设在均质、各向同性、连续的岩体中开挖一半径为 R_0 的水平圆形洞室;开挖后形成的塑性松动圈半径为 R_1,岩体中的天然应力为 $\sigma_{0v} = \sigma_{0h} = \sigma_0$,塑性区内岩体强度服从莫尔直线强度条件。塑性区以外围岩体仍处于弹性状态。

如图 8-9 所示,在塑性区内取一微小单元体 $abcd$,单元体的 bd 面上作用有径向应力 σ_r,而相距 dr 的 ac 面上的径向应力为 $(\sigma_r + d\sigma_r)$,在 ab 和 cd 面上作用有切向应力 σ_θ,由于 $k_0 = 1$,所以单元体各面上的剪应力 $\tau_{\theta r} = 0$。当微小单元体处于极限平衡状态时,则作用在单元体上的全部力在径向 r 上的投影之和为零,即 $\sum F_r = 0$。取投影后的方向向外为正,则得平衡方程为:

$$\sigma_r r d\theta + 2\sigma_\theta dr \sin\frac{d\theta}{2} - (\sigma_r + d\sigma_r)(r + dr)d\theta = 0$$

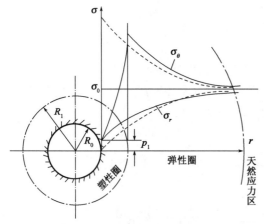

图 8-8 围岩中出现塑性区时的重分布应力
虚线-无塑性区时应力;实线-有塑性区时应力

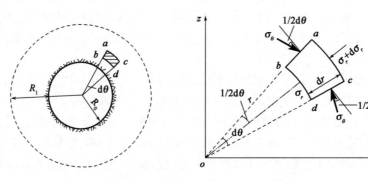

图 8-9 塑性区围岩重分布应力计算图式

由于 $d\theta$ 很小,故有 $\sin\frac{d\theta}{2} = \frac{d\theta}{2}$,$\sin d\theta = d\theta$。将上式展开,并略去高阶微量整理后得:

$$(\sigma_\theta - \sigma_r)dr = rd\sigma_r \tag{8-35}$$

这就是塑性区域内的平衡微分方程式。在塑性区内的应力除了满足该微分方程外,还必须满足塑性平衡条件(极限平衡条件):

$$\frac{\sigma_3 + c_m \cdot \cot\varphi_m}{\sigma_1 + c_m \cdot \cot\varphi_m} = \frac{1 - \sin\varphi_m}{1 + \sin\varphi_m} = \frac{1}{N_\varphi} \tag{8-36}$$

式中:N_φ——塑性系数。

而塑性区内 σ_θ、σ_r 是主应力,令 $\sigma_1 = \sigma_\theta$,$\sigma_3 = \sigma_r$,因此有塑性平衡条件:

$$\frac{\sigma_r + c_m \cdot \cot\varphi_m}{\sigma_\theta + c_m \cdot \cot\varphi_m} = \frac{1 - \sin\varphi_m}{1 + \sin\varphi_m} = \frac{1}{N_\varphi} \tag{8-37}$$

将式(8-35)写成:

$$\sigma_\theta = \frac{r \mathrm{d}\sigma_r}{\mathrm{d}r} + \sigma_r \tag{8-38}$$

将式(8-38)代入式(8-37),得到:

$$\frac{\mathrm{d}(\sigma_r + c_m \cdot \cot\varphi_m)}{\sigma_r + c_m \cdot \cot\varphi_m} = \frac{\mathrm{d}r}{r}\left(\frac{1 + \sin\varphi_m}{1 - \sin\varphi_m} - 1\right) = \frac{2\sin\varphi_m}{1 - \sin\varphi_m}\frac{\mathrm{d}r}{r} \tag{8-39}$$

两边积分后得:

$$\ln(\sigma_r + c_m \cdot \cot\varphi_m) = \frac{2\sin\varphi_m}{1 - \sin\varphi_m}\ln r + A \tag{8-40}$$

式中,A 为积分常数,可由下列边界条件确定:

当 $r = R_0$ 时,$\sigma_r = p_i$,代入式(8-40)后得常数:

$$A = \ln(p_i + c_m \cdot \cot\varphi_m) - \frac{2\sin\varphi_m}{1 - \sin\varphi_m}\ln R_0 \tag{8-41}$$

式中:p_i——洞室内壁(洞壁)上的支护力,kPa;

R_0——洞室半径,m。

将式(8-41)代入式(8-40)后整理,得到径向应力:

$$\sigma_r = (p_i + c_m \cdot \cot\varphi_m)\left(\frac{r}{R_0}\right)^{\frac{2\sin\varphi_m}{1-\sin\varphi_m}} - c_m \cdot \cot\varphi_m \tag{8-42}$$

将式(8-42)代入式(8-38),可得到切向应力:

$$\sigma_\theta = (p_i + c_m \cdot \cot\varphi_m)\frac{1 + \sin\varphi_m}{1 - \sin\varphi_m}\left(\frac{r}{R_0}\right)^{\frac{2\sin\varphi_m}{1-\sin\varphi_m}} - c_m \cdot \cot\varphi_m \tag{8-43}$$

把 σ_r、σ_θ 和 $\tau_{r\theta}$ 写在一起,即为塑性区内围岩的重分布应力计算公式:

$$\begin{cases} \sigma_r = (p_i + c_m \cdot \cot\varphi_m)\left(\dfrac{r}{R_0}\right)^{\frac{2\sin\varphi_m}{1-\sin\varphi_m}} - c_m \cdot \cot\varphi_m \\[2mm] \sigma_\theta = (p_i + c_m \cdot \cot\varphi_m)\dfrac{1 + \sin\varphi_m}{1 - \sin\varphi_m}\left(\dfrac{r}{R_0}\right)^{\frac{2\sin\varphi_m}{1-\sin\varphi_m}} - c_m \cdot \cot\varphi_m \\[2mm] \tau_{r\theta} = 0 \end{cases} \tag{8-44}$$

式中:c_m——塑性区围岩体的黏聚力,kPa;

φ_m——塑性区围岩体的内摩擦角,(°);

R_0——洞室的半径,m;

p_i——洞壁的支护力,kPa;

r——计算点的半径,m。

下面对式(8-44)进行一些讨论:

(1)在洞壁 $r = R_0$ 处的塑性应力状态为:

$$\begin{cases} \sigma_r = p_i \\ \sigma_\theta = (p_i + c_m \cdot \cot\varphi_m) \dfrac{1 + \sin\varphi_m}{1 - \sin\varphi_m} - c_m \cdot \cot\varphi_m \\ \tau_{r\theta} = 0 \end{cases}$$

（2）在塑性区与弹性区交界面 $r = R_1$ 上的重分布应力，可以利用塑性应力和弹性应力在该面上相等的条件求得：

$$\begin{cases} \sigma_{rpe} = \sigma_0(1 - \sin\varphi_m) - c_m \cdot \cot\varphi_m \\ \sigma_{\theta pe} = \sigma_0(1 + \sin\varphi_m) - c_m \cdot \cot\varphi_m \\ \tau_{r\theta pe} = 0 \end{cases} \tag{8-45}$$

式中：σ_{rpe}、$\sigma_{\theta pe}$、$\tau_{r\theta pe}$——塑性区和弹性区的交界面 $r = R_1$ 上的重分布应力；

σ_0——岩体天然应力，kPa。

（3）由式（8-44）可知，塑性区内围岩重分布应力与岩体天然应力（σ_0）无关，而取决于支护力（p_i）和岩体强度（c_m, φ_m）值。这说明支护力的大小将改变塑性区内的应力分布，而天然应力场不影响塑性区内的应力分布。

（4）由式（8-45）可知，塑、弹性区交界面上的重分布应力取决于 σ_0、c_m，φ_m 值，而与 p_i 无关。这说明支护力 p_i 不能改变交界面上的应力大小，只能控制塑性松动圈半径（R_1）的大小（相当于塑性区的位置发生变化）。

（5）当洞室无支护时，周边应力分布为：

$$\begin{cases} \sigma_r = p_i = 0 \\ \sigma_\theta = (c_m \cdot \cot\varphi_m) \dfrac{2\sin\varphi_m}{1 - \sin\varphi_m} \\ \tau_{r\theta} = 0 \end{cases}$$

可见，此时周边应力仅与围岩的强度有关，计算出毛洞的应力后，可按照上一章的方法判断毛洞的稳定性：

$$\sigma_\theta \geqslant \sigma_{cm} \quad \text{或} \quad \sigma_\theta \leqslant -\sigma_{tm}$$

二、塑性松动圈半径的确定

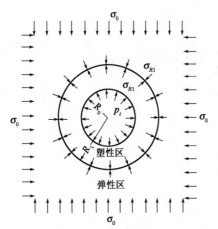

图 8-10　弹塑性区交界面上的应力条件

如前所述，在裂隙岩体中开挖地下洞室时，将在围岩中出现一个塑性松动圈。这时围岩的破坏圈厚度为 $R_1 - R_0$。因此在这种情况下，关键是确定塑性松动圈半径 R_1。

为了计算 R_1，仍然设岩体中的天然应力为 $\sigma_{0h} = \sigma_{0v} = \sigma_0$。因弹、塑性区交界面上的应力，既满足弹性应力条件，也满足塑性应力条件。而弹性区内的应力等于 σ_0 引起的应力，叠加上塑性区作用于弹性区的径向应力 σ_{R1} 引起的附加应力之和，如图 8-10 所示。

由第七章的式（7-7），将洞室半径用 R_1 代替，则由 σ_0 引起的弹性重分布应力可表示为：

$$\begin{cases} \sigma_{re1} = \sigma_0 \left(1 - \dfrac{R_1^2}{r^2} \right) \\ \sigma_{\theta e1} = \sigma_0 \left(1 + \dfrac{R_1^2}{r^2} \right) \end{cases} \tag{8-46}$$

式中：R_1——围岩体塑性区半径，m；

σ_0——围岩中的天然应力，kPa。

由 σ_{R_1} 引起的附加应力，可由有压洞室的附加应力计算公式(7-19)求得：

$$\begin{cases} \sigma_{re2} = \sigma_{R_1} \dfrac{R_1^2}{r^2} \\ \sigma_{\theta e2} = - \sigma_{R_1} \dfrac{R_1^2}{r^2} \end{cases} \tag{8-47}$$

式(8-46)与式(8-47)相加，得弹性区内的重分布应力：

$$\begin{cases} \sigma_{re} = \sigma_0 \left(1 - \dfrac{R_1^2}{r^2} \right) + \sigma_{R_1} \dfrac{R_1^2}{r^2} \\ \sigma_{\theta e} = \sigma_0 \left(1 + \dfrac{R_1^2}{r^2} \right) - \sigma_{R_1} \dfrac{R_1^2}{r^2} \end{cases} \tag{8-48}$$

由式(8-48)，令 $r = R_1$ 可得弹、塑性区交界面上的应力为：

$$\begin{cases} \sigma_{re} = \sigma_{R_1} \\ \sigma_{\theta e} = 2\sigma_0 - \sigma_{R_1} \end{cases} \tag{8-49}$$

界面上的塑性应力由式(8-44)，令 $r = R_1$ 求得：

$$\begin{cases} \sigma_{rp} = (p_i + c_{\mathrm{m}}\cot\varphi_{\mathrm{m}}) \left(\dfrac{R_1}{R_0} \right)^{\frac{2\sin\varphi_{\mathrm{m}}}{1-\sin\varphi_{\mathrm{m}}}} - c_{\mathrm{m}}\cot\varphi_{\mathrm{m}} \\ \sigma_{\theta p} = (p_i + c_{\mathrm{m}}\cot\varphi_{\mathrm{m}}) \dfrac{1 + \sin\varphi_{\mathrm{m}}}{1 - \sin\varphi_{\mathrm{m}}} \left(\dfrac{R_1}{R_0} \right)^{\frac{2\sin\varphi_{\mathrm{m}}}{1-\sin\varphi_{\mathrm{m}}}} - c_{\mathrm{m}}\cot\varphi_{\mathrm{m}} \end{cases} \tag{8-50}$$

由假定条件(界面上弹性应力与塑性应力相等)得：

$$\begin{cases} (p_i + c_{\mathrm{m}}\cot\varphi_{\mathrm{m}}) \left(\dfrac{R_1}{R_0} \right)^{\frac{2\sin\varphi_{\mathrm{m}}}{1-\sin\varphi_{\mathrm{m}}}} - c_{\mathrm{m}}\cot\varphi_{\mathrm{m}} = \sigma_{R_1} \\ (p_i + c_{\mathrm{m}}\cot\varphi_{\mathrm{m}}) \dfrac{1 + \sin\varphi_{\mathrm{m}}}{1 - \sin\varphi_{\mathrm{m}}} \left(\dfrac{R_1}{R_0} \right)^{\frac{2\sin\varphi_{\mathrm{m}}}{1-\sin\varphi_{\mathrm{m}}}} - c_{\mathrm{m}}\cot\varphi_{\mathrm{m}} = 2\sigma_0 - \sigma_{R_1} \end{cases} \tag{8-51}$$

将上两式相加后消去 σ_{R_1}，并解出 R_1 为：

$$R_1 = R_0 \left[\frac{(\sigma_0 + c_{\mathrm{m}}\cot\varphi_{\mathrm{m}})(1 - \sin\varphi_{\mathrm{m}})}{p_i + c_{\mathrm{m}}\cot\varphi_{\mathrm{m}}} \right]^{\frac{1-\sin\varphi_{\mathrm{m}}}{2\sin\varphi_{\mathrm{m}}}} \tag{8-52}$$

式中：R_0——圆形洞室半径，m；

R_1——围岩体塑性区半径，m；

σ_0——围岩中的天然应力，kPa；

c_{m}——塑性区围岩体的黏聚力，kPa；

φ_{m}——塑性区围岩体的内摩擦角，(°)；

p_i——洞壁的支护力, kPa。

式(8-52)为有支护力 p_i 时塑性区半径 R_1 的计算公式, 称为修正的芬纳-塔罗勃公式。

较早的芬纳-塔罗勃公式, 在推导过程中曾一度忽略了 c_m 的影响, 因此早期的芬纳-塔罗勃公式与上述修正公式稍有差异, 修正的芬纳-塔罗勃公式为:

$$R_1 = R_0 \left[\frac{c_m \cot\varphi_m + \sigma_0 (1 - \sin\varphi_m)}{p_i + c_m \cot\varphi_m} \right]^{\frac{1 - \sin\varphi_m}{2\sin\varphi_m}} \tag{8-53}$$

按芬纳-塔罗勃公式计算的 R_1 要比修正的芬纳-塔罗勃公式求得的 R_1 大。

如果用 σ_{cm} 代替式(8-52)中的 c_m, 则可得到计算 R_1 的卡斯特纳(Kastner)公式。由库仑-莫尔理论[第三章式(3-82)]可知:

$$c_m = \frac{\sigma_{cm}(1 - \sin\varphi_m)}{2\cos\varphi_m}$$

将其式代入式(8-52), 并令 $\frac{1 + \sin\varphi_m}{1 - \sin\varphi_m} = \xi$, 得 R_1 为:

$$R_1 = R_0 \left[\frac{2}{\xi + 1} \cdot \frac{\sigma_{cm} + \sigma_0 (\xi - 1)}{\sigma_{cm} + p_i (\xi - 1)} \right]^{\frac{1}{\xi - 1}} \tag{8-54}$$

该公式称为卡斯特纳(Kastner)公式。

下面对塑性区的半径公式进行讨论:

(1)由式(8-52)~式(8-54)可知:当岩体强度恒定时, 地下洞室开挖后围岩塑性区半径 R_1 随天然应力 σ_0 增加而增大。

(2)围岩塑性区半径 R_1 随支护力 p_i、岩体强度 c_m 增加而减小, 说明洞室支护可以减小塑性区的发展, 从而有效控制围岩的稳定性。

(3)当岩体强度和天然应力场一定时, p_i 减小, R_1 将增大, 故令 $p_i = 0$, 可得无支护时的塑性区半径公式:

$$\begin{cases} R_m = R_0 \left[1 + \frac{\sigma_0}{c_m} (1 - \sin\varphi_m) \tan\varphi_m \right]^{\frac{1 - \sin\varphi_m}{2\sin\varphi_m}} & (芬纳-塔罗勃公式) \\[2ex] R_m = R_0 \left[\left(1 + \frac{\sigma_0}{c_m} \tan\varphi_m \right)(1 - \sin\varphi_m) \right]^{\frac{1 - \sin\varphi_m}{2\sin\varphi_m}} & (修正的芬纳-塔罗勃公式) \\[2ex] R_m = R_0 \left[\frac{2}{\xi + 1} \cdot \frac{\sigma_{cm} + \sigma_0 (\xi - 1)}{\sigma_{cm}} \right]^{\frac{1}{\xi - 1}} & (卡斯特纳公式) \end{cases} \tag{8-55}$$

式中: R_m——围岩体塑性区最大半径, m;

其余参数意义同前。

例题8-4 有一半径为2m的圆形隧洞, 开挖在抗压强度为 $\sigma_{cm} = 12\text{MPa}$, $\varphi_m = 36.9°$ 的泥灰岩中, 岩体天然应力为 $\sigma_{0h} = \sigma_{0v} = \sigma_0 = 31.2\text{MPa}$。若洞壁无支护, 求其破坏圈厚度 d。

解: 因为 $\sin 36.9° = 0.6$, $\cot 36.9° = 1.3$

所以
$$c_m = \frac{12(1 - \sin 36.9°)}{2\cos 36.9°} = 3.0 \, (\text{MPa})$$

按修正芬纳-塔罗勃公式(8-52), 可求得:

$$R_1 = 2 \left[\frac{(31.2 + 3 \times 1.3)(1 - 0.6)}{0 + 3.0 \times 1.3} \right]^{\frac{1 - 0.6}{2 \times 0.6}} = 3.06 \, (\text{m})$$

则塑性区厚度 $d = R_1 - R_0 = 3.06 - 2.00 = 1.06 \, (\text{m})$。

按芬纳-塔罗勃公式(8-53),可求得:

$$R_1 = R_0 \left[\frac{c_m \cot\varphi_m + \sigma_0(1 - \sin\varphi_m)}{p_i + c_m \cot\varphi_m} \right]^{\frac{1 - \sin\varphi_m}{2\sin\varphi_m}} = 2 \left[\frac{3.0 \times 1.3 + 31.2(1 - 0.6)}{0 + 3.0 \times 1.3} \right]^{\frac{1 - 0.6}{2 \times 0.6}} = 3.22(\text{m})$$

因此,塑性区厚度 $d = 3.22 - 2.00 = 1.22(\text{m})$

按卡斯特纳(Kastner)公式(8-54),可求得:

$$\xi = \frac{1 + \sin\varphi_m}{1 - \sin\varphi_m} = \frac{1 + \sin36.9}{1 - \sin36.9} = 4.0$$

$$R_1 = R_0 \left[\frac{2}{\xi + 1} \cdot \frac{\sigma_{cm} + \sigma_0(\xi - 1)}{\sigma_{cm} + p_i(\xi - 1)} \right]^{\frac{1}{\xi - 1}} = 2 \times \left[\frac{2}{4 + 1} \times \frac{12 + 31.2 \times 3}{12} \right]^{\frac{1}{3}} = 3.04(\text{m})$$

由本例可知,按芬纳-塔罗勃公式计算的 R_1 要比修正的芬纳-塔罗勃公式求得的 R_1 大,同时也比卡斯特纳公式求得的 R_1 大。其原因是芬纳-塔罗勃公式在推导过程中曾假定弹、塑性区交界面上的 $c_m = 0$。同时可以看出,修正的芬纳-塔罗勃公式和卡斯特纳公式求得的 R_1 基本一致。在工程中一般不采用未修正芬纳-塔罗勃公式,因此在后续的讨论和围岩压力计算分析中,不再论及未修正芬纳-塔罗勃公式。

以上是假定在静水压力($\sigma_{0h} = \sigma_{0v}$)条件下塑性区半径 R_1 的确定方法。在 $\sigma_{0h} \neq \sigma_{0v}$ 条件下 R_1 的确定方法比较复杂,在此不详细讨论。

三、围岩塑性位移计算

由于结构面的切割,降低了岩体的完整性和强度,洞室开挖后,在围岩内形成塑性区。这时洞壁围岩的塑性位移可以采用弹塑性理论来分析。其基本思路是先求出弹、塑性区交界面上的径向位移,然后根据塑性区体积不变的条件求洞壁的径向位移。假定洞壁围岩位移是由开挖卸荷引起的,且岩体中的天然应力为 $\sigma_{0h} = \sigma_{0v} = \sigma_0$。

由于开挖卸荷形成塑性区后,弹、塑性区交界面上的径向应力增量 $(\Delta\sigma_r)_{r=R_1}$ 和环向应力增量 $(\Delta\sigma_\theta)_{r=R_1}$ 为:

$$(\Delta\sigma_r)_{r=R_1} = \sigma_0 \left(1 - \frac{R_1^2}{r^2} \right) + \sigma_{R_1} \frac{R_1^2}{r^2} - \sigma_0 = (\sigma_{R_1} - \sigma_0) \frac{R_1^2}{r^2}$$

$$(\Delta\sigma_\theta)_{r=R_1} = \sigma_0 \left(1 - \frac{R_1^2}{r^2} \right) - \sigma_{R_1} \frac{R_1^2}{r^2} - \sigma_0 = (\sigma_0 - \sigma_{R_1}) \frac{R_1^2}{r^2}$$

代入式(7-62)的第一个式子,则弹、塑性区交界面上的径向应变 ε_{R1} 为:

$$\varepsilon_{R_1} = \frac{\partial u_{R_1}}{\partial r} = \frac{1 - \mu_m^2}{E_m} \left[(\Delta\sigma_r)_{r=R_1} - \frac{\mu_m}{1 - \mu_m} (\Delta\sigma_\theta)_{r=R_1} \right]$$

$$= \frac{1 + \mu_m}{E_m}(\sigma_{R_1} - \sigma_0) \frac{R_1^2}{r^2} = \frac{R_1^2}{2G_m}(\sigma_{R_1} - \sigma_0) \frac{1}{r^2}$$

两边积分得交界面上的径向位移 u_{R_1} 为:

$$u_{R_1} = \frac{R_1(\sigma_0 - \sigma_{R_1})}{2G_m} = \frac{(1 + \mu_m)(\sigma_0 - \sigma_{R_1})}{E_m} R_1 \tag{8-56}$$

式中:E_m、G_m——分别为塑性区岩体的变形模量和剪切模量,$G_m = \dfrac{E_m}{2(1 + \mu_m)}$;

σ_{R_1}——塑性区作用于弹性区的径向应力。

由式(8-49),可得弹、塑性区交界面上的应力为:

$$\begin{cases} \sigma_{r\text{pe}} = \sigma_{R_1} \\ \sigma_{\theta\text{pe}} = 2\sigma_0 - \sigma_{R_1} \end{cases} \tag{8-57}$$

$$\sigma_{\theta\text{pe}} - \sigma_{r\text{pe}} = 2\sigma_0 - 2\sigma_{R_1} \tag{8-58}$$

由于弹、塑性区交界面处于极限平衡状态,因此将式(8-45)代入式(8-58)有:

$$\sigma_{R_1} = \sigma_0(1 - \sin\varphi_\text{m}) - c_\text{m}\cot\varphi_\text{m}\sin\varphi_\text{m}$$

将 σ_{R_1} 代入式(8-56),得弹、塑性区交界面的径向位移 u_{R_1} 为:

$$u_{R_1} = \frac{R_1\sin\varphi_\text{m}(\sigma_0 + c_\text{m}\cot\varphi_\text{m})}{2G_\text{m}} \tag{8-59}$$

塑性区内侧(即洞壁)的位移可由塑性区变形前后体积不变的条件求得,即:

$$\pi(R_1^2 - R_0^2) = \pi[(R_1 - u_{R_1})^2 - (R_0 - u_{R_0})^2] \tag{8-60}$$

式中: u_{R_0}——洞壁径向位移。

将式(8-60)展开,略去高阶微量后,可得的径向位移为:

$$u_{R_0} = \frac{R_1}{R_0}u_{R_1} = \frac{R_1^2\sin\varphi_\text{m}(\sigma_0 + c_\text{m}\cot\varphi_\text{m})}{2G_\text{m}R_0} \tag{8-61}$$

式中: R_1——塑性区半径,m;

R_0——洞室半径,m;

σ_0——岩体天然应力,kPa;

c_m、φ_m——岩体黏聚力和内摩擦角。

现在对塑性区的位移进行如下讨论:

(1)可以看出,塑性区的位移与洞室尺寸、围岩强度、天然应力场及支护力(因塑性区半径 R_1 受支护力控制)有关。

(2)洞壁位移与塑性区半径成正比,当塑性区半径增大时,塑性位移也随之增大,反之亦然。将式(8-55)代入式(8-59)和式(8-61),同样可得洞内无支护时弹塑性区交界面和洞壁的最大径向位移。如果以式(8-55)中的第二式(基于修正的芬纳-塔罗勃公式求得的最大塑性区半径)代入,弹塑性区交界面和洞壁的最大径向位移为:

$$\begin{cases} u_{R_1\text{m}} = \dfrac{R_0}{2G_\text{m}}\left[\left(1 + \dfrac{\sigma_0}{c_\text{m}}\right)(1 - \sin\varphi_\text{m})\tan\varphi_\text{m}\right]^{\frac{1-\sin\varphi_\text{m}}{2\sin\varphi_\text{m}}}\sin\varphi_\text{m}(\sigma_0 + c_\text{m}\cot\varphi_\text{m}) \\ u_{R_0\text{m}} = \dfrac{R_0}{2G_\text{m}}\left[\left(1 + \dfrac{\sigma_0}{c_\text{m}}\right)(1 - \sin\varphi_\text{m})\tan\varphi_\text{m}\right]^{\frac{1-\sin\varphi_\text{m}}{\sin\varphi_\text{m}}}\sin\varphi_\text{m}(\sigma_0 + c_\text{m}\cot\varphi_\text{m}) \end{cases} \tag{8-62}$$

式中: $U_{R_1\text{m}}$——弹塑性区交界面上的最大径向位移,m;

$U_{R_0\text{m}}$——洞壁上的最大径向位移,m;

G_m——围岩体剪切模量,kPa;

其余参数意义同前。

实际上,围岩存在一个容许的最大位移值,当上述变形超过容许位移时,围岩将失去稳定而垮塌。

四、变形围岩压力的计算

由于围岩的变形对支护结构产生的压力,称为变形压力,它包括弹性变形压力、塑性变形压力和流变压力。由于弹性变形在洞室开挖后很快发生,所以在工程设计中实际采用的主要是塑性变形压力。对于流变压力本书不进行介绍,本节主要介绍塑性变形压力的计算。

1. 芬纳-塔罗勃公式

塑性变形压力是按围岩与支护结构的共同作用原理,应用洞壁围岩与支护的应力和变形协调条件求出的。根据支护力与围岩作用于支护结构上的围岩压力是一对作用力与反作用力的关系,只要求得支护结构对围岩的支护力,也就求得作用于支护结构上的变形围岩压力。基于这一思路,从式(8-52)中可得:

$$p_i = -c_{\mathrm{m}} \cdot \cot\varphi_{\mathrm{m}} + \left[(c_{\mathrm{m}} \cdot \cot\varphi_{\mathrm{m}} + \sigma_0)(1 - \sin\varphi_{\mathrm{m}}) \right] \left(\frac{R_0}{R_1} \right)^{\frac{2\sin\varphi_{\mathrm{m}}}{1 - \sin\varphi_{\mathrm{m}}}} \tag{8-63}$$

该式就是用于计算圆形洞室围岩变形压力 p_i 的修正芬纳-塔罗勃公式。

由于一般情况下,塑性区半径 R_1 是很难求得的,所以通常用洞壁围岩的塑性变形来表示 p_i。由式(8-61)可得:

$$\frac{R_0}{R_1} = \sqrt{\frac{R_0 \sin\varphi_{\mathrm{m}} (\sigma_0 + c_{\mathrm{m}} \cdot \cot\varphi_{\mathrm{m}})}{2 G_{\mathrm{m}} u_{R_0}}} \tag{8-64}$$

将上式代入式(8-63)可得 p_i 和 u_{R_0} 之间的关系:

$$p_i = -c_{\mathrm{m}} \cdot \cot\varphi_{\mathrm{m}} + \left[(c_{\mathrm{m}} \cdot \cot\varphi_{\mathrm{m}} + \sigma_0)(1 - \sin\varphi_{\mathrm{m}}) \right] \left(\frac{R_0 \sin\varphi_{\mathrm{m}} (\sigma_0 + c_{\mathrm{m}} \cdot \cot\varphi_{\mathrm{m}})}{2 G_{\mathrm{m}} u_{R_0}} \right)^{\frac{\sin\varphi_{\mathrm{m}}}{1 - \sin\varphi_{\mathrm{m}}}} \tag{8-65}$$

利用式(8-65)计算围岩压力时,必须获得围岩洞壁的位移 u_{R_0}。而围岩洞壁的位移 u_{R_0} 包含两部分,一是支护前围岩洞壁已经释放的位移 u_0,二是支护外壁的位移 u_{cR_0}(其中包含洞壁刚出现塑性区时的洞壁径向位移 u_{eR_0}),即

$$u_{R_0} = u_0 + u_{cR_0} \tag{8-66}$$

其中 u_0 与支护的施工条件有关,可以通过实际量测,由经验方法确定。支护外壁的位移 u_{cR_0} 与支护的厚度和材料特性相关,可采用厚壁圆筒理论确定:

假设衬砌的内径为 R_{c0},外径即为洞室的半径 R_0,衬砌的剪切模量和泊松比为 G_{c}、μ_{c},衬砌结构可以看成是一个内压力为零,外压力为 p_i 的厚壁圆筒,运用厚壁圆筒理论可以求解衬砌内的位移、应力。在衬砌外壁(即 $r = R_0$)上的径向位移为:

$$u_{cR_0} = \frac{p_i R_0 \left[(1 - 2\mu_{\mathrm{c}}) R_0^2 + R_{\mathrm{c}}^2 \right]}{2 G_{\mathrm{c}} (R_0^2 - R_{\mathrm{c}}^2)} \tag{8-67}$$

为了进一步说明 p_i-u_{R_0} 的关系,根据式(8-65)绘制 p_i-u_{R_0} 的关系曲线,如图 8-11 所示。从图 8-11 中可以看出,围岩压力随洞壁位移 u_{R_0} 的增大而减小,说明适当的变形有利于降低围岩压力,减小衬砌厚度,因此在实际工作中常采用柔性支付结构。

当 u_{R_0} 达到塑性区开始出现时的位移 u_{eR_0}(即围岩开始出现塑性变形)时,围岩压力最大 p_{imax},如果此时施加支护,支护上承受的压力最大;然后随 u_{R_0} 增大 p_i 逐渐降低,当洞壁围岩位移发展到围岩所容许的最大位移为 u_{cm} 时,围岩压力达到最小值 p_{imin},如果此时施加支护,支护上承受的压力最小。

当围岩位移超过容许的最大位移为 u_{cm},围岩将破坏,围岩压力增大,同时由弹塑性理论获得的 p_i-u_{R_0} 关系也不再适用。因此支护应当在围岩洞壁位移发展到最大容许位移之前进行。

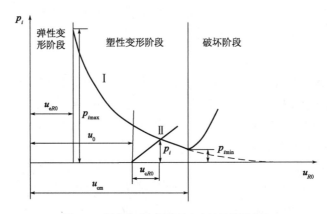

图 8-11　围岩变形与围岩压力之间的关系曲线

I -围岩 $p_i - u_{R_0}$ 曲线；II -衬砌 $p_i - u_{cR_0}$ 曲线

由图 8-11 可知,如果不容许围岩出现塑性变形,支护压力为最大,将 u_{eR_0} 代入式(8-65)得最大值 p_{imax} :

$$p_{imax} = - c_m \cdot \cot\varphi_m + \left[\left(c_m \cdot \cot\varphi_m + \sigma_0 \right) \left(1 - \sin\varphi_m \right) \right] \left(\frac{R_0 \sin\varphi_m (\sigma_0 + c_m \cdot \cot\varphi_m)}{2 G_m u_{eR0}} \right)^{\frac{\sin\varphi_m}{1 - \sin\varphi_m}}$$

(8-68)

式中, u_{eR_0} 可由弹性位移计算公式计算。

对于最小支护压力 p_{imin} (或最大容许位移)的确定目前尚无有效的计算方法,一般通过估算方法进行预测,这里不再赘述。

2. 卡柯公式

在塑性区内,岩石可能出现松动,这时作用于支护衬砌上的围岩压力反而会增大,而在上面的推导过程中未考虑到塑性区松动塌落的情况,下面简要介绍由卡柯和凯利施尔(Kerisel)提出的用于解决这一问题的围岩压力公式。

如图 8-12 所示, 建立微分方程:

$$(\sigma_\theta - \sigma_r) dr - r d\sigma_r - \gamma_m \cdot r dr = 0$$

塑性平衡条件:
$$\frac{\sigma_r + c_m \cdot \cot\varphi_m}{\sigma_\theta + c_m \cdot \cot\varphi_m} = \frac{1 - \sin\varphi_m}{1 + \sin\varphi_m} = \frac{1}{N_\varphi}$$

莫尔-库仑(Mohr-Coulumn)条件: $\sigma_\theta = \sigma_r \tan^2 \left(45° + \frac{\varphi_m}{2} \right) + 2 c_m \cdot \tan \left(45° + \frac{\varphi_m}{2} \right)$

边界条件: $r = R_1$ 时, $\sigma_r = 0$ (塑性区完全脱离,边界为弹性洞室边界)

由上述微分方程、塑性平衡条件和边界条件可以求得:

$$\sigma_r = - c_m \cdot \cot\varphi_m + c_m \cdot \cot\varphi_m \left(\frac{r}{R_1} \right)^{N_\varphi - 1} + \frac{\gamma_m \cdot r}{N_\varphi - 2} \left[1 - \left(\frac{r}{R_1} \right)^{N_\varphi - 2} \right]$$

令 $r = R_0$,得压力公式:

$$p_i = - c_m \cdot \cot\varphi_m + c_m \cdot \cot \left(\frac{R_0}{R_1} \right)^{N_\varphi - 1} + \frac{\gamma_m \cdot R_0}{N_\varphi - 2} \left[1 - \left(\frac{R_0}{R_1} \right)^{N_\varphi - 2} \right]$$

(8-69)

这就是卡柯公式或称为卡柯塑性应力承载公式。

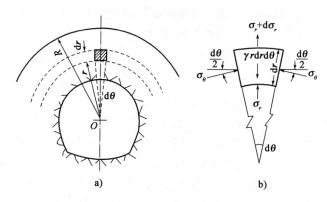

图8-12　塑性区松动塌落时的围岩压力分析

由于假设塑性区已完全发展,故可认为 R_1 为最大塑性区半径 R_m,即: $R_1 = R_m$。R_m 由修正的芬纳-塔罗勃公式计算,由式(8-55):

$$R_m = R_0 \left[\left(1 + \frac{\sigma_0}{c_m}\tan\varphi_m\right)(1 - \sin\varphi_m) \right]^{\frac{1-\sin\varphi_m}{2\sin\varphi_m}} \tag{8-70}$$

将其代入卡柯公式,整理后有:

$$\begin{cases} p_i = k_1\gamma_m R_0 - k_2 c_m \\ k_1 = \dfrac{1 - \sin\varphi_m}{3\sin\varphi_m - 1}\left[1 - \left(\dfrac{R_0}{R_m}\right)^{\frac{3\sin\varphi_m-1}{1-\sin\varphi_m}}\right] \\ k_2 = \cot\varphi_m\left[1 - \left(\dfrac{R_0}{R_m}\right)^{\frac{2\sin\varphi_m}{1-\sin\varphi_m}}\right] \end{cases} \tag{8-71}$$

式中: k_1、k_2——松散压力系数。

式(8-71)就是用于计算塑性松散围岩压力的卡柯公式。在实际应用时,应当考虑到松动圈内岩石因松动破碎而 c_m、φ_m 降低的情况。根据经验(现场剪切试验和室内试验),岩体的黏聚力 c_m 往往降低很多,不仅随着洞室开挖过程岩体破碎而降低,而且随着风化、湿化等影响而发生较大的降低,内摩擦角的变化较小。在水工建筑物的设计中,通常只采用 c_m 的试验值的 0.2 ~0.25 倍,甚至完全不考虑黏聚力,以作为潜在的安全储备。内摩擦系数 $\tan\varphi_m$ 一般取试验值的 0.67 ~0.9 倍,甚至取 0.5 倍。在具体计算时通常可以按照下列经验规定选用。

(1)内摩擦角 φ_m 的选用。塑性松动圈内岩体的内摩擦角 φ_m,视岩体裂隙的充填情况确定:无充填物时,取试验值的90%为计算值;有泥质充填物时,取试验值的70%为计算值。

(2)黏聚力 c_m 的取值。计算松动圈 R_m 时,取试验值的20% ~25%作为计算值;洞室干燥无水,开挖后立即喷锚处理或及时衬砌,而且回填密实,在计算松散压力中可取试验值的10% ~20%作为计算值;洞室有水或衬砌回填不密实时,应不考虑凝聚力的作用,即令 $c_m = 0$。

综上所述,确定塑性松散围岩压力的计算步骤为:

(1)根据围岩的试验资料,确定围岩的 c_m、φ_m、γ_m、H、R_m 值。

(2)确定岩体初始应力 σ_0,一般通过实测,也可进行估算: $\sigma_0 = \Sigma\gamma_i h_i = \gamma_m H$。

(3)计算系数 k_1 和 k_2。

(4)计算塑性松散围岩压力 $p_i = k_1\gamma_m \cdot R_0 - k_2 c_m$。

3. 规范推荐的经验公式

《公路隧道设计规范　第一册　土建工程》(JTG 3370.1—2018)和《公路隧道设计细则》

（JTG/T D70—2010）规定,当隧道的围岩抗压强度与初始应力的比值(围岩强度应力比)达到如下条件时,应当考虑围岩对支护结构的变形压力。

$$\begin{cases} \sigma_{cm} > 30\text{MPa 时}, \sigma_{cm}/\sigma_{max} \leqslant 4 \\ \sigma_{cm} \leqslant 30\text{MPa 时}, \sigma_{cm}/\sigma_{max} \leqslant 6 \end{cases} \tag{8-72}$$

深埋单洞隧道变形压力可采用式(8-63)计算:

当洞室为圆形断面时,利用式(8-63)可计算出作用于衬砌上任意一点的围岩变形压力。当洞室接近圆形断面时,可以直接将开挖跨度或开挖高度作为拟合断面的直径,按式(8-63)计算。当洞室断面与圆形断面差异较大时,可以采用开挖断面的最小外接圆作为拟合断面,按式(8-63)计算。当洞室在双向不等压状态下,洞室周围的地层将出现椭圆形的塑性区,在塑性区以外的地层逐渐趋于均匀,此时可将不等压受力状态近似折算为双向等压状态,可采用下式调整原始地应力:

$$\sigma'_0 = \frac{1 + k_0}{2} \sigma_0 \tag{8-73}$$

式中:k_0——围岩侧压力系数;

σ'_0——等效初始地应力,MPa。

根据施工过程中对洞室周边位移的监控量测结果,也可按下式计算围岩变形压力:

$$p_i = \frac{\delta_i K_{si} K_{li}}{K_{si} + K_{li}} \tag{8-74}$$

式中:p_i——计算点处二次衬砌上的变形压力,kPa;

δ_i——计算点从二次衬砌施作至结构设计基准期内的总变形量,m,应减除防水层及无纺布的变形量、结构基础沉降或滑移量;

K_{si}——计算点附近二次衬砌径向变形刚度,kPa/m;

K_{li}——计算点附近外围岩体及初期支护的径向变形刚度,kPa/m。

例题 8-5 某地下深埋圆形洞室,初始地应力为静水压力式,应力大小为 3.5MPa,洞室直径 3.5m,已知计算指标:岩体内摩擦角 30°,岩体黏聚力 0.2MPa,岩体重度 27kN/m³。试计算最大塑性松动圈的范围;若允许塑性松动圈的厚度为 2m,试计算变形围岩压力。

解:(1)由式(8-70)可得最大塑性区半径:

$$\begin{aligned} R_m &= R_0 \left[\left(1 + \frac{\sigma_0}{c_m} \right) (1 - \sin\varphi_m) \tan\varphi_m \right]^{\frac{1-\sin\varphi_m}{2\sin\varphi_m}} \\ &= 3.5 \times \left[\left(1 + \frac{3.5}{0.2} \right) (1 - \sin30°) \times \tan30° \right]^{\frac{1-\sin30°}{2\sin30°}} \\ &= 8.086 \text{(m)} \end{aligned}$$

(2)若允许塑性松动圈的厚度为 2m,按修正芬纳-塔罗勃公式(8-63),可得:

$$\begin{aligned} p_i &= - c_m \cdot \cot\varphi_m + \left[(c_m \cdot \cot\varphi_m + \sigma_0)(1 - \sin\varphi_m) \right] \left(\frac{R_0}{R_1} \right)^{\frac{2\sin\varphi_m}{1-\sin\varphi_m}} \\ &= - 0.2 \times \cot30° + \left[(0.2 \times \cot30° + 3.5)(1 - \sin30°) \right] \left(\frac{3.5}{5.5} \right)^{\frac{2\sin30°}{1-\sin30°}} \\ &= 0.43 \text{(MPa)} \end{aligned}$$

例题 8-6 某地下洞室埋深 535m,洞室宽度 4.6m,高 3.5m,直墙圆拱形,已知计算指标:

内摩擦角 40°，黏聚力 0.1MPa，岩体重度 25kN/m³，围岩侧压力系数为 1.0。假设实测洞室塑性松动圈的厚度为 2m，计算变形围岩压力。

解：由于洞室断面为非圆形断面，按照《公路隧道设计规范　第一册　土建工程》(JTG 3370.1—2018) 和《公路隧道设计细则》(JTG/T D70—2010) 规定，可以采用开挖断面的最小外接圆作为拟合断面，取 $R_0 = 2.3m$ 的等效圆形洞室进行计算。初始地应力为：

$$\sigma_0 = \gamma_m H = 25 \times 535 = 13.38 (\text{MPa})$$

按照式 (8-63) 可得：

$$p_i = -c_m \cdot \cot\varphi_m + \left[(c_m \cdot \cot\varphi_m + \sigma_0)(1 - \sin\varphi_m) \right] \left(\frac{R_0}{R_1} \right)^{\frac{2\sin\varphi_m}{1-\sin\varphi_m}}$$

$$= -0.1 \times \cot 40° + \left[(0.1 \times \cot 40° + 13.38)(1 - \sin 40°) \right] \left(\frac{2.3}{4.3} \right)^{\frac{2\sin 40°}{1-\sin 40°}}$$

$$= 0.387 (\text{MPa})$$

思　考　题

8-1　围岩压力的成因是什么？它有哪些类型？各采用什么方法进行计算？

8-2　影响围岩压力的因素有哪些？

8-3　何谓压力拱？其形成条件是什么？

8-4　压力拱理论的基本假设和适用条件是什么？

8-5　太沙基理论与压力拱理论的区别何在？

8-6　何谓塑性松动圈？其成因如何？

8-7　简要叙述有塑性区出现时，围岩内部的应力分布规律。

8-8　简述变形围岩压力的求取方法。

8-9　地下洞室的开挖方法有哪些？简述各种开挖方法对围岩应力状态的影响。

8-10　地下洞室的总支护抗力包括哪些部分？

习　　　题

8-1　某地下结构如习题 8-1 图所示，已知坚固性系数 $f_{ps} = 5$，岩体重度 $\gamma_m = 25kN/m^3$。求图中所示的 A、B、C 三点的垂直围岩压力。

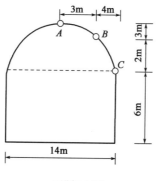

习题 8-1 图

[参考答案:当侧壁稳定时,$q_A = 35\text{kPa}$,$q_B = 28.575\text{kPa}$,$q_C = 0\text{kPa}$;当侧壁不稳定时,$q_A = 40.45\text{kPa}$,$q_B = 34.89\text{kPa}$,$q_C = 10.16\text{kPa}$]

8-2 地下 50m 深处开挖洞室,其尺寸 5m×5m,岩体指标:$c_m = 2\text{kPa}$,$\varphi_m = 33°$,$\gamma_m = 25\text{kN/m}^3$,$k_0 = 0.7$。已知侧壁不稳定,试用太沙基公式计算垂直压力和总的侧向压力。

8-3 某圆形洞室,半径 $R_0 = 2\text{m}$,埋深 $H = 1200\text{m}$,岩石 $\sigma_c = 50\text{MPa}$,$\gamma_m = 26\text{kN/m}^3$,$\varphi_m = 30°$,$c_m = 6\text{MPa}$。试用修正的芬纳-塔罗勃公式计算塑性区半径 R_m。

[参考答案:2.12m]

8-4 圆形隧洞,$\sigma_{cm} = 13\text{MPa}$,$\varphi_m = 35°$,天然应力场 $\sigma_{0v} = \sigma_{0h} = \sigma_0 = 36.5\text{MPa}$,若无支护,求塑性区厚度 ΔR。

8-5 圆形洞室,$R_0 = 2\text{m}$,$\sigma_0 = 10\text{MPa}$,侧压力系数 $k_0 = 1$。围岩指标:$\varphi_m = 42°$,$c_m = 0.055\text{MPa}$,$\sigma_{mt} = 0.378\text{MPa}$,$\sigma_{mc} = 2.36\text{MPa}$,$E_m = 2000\text{MPa}$,$\mu_m = 0.2$。

试求:(1)洞室周边位移;(2)周边应力;(3)判定稳定性。

[参考答案:2.03cm,2.46MPa,不稳定]

8-6 在黏土中掘进一条跨度为 6m 的地下洞室,已知:$\sigma_0 = 40\text{MPa}$,$c_m = 2.9\text{MPa}$,$\varphi_m = 30°$,$E_m = 1.3 \times 10^4\text{MPa}$,$\mu_m = 0.3$,洞室半径 $R_0 = 3\text{m}$。求支护压力 p_i。

[参考答案:17.5MPa]

8-7 某圆形洞室,$R_0 = 3\text{m}$,$\gamma_m = 26.8\text{kN/m}^3$,埋深 $H = 150\text{m}$,围岩 $c_m = 0.4\text{MPa}$,$\varphi_m = 30°$,实测松动圈厚度 $\Delta R = 2\text{m}$。求塑性变形压力 p_i。

[参考答案:0.15MPa]

8-8 某洞室围岩重度 $\gamma_m = 26\text{kN/m}^3$,埋深 $H = 190\text{m}$,洞室跨度为 16m,折减后的 $c_m = 0.025\text{MPa}$,$\varphi_m = 30°$。求松散围岩压力。

[参考答案:0.145MPa]

第九章　岩石边坡的稳定性分析与计算

第一节　概　　述

边坡是自然或人工形成的斜坡(其构成要素如图9-1所示),是人类工程活动中最基本的地质环境之一,也是工程建设中最常见的工程型式。按其成因可分为天然边坡和人工边坡;按岩土性质可分为黏性土类边坡、碎石类边坡、黄土类边坡和岩石类边坡;按稳定性程度分为稳定性边坡、基本稳定边坡、欠稳定边坡和不稳定边坡;按边坡高度分为一般边坡和高边坡(高度大于15m);按照断面形式分为直立式边坡、倾斜式边坡和台阶式边坡(图9-2);按照使用年限分为临时性边坡和永久性边坡。

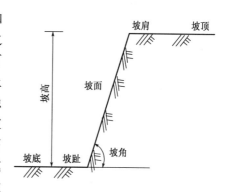

图9-1　边坡构成要素图

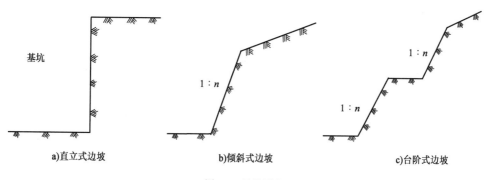

a)直立式边坡　　　　　b)倾斜式边坡　　　　　c)台阶式边坡

图9-2　边坡形态

岩石边坡稳定问题是工程建设中经常遇到的问题,例如在水利工程中的大坝施工、坝肩开挖破坏了自然坡脚,使得岩体内部应力重新分布,常常发生岩石边坡的不稳定现象。又如基坑的开挖、渠道的边坡,以及公路、铁路、采矿工程等都会遇到岩石边坡稳定的问题。如果岩石边坡由于应力过大和强度过低,则它可以处于不稳定的状态,一部分岩体向下或向外坍滑,这一种现象即为边坡失稳。边坡的失稳,轻则影响工程质量与施工进度,重则造成人身伤亡与国民经济的重大损失。因此,无论是土木工程还是水利工程、交通工程,边坡的稳定问题需要重点考虑,必须在施工前做好稳定分析工作。

由于岩石边坡中岩体结构复杂、断层、节理、裂隙互相切割,块体极不规则,因此岩石边坡稳定有其独特的性质。它与岩体的结构、重度和强度、边坡坡度、高度、岩石边坡表面和顶部所受荷载、边坡的渗水性能、地下水位的高低等有关。

岩石边坡内的结构面,尤其是软弱结构面的存在,常常是岩石边坡不稳定的主要因素。大部分岩石边坡在丧失稳定性时的滑动面可能有三种:一是沿着岩体软弱岩层滑动;二是沿着岩体中的结构面滑动;三是,当这两种软弱面不存在时,也可能在岩体中滑动。但主要的是前面两种情况较多。在进行岩石边坡分析时,应当特别注意软弱岩层和结构面的影响。

软弱岩层,主要指泥岩、页岩、凝灰岩、泥灰岩、云母片岩、滑石片岩以及含有岩盐或石膏成分的岩层。这类岩层遇水浸泡后易软化,强度大大降低,形成软弱层。在坚硬的岩层中(如石英岩、砂岩等)应当查明有无这类软弱层存在。

结构面,其中包括沉积作用的层面、假整合面、不整合面,火成岩侵入结构面以及冷缩结构面,变质作用的片理,构造作用的断裂结构面等。岩质边坡稳定分析时,应当研究岩体中应力场和各种结构面的组合关系。岩体的应力是由岩体重量、渗透压力、地质构造应力以及外界因素(如地震惯性力、风力、温度应力)等形成的边坡剪应力。这种剪应力超过结构面的抗剪强度就促使岩体沿着结构面滑动,有时沿某一结构面滑动,有时沿着多种结构面所组成的滑动面滑动,通常以后者居多。

结构面中如夹有黏土或其他泥质充填物,则就成为软弱结构面。地质构造作用形成的断裂和节理在地壳表层是最多的,这种结构面往往都夹着黏土或泥质充填物,遇水浸泡后,结构面中的软弱充填物就容易软化,强度大大降低,促使岩石边坡沿着它发生滑动。因此,岩石边坡分析中,对结构面,特别是软弱结构面的类型、性质、组织形式、分布特征,以及由各种软弱面切割后的块体形状等进行仔细分析是十分重要的。

第二节　岩石边坡的破坏类型

一、岩石边坡的破坏类型

岩石边坡的失稳情况,从破坏形态上来看,可分为岩石崩塌和滑坡两种。

崩塌一般发生在边坡过陡的岩石边坡中,这时大块的岩体与岩石边坡分离而向前倾倒,如图9-3a)所示,或者坡顶岩体因某种原因脱落翻滚而下在坡脚处堆积,见图9-3b)、c)。崩塌经常产生于坡顶裂隙发育的地方,主要是风化原因减弱了节理面的黏聚力,或者是雨水渗入张裂隙中,产生裂隙水压所致,也可能是气温变化、冻融松动岩石的结果。其他原因如植物根系生长造成膨胀压力,以及地震、雷击等都可造成岩崩现象。崩塌通常沿着层面、节理面、局部断层带或断层面发生。

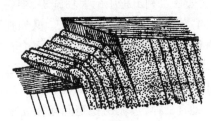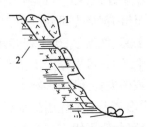

a)倾倒破坏　　　　　b)软硬互层岩体局部崩塌和坠落破坏　　　c)崩塌破坏

图9-3　岩石边坡崩塌类型

1-砂岩;2-页岩

滑坡是指岩体在重力作用下,沿坡内软弱结构面产生的整体滑动。滑坡的形式可分为平面滑动、楔形滑动及旋转滑动。平面滑动是一部分岩体在重力作用下沿着某一软弱面(层面、断层、裂隙)的滑动,见图9-4a)。滑动面的倾角必大于该平面的内摩擦角。平面滑动滑体不仅克服了底部的阻力,而且克服了两侧的阻力。在软岩中(例如页岩),如果底部倾角远大于内摩擦角,则岩石本身的破坏即可解除侧边约束,从而产生平面滑动。而在硬质岩石中,如果不连续面横切坡顶,边坡上岩石两侧分离,则也能发生平面滑动。楔形滑动是岩体沿两组(或两组以上)的软弱面滑动的现象,见图9-4b)。在挖方工程中,如果两个不连续面的交线出露,则楔形岩体失去下部支撑作用而滑动。旋转滑动的滑动面通常呈弧形状,岩体沿此弧形滑面而滑动,见图9-4c),在非成层状的均质岩体中,特别是均质泥岩或页岩中大多发生的是近圆弧形的滑面。

a)平面滑动   b)楔形滑动   c)旋转滑动

图9-4　岩石边坡滑动类型

岩石边坡的滑动过程有长有短,有快有慢,一般可分为三个阶段:第一阶段是蠕动变形阶段。这一阶段中坡面和坡顶出现张裂隙并逐渐加长和加宽,滑坡前缘有时出现挤出现象,地下水位发生变化,有时会发出响声。第二阶段是滑动破坏阶段,此时滑坡后缘迅速下陷,岩体以极大的速度向下滑动,此一阶段往往造成极大的危害。第三阶段是逐渐稳定阶段,这一阶段中,疏松的滑体逐渐压密,滑体上的草木逐渐生长,地下水渗出由浑变清等。

由于岩石边坡崩塌及滑动所造成的事故危害极大,必须严加防止。因此设计之前应当加强工程地质的勘测工作,并在设计时做好岩石边坡稳定分析工作。

二、边坡稳定的影响因素

1.结构面在边坡破坏中的作用

许多边坡在陡坡角和几百米高的条件下是稳定的,而许多平缓边坡仅高几十米就破坏了。这种差异是因为岩石边坡的稳定性是随岩体中结构面(诸如断层、节理、层面等)的倾角而变化的。如果这些结构面是直立的或水平的,就不会发生单纯的滑动,此时的边坡破坏将包括完整岩块的破坏以及沿某些结构面的滑动。另一方面,如果岩体所含的结构面倾向于坡面,倾角又在30°~70°,就会发生简单的滑动。

因此,边坡变形与破坏的首要原因,在于坡体中存在各种形式的结构面。岩体的结构特征对边坡应力场的影响主要是岩体的不均一性和不连续性,而使沿结构面周边出现应力集中和应力阻滞现象。因此,它构成了边坡变形与破坏的控制性条件,从而形成不同类型的变形与破坏机制。

边坡结构面周边应力集中的形式主要取决于结构面的产状与主压应力的关系。结构面与主压应力平行,将在结构面端点部位或应力阻滞部位出现拉应力和剪应力集中,从而形成向结构面两侧发展的张裂缝。结构面与主压应力垂直,将产生平行结构面方向的拉应力,或在端点部位出现垂直于结构面的压应力,有利于结构面压密和坡体稳定。结构面与主压应力斜交,结构面周边主要为剪应力集中,并于端点附近或应力阻滞部位出现拉应力。顺坡结构面与主压应力成30°~40°夹角,将出现最大剪应力与拉应力值,对边坡稳定十分不利,坡体易于沿结构面发生剪切滑移,同时可能出现折线形蠕滑裂隙系统。结构面相互交会或转折处,形成很高的压应力及拉应力集中区,其变形与破坏常较为剧烈。

2. 边坡外形改变对边坡稳定性的影响

河流、水库及湖海的冲刷及淘刷,使岸坡外形发生变化。当侵蚀切露坡体底部的软弱结构面使坡体处于临空状态,或当侵蚀切露坡体下伏软弱层的顶面时,将使坡体失去平衡,最后导致破坏。

人工削坡时未考虑岩体结构特点,切露了控制斜坡稳定的主要软弱结构面,形成或扩大了临空面,使坡体失去支撑,会导致斜坡的变形与破坏。施工顺序不当,坡顶开挖进度慢而坡脚开挖速度快,使斜坡变陡或形成倒坡。坡角增加时,坡顶及坡面张力带范围扩大,坡脚应力集中带的最大剪应力也随之增大。坡顶、坡脚应力集中增大,会导致斜坡的变形与破坏。

3. 岩体力学性质的改变对边坡稳定性的影响

风化作用使坡体强度减小,坡体稳定性大大降低,加剧了斜坡的变形与破坏。坡体岩土风化越深,斜坡稳定性越差,稳定坡角越小。

斜坡的变形与破坏大都发生在雨期或雨后,还有部分发生在水库蓄水和渠道放水之后,有的则发生在施工排水不当的情况下。这些都表明水对斜坡稳定性的影响是显著的。当斜坡岩土体亲水性较强或有易溶矿物成分时,如含易溶盐类的黏土质页岩、钙质页岩、凝灰质页岩、泥灰岩或断层角砾岩等,浸水易软化、泥化或崩解,导致边坡变形与破坏。因此,水的浸润作用对斜坡的危害性大而且普遍。

4. 各种外力直接作用对边坡稳定性的影响

区域构造应力的变化、地震、爆破、地下静水压力和动水压力,以及施工荷载等,都使斜坡直接受力,对斜坡稳定的影响直接而迅速。

边坡处于一定历史条件下的地应力环境中,特别是在新构造运动强烈的地区,往往存在较大的水平构造残余应力。因而这些地区边坡岩体的临空面附近常常形成应力集中,主要表现为加剧应力差异分布。这在坡脚、坡面及坡顶张力带表现得最明显。研究表明,水平构造残余应力越大,其影响越大,二者成正比关系。与自重应力状态下相比,边坡变形与破坏的范围增大,程度加剧。

由于雨水渗入,河水水位上涨或水库蓄水等原因,地下水位抬高,使斜坡不透水的结构面上受到静水压力作用,它垂直于结构面而作用在坡体上,削弱了该面上所受滑体重量产生的法向应力,从而降低了抗滑阻力。坡体内有动水压力存在,会增加沿渗流方向的推滑力,这在水库水位迅速回落时犹甚。

地震引起坡体振动,等于坡体承受一种附加荷载。它使坡体受到反复振动冲击,使坡体软弱面咬合松动,抗剪强度降低或完全失去结构强度,斜坡稳定性下降甚至失稳。地震对斜坡破坏的影响程度,取决于地震强度大小,并与斜坡的岩性、层理、断裂的分布和密度以及坡面的方位和岩土体的含水性有关。

由上述可见,应根据岩土体的结构特点、水文地质条件、地形地貌特征,并结合区域地质发育史,分析各种外力因素的作用性质及其变化过程,来论证边坡的稳定性。

第三节　岩石边坡稳定性分析与计算

边坡稳定性分析的目的是确定经济合理的边坡结构参数,或者评价既有边坡的稳定程度,为边坡处治措施的选择提供可靠的依据。在进行岩石边坡稳定性分析时,首先应当查明岩石边坡可能的滑动类型,然后对不同类型采用相应的分析方法。严格来说,岩石边坡滑动大多属空间滑动问题,但对只有一个平面构成的滑裂面,或者滑裂面由多个平面组成而这些面的走向又大致平行且沿着走向长度大于坡高时,也可按平面滑动进行分析,其结果将是偏于安全的。在平面分析中常常把滑动面简化为圆弧、平面、折面,把岩体看作刚体,按莫尔-库仑强度准则对指定的滑动面进行稳定验算。

目前,用于分析岩石边坡稳定性的方法有刚体极限平衡法、赤平投影法、有限元法及模拟试验法等。但是比较成熟且在目前应用得较多的仍然是刚体极限平衡法。在刚体极限平衡法中,组成滑坡体的岩块被视为刚体。按此假定,可用理论力学原理分析岩块处于平衡状态时必须满足的条件。本节主要讨论刚体极限平衡法。

一、圆弧法岩石边坡稳定性分析

对于均质的以及没有断裂面的岩石边坡,在一定的条件下可看作平面问题,用圆弧法进行稳定分析。圆弧法是最简单的分析方法之一。

在用圆弧法进行分析时,首先假定滑动面为一圆弧(图9-5),把滑动岩体看作刚体,求滑动面上的滑动力及抗滑力,再求这两个力对滑动圆心的力矩。抗滑力矩 M_R 和滑动力矩 M_S 之比,即为该岩石边坡的稳定安全系数 F_s:

$$F_s = \frac{M_R}{M_S} \qquad (9\text{-}1)$$

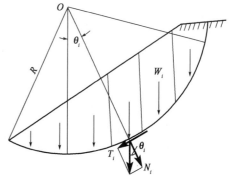

图9-5　圆弧法岩石边坡分析

如果 $F_s > 1$,则沿着这个计算滑动面是稳定的;如果 $F_s < 1$,则是不稳定的;如果 $F_s = 1$,则说明这个计算滑动面处于极限平衡状态。

由于假定计算滑动面上的各点覆盖岩石重量各不相同,因此,由岩石重量引起在滑动面上各点的法向压力也不同。抗滑力中的摩擦力与引起法向应力的力的大小有关,所以应当计算出假定滑动面上各点的法向应力。为此可以把滑弧内的岩石分条,用所谓条分法进行分析。

如图9-5所示,把滑体分为 n 条,其中第 i 条传给滑动面上的重力为 W_i,它可以分解为两个力:一是垂直于圆弧的法向力 N_i;二是切于圆弧的切向力 T_i。因此:

$$\begin{cases} N_i = W_i \cos\theta_i \\ T_i = W_i \sin\theta_i \end{cases} \qquad (9\text{-}2)$$

式中:θ_i——该岩条底面中点的法线与竖直线的夹角,(°)。

N_i 通过圆心,其本身对岩石边坡滑动不起作用,但是可使岩条滑动面上产生摩擦力 $N_i \tan\varphi_i$(φ_i 为该弧所在的岩体的内摩擦角),其作用方向与岩体滑动方向相反,故对岩石边坡起着抗滑作用。

此外,滑动面上的黏聚力 c 也是起抗滑动作用(抗滑力)的,所以第 i 条岩条滑弧上的抗滑

力为 $c_i l_i + N_i \tan\varphi_i$，因此第 i 条产生的抗滑力矩为：

$$(M_R)_i = (c_i l_i + N_i \tan\varphi_i) R \tag{9-3}$$

式中：c_i——第 i 条滑弧所在岩层的黏聚力，MPa；

    φ_i——第 i 条滑弧所在岩层的内摩擦角，(°)；

    l_i——第 i 条岩条的圆弧长度，m。

对每一岩条进行类似分析，可以得到总的抗滑力矩：

$$M_R = \left(\sum_{i=1}^{n} c_i l_i + \sum_{i=1}^{n} N_i \tan\varphi_i\right) R \tag{9-4}$$

而滑动面上总的滑动力矩为：

$$M_S = \sum_{i=1}^{n} T_i R \tag{9-5}$$

将式(9-4)及式(9-5)代入安全系数公式，得到假定滑动面上的稳定安全系数：

$$F_s = \frac{\sum_{i=1}^{n} c_i l_i + \sum_{i=1}^{n} N_i \tan\varphi_i}{\sum_{i=1}^{n} T_i} \tag{9-6}$$

由于圆心和滑动面是任意假定的，因此要假定多个圆心和相应的滑动面进行类似的分析和试算，从中找到最小的安全系数即为真正的安全系数，其对应的圆心和滑动面即为最危险的圆心和滑动面。

根据用圆弧法的大量计算结果，有人绘制出了如图 9-6 所示的曲线。该曲线表示了不同计算指标的均质岩坡坡高与坡角的关系。在图 9-6 上，横轴表示坡角 α，纵轴表示坡高系数 H'；H_{90} 表示均质垂直岩石边坡的极限高度，亦即坡顶张裂缝的最大深度，可用下式计算：

$$H_{90} = \frac{2c}{\gamma} \tan\left(45° + \frac{\varphi}{2}\right) \tag{9-7}$$

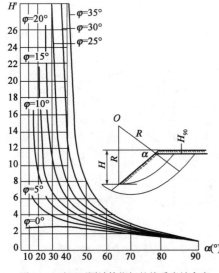

图 9-6 对于不同计算指标的均质岩坡高度与坡角的关系曲线

利用这些曲线可以很快地决定坡高或坡角，其计算步骤如下：

(1)根据岩体的性质指标(c、φ、γ)，按式(9-7)确定 H_{90}；

(2)如果已知坡角，需要求坡高，则在横轴上找到已知坡角对应的那点，自该点向上作一垂直线，相交于对应已知内摩擦角 φ 的曲线，得一交点，然后从该点做一水平线交于纵轴，求得 H'，将 H' 乘以 H_{90}，即得所要求的坡高 H：

$$H = H' H_{90} \tag{9-8}$$

(3)如果已知坡高 H，需要确定坡角，则首先用下式确定 H'：

$$H' = \frac{H}{H_{90}} \tag{9-9}$$

根据这个 H'，从纵轴上找到相应点，通过该点做一水平线相交于对应已知 φ 的曲线，得一交点，然后从该交点做向下的垂直线交于横轴，即求得坡角。

例题 9-1 已知均质岩石边坡的 $\varphi = 30°$，$c = 0.017\text{MPa}$，$\gamma = 26\text{kN/m}^3$，如果基于这种岩

体设计边坡,已知坡高系数 $H' = 1.5$,试计算边坡的极限高度。

解:(1)计算 H_{90}

$$H_{90} = \frac{2c}{\gamma}\tan\left(45° + \frac{\varphi}{2}\right) = \frac{2 \times 0.017 \times 10^3}{26} \times \tan\left(45° + \frac{30°}{2}\right) = 2.265(\text{m})$$

(2)计算 H

该边坡的极限高度为:$H = H' \cdot H_{90} = 1.5 \times 2.265 = 3.397(\text{m})$

例题 9-2 已知均质岩石边坡的 $\varphi = 30°$,$c = 300\text{kPa}$,$\gamma = 25\text{kN/m}^3$,问当岩石边坡高度为 200m 时,坡角应当采用多少度?

解:(1)计算 H_{90}

$$H_{90} = \frac{2c}{\gamma}\tan\left(45° + \frac{\varphi}{2}\right) = \frac{2 \times 300}{25} \times \tan\left(45° + \frac{30°}{2}\right) = 41.57(\text{m})$$

(2)计算 H'

$$H' = \frac{H}{H_{90}} = \frac{200}{41.57} = 4.81$$

(3)计算坡度

按照图 9-6 所示曲线,根据 $H' = 4.81$、$\varphi = 30°$,可以得到坡脚应不大于 56.7°。

二、平面滑动岩石边坡稳定性分析

1. 平面滑动的一般条件

岩石边坡沿着单一的平面发生滑动,一般必须满足下列几何条件:

(1)滑动面的走向必须与坡面平行或接近平行(在 ±20° 的范围内);

(2)滑动面必须在边坡面露出,即滑动面的倾角 β 必须小于坡面的倾角 α;

(3)滑动面的倾角 β 必须大于该平面的摩擦角 φ;

(4)岩体中必须存在相对于滑动阻力很小的分离面,以定出滑动的侧面边界。

2. 平面滑动分析

大多数岩石边坡在滑动之前会在坡顶或坡面上出现张裂缝,如图 9-7 所示。张裂缝中不可避免地充水,从而产生侧向水压力,使岩石边坡的稳定性降低。在分析中往往做下列假定:

(1)滑动面及张裂缝的走向平行于坡面。

(2)张裂缝垂直,其充水深度为 Z_w。

(3)沿张裂缝底进入滑动面渗漏,张裂缝底与坡趾间的长度内水压力按线性变化至零(三角形分布),如图 9-7 所示。

(4)滑动块体重量 W、滑动面上水压力 U 和张裂缝中水压力 V 三者的作用线均通过滑体的重心。即假定没有使岩块转动的力矩,破坏只是由于滑动。一般而言,力矩造成的误差可以忽略不计,但对于具有陡倾结构面的陡边坡要考虑可能产生倾倒破坏。

潜在滑动面上的安全系数可按极限平衡条件

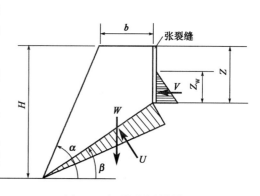

图 9-7 平面滑动分析简图

求得。这时安全系数等于总抗滑力与总滑动力之比,即:

$$F_s = \frac{cL + (W\cos\beta - U - V\sin\beta)\tan\varphi}{W\sin\beta + V\cos\beta} \quad (9\text{-}10)$$

式中:L——滑动面长度(每单位宽度内的面积),m;

其余符号含义同前。

$$L = \frac{H - Z}{\sin\beta} \quad (9\text{-}11)$$

$$U = \frac{1}{2}\gamma_w Z_w L \quad (9\text{-}12)$$

$$V = \frac{1}{2}\gamma_w Z_w^2 \quad (9\text{-}13)$$

W 可按下列公式计算。当张裂缝位于坡顶面时,有:

$$W = \frac{1}{2}\gamma H^2\{[1 - (Z/H)^2]\cot\beta - \cot\alpha\} \quad (9\text{-}14)$$

当张裂缝位于坡面上时,有:

$$W = \frac{1}{2}\gamma H^2\{[1 - (Z/H)]^2\cot\beta(\cot\beta\tan\alpha - 1)\} \quad (9\text{-}15)$$

当边坡的几何要素和张裂缝内的水深为已知时,用上列这些公式计算安全系数很简单。但有时需要对不同的边坡几何要素、水深、不同抗剪强度的影响进行比较,这时用上述方程式计算就相当麻烦。为了简化起见,可将式(9-10)重新整理成下列无量纲的形式:

$$F_s = \frac{(2c/\gamma H)P + [Q\cot\beta - R(P + S)]\tan\varphi}{Q + RS\cot\beta} \quad (9\text{-}16)$$

式中:

$$P = \frac{1 - Z/H}{\sin\beta} \quad (9\text{-}17)$$

当张裂缝位于坡顶面时:

$$Q = \{[1 - (Z/H)^2]\cot\beta - \cot\alpha\}\sin\beta \quad (9\text{-}18)$$

当张裂缝位于坡面上时:

$$Q = [1 - (Z/H)]^2\cot\beta(\cot\beta\tan\alpha - 1) \quad (9\text{-}19)$$

其他:

$$R = \frac{\gamma_w}{\gamma} \times \frac{Z_w}{Z} \times \frac{Z}{H} \quad (9\text{-}20)$$

$$S = \frac{Z_w}{Z} \times \frac{Z}{H}\sin\beta \quad (9\text{-}21)$$

P、Q、R、S 均无量纲,它们只取决于边坡的几何要素,而不取决于边坡的尺寸大小。因此,当黏聚力 $c = 0$ 时,稳定安全系数 F_s 不取决于边坡的具体尺寸。

图9-8、图9-9 和图9-10 分别表示各种几何要素的边坡 P、S、Q 的值,可供计算使用。两种张裂缝的位置都包括在 Q 比值的图解曲线中,所以不论边坡外形如何,都不需检查张裂缝的位置就能求得 Q 值,但应注意张裂缝的深度一律从坡顶面算起。

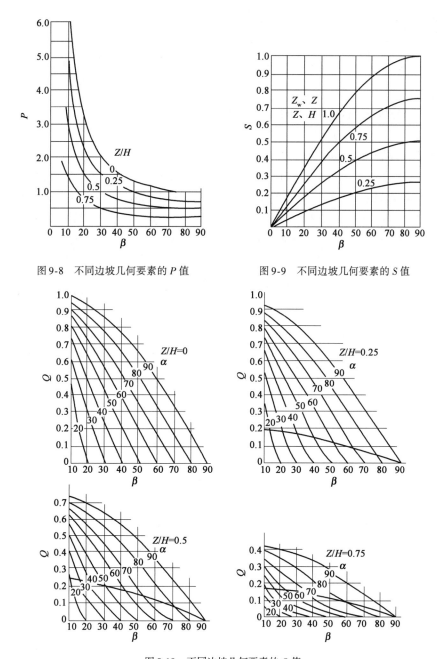

图 9-8　不同边坡几何要素的 P 值　　　　　图 9-9　不同边坡几何要素的 S 值

图 9-10　不同边坡几何要素的 Q 值

例题 9-3　某岩石边坡坡顶存在垂直张裂隙,深度为 15m,结构面长度 $L = 52$m,倾角 $\beta = 28°$,黏聚力 $c = 32$kPa,内摩擦角 $\varphi = 25°$。每延米潜在滑体的自重 $W = 15000$kN。问裂隙内的水深 Z_w 达到多少时,岩石边坡处于极限平衡状态。

解:当岩石边坡处于极限平衡状态时,即 $F_s = 1$,有:

$$F_s = \frac{cL + (W\cos\beta - U - V\sin\beta)\tan\varphi}{W\sin\beta + V\cos\beta} = 1$$

其中,$W = 15000$kN,$c = 32$kPa,$L = 52$m,$\beta = 28°$,$\varphi = 25°$。

$$U = \frac{1}{2}\gamma_{W}Z_{W}L = \frac{1}{2} \times 10 \times Z_{W} \times 52 = 260Z_{W}$$

$$V = \frac{1}{2}\gamma_{W}Z_{W}^{2} = \frac{1}{2} \times 10 \times Z_{W}^{2} = 5Z_{W}^{2}$$

代入可得：

$$\frac{32 \times 52 + (15000 \times \cos28° - 260Z_{W} - 5Z_{W}^{2}\sin28°)\tan25°}{15000 \times \sin28° + 5Z_{W}^{2}\cos28°} = 1$$

解方程可得：$Z_{W} = 5.32$m。

例题9-4 设有一岩石边坡，高30.5m，坡脚 $\alpha = 60°$，坡内有一结构面穿过，结构面倾角 $\beta = 30°$。在边坡坡顶面线8.8m处有一条张裂缝，其深度 $Z = 15.2$m。岩石重度 $\gamma = 25.6\text{kN/m}^3$。结构面的黏聚力 $c_j = 48.6$kPa，内摩擦角 $\varphi_j = 30°$。求水深 Z_{W} 对该岩石边坡安全系数 F_s 的影响。

解：当岩 $Z/H = 0.5$ 时，由图9-8和图9-10查得 $P = 1.0$ 和 $Q = 0.36$。

对于不同的 Z_{W}/Z，R[由式(9-20)算得]和 S(从图9-9查得)的值见表9-1。

表9-1

张裂缝中不同水深时的 R 和 S 值

Z_{W}/Z	1.0	0.5	0.0
R	0.195	0.098	0.0
S	0.26	0.13	0.0

又知：$\dfrac{2c}{\gamma H} = \dfrac{2 \times 48.6}{25.6 \times 30.5} = 0.125$。

所以，当张裂缝中水深不同时，根据式(9-16)计算的稳定安全系数变化见表9-2。

表9-2

张裂缝中不同水深时的安全系数值

Z_{W}/Z	1.0	0.5	0.0
F_s	0.77	1.10	1.34

可将以上数据绘制成相关曲线，可见张裂缝中的水深对岩石边坡安全系数的影响很大，因此，采取措施，防止水从顶部进入张裂缝，是提高此类边坡稳定安全系数的有效办法。

三、双平面滑动岩石边坡稳定性分析

如图9-11所示，岩石边坡内有两条相交的结构面，形成潜在的滑动面。上面的滑动面的倾角 α_1 大于结构面内摩擦角 φ_1，设 $c_1 = 0$，则其上岩块体有下滑的趋势，从而通过接触面将力传递给下面的块体，称上面的岩块体为主动滑块体。下面的潜在滑动面的倾角 α_2 小于结构面的内摩擦角 φ_2，它受到上面滑动块体传来的力，因而也可能滑动，称下面的岩块体为被动滑块体。为了使岩体保持平衡，必须对岩体施加支撑力 F_b，该力与水平线成 θ 角。假设主动块体与被动块体之间的边界面垂直，对上、下两滑块体分别进行图9-11所示力系的分析，可以得到极限平衡时所需施加的支撑力：

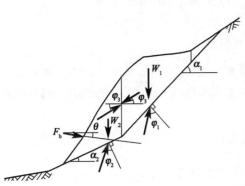

图9-11 双平面抗滑稳定分析模型

$$F_b = \frac{W_1\sin(\alpha_1 - \varphi_1)\cos(\alpha_2 - \varphi_2 - \varphi_3) + W_2\sin(\alpha_2 - \varphi_2)\cos(\alpha_1 - \varphi_1 - \varphi_3)}{\cos(\alpha_2 - \varphi_2 + \theta)\cos(\alpha_1 - \varphi_1 - \varphi_3)} \quad (9\text{-}22)$$

式中：φ_1、φ_2、φ_3——上滑动面、下滑动面以及垂直滑动面上的摩擦角，(°)；

　　　W_1、W_2——单位长度主动和被动滑动块体的重量，kN。

为了简单起见，假定所有摩擦角是相同的，即 $\varphi_1 = \varphi_2 = \varphi_3 = \varphi$。

如果已知 F_b、W_1、W_2、α_1 和 α_2 之值，则可以用下列方法确定岩石边坡的安全系数：首先用式(9-22)确定保持极限平衡而所需要的摩擦角值 $\varphi_{需要}$，然后将岩体结构面上的设计采用的内摩擦角值 $\varphi_{实有}$ 与之比较，用下列公式确定安全系数：

$$F_b = \frac{\tan\varphi_{实有}}{\tan\varphi_{需要}} \quad (9\text{-}23)$$

在开始滑动的实际情况中，通过岩石边坡的位移测量可以确定出坡顶、坡趾以及其他各处的总位移的大小和方向。如果总位移量在整个岩石边坡中到处一样，并且位移的方向是向外的和向下的，则可能是刚性滑动的运动形式。于是总位移矢量的方向可以用来确定 α_1 和 α_2 的值，并且可用张裂缝的位置确定 W_1、W_2 值。假设安全系数为1，可以计算出 $\varphi_{实有}$ 的值，此值即为方程(9-22)的根。今后如果在主动区开挖或在被动区填方或在被动区进行锚固，均可提高安全系数。这些新条件下所需要的内摩擦角 $\varphi_{需要}$ 也可从式(9-22)得出。在新条件下对安全系数的增加也就不难求得。

四、岩石边坡稳定性分析的力多边形法

两个或两个以上多平面的滑动或者其他形式的折线和不规则曲线的滑动，都可以按照极限平衡条件用力多边形(分条图解)法来进行分析。下面说明这种方法。

如图 9-12a)所示，假定根据工程地质分析，ABC 是一个可能的滑动面，将这个滑动区域(简称为滑楔)用垂直线划分为若干岩条，对于每一岩条都考虑到相邻岩条的反作用力，并绘制每一岩条的力多边形。以第 i 条为例，岩条上作用着下列各力[图 9-12b)]：

W_i——第 i 条岩条的重量，kN；

R'——相邻的上面的岩条对第 i 条岩条的作用力，kN；

cl'——相邻的上面的岩条与第 i 条岩条垂直界面之间的黏聚力(这里 c 为单位面积黏聚力，l' 为相邻交界线的长度)，kN；R' 与 cl' 组成合力 E'，kN；

R'''——相邻的下面岩条对第 i 条岩条的反作用力，kN；

cl'''——相邻的下面岩条与第 i 条岩条之间的黏聚力(l''' 为相邻交界线的长度)，kN；R''' 与 cl''' 组成合力 E'''，kN；

R''——第 i 条岩条底部的反作用力，kN；

cl''——第 i 条岩条底部的黏聚力(l'' 为第 i 条岩条底部的长度)，kN。

根据这些力绘制力的多边形如图 9-12c)所示。在计算时，应当从上向下自第一块岩条一个一个地进行图解计算(在图中分为6条)，一直计算到最下面的一块岩条。力的多边形可以绘在同一个图上，如图 9-12d)所示。如果绘到最后一个力多边形是闭合的，则就说明岩石边坡刚好是处于极限平衡状态，也就是稳定安全系数等于1[图 9-12d)的实线箭头]。如果绘出的力多边形不闭合，如图 9-12d)左边的虚线箭头所示，则说明该岩石边坡是不稳定的，因为为了图形的闭合还缺少一部分黏聚力。如果最后的力多边形如右边的虚线箭头所示，则说明岩石边坡是稳定的，因为为了多边形的闭合还可少用一些黏聚力，亦即黏聚力还有多余。

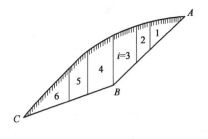

a)当岩坡稳定分析时对岩坡分块

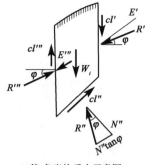

b)第i条岩块受力示意图

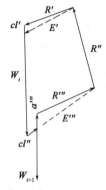

c)第i条岩块的力多边形

d)整个岩块的力多边形

图9-12　用力多边形进行岩石边坡稳定分析

　　用岩体的黏聚力 c 和内摩擦角 φ 进行上述的这种分析,只能看出岩石边坡是稳定的还是不稳定的,但不能求出岩石边坡的稳定安全系数。为了求得稳定安全系数,必须进行多次试算。这时一般可以先假定一个稳定安全系数,例如 $(F_s)_1$,把岩体的黏聚力 c 和内摩擦系数 $\tan\varphi$ 都除以 $(F_s)_1$,亦即得到:

$$\tan\varphi_1 = \frac{\tan\varphi}{(F_s)_1} \tag{9-24}$$

$$c_1 = \frac{c}{(F_s)_1} \tag{9-25}$$

　　然后用 c_1、φ_1 进行上述图解验算。如果图解结果的力多边形刚好是闭合的,则所假定的安全系数就是在这一滑动面下的岩石边坡稳定安全系数;如果不闭合,则更新假定稳定安全系数,直至闭合为止,求出真正的稳定安全系数。

　　如果岩石边坡有水压力、地震力及其他的力,也可在图解中把它们包括进去。

五、岩石边坡稳定分析的力代数叠加法

　　当岩石边坡的坡角小于45°时,采用垂直线把滑楔分条,则可以近似地做下列假定:分条块边界上反力的方向与其下一条块的底面滑动线的方向一致。如图9-13所示,第 i 条岩条的底部滑动线与下一岩条(第 $i+1$ 条岩条)的底部滑动线相差 $\Delta\theta_i$ 角度,$\Delta\theta_i = \theta_i - \theta_{i+1}$。

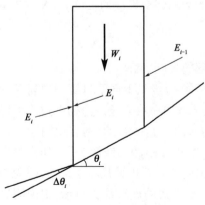

图9-13　岩条受力图

在这种情况下,岩条之间边界上的反力通过分析用下列公式确定:

$$E_i = \frac{W_i(\sin\theta_i - \cos\theta_i\tan\varphi) - cl_i + E_{i-1}}{\cos\Delta\theta_i + \sin\Delta\theta_i\tan\varphi} \tag{9-26}$$

当 $\Delta\theta$ 角减小时,上式分母就趋近于1。

如果采用式(9-26)中的分母等于1,并解此方程式则可以求出所有岩条上的反力 E_i,用下列各式表示:

$$\begin{cases} E_1 = W_1(\sin\theta_1 - \cos\theta_1\tan\varphi) - cl_1 \\ E_2 = W_2(\sin\theta_2 - \cos\theta_2\tan\varphi) - cl_2 + E_1 \\ \qquad\qquad\vdots \\ E_n = W_n(\sin\theta_n - \cos\theta_n\tan\varphi) - cl_n + E_{n-1} \end{cases} \tag{9-27}$$

式中: c——岩石黏聚力,kPa;

        φ——岩石内摩擦角,(°);

l_1、l_2、…、l_n——分别为各分条底部滑动线的长度,m。

计算时,先计算 E_1,然后再算 E_2、E_3、…、E_n。如果算到最后

$$E_n = 0 \tag{9-28}$$

或者

$$\sum_{i=1}^{n} W_i(\sin\theta_i - \cos\theta_i\tan\varphi) - \sum_{i=1}^{n} cl_i = 0 \tag{9-29}$$

则表明岩石边坡处于极限状态,稳定安全系数等于1。如果 $E_n > 0$,则岩石边坡是不稳定的;反之如果 $E_n < 0$,则该岩石边坡是稳定的。为了求稳定安全系数,也可以采用上节的方法试算,即用 $c_1 = \dfrac{c_1}{(F_s)_1}$,$\tan\varphi_1 = \dfrac{\tan\varphi_1}{(F_s)_1}$,…,代入式(9-27),求出满足式(9-28)和式(9-29)的稳定安全系数。

用力的代数叠加法计算时,滑动面一般应为较平缓的曲线或折线。

六、楔形滑动岩石边坡稳定性分析

前面所讨论的岩石边坡稳定分析方法,都是适用于走向平行或接近于平行于坡面的滑动破坏。前已说明,只要滑动破坏面的走向是在坡面走向的 ±20° 范围以内,用这些分析方法就是有效的。本节讨论另一种滑动破坏,这时沿着发生滑动的结构软弱面的走向都交切坡顶面,而分离的楔形体沿着两个这样的平面的交线发生滑动,即楔形滑动,如图9-14a)所示。

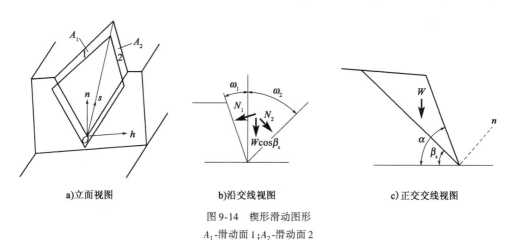

a)立面视图   b)沿交线视图   c)正交交线视图

图9-14 楔形滑动图形

A_1-滑动面1;A_2-滑动面2

设滑动面 1 和 2 的内摩擦角分别为 φ_1 和 φ_2，黏聚力分别为 c_1 和 c_2，其面积分别为 A_1 和 A_2，其倾角分别为 β_1 和 β_2，走向分别为 ψ_1 和 ψ_2，两滑动面的交线的倾角为 β_s，走向为 ψ_s，交线的法线 $\overrightarrow{n}$ 和滑动面之间的夹角分别为 ω_1 和 ω_2，楔形体重量为 W，W 作用在滑动面上的法向力分别为 N_1 和 N_2。楔形体对滑动的稳定安全系数为：

$$F_s = \frac{N_1\tan\varphi_1 + N_2\tan\varphi_2 + c_1A_1 + c_2A_2}{W\sin\beta_s} \tag{9-30}$$

其中 N_1 和 N_2 可根据平衡条件求得：

$$N_1\sin\omega_1 + N_2\sin\omega_2 = W\cos\beta_s \tag{9-31}$$

$$N_1\cos\omega_1 = N_2\cos\omega_2 \tag{9-32}$$

从而解得

$$N_1 = \frac{W\cos\beta_s\cos\omega_2}{\sin\omega_1\cos\omega_2 + \cos\omega_1\sin\omega_2} \tag{9-33}$$

$$N_2 = \frac{W\cos\beta_s\cos\omega_1}{\sin\omega_1\cos\omega_2 + \cos\omega_1\sin\omega_2} \tag{9-34}$$

式中：

$$\sin\omega_i = \sin\beta_i\sin\beta_s\sin(\psi_s - \psi_i) + \cos\beta_i\cos\beta_s \quad (i = 1,2) \tag{9-35}$$

如果忽略滑动面上的黏聚力 c_1 和 c_2，并设两个面上的内摩擦角相同，都为 φ_j，则稳定安全系数为：

$$F_s = \frac{(N_1 + N_2)\tan\varphi_j}{W\sin\beta_s} \tag{9-36}$$

根据式(9-33)和式(9-34)，并经过化简，得：

$$N_1 + N_2 = \frac{W\cos\beta_s\cos\dfrac{\omega_2 - \omega_1}{2}}{\sin\dfrac{\omega_1 + \omega_2}{2}} \tag{9-37}$$

因而

$$F_s = \frac{\cos\dfrac{\omega_2 - \omega_1}{2}\tan\varphi_j}{\sin\dfrac{\omega_1 + \omega_2}{2}\tan\beta_s} = \frac{\sin(90° - \dfrac{\omega_2}{2} + \dfrac{\omega_1}{2})\tan\varphi_j}{\sin\dfrac{\omega_1 + \omega_2}{2}\tan\beta_s} \tag{9-38}$$

不难证明，$\omega_1 + \omega_2 = \xi$ 是两个滑动面间的夹角，而 $90° - \dfrac{\omega_2}{2} + \dfrac{\omega_1}{2} = \beta$ 是滑动面底部水平面与这夹角的交线之间的角度(自底部水平面逆时针转向算起)，如图 9-15 的右上角，因而：

$$F_s = \frac{\sin\beta}{\sin\dfrac{1}{2}\xi}\left(\frac{\tan\varphi_j}{\tan\beta_s}\right) \tag{9-39}$$

或写成：

$$(F_s)_{楔} = K(F_s)_{平} \tag{9-40}$$

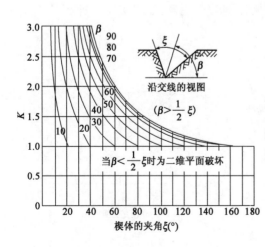

图 9-15 楔体系数 K 的曲线

式中:$(F_s)_{楔}$——仅有摩擦力时的楔形体的抗滑安全系数;

　　$(F_s)_{平}$——坡角为 α、滑动面的倾角为 β_s 的平面破坏的抗滑安全系数;

　　K——楔体系数,如式(9-39)中所示,它取决于楔体的夹角 ξ 以及楔体的歪斜角 β。

　　图9-15 上绘有对应于一系列 ξ 和 β 的 K 值,可供使用。

思 考 题

9-1　简述岩石边坡破坏的基本类型及其特点。

9-2　影响边坡稳定性的因素有哪些?

9-3　岩石边坡稳定性分析方法主要有哪几种?

习 题

9-1　有一岩石边坡如习题9-1 图所示,坡高 $H=100\text{m}$,坡顶垂直张裂隙深40m,坡角 $\alpha=35°$,结构面倾角 $\beta=20°$。岩体的性质指标为:$\gamma=25\text{kN/m}^3$,$c_j=0$,$\varphi_j=25°$。试问当裂隙内的水深 Z_W 达到何值时,岩石边坡处于极限平衡状态。

[参考答案:$Z_W=20.31\text{m}$]

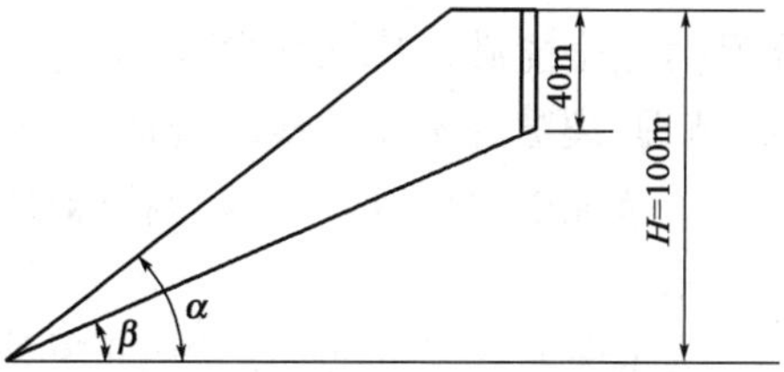

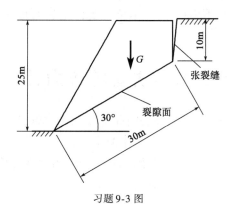

习题9-1 图

9-2　已知均质岩石边坡的 $\varphi=30°$,$c=300\text{kPa}$,$\gamma=25\text{kN/m}^3$。问当岩石边坡坡脚为 50° 时,极限的坡高是多少。

[参考答案:263.5m]

9-3　某岩石边坡如习题9-3 图所示,坡高 $H=25\text{m}$,坡顶垂直张裂隙深10m,结构面倾角 $\beta=30°$。由于暴雨,使垂直张裂缝和裂隙面瞬间充满水,边坡处于极限平衡状态,每延米潜在滑体的自重 $W=6450\text{kN}$,裂隙面的黏聚力 $c=65\text{kPa}$。计算裂隙面的内摩擦角。

[参考答案:24°]

习题9-3 图

9-4　设岩石边坡的坡高50m,坡角 $\alpha=55°$,坡内有一结构面穿过,其倾角 $\beta=35°$。在边坡坡顶面线10m 处有一条张裂隙,其深度为 $Z=18\text{m}$。岩石性质指标为 $\gamma=26\text{kN/m}^3$,$c_j=60\text{kPa}$,$\varphi_j=30°$。求水深 Z_W 对边坡稳定安全系数 F_s 的影响。

[参考答案:$Z_W\leqslant7.66\text{m}$ 时,边坡处于极限平衡或稳定状态]

第十章　岩基应力计算与稳定性分析

第一节　概　　述

所谓岩石地基,是指建筑物以岩体作为持力层的地基。相对土体地基而言,岩石地基具有承载力高、压缩性低和稳定性好等特点,是一种极为良好的地基。完整的中等强度的岩基,其承载力完全能满足摩天大楼或大型桥梁的需要。但由于岩石中各种缺陷的存在(诸如断层、节理、裂隙等不良地质结构面),导致了岩体强度远远小于完整岩块的强度。当岩石中包含一条强度很低且方位较为特殊的裂隙时,地基就有可能发生滑动破坏,并导致灾难性的后果。

为了保证建筑物或构筑物的正常使用,对于支撑整个建筑荷载的岩石地基,设计中需要考虑以下三个方面的内容:①基岩体需要有足够的承载能力,以保证在上部建筑物荷载作用下不产生碎裂或蠕变破坏;②在外荷载作用下,由岩石的弹性应变和软弱夹层的非弹性压缩产生的岩石地基沉降值应该满足建筑物安全与正常使用的要求;③确保由交错结构面形成的岩石块体在外荷载作用下不会发生滑动破坏,这种情况通常发生在高陡岩石边坡上的基础工程中。

与一般土体中的基础工程相比,岩石地基除应满足前两点,即强度和变形方面的要求外,还应该满足第三点,即地基岩石块体稳定性方面的要求,这也是由岩石地基工程的重要特征(地基岩体中包含各种结构面)所决定的。本章主要讨论岩石地基的应力计算、变形分析、承载力分析和稳定性分析。

第二节　岩基的应力计算

由于大多数的岩石表现出线弹性性质,因此可以利用弹性理论计算岩石地基中的应力分布。确定岩石地基中应力分布的意义主要在于两个方面:一是将地基中的应力水平与岩体强度比较,以判断是否已经发生破坏;二是利用地基中的应力水平计算地基的沉降值。下面介绍几种不同地质条件下岩石地基中的应力分布。

一、均质各向同性岩石地基

1. 集中荷载作用

对于弹性半平面体上作用有垂直集中荷载的情形(图 10-1),布辛奈斯克(Boussinesq)在1885 年推导出了任意一点的应力表达式,其柱坐标解答如下:

$$\begin{cases} \sigma_z = \dfrac{3P}{2\pi}\dfrac{z^3}{R^5} = \dfrac{3P}{2\pi z^2}\dfrac{1}{\left[1+\left(\dfrac{r}{2}\right)^2\right]^{\frac{5}{2}}} \\[4mm] \sigma_r = \dfrac{P}{2\pi}\left[\dfrac{3zr^3}{R^5}-\dfrac{1-2\mu}{R(R+z)}\right] \\[4mm] \sigma_\theta = \dfrac{P}{2\pi}(1-2\mu)\left[\dfrac{1}{R(R+z)}-\dfrac{z}{R^3}\right] \\[4mm] \tau_{rz} = \dfrac{3p}{2\pi}\dfrac{z^2 r}{R^5} \\[4mm] \tau_{\theta r} = \tau_{r\theta} = 0 \end{cases} \tag{10-1}$$

式中：μ——泊松比。

r、z、R 的意义如图 10-1 所示。值得注意的是，这些应力表达式没有考虑地基岩体的自重，即都为附加应力值，如果要用来计算地基中的应力，则必须叠加上由自重引起的应力值。

2. 线荷载作用

当荷载为线荷载和在二维的情况下（图 10-2），岩石地基中任一点的应力为：

$$\begin{cases} \sigma_x = \dfrac{2P}{\pi z}\sin^2\theta\cos^2\theta \\[4mm] \sigma_z = \dfrac{2P}{\pi z}\cos^4\theta \\[4mm] \tau_{xz} = \dfrac{2p}{\pi z}\sin\theta\cos^3\theta \\[4mm] \sigma_r = \dfrac{2P}{\pi z}\cos^2\theta \\[4mm] \sigma_{r\theta} = 0 \end{cases} \tag{10-2}$$

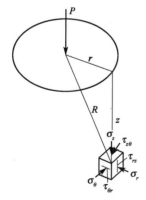

图 10-1　集中荷载作用下弹性
平面体中的应力计算

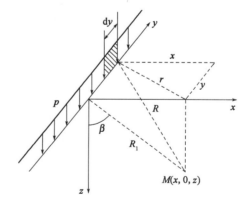

图 10-2　线荷载作用下弹性半
平面体中的应力计算

3. 均布荷载作用

通过对集中荷载作用下的应力值进行积分运算，可以得到均布荷载作用下地基中的应力分布，这与土力学中的方法一致。因此，利用土力学中的角点法即可以计算出圆形、矩形基础均布荷载作用下的竖向附加应力，在此不做详细叙述。

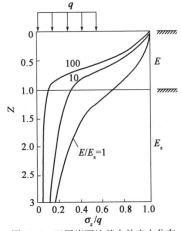

图 10-3　双层岩石地基中的应力分布

二、双层岩石地基

在双层岩石地基中,当上层岩体较为坚硬,而下卧岩层较软弱时,上层岩体将承担大部分的外荷载,同时其内部的应力水平也将远高于下卧岩层。如图 10-3 所示为双层岩石地基中,随着上下层岩体模量比的变化,基础中心点以下竖向应力分布的变化过程。从图 10-3 中可以看出,当上下模量比为 1 时,即为均质地基的情形,其分布符合布辛奈斯克(Boussinesq)解;当上下模量比增大至 100 时,下卧软弱岩层中的附加应力就小得可以忽略不计了,即外荷载全部由上部岩层承担。

三、横观各向同性岩石地基

对于横观各向同性岩石地基,由于层理、节理、裂隙等结构面的存在,必须对均质各向同性岩石地基的情形进行修正,得到其应力分布。

图 10-4 所示为结构面均匀分布的半平面岩体有倾斜线荷载 R 作用的情形。对于均质各向同性岩石地基来说,其压应力等值线,俗称压力泡,应该按图中的曲线圆分布;但是这不适用于存在结构面的情形,因为合应力不能与各个结构面成统一角度。根据结构面内摩擦角 φ_j 的定义,径向应力 σ_r 与结构面法向之间夹角的绝对值必定小于或等于 φ_j,因此压力泡不能超出与结构面的法向成 φ_j 角的 AA 线和 BB 线以外。由于压力泡被限制在比均质各向同性岩石地基中更窄的范围之内,它必定会延伸得更深,这意味着在同一深度上的应力水平肯定高于各向同性岩石的情况。随着线荷载的方向与结构面

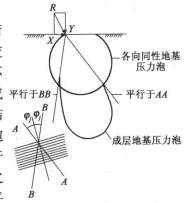

图 10-4　节理岩体中的压力值

的方位变化,一部分荷载也能扩散到平行于结构面的方向上,对于图 10-4 中所示情形,平行于结构面的任何应力增量都将是拉应力。值得注意的是,由于对层间发生破坏的情形还是使用弹性的布辛奈斯克(Boussinesq)解,因此图中的修正压力泡形状是近似的。

为了更好地研究结构面对岩石地基中应力分布的影响,Bray 提出"等效横观各向同性介质"的概念进行分析,即研究考虑存在一组结构面的横观各向同性岩石地基。如图 10-4 所示,将倾斜线荷载分解到平行和垂直于结构面的两个方向,两个分量分别为 X 和 Y,此时岩体中的应力还是呈辐射状分布的,即 $\sigma_\theta = \tau_{r\theta} = 0$,径向应力为:

$$\sigma_r = \frac{h}{\pi r}\left[\frac{X\cos\beta + Y g\sin\beta}{(\cos^2\beta - g\sin^2\beta)^2 + h^2\sin^2\beta\cos^2\beta}\right] \tag{10-3}$$

式中:g、h——描述岩体横观各向同性性质的无因次量,分别按下式计算:

$$g = \left[1 + \frac{E}{(1-\mu^2)K_n S}\right]^{\frac{1}{2}} \tag{10-4}$$

$$h = \left(\frac{E}{1-\mu^2}\right)\left[\frac{2(1+\mu)}{E} + \frac{1}{K_s S}\right] + 2\left(g - \frac{\mu}{1-\mu}\right) \tag{10-5}$$

式中:E、μ——岩石的弹性模量和泊松比;

　　　S——结构面间距;

　　K_n、K_s——结构面的法向刚度和切向刚度;

　　　β——径向应力与结构面之间的夹角。

利用上述方法可以计算结构面呈任意角度时岩石地基中的应力分布。

第三节　岩基的变形分析

在建筑物荷载作用下,岩石地基将会在 x, y, z 三个方向发生变形,但以 z 方向的变形为主,从而导致建筑物基础的沉降。一般中小型工程,由于荷载较小,岩体的变形模量较大,所以引起的沉降较小。但是对于重型或高层建筑来说,则会产生较大的变形。岩基的变形一方面会使基础产生沉降,另一方面由于岩基中的变形各点不一,造成基础的不均匀沉降。

若岩石地基较为均匀,计算基础的沉降可采用弹性理论求解,即采用布辛奈斯克(Boussinesq)解来求之。如果基础的几何形状、材料性质和荷载分布都是不均匀,则可采用有限元法来分析计算。

对于均匀岩石地基,根据布辛奈斯克(Boussinesq)解,当半无限体表面上作用有一垂直的集中力 P 时,则在半无限体表面处的沉降为:

$$S = \frac{P(1 - \mu^2)}{\pi E_0 r} \tag{10-6}$$

式中:r——计算点至集中荷载 P 处之间的距离;

　　E_0——岩石的变形模量。

如果半无限体表面上,点 (ξ, η) 处的分布荷载为 $p(\xi, \eta)$（图 10-5）,则可按积分法求出表面任一点 $M(x, y)$ 处的沉降量 $S(x, y)$,即:

$$S(x, y) = \frac{1 - \mu^2}{\pi E_0} \iint \frac{p(\xi, \eta) \mathrm{d}\xi \mathrm{d}\eta}{\sqrt{(\xi - x)^2 + (\eta - y)^2}} \tag{10-7}$$

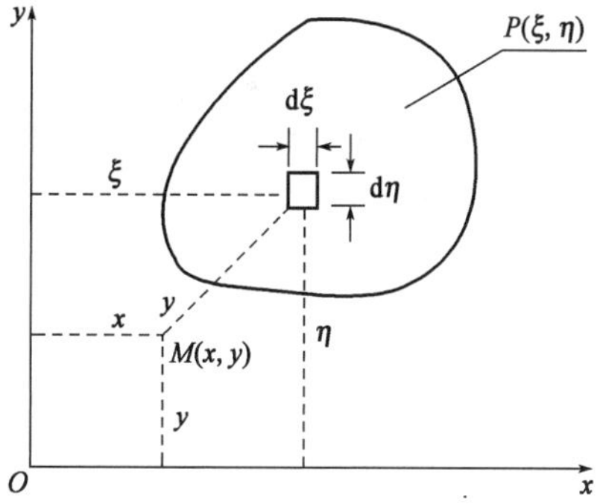

现在可根据建筑物基础的形状和几何尺寸按上述公式向 x 和 y 方向进行积分,即可求得圆形基础、矩形基础及条形基础的沉降。

图 10-5　半无限体表面的荷载

一、圆形基础的沉降分析

1. 柔性基础

如图 10-6 所示,当圆形基础为柔性时,如果基础上部作用有均布荷载 p,基底接触面上无摩擦力,则基底反力 σ_v 将是均匀分布,并等于上部作用的均布荷载 p。采用和前述相同的计算方法,M 点处的总沉降量为:

$$S = \frac{1 - \mu^2}{\pi E_0} p \int \mathrm{d}r_1 \int \mathrm{d}\varphi = 4p \frac{1 - \mu^2}{\pi E_0} \int_0^{\frac{\pi}{2}} \sqrt{a^2 - R^2 \cdot \sin\varphi} \, \mathrm{d}\varphi \tag{10-8}$$

式中:a——圆形基础的半径;

　　R——M 点到圆形基础中心的距离。

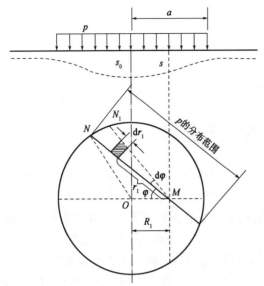

图 10-6 圆形基础沉降计算示意图

令 $R = 0$，即得圆形基础底面中心的沉降量为：

$$S_0 = \frac{2(1 - \mu^2)}{E_0} pa \qquad (10-9)$$

令 $R = a$，即得圆形基础边缘的沉降量为：

$$S_a = \frac{4(1 - \mu^2)}{\pi E} pa \qquad (10-10)$$

比较式(10-9)与式(10-10)，可得：

$$\frac{S_0}{S_a} \approx 1.57 \qquad (10-11)$$

由此可见，当圆形柔性基础承受均布荷载时，其中心沉降量为边缘沉降量的 1.57 倍。

2. 刚性基础

当圆形基础为刚性时，当中心作用有荷载 P 时，基底的沉降是一个常量，但基底接触压力不是一个常量，这时沉降量可按如下计算：

基底中心沉降量为：

$$S_0 = \frac{P(1 - \mu^2)}{2E_0 a} \qquad (10-12)$$

受荷面以外各点沉降量为：

$$S_R = \frac{P(1 - \mu^2)}{\pi E_0 a} \arcsin \frac{a}{R} \qquad (10-13)$$

二、矩形刚性基础的沉降分析

对于矩形刚性基础，当其承受中心荷载 P 时，基础底面上的各点皆有相同的沉降量，但是基底面上的压力则不一定相等。设 p 为作用在基础上的均布荷载，当基础底面宽度为 b，长度为 l 时，沉降量为：

$$S = bp \frac{(1 - \mu^2)}{E} k_{con} \qquad (10-14)$$

式中：k_{con}——刚性基础承受中心荷载时的沉降计算系数，可由表 10-1 查得。

各种基础的沉降系数 k_{con} 值表　　　　　　　表 10-1

受荷面形状	圆形	方形	矩形					
长宽比(l/b)	—	1.0	1.5	2.0	3.0	4.0	5.0	≥ 10.0
刚性基础 k_{con}	0.79	0.88	1.08	1.22	1.44	1.61	1.72	2.72

三、条形基础的沉降分析

对于条形基础，其长宽比 $l/b \geqslant 10.0$，查表 10-1 得 $k_{con} = 2.72$，故：

$$S = 2.72 bp \frac{(1 - \mu^2)}{E} \qquad (10-15)$$

例题 10-1 某岩基上条形刚性基础,基础上作用有 $F = 1000\text{kN/m}$ 的荷载,基础埋深为 1m,宽 0.5m,岩基变形模量 $E = 400\text{MPa}$,泊松比 $\mu = 0.2$。试计算基础的沉降量。

解:(1)求基底压力 p

取单位长度分析:

$$p = \frac{F}{A} + 20d = \frac{1000}{0.5 \times 1} + 20 \times 1 = 2020(\text{kPa})$$

(2)代入沉降计算公式,计算基础的沉降量

$$S = 2.72bp\frac{(1 - \mu^2)}{E} = 2.72 \times 0.5 \times 2020 \times \frac{1 - 0.2^2}{400 \times 10^3} = 6.6(\text{mm})$$

第四节　岩基的承载力分析

地基承载力是指地基单位面积上承受荷载的能力,一般分为极限承载能力和容许承载能力。地基处于极限平衡状态时,所能承受的荷载即为极限承载力。在保证地基稳定的条件下,建筑物的沉降量不超过容许值时,地基单位面积上所能承受的荷载即为设计采用的容许承载力。

岩石地基在建筑物铅直荷载作用下,岩基应力在弹性变形范围内就足以使它发生变形,实际上岩基的变形不仅由弹性变形引起,而且可以由岩石本身的塑性变形甚至是沿节理裂隙发生剪切破坏而引起较大的基础沉陷。为此,确定岩基的承载力很有必要,特别当岩基地层较为软弱,建(构)筑物作用于岩基上的荷载已接近岩基的临界承载力的条件时更有必要。

按照《建筑地基基础设计规范》(GB 50007—2011),地基承载力特征值可由荷载试验或其他原位测试、公式计算,并结合工程实践经验等方法确定。

一、经验法

在初步设计阶段或缺乏试验资料时,可根据岩石的类别,结合野外鉴别结果,由岩体的节理裂隙发育等情况确定岩石的风化程度等特征,使用经验法确定。《建筑地基基础设计规范》(GB 50007—2011)中已无经验法相关信息,鉴于此,可参考《建筑地基基础设计规范》(GBJ 7—1989),按表 10-2 取值。

岩石承载力标准值(单位:kPa)　　　　　　　　　　　　　　　表 10-2

岩石类别	风化程度		
	强风化	中等风化	微风化
硬质岩石	500～1000	1500～2500	≥4000
软质岩石	200～500	700～1200	1500～2000

二、现场载荷试验法

现场载荷试验法适用于确定完整、较完整、较破碎的岩石地基作为天然地基或者桩基础持力层时的承载力。

现场载荷试验方法采用直径为 300mm 的圆形刚性承压板,当岩石埋藏深度较大时,可采用钢筋混凝土桩(桩周需采取措施以消除桩身与土之间的摩擦力),加载应采用单循环加载,荷载逐级递增直到破坏,然后分级卸载。加载时,第一级加载值应为预估设计荷载的 1/5,以

后每级应为预估设计荷载的1/10。加载后立即量测沉降值,以后每10min读数一次。由试验结果绘制荷载与沉降关系曲线(p-s)。

岩石地基承载力按照以下过程确定:

(1)p-s曲线上起始直线段的终点为比例界限,符合终止加载条件的前一级荷载即为极限荷载。将极限荷载除以3的安全系数,所得值与对应于比例界限的荷载相比较,取小值。

(2)每个场地荷载试验的数量不应少于3个,在这3个承载力值中取最小值作为岩石地基承载力特征值。

(3)岩石地基承载力特征值不需要进行基础埋深和宽度的修正。

对破碎、极破碎的岩基承载力特征值,可采用适宜的平板载荷试验结果进行计算。

三、饱和单轴抗压强度试验法

岩体载荷试验不仅费时,而且费用很高,当进行载荷试验及大型现场剪切试验有困难时,可采用饱和单轴抗压强度作为评价承载力的基础,即以岩石饱和单轴抗压强度乘以折减系数得岩体承载力。由于岩样试验是在无侧限条件下进行,其破坏机理与岩石地基有差别;整体岩盘存在不同程度的裂隙和节理,而岩样的强度是局部的;此外,取样、制样与试验等均存在一些问题,致使这种试验结果与实际岩石地基承载力不能完全一致,但此方法较为简便,若能充分考虑上述差别、合理选取折减系数,此方法仍是可用的方法。

《建筑地基基础设计规范》(GB 50007—2011)中规定,对于完整、较完整和较破碎的岩石地基承载力特征值,也可根据室内饱和单轴抗压强度按下式计算:

$$f_a = \psi_r \cdot f_{rk} \tag{10-16}$$

式中:f_a——岩石地基承载力特征值,kPa;

f_{rk}——岩石饱和单轴抗压强度标准值,kPa;

ψ_r——折减系数,根据岩体完整程度以及结构面的间距、宽度、产状和组合,由地区经验确定。无经验时,对完整岩体,ψ_r可取0.5;对较完整岩石体,ψ_r可取0.2~0.5;对较破碎岩石体,ψ_r可取0.1~0.2。

例题10-2 某场地岩石地基,测得岩石饱和抗压强度标准值为75MPa,岩块的弹性纵波速度为5100m/s,岩体的弹性纵波速度为4500m/s。试计算该岩石地基承载力特征值。

解:(1)计算岩体完整性系数

$$K_v = \left(\frac{V_{pm}}{V_{pr}} \right)^2 = \left(\frac{4500}{5100} \right)^2 = 0.78$$

说明岩体完整,取$\psi_r = 0.5$。

(2)计算岩石地基承载力特征值

$$f_a = \psi_r \cdot f_{rk} = 0.5 \times 75 = 37.5 (MPa)$$

例题10-3 对强风化较破碎的砂岩采取岩块进行了室内饱和单轴抗压强度试验,试验值为9MPa、11MPa、13MPa、10MPa、15MPa、7MPa。试确定该岩石地基承载力特征值。

解:(1)计算平均值

$$f_{rm} = \frac{9 + 11 + 13 + 10 + 15 + 7}{6} = 10.83 (MPa)$$

（2）计算标准差

$$\sigma_f = \sqrt{\frac{1}{n-1}\left[\sum_{i=1}^{n} f_{ri}^2 - \frac{\left(\sum_{i=1}^{n} f_{ri}\right)^2}{n}\right]}$$

$$= \sqrt{\frac{1}{6-1}\left[(9^2 + 11^2 + 13^2 + 10^2 + 15^2 + 7^2) - \frac{(6 \times 10.83)^2}{6}\right]}$$

$$= 2.87(\text{MPa})$$

（3）计算变异系数

$$\delta = \frac{\sigma_f}{f_{rm}} = \frac{2.87}{10.83} = 0.265$$

（4）计算统计修正系数

$$\gamma_s = 1 - \left(\frac{1.704}{\sqrt{n}} + \frac{4.678}{n^2}\right)\delta = 1 - \left(\frac{1.704}{\sqrt{6}} + \frac{4.678}{6^2}\right) \times 0.265 = 0.781$$

（5）计算岩石饱和单轴抗压强度标准值

$$f_{rk} = \gamma_s f_{rm} = 0.781 \times 10.83 = 8.46(\text{MPa})$$

（6）计算岩石地基承载力特征值

岩体较破碎，取 $\psi_r = 0.2$，则：

$$f_a = \psi_r \cdot f_{rk} = 0.2 \times 8.46 = 1.7(\text{MPa})$$

第五节　岩基稳定性分析

当岩基受到水平方向荷载作用后，由于岩体中存在节理及软弱夹层，因而增加了岩基滑动的可能性。实践表明，坚硬岩基滑动破坏的形式不同于松软地基。前者的破坏往往受到岩体中的节理、裂隙、断层破碎带以及软弱结构面的空间方位及其相互间的组合形态所控制。由于岩基中天然岩体的强度，主要取决于岩体中各软弱结构面的分布情况及其组合形式，而不决定于个别岩石块体的极限强度。因此，在探讨坝基的强度与稳定性时首先应当查明岩基中的各种结构面与软弱夹层位置、方向、性质，以及搞清楚它们在滑移过程中所起的作用。岩体经常被各种类型的地质结构面切割成不同形状与大小的块体（结构体）。为了正确判断岩基中这些结构体的稳定性，必须考虑结构体周围滑动面与结构面的产状、面积以及结构体体积和各个边界面上的受力情况。为此，研究岩基抗滑稳定是防止岩基破坏的重要课题之一。

根据以往岩基失事的经验以及室内模型试验的情况来看，大坝失稳形式主要有两种情况：第一种情况是岩基中的岩体强度远远大于坝体混凝土强度，同时岩体坚固完整且无显著的软弱结构面。这时大坝的失稳多半是沿坝体与岩基接触处产生，这种破坏形式称为表层滑动破坏。第二种情况是在岩基内部存在着节理、裂隙和软弱夹层，或者存在其他不利于稳定的结构面。在此情况下岩基容易产生深层滑动。除了上述两种破坏形式之外，有时还会产生所谓混合滑动的破坏形式，即大坝失稳时一部分沿着混凝土与岩基接触面滑动，另一部分则沿岩体中某一滑动面产生滑动。因此，混合滑动的破坏形式实际上是介于上述两种破坏形式之间的情况。

抗滑稳定性问题是大坝安全的关键所在，在大坝设计中必须要保证抗滑稳定性有足够的安全储备，若发现安全储备不足，则应采取坝基处理或其他结构措施加以解决。目前评价岩基抗滑稳定，一般仍采用稳定系数分析法。

一、坝基承受的荷载

坝基承受的荷载大部分是由坝体直接传递来的,主要有坝体及其上永久设备的自重、库区的静水压力、泥沙压力、浪压力、扬压力等。此外,在地震区还有地震作用,在严寒地区还有冻融压力等。由于坝基多为长条形,其稳定性可按平面问题考虑。因此,坝基受力分析沿坝轴线方向取1m宽(单宽坝基)为单位进行计算。

1. 坝体及其上永久设备的重力 V

坝体的重力可以根据筑坝材料的密度及坝体横剖面的几何形态计算。

2. 静水压力 H

如果坝体上、下游坝面不是竖直面,那么静水压力可分解为水平静水压力和竖直静水压力。

水平静水压力为坝上、下游水体对坝体水平压力的合力,其方向一般由上游指向下游。

竖直静水压力为坝体上、下游坝面以上水体的重力之和。

3. 泥沙压力 F

水库蓄水后,水流所挟带的泥沙在坝前逐渐淤积,对坝上游面产生泥沙压力。如果坝体上游坝面接近竖直面时,作用于单宽坝体的泥沙压力的方向近于水平,并从上游指向坝体,大小可按朗肯土压力理论计算。

4. 浪压力

水库水面在风吹下产生波浪,并对坝面产生浪压力。浪压力根据波浪要素(波高、波长)计算,可参考《水工建筑物荷载设计规范》(SL 744—2016)。

5. 扬压力 U

库水经坝基向下游渗流时,会产生扬压力。扬压力由浮托力 U_1 和渗透压力 U_2(孔隙水压力)两部分组成,两者都是向上的作用力,不利于坝基稳定。在没有灌浆和排水设备情况下,坝底扬压力可用式(10-17)确定:

$$U = U_1 + U_2 = \gamma_w B h_2 + \frac{1}{2} \gamma_w B h = \frac{1}{2} \gamma_w B (h_1 + h_2) \tag{10-17}$$

式中:B——坝底宽度;

h_1、h_2——坝上、下游水深;

h——坝上下游的水头差。

式(10-17)称为莱维(Levy)法则。由于扬压力仅作用在坝底和坝基接触面与坝基岩土体的连通空隙中,因为实际作用于坝底的扬压力小于按莱维法则确定的数值,因此可以将式(10-17)计算出的扬压力乘上小于1.0的系数来加以校正。根据莱利阿夫斯基(Leliarsky,1958)的试验,扬压力实际作用的面积平均占整个接触面积的91%左右。为安全起见,目前的大多数设计中仍然采用莱维法则。

二、坝基的破坏模式和边界条件

根据坝基失稳时滑动面的位置可以把坝基滑动破坏分为三种类型(图10-7):表面滑动、浅层滑动和深层滑动。这三种滑动类型发生与否在很大程度上取决于坝基岩土体的工程地质条件和性质。

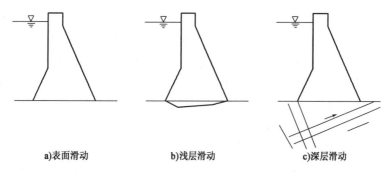

a)表面滑动 b)浅层滑动 c)深层滑动

图 10-7　坝基滑动失稳类型

1.表层滑动

表面滑动是沿坝基基础与基岩接触面发生的剪切滑动,主要发生在坝基岩体的强度远大于坝体混凝土强度,且岩体完整、无控制滑移的软弱结构面的条件下,如图 10-7a)所示。在这种情况下,混凝土基础与基岩接触面的摩擦系数值,是控制重力坝设计的主要指标。坝体必须要有足够的重量,才能在接触面上产生足够大的摩擦阻力,以抗衡作用在坝体上的总水平推力。

2.浅层滑动

浅层滑动是发生在浅部岩体之内的剪切滑动,主要发生在坝基表层岩体的抗剪强度低于坝体混凝土时,基本上也是表层滑动。从产生条件看,这种浅层滑动大致可分为三种主要类型。

(1)岩性软弱的坝基岩体。

岩石本身的抗剪强度低于坝体混凝土与基岩接触面的抗剪强度,在库水推力作用下,易于沿表层岩体的内部发生剪切破坏,如图 10-7b)所示。

(2)近水平产状的薄层状岩层(特别是夹有软弱层)组成的坝基具有水平产状的薄层状岩层,在库水推力作用下,可能产生图 10-8 所示的滑移弯曲。这种变形破坏的产生主要是因为薄层状结构岩体的抗弯折变形能力很低,在平行于层理方向的荷载作用下,容易产生突向临空面方向的弯曲变形。因此,在水平荷载作用下,坝趾下游岩层往往发生隆起而丧失对坝基沿软弱层滑动的抗力,于是导致了坝基整体滑动的发生。

我国葛洲坝工程抗力体试验的结果充分反映出这类岩体的上述破坏情况。该工程的坝基由白垩纪的黏土质粉砂岩和中细粒砂岩互层组成。岩

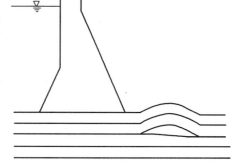

图 10-8　水平层状地基的滑移弯曲

层以 4°～8°的倾角倾向左岸偏下游。为了研究这类坝基的变形破坏方式及下游抗力体的作用,在现场进行了抗力体试验,结果表明,地层受推力后首先发生弯曲变形而隆起,随着隆起变形的发展,沿夹层发生了层间错动。

(3)碎裂结构的坝基。

由碎裂结构岩体组成的坝基在推力作用下发生剪切滑移破坏。克尔斯曼维奇等人所进行

的块体节理模型试验表明,这类坝基的剪切滑移大多发生在浅层。

3. *深层滑动*

深层滑动主要是指坝体连同一部分岩体,沿着坝基岩体内的软弱夹层、断层或其他结构面产生滑动。在工程应力条件下岩体的深层滑动主要沿已有的软弱结构面发生。因此,只有当地基岩体内存在有软弱结构面,且按一定组合能构成危险滑移体时,才有发生深层滑动的可能。根据结构面的组合特征,特别是可能滑动面的数目及其组合特征,按可能发生滑动的几何边界条件可大致将深层滑动划分为以下五种类型。

(1)沿水平软弱面滑动

当坝基为水平产状或近水平产状的岩层而大坝基础砌筑深度又不大,坝趾部被动压力很小,岩体中又发育有走向与坝轴线垂直或近于垂直的陡倾角破裂构造面时,往往会发生沿层面或软弱夹层的滑动。

(2)沿倾向上游软弱结构面滑动

当坝基中存在向上游缓倾的软弱结构面,同时还存在倾向垂直或近于垂直坝轴线方向的陡倾角破裂面时,就可能发生这种滑动。在工程实践中,可能发生这种滑动的边界条件常常遇到,特别是在岩层倾向上游的情况下更容易遇到。例如,江西三和电力股份有限公司上犹江电站坝基便具备这种滑动类型的边界。

(3)沿倾向下游软弱面滑动

可能发生这种滑动的边界条件是坝基岩体中存在着倾向下游的缓倾角软弱结构面和走向垂直或近于垂直坝轴线方向的陡倾角破裂面,并在下游存在着切穿潜在滑动面的自由面。一般来说,当这种几何边界条件完全具备时,坝基岩体发生滑动的可能性最大。

(4)沿倾向上、下游两个软弱结构面滑动

当坝基岩体中发育有分别倾向上游和下游的两个软弱结构面以及走向平行或近于平行坝轴线方向的高角度切割面时,则坝基存在这种滑动的可能性。如图 10-9 所示的乌江渡电站坝基就具备这种几何边界条件。一般来说,当软弱结构面的性质及其他条件相同时,这种滑动比沿倾上游软弱结构面滑动更容易发生,但是比沿倾向下游软弱结构面滑动要难一些。

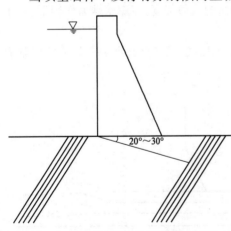

图 10-9　乌江渡电站坝基地质情况示意图

(5)沿交线平行坝轴线的两个软弱结构面滑动

可能发生这种滑动的几何边界是坝基岩体中发育有交线平行或近于平行坝轴线的两个软弱结构面,且坝址附近倾向下游的坝基岩体自由面有一定的倾斜度,能切穿可能滑动面的交线。

由于坝基岩体中所受的推力或滑出的剪应力接近水平方向,所以在坝基岩体中产状平缓、倾角小于20°的软弱结构面是最需要注意的。当它们在坝址下游露出河底时,大都应作为可能滑动面来对待。如果倾向上游,要考虑是否存在出露条件,或是下游地形低洼有深槽,或是在工程开挖及工程运行后可能出现深槽,造成滑动面出露于下游等,并进行分析和预测。

有时在多条或多层软弱结构面条件下,坝基可能出现多组滑动面,具有不同深度,应分别进行分析,以确定坝基的最小抗滑安全系数。这时坝基处理要保证所有可能滑动的情况都有足够的安全储备。

上述几种坝基滑动的条件,在坝基工程设计中都应注意研究,分别进行计算。这些滑动条件可能独立,也可能同时存在,且安全系低于设计标准,在设计及工程处理中应防止任何一种滑动的危险性,而不是仅防止最危险的滑动,这样大坝的安全才能得到充分的保证。

由于大坝坝基分块受若干边界的约束,坝基下有时不能形成全面贯通的滑动面,因此不具备上述整体滑动条件,但是,仍然有可能出现某些坝块的局部失稳。这种局部不稳定性进一步发展有可能导致坝基的不均匀变形、应力调整、裂缝扩展等,危及大坝的安全。对于局部不稳定性应注意防止失稳性变形,必须进行坝基应力变形的分析。

三、坝基抗滑稳定性计算

坝基岩体抗滑稳定性计算需在充分研究坝基工程地质条件的基础上,并获得必要的计算参数之后才能进行。其结果正确与否取决于滑体几何边界条件确定的正确性、受力条件分析是否准确全面、各种计算参数的安全系数选取是否合理、是否考虑可能滑面上的强度和应力分布的不均匀性、长期荷载的卸载作用以及其他未来可能发生变化因素的影响等。一般来说,在这一系列的影响因素中,如何正确确定抗剪强度参数和安全系数,对正确评价坝基岩体的稳定性具有决定意义。

1. 岩基表层滑动条件下的抗滑稳定分析

如图 10-10 所示,稳定系数 F_s 为:

$$F_s = \frac{f_0 \sum V}{\sum H} \qquad (10\text{-}18)$$

式中:$\sum V$——垂直作用力之和,包括坝基水压力(扬压力);

$\sum H$——水平作用力之和;

f_0——摩擦系数,水工中,是将潮湿岩体的平面置于倾斜面上求得,一般为 0.6 ~ 0.8。

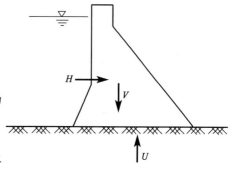

图 10-10　坝基接触面或浅层的抗滑计算

上式没有考虑坝基与岩面间的黏聚力。而且由于基础与岩面的接触往往造成台阶状,并用砂浆与基础黏结。因而接触面上的抗剪强度 τ 可采用库仑方程 $\tau = \tau_0 + f_0\sigma$,则:

$$F_s = \frac{\tau_0 A + f_0 \sum V}{\sum H} \qquad (10\text{-}19)$$

式中:σ——正应力;

τ_0——接触面上的黏聚力或混凝土与岩石间的黏聚力;

A——底面积。

上述稳定系数分析法只是一个粗略的分析,以致采用稳定系数 F_s 选取较大的值。美国垦务局曾推荐的抗滑稳定方程的库仑表示法,在坝工上采用稳定系数 $F_s = 4$,以作为最高水位、最大扬压力与地震力的设计条件。

近年来在一些文献中,考虑到坝基剪应力的变化幅度较大而将式(10-19)改写为:

$$F_{\mathrm{s}} = \frac{\tau_0 \gamma A + f_0 \sum V}{\sum H} \qquad (10\text{-}20)$$

式中：γ——平均剪应力与下游坝址最大应力之比，$\gamma = \tau_{\mathrm{m}}/\tau_{\mathrm{max}}$ 一般取 0.5。

2.岩基浅层滑动条件下的抗滑稳定分析

在野外及室内试验中常常发现在岩石岩性软弱、风化破碎等情况下，接触面的破坏表现为岩石内的剪切或剪断。一般仅在个别坝段或坝段局部出现这种破坏条件。

浅层滑动分析的计算方法同平面滑动的计算完全相同，但内涵不同。浅层滑动分析计算时，采用的是岩体的抗剪强度和抗剪断强度，而不是混凝土与岩石接触面的强度。岩体的抗剪强度和抗剪断强度一般比接触面的强度低。因此，这种滑动方式可能会真正控制大坝的稳定性和大坝断面的设计。

3.岩基深层滑动条件下的抗滑稳定分析

（1）单斜滑移面倾向上游［图 10-11a）］

$$F_{\mathrm{s}} = \frac{f_0(H\sin\alpha + V\cos\alpha - U) + cL}{H\cos\alpha - V\sin\alpha} \qquad (10\text{-}21)$$

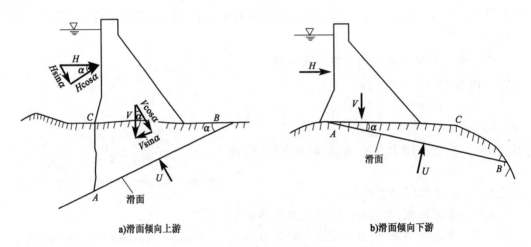

a)滑面倾向上游   b)滑面倾向下游

图 10-11 单斜面的深层滑动

当坝底扬压力 $U = 0$ 和黏聚力 $c = 0$ 时，则：

$$F_{\mathrm{s}} = \frac{f_0(H\sin\alpha + V\cos\alpha)}{H\cos\alpha - V\sin\alpha} \qquad (10\text{-}22)$$

（2）单斜滑移面倾向下游［图 10-11b）］

$$F_{\mathrm{s}} = \frac{f_0(V\cos\alpha - H\sin\alpha - U) + cL}{H\cos\alpha + V\sin\alpha} \qquad (10\text{-}23)$$

比较式（10-21）和式（10-23），可以看出：在其他条件相同的情况下，沿倾向上游滑移面滑动的稳定性系数将显著大于沿倾向下游滑移面滑动的稳定性系数。

（3）双斜滑移面（图 10-12）

在这种双斜滑移面形式下，计算抗滑稳定时将双斜滑移面所构成的楔体 $\triangle ABC$ 划分为两个楔体，即 $\triangle ABD$ 及 $\triangle BCD$。这时，$\triangle ABD$ 是属于单斜滑移面向下游的模型。为了抵抗其下滑，可用抗力 R 将其支撑。而 $\triangle BCD$ 则属于滑移面倾向上游的模型。它受到楔体 $\triangle ABD$ 向下

滑移的推力,即 R 的推力。按照力的平衡原理,我们可求出 $\triangle ABD$ 的 R 抗力:

$$R = \frac{H(\cos\alpha + f_1\sin\alpha) + f_1 U_1 + (V + V_1)(\sin\alpha - f_1\cos\alpha)}{\cos(\varphi - \alpha) - f_1\sin(\varphi - \alpha)} \quad (10\text{-}24)$$

$\triangle ABC$ 楔体抗滑稳定的稳定系数 F_s 为:

$$F_s = \frac{f_2[R\sin(\varphi + \beta) + V_2\cos\beta]}{R\cos(\varphi + \beta) - V_2\sin\beta} \quad (10\text{-}25)$$

式中:f_1、f_2——分别为 AB 及 BC 滑面上的摩擦系数;

φ——岩石的内摩擦角。

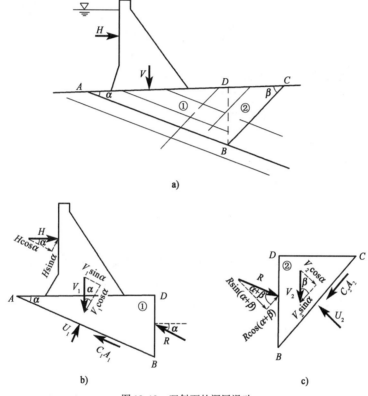

图 10-12 双斜面的深层滑动

例题 10-4 如图 10-13 所示,某混凝土重力坝,坝基内存在着一组向上游倾斜的缓倾软弱结构面 BC 和直立破裂面 AC。已知:岩体重度 $\gamma = 22\text{kN/m}^3$,BC 面抗剪强度指标 $c_j = 400\text{kPa}$,$\varphi_j = 23°$,混凝土重度 $\gamma = 24\text{kN/m}^3$,坝体断面面积 $A = 2100\text{m}^2$。试计算坝基的稳定性系数。

解:取 1m 长度的坝体来计算。

岩体 ABC 的面积:$A_{岩} = \dfrac{1}{2} \times 24 \times (50 + 15) = 780(\text{m}^2)$

BC 长度:$L = \sqrt{24^2 + (50 + 15)^2} = 69.29(\text{m})$

竖向力:$V = 2100 \times 24 + 780 \times 22 = 67560(\text{kN})$

静水压力:$H = \dfrac{1}{2}\gamma_w h^2 = \dfrac{1}{2} \times 10 \times (80 + 24)^2 = 54080(\text{kN})$

扬压力:$U = \dfrac{1}{2}\gamma_w B(h_1 + h_2) = \dfrac{1}{2} \times 10 \times 69.29 \times (80 + 24) =$

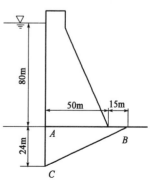

图 10-13 例题 10-4

36031(kN)

$$F_s = \frac{f_0(V\cos\alpha - U + H\sin\alpha) + cl}{H\cos\alpha - V\sin\alpha}$$

$$= \frac{0.7 \times \left(67560 \times \frac{65}{69.29} - 36031 + 54080 \times \frac{24}{69.29}\right) + 400 \times 69.29}{54080 \times \frac{65}{69.29} - 67560 \times \frac{24}{69.29}}$$

$$= 2.19$$

计算出的稳定性系数为2.19,说明该坝基稳定。

思　考　题

10-1　岩石地基工程有哪些特征?

10-2　岩石地基设计应满足哪些原则?

10-3　岩石地基上常用的基础形式有哪几种?

10-4　确定岩石地基中的应力分布有何意义?

10-5　岩石地基承载力的确定主要有哪几种方法?

10-6　岩基稳定性分析意义何在? 如何进行岩基稳定性分析?

习　　题

10-1　某场地建筑地基岩石为花岗岩、块状结构,测得饱和单轴抗压强度的平均值f_{rm}为29.1MPa,变异系数γ_s为0.022。问该建筑地基的承载力特征值取多少。

[参考答案:14.3 MPa ,提示:$f_{rk} = \gamma_s \cdot f_{rm}$]

10-2　某混凝土坝重90000kN(以单位宽度即1m计),建在岩基上,如习题10-2图所示。岩基为粉砂岩,干重度$\gamma_d = 25kN/m^3$,孔隙率$n = 10\%$。坝基内有一倾向上游的软弱结构面成BC,该面与水平面成15°角。结构面的强度指标为:黏聚力$c_j = 200kPa$,内摩擦角$\varphi_j = 20°$。建坝后由于某原因在坝踵岩体内产生一条铅直张裂隙,与软弱结构面BC相交,张裂隙的深度为25m,设BC内的水压力按线性规律减少。问库内水位上升高度H达到何值时,坝体和地基开始沿BC面滑动。

[参考答案:73m]

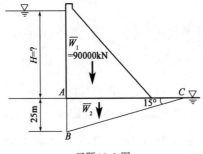

习题10-2 图

参 考 文 献

[1] 赵明阶.岩石力学[M].北京:人民交通出版社,2012.

[2] 米勒 L.岩石力学[M].北京:煤炭工业出版社,1981.

[3] 吴德伦,黄质宏,赵明阶.岩石力学[M].重庆:重庆大学出版社,2002.

[4] 徐志英.岩石力学[M].3 版.北京:中国水利水电出版社,1995.

[5] 刘佑荣,唐辉明.岩体力学[M].北京:中国地质大学出版社,1999.

[6] 耶格 J C,库克 N G W.岩石力学基础[M].北京:科学出版社,1981.

[7] J A HUDSON,J P HARRISON.工程岩石力学(上卷)[M].冯夏庭,等,译.北京:科学出版社,2009.

[8] J P HARRISON,J A HUDSON.工程岩石力学(下卷)[M].冯夏庭,等,译.北京:科学出版社,2009.

[9] 肖树芳,杨淑碧.岩体力学[M].北京:地质出版社,1987.

[10] 重庆建筑工程学院,同济大学.岩体力学[M].北京:中国建筑工业出版社,1981.

[11] 沈明荣,陈建峰.岩体力学[M].上海:同济大学出版社,2006.

[12] 张永兴.岩石力学[M].北京:中国建筑工业出版社,2004.

[13] 阳生权,阳军生.岩体力学[M].北京:机械工业出版社,2008.

[14] 刘佑荣,唐辉明.岩体力学[M].北京:化学工业出版社,2009.

[15] 王文星.岩体力学[M].长沙:中南大学出版社,2004.

[16] 李先炜.岩体力学性质[M].北京:煤炭工业出版社,1990.

[17] 谢和平,陈忠辉.岩石力学[M].北京:科学出版社,2003.

[18] 郑雨天.岩石力学中的弹塑性理论基础[M].北京:煤炭工业出版社,1988.

[19] 赵明阶,何光春,王多银.边坡工程处治技术[M].北京:人民交通出版社,2003.

[20] 李晓红,卢义玉,康勇,等.岩石力学实验模拟技术[M].北京:科学出版社,2007.

[21] 孔德坊.工程岩土学[M].北京:地质出版社,1992.

[22] 周维垣,林鹏,杨若琼,等.高拱坝地质力学模型试验方法与应用[M].北京:中国水利水电出版社,知识产权出版社,2008.

[23] 张林,陈建叶.水工大坝与地基模型试验及工程应用[M].成都:四川大学出版社,2009.

[24] 薛守义,刘汉东.岩体工程学科性质透视[M].郑州:黄河水利出版社,2002.

[25] 张强勇,李术才,焦玉勇.岩体数值分析方法与地质力学模型试验原理及工程应用[M].北京:中国水利水电出版社,2005.

[26] 赵明阶.受载岩石混凝土的声学特性及其应用[M].北京:科学出版社,2009.

[27] 赵明阶,汪魁,彭爱红,等.混凝土结构隐伏缺陷的超声波成像识别技术及其应用[M].

北京：人民交通出版社股份有限公司,2016.

[28] 中华人民共和国住房和城乡建设部.工程岩体试验方法标准：GB/T 50266—2013[S].北京：中国计划出版社,2013.

[29] 中华人民共和国住房和城乡建设部.工程岩体分级标准：GB/T 50218—2014[S].北京：中国计划出版社,2014.

[30] 中华人民共和国住房和城乡建设部.建筑地基基础设计规范：GB 50007—2011[S].北京：中国建筑工业出版社,2011.

[31] 中华人民共和国建设部.岩土工程勘察规范(2009年版)：GB 50021—2001[S].北京：中国建筑工业出版社,2009.

[32] 中华人民共和国水利部.水工隧洞设计规范：SL 279—2016[S].北京：中国水利水电出版社,2016.

[33] 中华人民共和国水利部.水利水电工程岩石试验规程：SL/T 264—2020[S].北京：中国水利水电出版社,2020.

[34] 中华人民共和国交通运输部.公路隧道设计规范　第一册　土建工程：JTG 3370.1—2018[S].北京：人民交通出版社股份有限公司,2018.

[35] 全国国土资源标准化技术委员会.滑坡防治工程勘查规范：GB/T 32864—2016[S].北京：中国标准出版社,2016.

[36] 席道瑛.砂岩的变形各向异性[J].岩石力学与工程学报,1995,14(1):49-58.

[37] 赵明阶.工程岩体的超声波分类及强度预测研究[J].岩石力学与工程学报,2000,19(1):89-92.

[38] 赵明阶,等.Nonlinear ultrasonic test of concrete cubes with induced crack[J].ULTRASONICS,2019,97(1):1-10.

[39] ZHAO Mingjie,WU Delun.The Ultrasonic Properties of Brittle Rocks With microcracks Under Uniaxial Compression,Proceedings in Mining Science and Safety Technology[J].Science Press,2002(3):197-205.

[40] 赵明阶,徐容,许锡宾.岩溶区全断面开挖隧道围岩变形规律及其监测[J].同济大学学报(自然科学版),2004,32(7):866-871.

[41] 胡修文,唐辉明,刘佑荣.三峡库区赵树岭滑坡稳定性物理模拟试验研究[J].岩石力学与工程学报,2005,24(12):2089-2095.

[42] 朱济祥,薛玺成.岩体工程问题的数值分析方法[J].水利水电工程设计,1995(1):36-40.

[43] 胡海浪,王小虎,方涛,等.现代数值分析方法在岩体工程问题的应用综述[J].灾害与防治工程,2006(2):69-75.

[44] 王卫华,李夕兵.离散元法及其在岩土工程中的应用综述[J].岩土工程技术,2005,19(4):177-181.

[45] 臧秀平.岩体分级考虑因素的现状与趋势分析[J].岩土力学,2007,28(10):2245-2249.

[46] 李胜伟.边坡岩体质量分类体系的CSMR法及应用[J].地质灾害与环境保护,2001,12(2):69-73.

[47] 柳赋铮.岩体基本质量和工程岩体分级[J].长江科学院院报,1991,26:55-63.

[48] Bieniawski.地质力学分类法[J].郑全春,译.华东水电技术,1993,4:82-96.

[49] Romana.SMR分类[J].袁志君,译.华东水电技术,1993,4:1-18.

[50] 林韵梅.岩石分级的理论与实践[M].北京：冶金工业出版社,1996.